高职高专建筑工程专业系列教材

混凝土结构与砌体结构

（按新规范编写）

王文睿　主　编
李君宏　张乐荣　副主编
屈文俊　王社良　主　审

中国建筑工业出版社

图书在版编目（CIP）数据

混凝土结构与砌体结构（按新规范编写）/王文睿主编.—北京：中国建筑工业出版社，2011.8
高职高专建筑工程专业系列教材
ISBN 978-7-112-13468-7

Ⅰ.①混… Ⅱ.①王… Ⅲ.①混凝土结构-高等职业教育-教材②砌体结构-高等职业教育-教材 Ⅳ.①TU37②TU36

中国版本图书馆 CIP 数据核字（2011）第 156585 号

本书是按照高等职业技术教育建筑工程技术专业应用型人才的培养目标、规格以及《混凝土结构与砌体结构》教学大纲的要求，依据我国最新发布的国家标准《混凝土结构设计规范》GB 50010—2010 等编写的。本书分混凝土结构和砌体结构两大篇，共 17 章，内容包括：绪论，钢筋和混凝土材料的力学性能，钢筋混凝土结构的基本设计原理，受弯构件正截面受弯承载力计算，受弯构件斜截面承载力计算，受压构件承载力计算，受拉构件承载力计算，受扭构件承载力计算，钢筋混凝土受弯构件变形和裂缝宽度验算，预应力混凝土的基本知识，梁板结构，单层工业厂房，多层钢筋混凝土框架房屋，钢筋混凝土结构施工图的识读，砌体材料及其力学性能，无筋砌体构件的承载力计算，混合结构房屋设计。为了便于加深理解和巩固所学内容，本书在每章正文之前有学习目的和要求，正文之后有小结、复习思考题。本书不仅可作为高职高专及中职中专建筑工程技术专业的教学用书，也可作为土木工程技术人员的实用参考书。

* * *

责任编辑：范业庶
责任设计：李志立
责任校对：姜小莲 赵 颖

高职高专建筑工程专业系列教材
混凝土结构与砌体结构
（按新规范编写）
王文睿 主 编
李君宏 张乐荣 副主编
屈文俊 王社良 主 审

*

中国建筑工业出版社出版、发行（北京西郊百万庄）
各地新华书店、建筑书店经销
北京红光制版公司制版
北京盈盛恒通印刷有限公司印刷

*

开本：787×1092 毫米 1/16 印张：25¾ 字数：625 千字
2011 年 8 月第一版 2015 年 8 月第七次印刷
定价：48.00 元
ISBN 978-7-112-13468-7
（21235）

版权所有 翻印必究
如有印装质量问题，可寄本社退换
（邮政编码 100037）

前　　言

本书是按照高等职业技术教育建筑工程技术专业应用型人才的培养目标、规格以及《混凝土结构与砌体结构》教学大纲的要求，依据我国现行国家标准《混凝土结构设计规范》GB 50010—2010、《砌体结构设计规范》GB 50003—2011、《建筑结构荷载规范》GB 50009—2012 和《工程结构可靠度设计统一标准》GB 50153—2008 等编写的。

本书在编写中，紧紧围绕职业教育特点，注重实用技能培养，以工程应用为主旨，以工科职业教育实际能力培养为目标，在充分尊重教育教学规律的前提下构建课程新体系。本书语言通俗易懂、简练明了、概念清楚、推理准确、结论可靠、重点突出。本书覆盖面广、实用性强，便于初学者入门和专业人员掌握。为了便于学生理解、加深和巩固所学内容，本书在每章正文之前有学习要求与目标，正文之后有小结和复习思考题。

本书内容包括绪论，钢筋和混凝土材料的力学性能，钢筋混凝土结构的基本设计原理，受弯构件正截面和斜截面承载力计算，受扭构件承载力计算，受压构件承载力计算，受拉构件承载力计算，钢筋混凝土受弯构件变形和裂缝宽度验算，预应力混凝土的基本知识，梁板结构，单层工业厂房，多层钢筋混凝土框架房屋，钢筋混凝土结构施工图的识读，砌体结构等内容。本书不仅注重混凝土结构和砌体结构在工程实际中的应用，突出设计计算的原理、思路、方法、过程培养，更加突出了应用技能培养的内容。因此，本书具有较强针对性和实用性，不仅可作为中等及高等职业学院建筑工程技术专业的教学用书，满足中等及高等职业教育院校实际教学的需要；也可作为土木工程技术人员从业的实用参考书；同时，本书也可作为工程技术人员提高学历和考取职业资格证书的学习参考书。

本书第一章、第三章、第四章、第五章、第七章、第十一章、第十三章由王文睿编写，第九章、第十二章、第十四章、第十六章、第十七章由李君宏编写；第二章、第六章、第八章、第十章、第十五章由张乐荣编写。

为了便于读者更好的学习领会、系统掌握混凝土结构及砌体结构的基本知识及技能，作者在 1992 年所编的《建筑结构习题精选及解答》的基础上，编写了与本书相配套的《混凝土结构及砌体结构习题精选及解答》，可与本书共同使用，奢望达到更佳的教学效果。

同济大学屈文俊教授和西安建筑科技大学王社良教授主审了全书，并提出了许多宝贵的意见和建议，作者对两位学者和专家的指导深表谢意；在本书的编写过程中还得到长安大学曹照平副教授和刘淑华高级工程师的大力支持与帮助，谨表诚挚的谢意；作者的同事们提出了许多宝贵的意见和建议，在此对各位同仁的支持和鼓励表示衷心的感谢。

限于编者的理论水平和实际经验，书中不足之处在所难免，欢迎同行专家、学者、广大师生和其他读者朋友批评指正。

本书可附赠课件，需要课件的老师可与 5342787@qq.com 联系。

目 录

第一篇 混凝土结构

第一章 绪论 ··· 1
    第一节 混凝土结构与砌体结构的概念 ································· 1
    第二节 混凝土结构与砌体结构的学习内容和学习方法 ·············· 4
    本章小结 ·· 5
    复习思考题 ··· 5

第二章 钢筋和混凝土材料的力学性能 ···································· 6
    第一节 混凝土的力学性能 ·· 6
    第二节 钢筋的种类及其力学性能 ··································· 14
    第三节 钢筋与混凝土的粘结及锚固长度 ··························· 22
    本章小结 ·· 26
    复习思考题 ·· 27

第三章 钢筋混凝土结构的基本设计原理 ································· 28
    第一节 结构的功能及极限状态 ····································· 28
    第二节 结构的极限状态设计方法 ··································· 31
    第三节 结构承受的荷载分类和荷载代表值、材料强度的取值 ····· 35
    第四节 承载能力极限状态计算 ····································· 39
    第五节 正常使用极限状态计算 ····································· 43
    第六节 混凝土耐久性规定 ·· 44
    本章小结 ·· 46
    复习思考题 ·· 47

第四章 受弯构件正截面受弯承载力计算 ································· 48
    第一节 梁、板的一般构造 ·· 48
    第二节 钢筋混凝土受弯构件正截面受弯承载力的试验研究 ······ 60
    第三节 单筋矩形截面梁正截面承载力计算 ························ 65
    第四节 双筋矩形截面梁正截面承载力计算 ························ 72
    第五节 单筋T形截面梁正截面受弯承载力验算 ···················· 79
    本章小结 ·· 89
    复习思考题 ·· 90

第五章 受弯构件斜截面承载力计算 ······································ 92
    第一节 梁斜截面受剪承载力的研究 ································ 92
    第二节 受弯构件斜截面受剪承载力的计算 ························ 94

　　　　第三节　保证受弯构件斜截面抗弯承载力的构造要求 …………… 103
　　　　本章小结 ……………………………………………………………… 108
　　　　复习思考题 …………………………………………………………… 108

第六章　**受扭构件承载力计算** ………………………………………………… 110
　　　　第一节　纯扭构件 …………………………………………………… 110
　　　　第二节　弯剪扭构件的承载力计算 ………………………………… 113
　　　　本章小结 ……………………………………………………………… 116
　　　　复习思考题 …………………………………………………………… 116

第七章　**受压构件承载力计算** ………………………………………………… 118
　　　　第一节　受压构件的构造要求 ……………………………………… 118
　　　　第二节　轴心受压构件承载力计算 ………………………………… 121
　　　　第三节　矩形截面偏心受压构件正截面承载力计算的基本公式 … 128
　　　　第四节　矩形截面偏心受压构件承载力计算基本公式的应用 …… 135
　　　　第五节　Ⅰ形截面偏心受压构件正截面承载力计算 ……………… 147
　　　　第六节　偏心受压构件承载力复核及斜截面抗剪承载力计算 …… 151
　　　　本章小结 ……………………………………………………………… 152
　　　　复习思考题 …………………………………………………………… 153

第八章　**受拉构件承载力计算** ………………………………………………… 155
　　　　第一节　轴心受拉构件 ……………………………………………… 155
　　　　第二节　矩形截面偏心受拉构件承载力计算 ……………………… 156
　　　　本章小结 ……………………………………………………………… 159
　　　　复习思考题 …………………………………………………………… 159

第九章　**钢筋混凝土受弯构件变形和裂缝宽度验算** ………………………… 160
　　　　第一节　概述 ………………………………………………………… 160
　　　　第二节　受弯构件的挠度验算 ……………………………………… 161
　　　　第三节　裂缝宽度验算 ……………………………………………… 166
　　　　本章小结 ……………………………………………………………… 172
　　　　复习思考题 …………………………………………………………… 173

第十章　**预应力混凝土结构的基本知识** ……………………………………… 174
　　　　第一节　预应力混凝土结构的基本概念 …………………………… 174
　　　　第二节　施加预应力的方法 ………………………………………… 177
　　　　第三节　预应力混凝土材料 ………………………………………… 179
　　　　第四节　张拉控制应力和预应力损失 ……………………………… 181
　　　　第五节　预应力混凝土轴心受拉构件 ……………………………… 189
　　　　第六节　预应力混凝土构件的构造要求 …………………………… 192
　　　　本章小结 ……………………………………………………………… 195
　　　　复习思考题 …………………………………………………………… 196

第十一章　**梁板结构** …………………………………………………………… 197
　　　　第一节　概述 ………………………………………………………… 198

第二节　单向板肋梁楼盖按弹性理论的计算 ············· 202
　　第三节　连续板、梁按考虑塑性内力重分布的计算 ············· 206
　　第四节　单向板肋梁楼盖中板的截面设计计算及构造要求 ············· 210
　　第五节　单向板肋梁楼盖中次梁与主梁的设计计算和构造要求 ············· 213
　　第六节　双向板肋梁楼盖 ············· 227
　　第七节　装配式楼盖 ············· 235
　　第八节　楼梯 ············· 239
　　第九节　雨篷、挑檐 ············· 253
　　本章小结 ············· 256
　　复习思考题 ············· 257

第十二章　单层工业厂房的基本知识 ············· 259
　　第一节　单层工业厂房排架结构的组成 ············· 260
　　第二节　单层工业厂房的受力特性 ············· 265
　　第三节　厂房结构布置 ············· 266
　　第四节　单层工业厂房排架内力计算 ············· 272
　　第五节　单层工业厂房排架柱设计 ············· 277
　　第六节　柱下钢筋混凝土独立基础 ············· 281
　　本章小结 ············· 286
　　复习思考题 ············· 287

第十三章　多层钢筋混凝土框架房屋 ············· 288
　　第一节　概述 ············· 288
　　第二节　多层框架结构的分类和布局 ············· 288
　　第三节　多层框架结构承受的荷载和计算简图 ············· 293
　　第四节　多层框架的内力和侧移计算 ············· 296
　　第五节　框架结构的内力组合和杆件设计 ············· 302
　　本章小结 ············· 309
　　复习思考题 ············· 309

第十四章　钢筋混凝土结构施工图的识读 ············· 311
　　第一节　概述 ············· 311
　　第二节　有梁楼盖中板的平法施工图 ············· 314
　　第三节　柱平法施工图 ············· 318
　　第四节　梁平法施工图 ············· 321
　　本章小结 ············· 326
　　复习思考题 ············· 326

第二篇　砌体结构

第十五章　砌体材料及其力学性能 ············· 327
　　第一节　砌体材料 ············· 327
　　第二节　砌体的种类 ············· 331

第三节　砌体的力学性能……………………………………………………334
　　　本章小结………………………………………………………………………342
　　　复习思考题……………………………………………………………………342
第十六章　无筋砌体构件的承载力计算………………………………………………344
　　　第一节　受压构件承载力计算………………………………………………344
　　　第二节　局部受压……………………………………………………………352
　　　第三节　砌体轴心受拉、受弯和受剪构件的承载力………………………360
　　　本章小结………………………………………………………………………362
　　　复习思考题……………………………………………………………………363
第十七章　混合结构房屋设计…………………………………………………………364
　　　第一节　混合结构房屋的结构布置方案……………………………………364
　　　第二节　房屋的静力计算方案………………………………………………367
　　　第三节　墙、柱高厚比验算…………………………………………………371
　　　第四节　刚性方案房屋墙、柱承载力验算…………………………………374
　　　第五节　单层房屋墙、柱承载力验算………………………………………379
　　　本章小结………………………………………………………………………385
　　　复习思考题……………………………………………………………………385
附录一　均布荷载和集中荷载作用下等跨连续梁的内力系数………………………387
附录二　按弹性理论计算矩形双向板在均布荷载作用下的弯矩系数………………394
附录三　D 值法确定框架反弯点高度时的修正系数…………………………………397
参考文献……………………………………………………………………………………401

第一篇 混凝土结构

第一章 绪 论

学习要求与目标：
1. 了解建筑结构的概念和分类；理解结构上作用的概念、分类和特性。
2. 理解配筋在混凝土结构中的作用；理解钢筋混凝土和砌体结构的主要优缺点。
3. 了解钢筋混凝土结构的主要优缺点及在工程中的应用。
4. 了解《混凝土结构与砌体结构》课程学习的主要任务、特点，掌握本课程学习方法和技巧。

第一节 混凝土结构与砌体结构的概念

建筑物是供人们从事生产、社会活动和日常生活的封闭空间，其功能的发挥的程度除与建筑设计有关外，另一方面还与建筑结构功能的发挥有着本质的联系。房屋在各种作用影响下是否安全，能否正常发挥其预设的特定性能，能否完好地使用到规定的年限，这些都是建筑结构学科中要解决的问题。所以，要想使我们建造的房屋能够安全可靠、正常发挥预定功能、完好地使用到设计规定的年限，我们就必须学习、理解和掌握建筑结构的基本知识，掌握运用结构原理解决各种实际问题的技能。

建筑结构是指在房屋建筑中由构件组成的起承受"作用"的体系。这里讲的作用指的是直接作用和间接作用。直接作用包括各种荷载，如房屋自重引起的不随时间发生明显变化的永久荷载，以及房屋使用期间人们的体重、家具、设备、商品等的重量，施工阶段施加或检修时加在结构上的施工荷载，还有自然因素引起的风荷载，北方寒冷地区的屋面积雪荷载，在工业厂房中的吊车起吊及制动产生的惯性作用，原材料、半成品、工器具重量、屋面积灰荷载都是结构承受的可变荷载。间接作用包括施加的附加变形和约束变形。附加变形是指地震发生后，地震波及地区的地面受到地震作用影响产生振动，导致这些地区的房屋在惯性力作用下受到强迫振动，由此在房屋结构中引起的内力、变形和裂缝；约束变形是指由于房屋地基土的不均匀沉降导致结构受力体系中内力的分配发生变化后产生的结构附加内力和变形。此外，由于温度变化房屋结构受到热胀冷缩作用的影响在结构内部产生应力，引起结构变形也是约束变形的一种实例。在建筑结构中所讲的体系，是指建筑结构的系统性和组成它的构件之间的连贯性和互相依托性，建筑结构不是单指一个或一部分构件，它是一个承受和传递内力、有效抵御外荷载引起变形的体系。建筑结构从下到上分为地基基础部分（称为下部结构）和地上的部分（通常称主体结构）。为了研究、分析和学习的方便，考虑到上、下部结构的设计计算各自的任务、特点和解决问题的方法、途径有明显差异的实际,将下部结构明确为地基与基础部分,把上部主体结构通常称为建筑结构。这里需要特别强调的是,上部结构和地基基础它们二者都属于结构范畴,是相互关联的建筑结构整体中相辅相成、互相依存的两部分。上部结构的主要作用是作为一个完整体系把承受的各种"作用"引起的内力和变形有效、合理地传到下部结构上去。下部结构起承上启下的作用,它的主要作用是把上部结构传来的荷载有效地承受后传到大地上去。综上所述,建筑结构是一个受力体系,它也是一个由各种不同构件组成的统一体,包括了受力性能、变形性能和耐久性能的要求。受力性能的大小由结构的承载能力来反映,它决定了结构安全性能的大小,变形性能和耐久性能决定结构是否适用和耐久,这两方面的性能组成了结构的可靠性。

建筑结构按组成材料不同可以分为钢筋混凝土结构、砌体结构、钢结构和木结构四类。为便于本书编写和满足教学要求,根据教学任务的分科,本教材只限于钢筋混凝土结构部分和砌体结构部分。钢筋混凝土结构的主要承重构件,如柱、楼(屋)面梁、板或墙体均由钢筋混凝土材料组成,它是我国大中城市建造多层和高层建筑的主要结构形式。

一、钢筋混凝土结构

钢筋混凝土结构是建筑结构中最为重要的结构类型之一。钢筋混凝土是由钢筋和混凝土两种不同性质的工程材料组成的一种复合体,把钢筋混凝土作为建筑结构构件承受外部施加于它的各种作用,具有良好的工作性能。图1-1(a)所示表示没有配置钢筋的素混凝土简支梁,在外荷载达到梁开裂的临界荷载值后梁就会开裂,在荷载增加不多的情况下很快就会断裂,这种梁承载能力很低。图1-1(b)表示与素混凝土梁的跨度、截面尺寸、所用混凝土相同,但梁内配有适量受拉钢筋为钢筋混凝土简支梁,由于梁内受拉区配置纵向钢筋,这类梁的受力性能得到很大的改善,即便梁在荷载作用下受拉区开裂也不会很快断裂,梁开裂后新增加的荷载引起的梁截面受拉区拉力由受拉钢筋平衡,截面新增的弯矩由受拉钢筋与受压区混凝土这对大小相等、方向相反的力提供的抵抗矩承担。试验证明,钢筋混凝土梁的承载力远远大于素混凝土梁。混凝土是一种由粗骨料(石子)、细骨料(砂子)、胶凝材料(水泥)加水拌合而成的复合材料,它具有受压性能很好,受拉性能很差,群组强度测试时离散性较大,材料组成严重不均匀,内部有空隙、微裂缝和脆性大等特点,是一种受力破坏时极限应变较小的脆性材料;钢筋是受拉和受压强度都很高且延性很好的材料,与混凝土的性质几乎完全相反。钢筋和混凝土这样两种性质截然不同的材料之所以能够有效地结合在一起很好地工作,主要是具有以下三方面共同工作的条件:一是钢筋和混凝土二者之间有良好的粘结力;二是这两种材料具有相近的线膨胀系数;三是混凝土包裹在钢筋周围,使钢筋与空气中的腐蚀性介质完全隔绝,确保钢筋不会发生锈蚀,即可以保证钢筋长期发挥受力作用而不发生受力性能的明显变化。

图1-1 素混凝土梁和钢筋混凝土梁承载力对照
(a) 素混凝土梁;(b) 钢筋混凝土梁

钢筋混凝土结构的优点主要包括:
(1) 强度高。混凝土材料强度本身就高于砌体材料,加之在其中配置了强度很高的钢筋,所以钢筋混凝土材料的强度比砌体结构的强度高。
(2) 延性好。由于钢筋的受拉、受压性能和延性都很好,在受拉强度低的混凝土脆性材料中配置一定数量的钢筋,当混凝土结硬后与钢筋形成整体,在外荷载作用下可以明显改善素混凝土的脆性,起到扬长避短的作用,提高了构件受拉和偏心受力时的延性。

(3) 整体性好。楼(屋)盖板、梁和柱现浇成整体的结构,构件之间连接成为一个受力的整体,不会在外力作用下发生分离和脱落,尤其是在地震发生后具有明显的优势,整体性好,因此,钢筋混凝土结构具有良好的抗震性能。

(4) 耐久性好。由于混凝土对钢筋的保护作用和混凝土材料自身的环境适应性与耐腐蚀性高,钢筋在混凝土内基本不发生新的锈蚀,混凝土构件几乎在结构设计基准期内性能保持稳定不需要维修,所以耐久性很高。

(5) 防火性好。由于混凝土是无机硅酸盐材料,耐火性能高,包裹在不耐高温的钢筋周围,确保钢筋在高温下不发生影响受力性能的明显变形,因而钢筋混凝土材料及钢筋混凝土结构的耐火性好。

(6) 适用范围大。由于钢筋混凝土结构材料的力学性能好,便于就地取材,成本相对于钢结构比较低廉,能够跨越的空间大,整体性高,耐火性能好和大气适应性好,现浇混凝土结构具有可模性好的优点,所以,钢筋混凝土结构可以广泛应用在国民经济建设的各行各业中。

但是钢筋混凝土结构也有不可避免的一些缺点,主要包括:

(1) 结构自重大,高层结构施工时竖向运输耗时耗能,同时,自重大是钢筋混凝土结构地震作用大的根源,这也就是在同等条件下,钢筋混凝土结构抗震性能低于钢结构的主要原因之一。

(2) 结构湿作业量大,构件工厂化生产的程度低,不适应构件设计标准化和生产工厂化的发展要求。

(3) 现浇结构工序多,质量通病产生的环节多,质量控制的难度大。

(4) 结构施工对模板需求量大、占用时间长,生产成本会加大。

总之,与钢结构相比,钢筋混凝土结构经济性好,与砌体结构相比,钢筋混凝土结构受力变形性能好,是我国大中型城市今后一个相当长时期内房屋建筑的主要结构类型。

二、砌体结构

我国幅员辽阔、人口众多,经济发展还不平衡,由于传统农业国的特点,城乡二元结构的格局还将长期存在。砌体结构这种传统结构形式在我国乡镇建设中将长期存在。

砌体结构的主要优点是:材料来源广泛,材料运输成本低廉,便于就地取材,防腐性、抗冻性和隔热保温性能好,结构施工技术难度小,所需机械设备简单,经济性能好。在层数少,总高度较低,设计合理,施工质量良好,构造措施到位充分满足《建筑抗震设计规范》要求的情况下,砌体结构和其他结构形式具有大致相当的抗震防灾能力等。不足之处在于它的构件是由块材(砖、砌块或石材)通过砂浆铺缝砌筑而成的,具有组成上和受力上的不均均性,加上材料强度和组砌后形成的砌体的强度本身就不是很高,以及受压强度比受拉强度高许多倍的特性,用于受压构件时性能尚可,用于受拉或大偏心受压时性能很差。此外,砖砌体由于依赖大量的黏土砖,所以和农业争地的矛盾突出,同时砖在焙烧时会造成大气污染,对环境有一定程度破坏,与保护环境与可持续发展的客观要求不相适应;砌体结构施工过程劳动强度大,机械化程度低,施工质量难以有效控制,是制约砌体结构性能充分发挥的主要因素;由于砌体材料脆性大,在地震发生后构件极限应变小、容易脆性破坏;由于砌体结构自重大、地震发生后地震惯性力就大,地震的破坏作用就明显，这也是砌体结构抗震性能差的因素之一。但是，由于我国人口众多的特点，和经济社会发展的阶段性和不平衡性，导致我国需要住房和需要改善住房条件的人口很多，在广大农村和中小城镇砌体结构仍然具有长期使用的可能性和客观实用性。

第二节　混凝土结构与砌体结构的学习内容和学习方法

一、学习内容

本书混凝土结构部分主要介绍钢筋混凝土材料的力学性能，钢筋混凝土结构基本设计原理，钢筋混凝土受弯构件设计计算原理和方法，钢筋混凝土受压构件设计计算原理和方法，钢筋混凝土受拉构件基本知识，钢筋混凝土受扭构件基本知识，钢筋混凝土构件挠度、裂缝宽度及抗裂验算基本知识，预应力混凝土构件基本知识，现浇钢筋混凝土楼（屋）盖设计计算的基本知识，现浇钢筋混凝土楼梯、雨篷、过梁和挑檐基本知识，钢筋混凝土框架结构基本知识，钢筋混凝土单层厂房排架结构基本知识，钢筋混凝土结构施工图平面整体表示方法的读识。本书砌体结构部分主要介绍砌体材料及其力学性能，无筋砌体构件承载力计算，混合结构房屋设计内容。

二、学习方法

《混凝土结构与砌体结构》是所有工科大中专土建类院校和各级土建类职业技术院校建筑工程技术和工业与民用建筑专业的一门核心专业课，它在所有技术基础课和后续专业课之间发挥承上启下的作用，是一门主干专业课程。钢筋混凝土结构课上承建筑力学、建筑材料、房屋建筑学等技术基础课，它可以单独成为一个体系；也可以与后续的建筑施工技术、建筑工程预算、建筑施工组织管理和建筑地基与基础等专业课衔接，组成一个更大的知识和技能体系。它是一门以专业技术为主，同时又与建筑工程造价密切相关的课程。钢筋混凝土结构课的学习内容紧紧围绕工程建设实际，知识体系的构建以国家颁布的各有关规范的规定和要求为主线。所以，钢筋混凝土结构是一门专业性、政策性都很强的课程，它的学习必须以力学、建筑材料等知识学习为基础，学习时要做到目标明确、方法得当、时间保证。所谓目标明确是指一定要弄清楚学什么？为什么学？学到何种程度？弄清楚通过本课程的学习要构建的知识结构、技能结构和素质结构体系目标、内容、组成和要求有哪些？怎样才能比较有效地构建这三种结构体系？为了便于更好地学习本课程，在本书每章学习内容前按教学大纲要求编写了学习目标和要求，以此作为本章节学习过程中要理解、领会和贯彻的内容及标准，需要学生在学习时认真领会、切实执行。方法得当是指学习过程中，理解、掌握知识过程中方法的合理性和有效性，解决的是学习、记忆、掌握本课程知识、练就技能过程中的合理性及有效性问题。根据作者学习混凝土结构与砌体结构的感受以及近30年的教学体会，学习钢筋混凝土结构课，要以相对扎实的数学与力学基础知识作保证，在学习过程中要正确理解和记忆所学名词、基本概念，正确理解并领会所学各种原理的精神实质，掌握运用所学知识解决实际问题的思路、方法和技能，同时要认真领会、理解各种试验的目的、过程、方法以及由试验归纳、推导所得的结论；在理解的基础上推导并记忆常用主要公式，通过各种思考题和计算题的练习，理解和掌握所学知识的内容；学会正确理解运用有关设计规范的基本技能，养成遵守和执行规范的自觉性；比较好地掌握理论联系实际的方法和途径，养成善于向工程实际学知识练技能的好习惯、好素养。再次，就是必须认真完成一定数量的综合练习题，认真完成参观、实习、课程设计等实训环节。最后，就是要通过持续不断地复习，在理解基础上记忆和掌握所学知识，通过实训时的运用转化为实际工作技能。

总之，《混凝土结构与砌体结构》是一门理论相对较深，学习难度较大，理论性和实践性都很强的课程。本课程包括的知识和它所培养的工作技能，在工程实际中运用最广泛，对学生走向工作岗位后的设计、施工、管理诸方面技能的培养具有较高的关联度。认真学好本课程，对学生毕业后在建筑行业工作具有很重要的影响和深远的意义。我国从改革开放以来一直处于高速发展阶段，建筑业的发展对现代化进程的加快功不可没，衷心希望我国未来的建设者和接班人能通过自身的不懈努力，使自己成为对国家建设事业有用的高素质人才，在实现我国富强文明的进程中施展自己的聪明才智，做出自己应有的贡献，充分实现自身的价值。

本 章 小 结

1. 在建筑中起承受各种作用的骨架体系叫做建筑结构。建筑结构按构成的材料不同分为钢筋混凝土结构、砌体结构、钢结构以及木结构。建筑结构按其承重结构的类型分为混合结构、框架结构、剪力墙结构、框架—剪力墙结构、筒体结构以及其他特种结构；特种结构包括壳体结构、网架结构和悬索结构等。钢筋混凝土结构是最常用的结构形式之一。

2. 钢筋混凝土结构是指承受作用的体系是由钢筋混凝土材料做成的房屋结构。它具有耐久性好，耐火性好，整体性好，可模性好，强度高，现浇结构整体性好等优点。同时，也具有自重大、生产工序多、质量难控制、模板消耗量大和生产周期长的缺点。由于它的受力性能好、经济成本低等优点，在工业与民用建筑中得到了广泛运用。

3. 《混凝土结构与砌体结构》是建筑工程技术专业一门起承上启下作用的核心专业课，对力学、建筑材料、房屋建筑学等课程的学习有较高要求；与施工技术、地基与基础、施工预算、施工组织管理等后续课程的学习关联度高，它是一门理论性和实践性很强的课程。它的许多公式和结论来自于试验，它的理论又紧密地和工程实际相结合，并为工程设计与施工活动服务。

4. 要学好《混凝土结构与砌体结构》，必须坚持理论密切联系实际的原则，在理解概念、弄懂原理、掌握方法的基础上，通过多想、多问、多做的方法，循序渐进达到从入门到理解、再从理解到掌握的目的，做到通过学习学生能很好识读结构施工图，能进行简单常用结构构件设计和验算，能够有效参与施工现场或设计单位各种业务活动的目的。

复 习 思 考 题

一、名词解释

建筑结构　　钢筋混凝土结构　　结构上的作用　　直接作用　　间接作用

二、简答题

1. 建筑结构按组成材料分为几类？最常用的两种结构的特点有哪些？
2. 钢筋和混凝土两种性质截然不同的工程材料能够有效结合在一起共同工作的条件是什么？
3. 《混凝土结构与砌体结构》课的性质是什么？它在工业与民用建筑工程专业中的地位和作用是什么？
4. 怎样学好钢筋混凝土结构课？

第二章 钢筋和混凝土材料的力学性能

学习要求与目标：
1. 了解混凝土的组成特点、力学特性；理解影响混凝土强度、变形性能的各种因素。
2. 掌握混凝土立方体抗压强度，棱柱体轴心抗压强度、轴心抗拉强度以及混凝土弹性模量的测试方法。
3. 掌握混凝土在一次短期加荷时的受力破坏过程；理解混凝土徐变及收缩的概念、徐变和收缩对构件产生的影响、影响徐变和收缩的因素及降低徐变的技术与工程措施。
4. 了解钢筋的种类、级别、形式；掌握有明显屈服点钢筋和无明显屈服点钢筋的应力-应变曲线、力学特性、设计强度的取值。
5. 理解钢筋和混凝土之间粘结力的组成、特点和作用；掌握钢筋的受拉锚固长度、搭接长度、同一个搭接区的概念，以及不同构件在同一搭接区内搭接钢筋面积百分率的限制要求。

钢筋混凝土是由性质截然不同的钢筋和混凝土两种材料组成的。混凝土是由石子、砂子、水泥加水拌制而成的一种混合材料，特殊情况时还会加入第五组份，由于混凝土浇筑过程中需要足够的流动性，在拌制时加入混凝土内的工艺水通常远远大于用于水化水泥颗粒的水化水，因此，在混凝土凝结硬化后其内部随着工艺水的散失会残留许多空隙，水泥凝胶体的收缩会产生许多微裂缝。此外，在混凝土拌制、浇筑和振捣密实过程中由于施工工艺的原因，内部粗细骨料分配不均匀，所以混凝土材料是不密实也不均匀的材料。钢筋混凝土材料的性质类似于混凝土材料，工程力学课中学习到的材料力学原理及方法不完全适应于钢筋混凝土结构构件的内力分析。所以本章所列内容实际上是钢筋混凝土的材料力学知识。

第一节 混凝土的力学性能

一、混凝土的强度

工程材料的强度是指结构材料在某种特定受力状态下所承受的极限应力。一般工程结构中构件可能出现的受力状态包括受拉、受压、受弯、受剪、受扭等。混凝土均匀受压时，它在即将破坏前所承受的最大压应力也就是它的极限抗压强度，通常简称抗压强度，用同样的方法也就可以定义混凝土的抗拉强度。建筑材料课相关的知识表明，混凝土的强度不仅与所选用的水泥强度等级、水泥用量，以及骨料的级配和混凝土配合比等内在因素有关，而且也与混凝土养护环境的温度、湿度等因素有关，并且在凝结硬化后是随龄期的增长而不断提高。从工程应用的角度，我们更为关心的是混凝土强度的测定方法和不同受力状态下强度的确定。

(一) 混凝土立方体抗压强度标准值 $f_{cu,k}$

实际工程中几乎不出现混凝土立方体受压的状态，但为什么我们要讨论混凝土立方体抗压强度呢？这是因为：一方面，立方体强度测定比较容易，尺寸小的试件制作养护方便，节省材料；另一方面，通过在同等条件下制作养护的棱柱体受压、受拉试件极限强度和立方体试件极限强度对照分析确定的相互关系，我们就可很方便地根据测得的立方体抗压强度，依据现行国家标准《混凝土结构设计规范》GB 50010—2010（以下简称《混凝土结构规范》）规定换算出这批混凝土的棱柱体抗压强度和棱柱体抗拉强度。《混凝土结构规范》规定，混凝土的立方体抗压强度标准值是指，在标准状况下制作养护边长为150mm 的立方体试块，用标准方法测得的 28d 龄期时，具有 95％保证概率的强度值，单位是 N/mm²。《混凝土结构规范》规定混凝土强度等级有 C15、C20、C25、C30、C35、C40、C45、C50、C55、C60、C65、C70、C75、C80 等级，其中 C 代表混凝土，C 后面的数字代表立方体抗压标准强度值，单位是 N/mm²，用符号 $f_{cu,k}$ 表示。《混凝土结构规范》同时允许对近年来使用量明显增加的粉煤灰等矿物混凝土，确定其立方体抗压强度标准值 $f_{cu,k}$ 时，龄期不受 28d 的限制，可以由设计者根据具体情况适当延长。

上面谈到的立方体试块制作时的标准状况是指，构件制作必须按照混凝土材料试验有关规程的规定，要做到配合比准确，骨料的级配符合要求，制作时混凝土的振捣密实方法标准。养护时的标准状况是指，养护环境温度必须保持在 20±3℃，相对湿度必须保持在90％以上。试验时的标准状况是指，试验机的加压板和试块表面不涂润滑剂，加荷的速度必须限制在 0.15～0.25N/mm²·s。同时必须强调的是，混凝土立方体强度测试必须是同一批试块，要具有材料试验规程规定的块数。

《混凝土结构规范》规定，素混凝土结构的混凝土强度等级不应低于 C15，钢筋混凝土结构的混凝土强度等级不应低于 C20；采用强度等级 400MPa 及以上的钢筋时，混凝土强度等级不应低于 C25。预应力混凝土结构的混凝土强度等级不宜低于 C40，且不应低于C30。承受重复荷载的钢筋混凝土构件，混凝土强度等级不应低于 C30。

(二) 混凝土轴心抗压强度标准值 f_{ck}

试验证明，立方体抗压强度不能代表以棱柱体形态受压为主的结构构件中的混凝土强度。这种对照试验是选自于由相同混凝土制作的截面尺寸相同、边长为 150mm×150mm×150mm 的立方体和 150mm×150mm×300mm、150mm×150mm×450mm、150mm×150mm×600mm 三类高宽比分别是 2、3、4 的不同试件，对照试验时分别测定了它们各自的强度，试验结果表明，试块的高宽比越大，所测得的抗压强度越低。但是高宽比超过3 以后，抗压强度的降低幅度就趋于稳定了。造成试验结果不同的原因，一方面是试验时支承面的摩擦阻力对试件横向扩展的约束作用随着远离支承面逐渐减少，大约距承压面0.707 倍的试块表面尺寸处就消失了。所以，当试件的高宽比增大以后，由于上下两个端面上摩擦力的约束已达不到试件高度的中部，使中部混凝土处在可以自由变形的状态。显而易见，棱柱体比立方体所受的上述摩擦作用的影响要少，所以强度较低。另一方面，我们知道混凝土受压构件的破坏是开始于纵向压力作用下内部裂缝的扩展和横向变形的加大，棱柱体中部的混凝土受到周围截面摩擦力形成的类似的桶箍约束基本消失，所以微裂缝扩展为贯通的裂缝后数量增加、长度变长、宽度加大，导致中部混凝土过早压溃，这也是棱柱体试件轴心抗压强度低于立方体试块抗压强度的一个主要原因。

通过用相同混凝土在同一条件下制作养护的棱柱体试件和同时制作的钢筋混凝土短柱在轴心力作用下受压性能的对比试验，可以看出高宽比超过 3 以后的混凝土棱柱体中的混凝土抗压强度和以受压为主的钢筋混凝土构件中的混凝土抗压强度是一致的（图 2-1）。因此《混凝土结构规范》规定用高宽比为 3~4 的棱柱体试件测得的抗压强度作为轴心抗压强度（棱柱体抗压强度），用符号 f_{ck} 表示。

通过大量对比试验，找出了立方体试块抗压强度和棱柱体试件抗压强度之间的关系，通过线性回归可以得出轴心抗压强度 f_{ck} 与立方体试块强度 $f_{cu,k}$ 之间的关系大致为：

$$f_{ck} = 0.88 \alpha_1 \alpha_2 f_{cu,k} \tag{2-1}$$

式中　0.88——系数，是考虑结构中混凝土的实体强度与立方体试件混凝土强度之间的差异，根据经验，结合试验数据分析并考虑其他国家的有关规定，对试件混凝土强度的修正系数取为该值；

f_{ck}——混凝土轴心受压强度标准值；

$f_{cu,k}$——混凝土立方体抗压强度标准值；

α_1——棱柱体轴心抗压强度标准值与立方体抗压强度平均值的比值，对 C50 及其以下混凝土，取 $\alpha_1=0.76$；对于 C80 混凝土，取 $\alpha_1=0.82$，在 C50 和 C80 之间按线性内插法取值；

α_2——C40 以上的混凝土考虑脆性折减系数，对于 C40 及以下的混凝土，取 $\alpha_2=1.0$；对于 C80 混凝土，取 $\alpha_2=0.87$，在 C40 和 C80 之间按线性内插法取值。

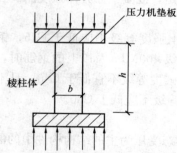

图 2-1　混凝土棱柱体抗压试验

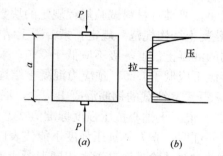

图 2-2　混凝土轴心抗拉强度测定时的劈裂试验

《混凝土结构规范》中的混凝土轴心抗压强度标准值见表 2-1。

（三）混凝土的抗拉强度标准值 f_{tk}

如前所述，混凝土的抗拉强度远低于其抗压强度，大约为轴心抗压强度的 1/7~1/10 左右，在轴心受拉、受弯构件及偏心受压构件设计时一般不考虑混凝土承担的很小的一部分拉力，只有在验算预应力混凝土结构构件的受力及变形，和钢筋混凝土结构构件裂缝宽度以及抗裂验算时才用到混凝土抗拉强度。

常用的测定混凝土抗拉强度的方法是拔出试验，如图 2-3 所示，另一种是用劈裂试验（图 2-2）测定。相比之下拔出试验更为简单易行，以下只介绍拔出试验。拔出试验采用 100mm×

100mm×500mm 的棱柱体，在试件两端轴心位置预埋Φ16或Φ18的HRB335级钢筋，埋入深度为150mm，在标准状况下养护28d龄期后可测试其抗拉强度，用符号 f_{tk} 表示。试验时在试验机上用夹头夹住钢筋给试件施加纵向拉力，测得试件中间段素混凝土拉断时的拉力，就可算出混凝土的轴心抗拉强度。因为混凝土抗拉极限强度很低，试验对两端埋入的钢筋的对准程度很敏感，对试件尺寸要求比较严格，试验时务必注意这个因素的影响。

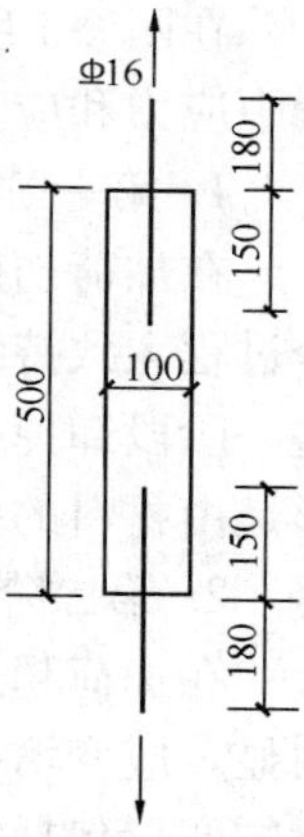

由于混凝土的各种强度都是用立方体抗压强度标准值来折算的，编制《混凝土结构规范》时通过大量试验找出了混凝土立方体抗拉强度标准值和混凝土轴心抗拉强度之间的关系，大量试验结果用回归分析求出了二者之间的关系如下式所示：

$$f_{tk} = 0.88 \times 0.395 f_{cu,k}^{0.55} \qquad (2-2)$$

式中　　f_{tk} ——混凝土轴心抗拉强度标准值；
　　　　$f_{cu,k}$ ——混凝土立方体抗压强度标准值。

图 2-3　混凝土轴心抗压试验

《混凝土结构规范》中的混凝土轴心抗拉强度标准值见表 2-1。

混凝土轴心抗压、轴心抗拉强度标准值（N/mm²）　　表 2-1

强　度	混凝土强度等级													
	C15	C20	C25	C30	C35	C40	C45	C50	C55	C60	C65	C70	C75	C80
f_{ck}	10.0	13.4	16.7	20.1	23.4	26.8	29.6	32.4	35.5	38.5	41.5	44.5	47.4	50.2
f_{tk}	1.27	1.54	1.78	2.01	2.20	2.39	2.51	2.64	2.74	2.85	2.93	2.99	3.05	3.11

（四）混凝土的强度设计值

《混凝土结构规范》中的混凝土轴心抗压强度设计值、轴心抗拉强度设计值见表 2-2。

混凝土轴心抗压、轴心抗拉强度设计值（N/mm²）　　表 2-2

强　度	混凝土强度等级													
	C15	C20	C25	C30	C35	C40	C45	C50	C55	C60	C65	C70	C75	C80
f_c	7.2	9.6	11.9	14.3	16.7	19.1	21.1	23.1	25.3	27.5	29.7	31.8	33.8	35.9
f_t	0.91	1.10	1.27	1.43	1.57	1.71	1.80	1.89	1.96	2.04	2.09	2,14	2.18	2.22

二、混凝土的变形

混凝土是由粗、细骨料和水泥、水组成的一种不均匀的混合体（水泥石），混凝土内部存在微裂缝、空隙等，水泥石中尚未转化为结晶体的凝胶体具有受力后产生的变形比水泥石大的特性，由此造成了混凝土变形性能的复杂性。混凝土的变形分为受力变形和体积变形两类，其中受力变形包括以下三种：即试验室一次短期加荷时的变形，长期不变的荷载作用下的变形和重复荷载作用下的变形。体积变形包括混凝土的收缩和随温度变化发生的热胀冷缩。工程中的混凝土构件大多考虑一次加荷时的受力破坏、长期不变的荷载作用下的徐变以及混凝土的收缩变形。

（一）混凝土在一次短期加荷时的变形性能

混凝土棱柱体受压时的应力-应变曲线能比较全面地反映混凝土在压力作用下强度和变形的性能，它也是掌握受压构件截面应力分布规律的主要依据。

在图 2-4 所示的应力-应变曲线图中,我们就可以比较清楚地看到混凝土受力破坏过程中应力和应变变化几个阶段的基本情况。

1. 第一阶段（OA 段）

在加荷初期应力较小,应力和应变呈正比关系,混凝土呈现较为理想的弹性性质,这个过程大致持续到混凝土极限强度 25%~30% 时结束。这个阶段称为弹性阶段。如果在这一阶段卸掉荷载,试件截面应力和试件上产生的应变将恢复到零,这一阶段混凝土的变形是由材料的弹性性质决定的,内部的微裂缝基本没有增加。

2. 第二阶段（AB 段）

在加荷超过极限承载力 N_u 的 30% 直到 N_u 的 80% 的过程中,混凝土的塑性已越来越明显,应变增加的速度越来越快于应力增加的速度,曲线明显向水平应变轴靠近。这一阶段的变形包括卸载后可以立即恢复的弹性变形和卸载后需要持续一段时间才能恢复的变形（称为弹性后效）,以及卸载后残留在试件上不能恢复的变形（称为塑性变形）,共三部分组成。这一阶段表现的性质称为弹塑性性质。这一阶段混凝土内部的微裂缝虽有所发展,但增加的数量不多、宽度增加和长度的延长并不明显。

3. 第三阶段（BC 段）

当试件受到的压力达到极限压力 N_u 的 80% 以上到试件最大承载力 N_u 这一阶段时,混凝土的塑性性质在第二阶段的基础上更加明显,混凝土内部微裂缝迅速增加和开展,应变增长速度进一步加快,直至达到混凝土试件的最大承载力,这时试件截面的应力即为混凝土的轴心抗压强度。试验表明,此时混凝土达到的应变是 0.002。这阶段之前 BC 段称为上升段。

4. 第四阶段（CD 段）

达到最高应力后,混凝土内部的微裂缝迅速增加和贯通,变形增加的同时试件的承载能力开始下降,这个过程应力的下降通常是先快后慢,试验机刚度较大时可以测得混凝土压碎时极限应变会达到 10% 以上。

5. 第五阶段（DE 段）

曲线上 DC 段是混凝土压碎前塑性延续段,它依靠骨料自身强度在较低应力状态下持续变形直到达到极限应变和较低应力到达 E 点后混凝土被压碎。

（二）混凝土在长期不变荷载作用下的变形（徐变）

试验表明,钢筋混凝土梁在长期不变的荷载作用的初期会产生弹性变形,此后随时间的延长挠度会不断增加,这个过程一般要持续两年以上。同样把混凝土棱柱体加压到某个应变值后维持荷载不变,随着时间的推移棱柱体的应变同样会继续增加。由此可知,构件在长期不变的荷载作用下应变随时间增长具有不断增长的特性,混凝土的这种受力变形情况称为徐变。徐变对混凝土结构构件的变形和承载能力会产生明显的影响,在预应力混凝土构件中会造成预应力损失。这些影响对结构构件的受

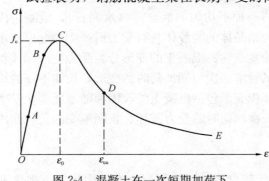

图 2-4 混凝土在一次短期加荷下受力破坏的应力-应变曲线

力和变形是有危害的，因此在设计和施工过程中要尽可能采取措施降低混凝土的徐变。如图 2-5 所示，试件在维持应力不变时，徐变的发展是先快后慢，通常前六个月会完成最终徐变量的 70%～80%，一年内完成 90% 以上，其余会在后续的几年内逐步产生。

徐变产生的原因主要包括以下两个方面：

(1) 混凝土内的水泥凝胶体在压应力作用下具有缓慢黏性流动的性质，这种黏性流动需要较长的时间才能逐渐完成。在这个变形过程中凝胶体会把它承受的压力转嫁给骨料，从而使黏流变形逐渐减弱直到结束。当卸去荷载后，骨料受到的压力会逐步回传给凝胶体，因此，一部分徐变变形能够恢复。

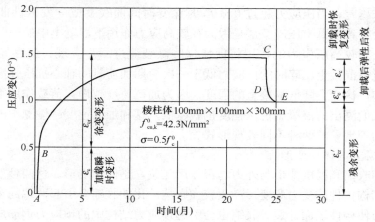

图 2-5　混凝土徐变-时间曲线

(2) 当试件受到较高压应力作用时，混凝土内的微裂缝会不断增加和延长，加剧了徐变的产生。压应力越高，这种因素的影响在总徐变中占的比例就越高。

上述徐变产生的因素也必然会给徐变量值带来影响。归纳起来有以下几点：

(1) 混凝土内在的材性方面的影响

1) 水泥用量越多，凝胶体在混凝土内占的比例就越高，徐变就越大；降低这个因素产生徐变的措施是，在保证混凝土强度等级的前提下，严格控制水泥用量。

2) 水灰比越高，混凝土凝结硬化后残留在其内部的工艺水就越多，于是它的挥发产生的空隙就越多，徐变就会越大。减小这个因素产生的徐变的措施是：在保证混凝土流动性的前提下，严格控制用水量，减低水灰比和多余的工艺水。

3) 骨料级配越好，徐变越小。骨料级配越好，骨料在混凝土体内占的体积越多，水泥凝胶体就越少，凝胶体向结晶体转化时体积的缩小量就小，压应力从凝胶体向骨料的内力转移就小，徐变就小。减小这种因素引起的徐变，主要措施是选择级配良好的骨料。

4) 骨料的弹性模量越高，徐变越小。这是因为骨料越坚硬，在凝胶体向其转化内力时骨料的变形就小，徐变也就会减小。减小这种因素引起的徐变的主要措施是选择坚硬的骨料。

(2) 混凝土养护和工作环境条件的影响

1) 混凝土制作养护和工作环境的温度正常、湿度高则徐变小；反之，温度过高、湿度低则徐变大。在实际工程施工时混凝土养护时的环境温度一般难以调控，在常温下充分保证湿度，徐变就会降低。

2) 构件的体积和面积的比值小（即表面面积相对较大）的构件，混凝土内部水分散发较快，混凝土内水泥颗粒早期的水解不充分，凝胶体的产生及其变为结晶体的过程不充分，徐变就大。

3) 混凝土加荷龄期越长，其内部结晶体的量越多，凝结硬化越充分，徐变就越小。

4) 构件截面受到长期不变应力作用时的压应力越大，徐变越大。在压应力小于 $0.5f_c$ 范围内，压应力和徐变呈线性关系，这种关系称为线性徐变；在 $(0.55\sim0.6)f_c$ 时，随时间延长徐变和时间关系曲线是收敛曲线，即会朝某个固定值靠近，但收敛性随应力的增高越来越差；当压应力超过 $0.8f_c$ 时徐变时间曲线就成为发散性曲线了，徐变的增长最终将会导致混凝土压碎。这是因为在较高应力作用下混凝土中的微裂缝已经处于不稳定状态。长期较高压应力的作用将促使这些微裂缝进一步发展，最终导致混凝土被压碎。这种情况下混凝土压碎时的压应力低于一次短期加荷时的轴心抗压强度。

由此可知，徐变会降低混凝土的强度，因为加荷速度越慢，荷载作用下徐变发展得越充分，相应我们测出的混凝土抗压强度也就越低。这和加荷速度越慢测出的混凝土强度越低是同一个物理现象的两种不同表现形式。

（三）混凝土的体积变形

混凝土的收缩和温度变形与外力是否作用无关，是体积变形。这两种变形如果控制不当，也会对结构构件的受力和变形产生较大影响。比如收缩会引起两端约束的构件产生强制的收缩应力使构件表面开裂，收缩也会引起预应力结构中的预应力钢筋应力下降。混凝土收缩的结果会使结构产生附加拉应力和应变，严重的会引起构件开裂。在钢筋混凝土构件中，由于钢筋很少有收缩的性质表现出来，混凝土的收缩就会受到钢筋的阻碍作用，钢筋内部就会出现压应力，而混凝土内就会受到强制的拉应力。当截面配筋率很大时，混凝土内的强制拉应力也就会很大，甚至会使混凝土受拉开裂。试验证明，收缩的产生是早期发展快，后期发展慢，两年后基本趋于稳定。

1. 混凝土的收缩

混凝土在空气中凝结硬化的过程中，体积会随时间的推移不断缩小，这种现象称为混凝土的收缩。相反在水中结硬的混凝土其体积会略有增加，这种现象称为混凝土的膨胀。

混凝土的收缩包括失去水分的干缩，它是在混凝土凝结硬化过程中内部水分散失引起的，一般认为这种收缩是可逆的，构件吸水后绝大部分会恢复。混凝土体内由于水泥凝胶体转化为结晶体的过程造成的体积收缩叫凝缩，这种收缩，一般我们可以认为是不可逆的变化，凝胶体结硬变为结晶体时吸水后不会逆向还原。

影响混凝土干缩的因素包括以下几个方面：

（1）水灰比越大，收缩越大。因此，在保证混凝土和易性和流动性的情况下，尽可能降低水灰比。

（2）养护和使用环境的湿度大，温度较低时水分散失得少，收缩就小。同等条件下加大养护时的湿度是降低收缩的有效措施。

（3）体表（构件表面积与体积的比值）比大，构件表面积相对越大，水分散失就越快，收缩就大。

影响凝缩的因素包括以下几个方面。

(1) 水泥用量多、强度高时收缩大。这是由于凝胶体分量多，转化成结晶体的体积多，收缩就大。因此，在保证混凝土强度等级的前提下，要严格控制水泥用量，选择强度等级合适的水泥。

(2) 骨料级配越好，密度就越大，混凝土的弹性模量就越高，对凝胶体的收缩就会起到制约作用，故收缩就小。混凝土配合比设计和骨料选用时，合理的级配对降低收缩作用明显。

由以上分析可知，混凝土的收缩有些影响因素和混凝土徐变相似，但二者截然不同，徐变是受力变形，而收缩和外力无关，这是二者的根本区别。

2. 混凝土的温度变形

混凝土材料和其他工程材料一样，也具有热胀冷缩的性质，如前所述，它的线膨胀系数为 $(1.0 \sim 1.5) \times 10^{-5}/℃$，用这个值去衡量混凝土的收缩，最终收缩大致相当于温度降低 $15 \sim 30℃$ 时的变化。相对于自由状态的混凝土构件，两端约束的混凝土在温度降低时的自由收缩被限制，假设温度下降 $t℃$，自由状态的构件产生的温度应变为 ε，则两端约束的构件内就会产生 $\varepsilon \times E_c$ 的拉应力，当这个值超过混凝土抗拉强度标准值时，构件截面的混凝土就会被拉裂。同理，钢筋混凝土构件组成的房屋结构的温度变形也是受到约束的，如果温度变形产生的内应力得不到应有的重视，同样会造成混凝土结构房屋的不规则开裂。因此，钢筋混凝土结构房屋在超过《混凝土结构规范》规定的长度限制要求时要设置收缩缝，详见表13-1。

三、混凝土的弹性模量和变形模量

(一) 混凝土的弹性模量

弹性模量是反映工程材料在弹性限度范围内抵抗外力作用时变形能力大小的力学指标，即在弹性限度内工程材料受到外力作用时产生单位应变在其截面需要施加的应力。在验算结构构件变形、梁的挠度和裂缝宽度、计算预应力混凝土结构截面有效预应力时必须用到混凝土的弹性模量。

《混凝土结构规范》采用棱柱体试件，将其加荷至应力为 $0.4f$（对高强度混凝土为 $0.5f$），然后卸荷使试件截面的应力降为零，这样重复 $5 \sim 10$ 次，直至应力-应变曲线逐渐稳定，并成为一条稳定曲线如图 2-6(a) 所示；简化后的应力-应变曲线如图 2-6(b) 所示，该直线与水平轴夹角的正切值即为混凝土的弹性模量。

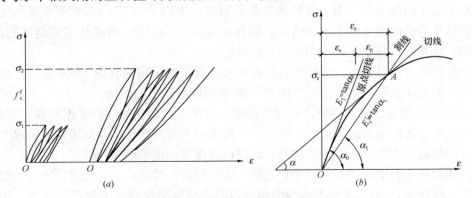

图 2-6 混凝土弹性模量和变形模量表示方法

经试验和统计回归分析得到混凝土弹性模量的计算公式如下：

$$E_c = \frac{10^5}{2.2 + \dfrac{34.74}{f_{cu,k}}} \tag{2-3}$$

根据公式(2-3)求得不同强度等级的混凝土的弹性模量见表2-3。

混凝土的剪变模量取为 $G = 0.4E_c$。

混凝土弹性模量 E_c（$\times 10^4 \text{N/mm}^2$） 表2-3

强度等级	C15	C20	C25	C30	C35	C40	C45	C50	C55	C60	C65	C70	C75	C80
E_c	2.20	2.55	2.80	3.00	3.15	3.25	3.35	3.45	3.55	3.60	3.65	3.70	3.75	3.80

（二）混凝土的变形模量

如前所述，混凝土试验时受到的压应力超过其轴心抗压强度设计值的0.3倍后，便会有一定的塑性性质表现出来，超过轴心抗压强度设计值0.5倍时弹性模量已不能反映此时的应力和应变之间的关系。为了研究混凝土受力变形的实际情况，提出了变形模量的概念。变形模量是指从应力-应变曲线的坐标原点和过曲线上压应力大于0.5倍的任意一点 C 所作的割线的斜率，也叫割线模量，用 E'_c 表示。《混凝土结构规范》规定 $E'_c = 0.5E_c$。

第二节　钢筋的种类及其力学性能

一、建筑钢筋的种类及选用

人们期望任何工程材料都具有强度高、塑性好、便于加工的性质，钢筋也不例外。根据《混凝土结构规范》的规定，本节介绍我国混凝土结构所用的钢筋。

（一）钢筋的种类调整

随着国家钢筋产品标准的修订，提倡应用高强、高性能钢筋。不再限制钢筋材料的化学成分和制作工艺，而按性能确定钢筋的牌号和强度级别，并以相应的符号表达。根据混凝土构件对受力的性能要求，规定了各种牌号钢筋的选用原则。钢筋材料的变化主要从以下几个方面体现：

（1）增加了强度为500MPa级的热轧带肋钢筋；推广400MPa、500MPa级热轧带肋高强度钢筋作为纵向受力的主导钢筋，限制并逐步淘汰335MPa级热轧带肋钢筋的应用；用300MPa级光圆钢筋取代235MPa级光圆钢筋。

（2）推广具有较好延性、可焊性、机械连接性能及施工适应性的HRB系列普通热轧带肋钢筋。引入用控温轧制工艺生产的HRBF系列细晶粒带肋钢筋。

（3）RRB系列余热处理钢筋由轧制钢筋经高温淬水，余热处理后强度提高，其延性、可焊性、机械连接性能及施工适应性降低，一般可用于对变形性能及加工性能要求不高的构件中，如基础、大体积混凝土、楼板、墙体以及次要的中小结构构件等。

（4）增加预应力钢筋的品种：增补高强、大直径的钢绞线；引入大直径预应力螺纹钢筋（精轧螺纹钢筋）；列入中强度预应力钢丝以补充中等强度预应力钢筋的空缺，用于中小跨度的构件；淘汰锚固性能很差的刻痕钢丝。

（5）高强度钢筋当用于约束混凝土的间接钢筋（如连续螺旋配箍或封闭焊接箍）时其

强度可以得到充分发挥,采用500MPa级热轧带肋高强度钢筋具有一定的经济效益。箍筋用于抗剪、抗扭及抗冲切设计时,其抗拉强度设计值不宜采用强度高于400MPa级热轧带肋高强度钢筋,即$f_y \leq 360N/mm^2$。

(6) 近年来,我国强度高、性能好的预应力钢筋(钢丝、钢绞线)已可充分供应,故冷加工钢筋不再列入《混凝土结构规范》中,本书也不再列入冷加工钢筋的有关内容。

(二) 混凝土结构中钢筋的选用

《混凝土结构规范》规定,混凝土结构和预应力混凝土结构中使用的钢筋如下:

(1) 纵向受力普通钢筋宜采用HRB400、HRB500、HRBF400、HRBF500级钢筋,也可采用HPB300、HRB335、HRBF335、RRB400级钢筋;

(2) 梁、柱纵向受力普通钢筋应采用HRB400、HRB500、HRBF400、HRBF500级钢筋;

(3) 箍筋宜采用HRB400、HRBF400、HPB300、HRB500、HRBF500级钢筋,也可采用HRB335、HRBF335级钢筋;

(4) 预应力筋宜采用预应力钢丝、钢绞线和预应力螺纹钢筋。

(三) 钢筋的形式

1. 钢筋的形式

HPB300级钢筋外形轧制成光面,俗称光圆钢筋或圆钢筋,用符号Φ表示。HRB335级钢筋用符号Ⱨ表示,HRBF335级钢筋用符号Ⱨ^{F}表示;HRB400级钢筋,用符号Ⱨ表示;HRBF400级钢筋,用符号Ⱨ^{F}表示,RRB400级钢筋用符号Ⱨ^{R}表示,轧制成螺纹钢;HRB500级钢筋,用符号Ⱨ表示;HRBF500级钢筋,用符号Ⱨ^{F}表示,轧制成月牙纹、人字纹或螺纹钢筋,如图2-7所示。

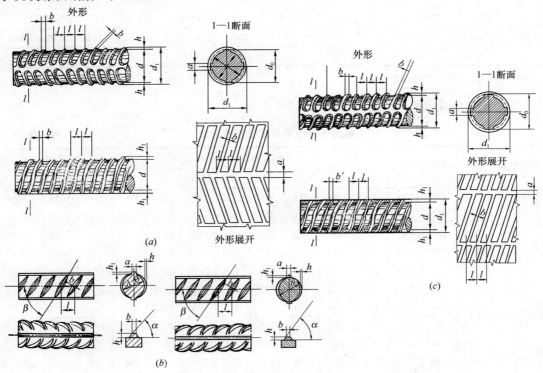

图2-7 热轧带肋钢筋的形式

2. 钢筋的公称截面面积及重量

根据国家现行的钢筋产品标准，钢筋的供货直径，在 6mm 到 22mm 按 2mm 增加，还有 25mm 的钢筋，28mm 以上按 4mm 增加到 40mm，最粗的钢筋直径可达 50mm。

各种钢筋横截面积和每米长的质量详见表 2-4。

钢筋的公称截面面积及重量表 表 2-4

直径 d (mm)	不同根数钢筋的计算截面面积 (mm²)									理论质量 (kg/m)
	1	2	3	4	5	6	7	8	9	
6	28.3	57	85	113	142	170	198	226	255	0.222
6.5	33.2	66	100	136	166	199	231	265	299	0.260
8	50.3	101	151	201	252	302	352	402	453	0.395
10	78.5	157	236	314	393	471	550	628	707	0.617
12	113.1	226	339	452	565	678	791	904	1017	0.888
14	153.9	308	461	615	769	923	1077	1231	1385	1.21
16	201.1	402	603	804	1005	1206	1407	1608	1809	1.58
18	254.5	509	763	1017	1272	1525	1780	2036	2290	2.00(2.11)
20	314.2	628	942	1256	1570	1884	2199	2513	2827	2.47
22	380.1	760	1140	1520	1900	2281	2661	3041	3421	2.98
25	490.9	982	1473	1964	2454	2945	3436	3927	4418	3.85(4.10)
28	615.8	1232	1847	2463	3079	3695	4310	4926	5542	4.83
32	804.3	1609	2413	3217	4021	4826	5630	6434	7238	6.31(6.65)
36	1017.9	2036	3054	4072	5089	6107	7125	8143	9161	7.99
40	1256.6	2513	3770	5027	6283	7540	8796	10053	11310	9.87(10.34)
50	1963.5	3928	5892	7856	9820	11784	13748	15712	17676	15.42(16.28)

注：括号内为预应力螺纹钢筋的数值。

每米宽的板带中所配的钢筋面积如表 2-5 所示。

每米宽的板带实配钢筋面积表 表 2-5

钢筋间距	钢筋直径(mm)											
	3	4	5	6	6/8	8	8/10	10	10/12	12	12/14	14	14/16	16
70	101	180	280	404	561	719	920	1121	1360	1616	1907	2199	2536	2872
75	94.3	168	262	377	524	671	859	1047	1277	1508	1780	2052	2367	2681
80	88.4	157	245	354	491	629	805	981	1198	1414	1669	1924	2218	2513
85	83.2	148	231	233	462	592	758	924	1127	1331	1571	1811	2088	2365
90	78.5	140	218	314	437	559	716	872	1064	1257	1483	1710	1972	2234
95	74.5	132	207	298	414	529	678	826	1008	1190	1405	1620	1868	2116
100	70.6	126	196	283	393	503	644	785	958	1131	1335	1539	1775	2011
110	64.2	114	178	257	357	457	585	714	871	1028	1214	1399	1614	1828
120	58.9	105	163	236	327	419	537	654	798	942	1113	1283	1480	1676
130	54.4	96.6	151	218	302	387	495	604	737	870	1027	1184	1366	1547
140	50.5	89.7	140	202	281	359	460	561	684	808	954	1099	1268	1436

续表

钢筋间距	钢筋直径(mm)													
	3	4	5	6	6/8	8	8/10	10	10/12	12	12/14	14	14/16	16
150	47.1	83.8	131	189	262	335	429	523	639	754	890	1026	1183	1340
160	44.1	78.5	123	177	246	314	403	491	599	707	834	962	1110	1257
170	41.5	73.9	115	166	231	296	379	462	564	665	785	905	1044	1183
180	39.2	69.8	109	157	218	279	358	436	532	628	742	855	985	1117
190	37.2	66.1	103	149	207	265	339	413	504	595	703	810	934	1058
200	35.3	62.8	98.2	141	196	251	322	393	479	565	668	770	888	1005
220	32.1	57.1	89.2	129	179	229	293	357	463	514	607	700	807	914
240	29.4	52.4	81.8	118	164	210	268	327	399	471	556	641	740	838
250	28.3	50.3	78.5	113	157	201	258	314	383	452	534	616	710	838
260	27.2	48.3	75.5	109	151	193	248	302	369	435	513	592	682	773
280	25.2	44.9	70.1	101	140	180	230	280	342	404	477	550	634	718
300	23.6	41.9	65.5	94.2	131	168	215	262	319	377	445	513	592	670
320	22.1	39.3	61.4	88.4	123	157	201	245	299	353	417	481	554	628

二、钢筋的力学性能

(一) 中等强度等级钢筋的应力-应变曲线

图 2-8(a) 是 HPB300 级强度的热轧光圆钢筋的应力-应变曲线。从图中可以清楚地看到中等强度钢的拉伸试验有明显的几个阶段。

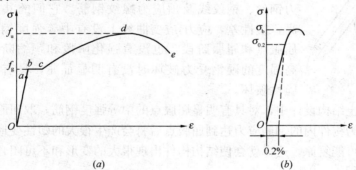

图 2-8 钢筋拉伸时的应力-应变

1. 弹性阶段

从应力-应变曲线图坐标原点 O 到曲线上的 a 点，应力和应变成正比例，施加拉力钢筋会自动伸长，卸掉拉力钢筋回缩至受拉前的状态，钢筋的这种性质称为弹性，这个阶段叫做弹性阶段，a 点对应的应力值叫做钢筋的弹性极限，也可叫做比例极限。这一阶段应力和应变的比值是一个常数，我们定义这个常数为钢筋的弹性模量，用 E_s 表示。从应力-应变曲线上的 a 点到 b 点，应变增加的速度略微高于应力增加的速度，曲线的斜率有所下降，但依然处在弹性阶段，即应力卸掉应变能够完全恢复，这一阶段也是钢筋受力的弹性阶段。

2. 屈服阶段

从曲线图上的 b 点到 c 点，钢筋应力和应变抖动变化，应力总体上不超过 b 点的值，这一阶段被形象地叫做屈服平台。在屈服阶段钢材产生塑性流动,所以这一阶段称为屈服阶段,屈服阶段应变增加的幅度称为流幅。钢筋受力到这一阶段后,钢筋应变已经较大,钢筋混凝土结构中构件的裂缝已比较宽,实际上已不能满足实用要求。为了使结构具有足够的安全性,规范规定取屈服点偏低点的对应的应力值为屈服强度标准值。试验用的 HPB300 级钢筋的屈服强度标准值经实测为 300N/mm^2。

3. 强化阶段

曲线图上从 c 点到 d 点,达到屈服后由于钢筋内部晶体结构产生了明显的重新排列,阻碍塑性流动的能力开始增强,强度伴随应变的增加在不断提高,钢筋材质已开始明显变脆,这一阶段的最高应力叫钢筋的极限强度。钢筋屈服强度和它的极限强度的比值叫屈强比。屈强比是反映钢筋力学性能的一个重要指标。屈强比越小,表明钢筋用于混凝土结构中,在所受应力超过屈服强度时,仍然有比较高的强度储备,结构安全性高,但屈强比小,钢筋的利用率低。如果屈强比太大,说明钢筋利用率太高,用于结构时安全储备太小。换句话说就是当钢筋屈服后,内力增加不多时钢筋就有可能达到最大应力。

4. 颈缩断裂

曲线图上从 d 点到 e 点,应力到达最高点时钢筋的应变已比较大,随着应变的加大,试件的横截面上的薄弱部位直径显著变小,这个现象人们形象地比喻为颈缩,最终在 e 点时达到极限应变发生断裂。

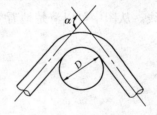

图 2-9 钢筋的冷弯

(二) 强度不低于 500MPa 的高强度钢筋的应力-应变曲线

如图 2-8(b) 所示,这类钢筋包括预应力钢丝、消除预应力钢丝、钢绞线及预应力螺纹钢筋。它们的共同特征是强度高,塑性差,应力-应变曲线上没有中等强度钢筋那样的明显屈服点和屈服阶段,也没有强化阶段和颈缩断裂阶段。这种高强度的硬钢受力破坏时没有明显征兆,具有突然性,属于脆性破坏。

在钢筋混凝土结构设计中,对具有明显屈服点的中等强度钢筋,取屈服点作为钢筋强度限值。这是因为构件内的钢筋应力达到屈服点后将会产生很大的塑性变形,即使构件卸载塑性变形也不可能复原。这样就会使结构构件出现很大的变形和不可闭合的裂缝,导致结构不能正常使用。

对于没有明显屈服点的钢筋,为了使结构使用这种钢筋后具有一定的安全储备,规范规定以冷拉试验时钢筋产生塑性残余应变为 0.2% 时的应力为"条件屈服强度",这个值大致等于极限强度的 85%,即 $\sigma_{0.2}=0.85\sigma_b$。条件屈服强度的取值如图 2-8(b) 所示。

(三) 钢筋的冷弯性能

结构用钢材不仅要有较高的强度、塑性,同时,还要具有足够的冷弯性能。冷弯性能的大小反映钢材内在质量的好坏,也能反映钢材的塑性和加工性能。钢筋冷弯性能试验时取一段钢筋(标距为 $5d$ 或 $10d$),围绕直径 D(D 是钢筋直径一定倍数)的弯心将钢筋弯折成 90°和 180°,分别观察钢筋外表面是否有纵纹、横纹或起层现象,如无上述现象,证明钢筋冷弯性能良好;反之,如果有纵纹、横纹或起层现象出现的钢筋,其性能就越差,如图 2-9 所示。

(四) 钢筋的强度

1. 强度标准值 f_{yk}

为了保证钢材质量,《建筑结构可靠度设计统一标准》GB 50068 规定,钢筋强度标准值取较其统计平均值偏低的具有不小于 95% 保证概率的值。即产品出厂前要进行抽样检验,检查的标准为废品限值。废品限值是根据钢筋屈服强度的统计资料,既考虑了使用钢材的可靠性,又考虑了钢厂的经济核算而制定的一个标准。这个标准相当于钢材的屈服强度减去 1.645 倍的均方差,即

$$f_{yk} = \mu_{f_{yk}} - 1.645\sigma_{f_{yk}} \tag{2-4}$$

式中 f_{yk}——钢筋废品限值;
$\mu_{f_{yk}}$——钢筋屈服强度平均值;
$\sigma_{f_{yk}}$——钢筋屈服强度标准差。

通过抽样试验,当某批钢材的实测屈服强度低于废品限值时即认为该批次钢筋不合格为废品,不得按合格品出厂。例如,对于直径小于 25mm 的 HRB400 级钢筋废品限值为 400 N/mm² 等。

通过校核,光圆钢筋、热轧带肋钢筋、预应力钢丝、消除预应力钢丝、钢绞线及预应力螺纹钢筋等混凝土结构用的钢筋能满足现行国家标准规定钢筋强度标准值不小于 95% 的保证概率。

《混凝土结构规范》沿用传统规定,以各种钢材的国家标准规定的值作为确定标准强度的依据。各类钢筋的强度标准值见表 2-6,预应力钢筋的强度标准值见表 2-7。

普通钢筋强度标准值(N/mm²) 表 2-6

牌号	符号	公称直径 d (mm)	屈服强度标准值 f_{yk}	极限强度标准值 f_{stk}
HPB300	Φ	6~22	300	420
HRB335 HRBF335	Φ ΦF	6~50	335	455
HRB400 HRBF400 RRB400	Φ ΦF ΦR	6~50	400	540
HRB500 HRBF500	Φ ΦF	6~50	500	630

预应力钢筋强度标准值(N/mm²) 表 2-7

种类	符号	公称直径 d (mm)	屈服强度标准值 f_{pyk}	极限强度标准值 f_{ptk}
中强度预应力钢丝	光面 螺旋肋 Φ^{PM}Φ^{HM}	5、7、9	620	800
			780	970
			980	1270

续表

种类	符号		公称直径 d（mm）	屈服强度标准值 f_{pyk}	极限强度标准值 f_{ptk}
预应力螺纹钢筋	螺纹	Φ^T	12、25、32、40、50	785	980
				930	1080
				1080	1230
消除应力钢丝	光面 螺旋肋	Φ^P	5	—	1570
				—	1860
			7	—	1570
		Φ^H	9	—	1470
				—	1570
钢绞线	1×3 （三股）	Φ^S	8.6、10.8、12.9	—	1570
				—	1860
				—	1960
	1×7 （七股）		9.5、12.7、15.2、17.8	—	1720
				—	1860
				—	1960
			21.6	—	1860

注：极限强度标准值为 1960N/mm² 的钢绞线作后张预应力钢筋时，应有可靠的工程经验。

2. 设计强度取值

钢筋的强度设计值等于其标准强度除以大于 1 的钢筋材料分项系数，见式（3-5）。
普通钢筋强度设计值见表 2-8，预应力筋强度设计值见表 2-9。

普通钢筋强度设计值（N/mm） 表 2-8

符号	抗拉强度设计值 f_y	抗压强度设计值 f'_y
HPB300	270	270
HRB335、HRBF335	300	300
HRB400、HRBF400、RRB400	360	360
HRB500、HRBF500	435	410

预应力筋强度设计值（N/mm） 表 2-9

种类	极限强度标准值 f_{ptk}	抗拉强度设计值 f_{py}	抗压强度设计值 f'_{py}
中强度预应力钢丝	800	510	410
	970	650	
	1270	810	
消除应力钢丝	1470	1040	410
	1570	1110	
	1860	1320	

续表

种 类	极限强度标准值 f_{ptk}	抗拉强度设计值 f_{py}	抗压强度设计值 f'_{py}
钢绞线	1570	1110	390
	1720	1220	
	1860	1320	
	1960	1390	
预应力螺纹钢筋	980	650	410
	1080	770	
	1230	900	

注：当预应力筋的强度标准值不符合表 2-9 的规定时，其强度设计值应进行相应的比例换算。

当构件中配有不同种类的钢筋时，每种钢筋应采用各自的强度设计值。横向钢筋的抗拉强度设计值 f_{yv} 应按表中 f_y 的数值采用；当用作受剪、受扭、受冲切承载力计算时，其数值大于 360N/mm² 时应取 360N/mm²。

《混凝土结构规范》中指出，构件中的纵向受力钢筋可以采用并筋的配置形式。并筋应按单根等效钢筋计算，等效钢筋的等效直径应按截面积相等的原则换算确定。并筋的配筋形式及其他要求，详见本书第四章第一节的规定。

当进行钢筋代换时，除应符合设计要求的构件承载力、最大力下的总伸长率、裂缝宽度验算以及抗震规定外，还应满足最小配筋率、钢筋间距、保护层厚度、钢筋锚固长度、接头面积百分率及搭接长度要求。

三、钢筋的弹性模量

钢筋的弹性模量 E_s 是取其应力-应变曲线的比例极限之前曲线的斜率值，它主要用于构件变形和预应力混凝土结构截面应力分析验算，它的单位是 N/mm²。各类钢筋的弹性模量，按表 2-10 采用。

钢筋弹性模量 E_s（N/mm²）　　　　　　表 2-10

种 类	弹性模量 E_s
HPB300 钢筋	2.1×10^5
HRB335、HRB400、HRB500 钢筋 HRBF335、HRBF400、HRBF500 钢筋 RRB400 钢筋 预应力螺纹钢筋	2.0×10^5
消除应力钢丝、中强度预应力钢丝	2.05×10^5
钢绞线	1.95×10^5

注：必要时可采用实测的弹性模量。

四、钢筋的延性

钢筋延性的大小决定着结构构件变形能力的好坏，在地震、剧烈爆炸、强烈撞击等偶然事件发生后，延性对结构构件变形耗能机制的完善，对防止结构连片整体倒塌具有重要意义。

现行规范将最大力下总伸长率 δ_{gt} 作为控制钢筋伸长率的指标，它反映了钢筋拉断前达到最大力（极限强度）时的均匀应变，故又称均匀伸长率。各种钢筋的最大伸长率可按表 2-11 采用。

普通钢筋及预应力钢筋在最大力下的总伸长率限值　　表 2-11

钢筋品种	普通钢筋			预应力钢筋
	HPB300	HRB335、HRBF335、HRB400、HRBF400、HRB500、HRBF500	RRB400	
δ_{gt}（%）	10.0	7.5	5.0	3.5

第三节　钢筋与混凝土的粘结及锚固长度

钢筋和混凝土之间的粘结作用是保证这两种性质截然不同的材料共同工作的前提条件之一。这是因为当钢筋混凝土构件受外力作用后会产生变形，钢筋和混凝土接触表面就产生了剪应力，如果这种剪应力超过二者之间的粘结强度时，钢筋和混凝土之间将发生滑移，导致结构或构件发生破坏。工程实践中这类破坏有梁端支座内钢筋锚固长度不满足要求，梁受力后钢筋从梁的支座内拔出，以及钢筋搭接处搭接长度不够，内力传递效果差，产生钢筋滑移导致构件开裂破坏等情况。因此，钢筋和混凝土之间具有足够的粘结力是保证钢筋和混凝土二者粘结在一起共同受力的基础。

一、钢筋和混凝土之间的粘结力

1. 粘结力的组成

试验证明粘结力由以下几部分组成：

（1）混凝土内水泥颗粒水解过程中产生的水泥凝胶体对钢筋表面的粘结作用，它大致占总粘结力的 10% 左右。

（2）水泥凝胶体转化为结晶体的过程中产生的凝缩作用，在钢筋和混凝土接触的表面产生了收缩压应力（俗称握裹力），当构件受力后发生变形时，钢筋和混凝土二者之间有相对滑移的趋势，此时由于握裹力的存在会在钢筋表面引起被动摩擦力，它大约占总粘结力的 15%～20%。

（3）钢筋表面凸凹不平和混凝土之间的机械咬合力。这种作用提供的粘结力大约占全部粘结力的 70% 左右。由此可知，变形钢筋和混凝土之间的粘结作用要比光面钢筋和混凝土之间产生的粘结作用大许多。

2. 粘结应力的分布及应用

通常情况下，粘结剪应力的分布是两头小中间大，粘结剪应力的计算通常是取其平均值。当粘结剪应力不超过粘结强度时构件不会发生粘结破坏。钢筋和混凝土之间的粘结强度实际是钢筋和混凝土处于极限平衡状态时两者之间的剪应力。根据多次反复试验，在测得混凝土和钢筋之间的粘结强度后，就可以计算出钢筋从混凝土中不能拔出的长度，即基本锚固长度。

二、基本锚固长度

1. 基本锚固长度的概念

钢筋在混凝土内锚入长度不满足要求时,构件受力后钢筋会因为发生粘结力不足而破坏。但是,如果钢筋锚入混凝土内的长度太长,二者之间的粘结剪应力远小于其粘结强度,钢筋会因为锚入太长造成浪费。结构设计时要确保钢筋在混凝土内具有一个合理的锚入长度,做到既能保证构件受力后钢筋和混凝土之间不发生粘结破坏,也不会造成浪费,这就需要用这样一个特定的锚入长度,我们把这个长度叫做钢筋在混凝土内的基本锚固长度。

2. 基本锚固长度的确定

《混凝土结构规范》规定,要求按钢筋从混凝土中拔出时正好钢筋达到它的抗拉强度设计值这一特定状态作为确定锚固长度的依据,这种状态下计算得到受拉钢筋的锚固长度应符合下列要求:

(1) 基本锚固长度

1) 普通钢筋

$$l_{ab} = \alpha \frac{f_y}{f_t} d \tag{2-5}$$

2) 预应力钢筋

$$l_{ab} = \alpha \frac{f_{py}}{f_t} d \tag{2-6}$$

式中 l_{ab} ——受拉钢筋的基本锚固长度;
  d ——钢筋公称直径(mm);
  f_y、f_{py} ——普通钢筋、预应力筋的抗拉强度设计值;
  f_t ——混凝土轴心抗拉强度设计值。当混凝土强度等级高于C60时,按C60取值;
  α ——锚固钢筋的外形系数,按表2-12取值。

锚固钢筋的外形系数 α　　　　表2-12

钢筋类型	光圆钢筋	带肋钢筋	螺旋肋钢丝	三股钢绞线	七股钢绞线
α	0.16	0.14	0.13	0.16	0.1

注:光圆钢筋末端应设180°弯钩,弯后平直段长度不应小于3d,但作受压钢筋时可不做弯钩。

依据公式(2-5)计算的纵向受力钢筋的基本锚固长度不宜小于表2-13的规定。

基本锚固长度 l_{ab} (mm)　　　　表2-13

钢筋种类		混凝土强度等级								
		C20	C25	C30	C35	C40	C45	C50	C55	C60
HPB300	普通钢筋	40d	34d	30d	28d	25d	24d	23d	22d	21d
HRB335	普通钢筋	38d	33d	29d	27d	25d	23d	22d	22d	21d
HRBF335	环氧树脂涂层钢筋	48d	41d	36d	34d	31d	29d	28d	27d	26d
HRB400	普通钢筋	46d	40d	35d	32d	30d	28d	27d	26d	25d
HRBF400 RRB400	环氧树脂涂层钢筋	58d	50d	44d	40d	38d	35d	34d	33d	32d

续表

钢筋种类		混凝土强度等级							
		C20	C25	C30	C35	C40	C45	C50	C55	C60
HRB500	普通钢筋	55d	50d	43d	39d	36d	34d	32d	31d	30d
HRBF500	环氧树脂涂层钢筋	69d	63d	54d	49d	45d	42d	40d	39d	38d

注：1. 表中的 d 代表钢筋的公称直径；
  2. 环氧树脂涂层钢筋取值考虑了 1.25 倍的 ζ_a 系数，按式（2-7）计算 l_a 时不需重复考虑；
  3. 本表取值适用于带肋钢筋的公称直径不大于 25mm 的情况。

（2）受拉锚固长度

受拉钢筋的锚固长度应根据锚固条件按式（2-7）计算，且不应小于 200mm。

$$l_a = \zeta_a l_{ab} \tag{2-7}$$

式中 l_a——受拉钢筋的锚固长度；

   ζ_a——钢筋的受拉锚固长度修正系数，它的取值应遵守下列规定：在下列逐项规定中，当多于一项时，可按连乘计算，但不应小于 0.6。

3. 锚固长度调整

按式（2-5）计算所得的是纵向受力钢筋的基本锚固长度，构件在不同的受力状况下，需要采用满足不同要求的受拉锚固长度。各种不同要求的受拉锚固长度是以基本锚固长度 l_{ab} 为依据，根据式（2-7）计算得到的，计算 l_a 时应乘以受拉普通钢筋的锚固长度修正系数，ζ_a 按下列规定取值：

（1）当采用 HRB335、HRB400 和 RRB400 级钢筋的直径大于 25mm 时，考虑到这种大直径的带肋钢筋的相对肋高减小（肋和钢筋自己的直径比较），使用时需要乘以 1.1 的系数放大。

（2）涂有环氧树脂涂层的 HRB335、HRB400 和 RRB400 级钢筋，其涂层对锚固不利，应对表 2-13 中普通钢筋的基本锚固长度 l_{ad} 乘以 1.25 的修正系数放大后得到表中环氧树脂涂层钢筋的受拉锚固长度。

（3）对于像滑模施工时当锚固钢筋在施工时易受扰动的构件，应乘以 1.1 的放大系数。

（4）当采用 HRB335、HRB400 和 RRB400 级钢筋的锚固区混凝土保护层厚度大于钢筋直径的 3 倍且配有箍筋时，握裹作用加强，锚固长度可适当减少，应乘以修正系数 0.8 予以缩小。

（5）当采用 HRB335、HRB400 和 RRB400 级钢筋末端采用机械锚固措施时，锚固长度（包括附加锚固端头在内的总水平投影长度）可乘以修正系数 0.7。采用机械锚固措施时，锚固长度范围内的箍筋不少于 3 个，其直径不小于纵向受力钢筋直径的 0.25 倍，其间距不大于纵筋直径的 5 倍。当纵筋的混凝土保护层厚度小于其公称直径的 5 倍时，可不配置上述钢筋。机械锚固详见图 2-10，机械锚固的形式和技术要求如表 2-15 所列。

（6）当计算时充分利用了受压钢筋的强度时，其锚固长度不应小于按公式（2-5）计算的基本锚固长度的 0.7 倍。

（7）对于承受重复荷载作用的预应力混凝土预制构件，应将纵向非预应力受拉钢筋末端焊接在钢板或角钢上，钢板和角钢应可靠锚固在混凝土中，钢板和角钢的尺寸应按计算确定，其厚度不应小于 10mm。

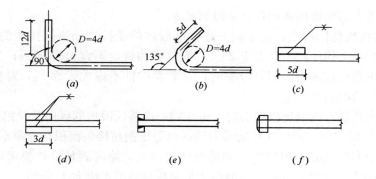

图 2-10 钢筋机械锚固的形式及构造要求

(a) 90°弯钩；(b) 135°弯钩；(c) 一侧贴焊锚筋；(d) 两侧贴焊锚筋；(e) 穿孔塞焊锚板；(f) 螺栓锚头

(8) 当锚固钢筋的保护层厚度不大于 $5d$ 时，锚固长度范围内应配置横向构造钢筋，其直径不应小于 $d/4$；对梁、柱、斜撑等构件间距不应低于 $5d$，对板、墙等平面构件间距不应大于 $10d$，且不应大于 100mm，此处 d 为锚固钢筋的直径。

4. 纵向受力钢筋的搭接

(1) 纵向受力钢筋的同一个搭接区域

在构件内由于钢筋长度不够需要搭接时，内力的传递是依靠混凝土和钢筋二者之间良好的粘结作用来实现的，如果搭接长度不够，混凝土和钢筋之间由于粘结力不足就会产生相对滑移，内力的传递就不能实现，为此，《混凝土结构规范》规定了构件内钢筋搭接长度的基本要求。同时，由于在搭接区域内搭接钢筋的受力性能没有通长钢筋受力性能好，不同的受力构件在同一搭接区域内，搭接接头的比例有不同的限制要求。这里的同一搭接

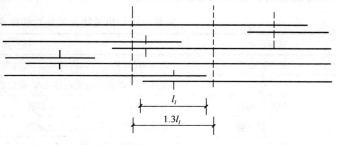

图 2-11 钢筋的搭接接头搭接区域

区域，是指几根钢筋搭接时，以某一根钢筋搭接长度的中点为中心，其他钢筋的搭接接头落在长度 $1.3l_l$ 长度范围内就属于同一个搭接区域，详见图 2-11，上面第二根和最下面第四根两根搭接钢筋就属于同一搭接区。

(2) 纵向受拉钢筋绑扎搭接接头的搭接长度的确定

应按式 (2-8) 确定：

$$l_l = \zeta l_a \quad (2-8)$$

式中　l_l——纵向受拉钢筋的搭接长度；

ζ——纵向受拉钢筋的搭接长度修正系数，按表 2-14 采用；

l_a——纵向受拉钢筋的锚固长度。

纵向受拉钢筋搭接长度修正系数　表 2-14

纵向受拉钢筋的搭接接头面积百分率（%）	≤25	50	100
ζ	1.2	1.4	1.6

（3）纵向受力钢筋搭接面积百分率限制要求

《混凝土结构规范》规定：位于同一连接区段内的受拉钢筋搭接接头的面积百分率：对梁类、板类及墙类构件，不宜大于 25%；对柱类构件，不宜大于 50%；当工程中确有必要增大受拉钢筋搭接接头面积百分率时，对梁类构件不应大于 50%，对板类、墙类构件，可根据实际情况适当放宽。

在受力较大处设置机械连接接头时，位于同一连接区段内的纵向受拉钢筋接头面积百分率不宜大于 50%。位于同一连接区段内的纵向受压钢筋接头面积百分率不受限制。

直接承受动力荷载的结构构件中的机械连接接头，除应满足设计要求的抗疲劳性能外，位于同一连接区段内的纵向受力钢筋接头面积百分率不应大于 50%。

纵向受力钢筋的焊接接头应互相错开。钢筋焊接接头区段长度为 $35d$（d 为纵向受力钢筋的较大直径）且不小于 500mm；凡接头中点位于该连接区段长度内的焊接接头均属于同一连接区段。

位于同一连接区段内的纵向受力钢筋的焊接接头面积百分率，对纵向受拉钢筋接头，不应大于 50%。纵向受压钢筋的接头面积百分率可不受限制。

三、钢筋末端设置弯钩和机械锚固

当纵向受拉普通钢筋末端采用弯钩和机械锚固措施时，包括弯钩和锚固端头在内的锚固长度（投影长度）可取为基本锚固长度 l_{ab} 的 60%，弯钩如图 2-10 所示；机械锚固形式技术要求应符合表 2-15 的规定。

钢筋弯钩和机械锚固的形式和技术要求 表 2-15

锚固形式	技 术 要 求
90°弯钩	末端 90°弯钩，弯钩内径 $4d$，弯后直段长度 $12d$
135°弯钩	末端 135°弯钩，弯钩内径 $4d$，弯后直段长度 $5d$
一侧贴焊锚筋	末端一侧贴焊长 $5d$ 同直径钢筋
两侧贴焊锚筋	末端两侧贴焊长 $3d$ 同直径钢筋
焊端锚板	末端与厚度 d 的锚板穿孔塞焊
螺栓锚头	末端旋入螺栓锚头

注：1. 焊缝和螺纹长度应满足承载力要求；
2. 螺栓锚头和焊接锚板的承压净面积不应小于锚固钢筋面积的 4 倍；
3. 螺栓锚头的规格应符合相关标准的规定；
4. 螺栓锚头和焊接锚板的钢筋净距不宜小于 $4d$，否则要考虑群锚效应的不利影响；
5. 截面角部的弯钩和一侧贴焊锚筋布筋方向宜向截面内侧偏置。

本 章 小 结

1. 本章主要学习内容包括钢筋、混凝土的主要物理力学性能，以及钢筋与混凝土粘结力组成的三个方面。

2. 混凝土是抗压强度较高、抗拉强度较低的脆性材料。它的强度包括立方体抗压、棱柱体抗压、抗拉三种，工程中常以立方体抗压强度来换算其他两种强度；混凝土一次短期加荷下的变形曲线反映了混凝土主要的力学特性，根据这个曲线不仅可以确定混凝土的强度和变形，还可以确定它的弹性模量和变形模量。

3. 混凝土的变形特性包括受力变形和体积变形两方面。受力变形包括一次短期加荷下的变形，长期不变的荷载作用下产生的徐变，以及往复荷载作用下的变形。体积变形包括收缩与膨胀等。徐变对结构构件受力和变形主要是产生不利影响但也会产生有利影响。收缩对结构构件受力和变形产生的是不利影响。

4. 影响徐变的因素包括应力条件、内在因素、环境条件三个方面。影响收缩的主要因素是环境条件和混凝土内在因素。

5. 钢筋和其周围混凝土之间的粘结是二者结合成整体共同工作的条件之一。钢筋与混凝土之间的粘结力由胶结力、摩擦作用、与钢筋表面凹凸不平产生的机械咬合力组成。要确保钢筋和混凝土二者之间具有良好的粘结作用能够共同工作，一般用锚固长度、搭接长度、设置弯钩和机械锚固措施来满足要求。

6. 受拉锚固长度是最重要的锚固长度，它是确定受压锚固长度、支座内锚固长度、搭接长度时的参照值。搭接长度是保证相互搭接的这两根钢筋有效传递内力的长度，它是依据受力情况、钢筋级别换算出的长度。不同受力构件在同一搭接区内《混凝土结构规范》允许的搭接面积不同。搭接区的确定是以某两根搭接在一起的钢筋搭接中心点向两侧各延长 0.65 倍的搭接长度 l_l 确定的，其他钢筋搭接中心点落在以这两根钢筋搭接中心点 1.3 倍搭接长度 l_l 内的就属于同一搭接区，反之就不在同一搭接区。

复 习 思 考 题

一、名词解释

混凝土立方体抗压强度　　混凝土轴心抗压强度　　混凝土的徐变　　混凝土的收缩　　混凝土弹性模量　　钢筋的屈强比　　钢筋的比例极限　　钢筋的冷弯性能　　钢筋基本锚固长度　　钢筋受拉锚固长度　　钢筋的搭接长度　　钢筋的机械锚固

二、问答题

1. 混凝土组成及力学特性有哪些？混凝土强度等级是怎样确定的？
2. 混凝土棱柱体抗压强度和抗拉强度怎样测定？它们和立方体抗压强度之间的换算关系是什么？
3. 什么是混凝土的徐变和收缩？它们各自产生的过程、对构件的影响包括哪些？怎样减小混凝土的徐变和收缩？
4. 钢筋混凝土结构中所用的钢筋分几类？各自的代号是什么？抗拉强度设计值各是多少？
5. 钢筋与混凝土的粘结作用由哪几部分组成？变形钢筋的粘结力主要是由什么组成的？
6. 确保钢筋在混凝土中具有足够粘结力的措施有哪些？受拉锚固长度是怎样确定的？搭接长度是怎样确定的？
7. 同一搭接区是怎样确定的？为什么不同受力构件在同一搭接区内允许的搭接面积数量不同？《混凝土结构规范》是如何限制同一搭接区内钢筋面积百分率的？
8. 机械锚固措施包括哪些？它们各自适用于在哪些情况下采用？

第三章 钢筋混凝土结构的基本设计原理

学习要求与目标：
1. 理解结构的功能、设计使用年限以及安全等级的划分。
2. 理解结构承载能力极限状态和正常使用极限状态的名称和设计表达式。
3. 掌握结构上的作用、作用效应、荷载的标准值和设计值，混凝土和钢筋的强度标准值和设计值等的定义。
4. 理解荷载效应和结构抗力的不确定性。
5. 掌握荷载分项系数、材料分项系数、结构重要性系数的定义和取值。

第一节 结构的功能及极限状态

一、结构的功能

房屋建筑是提供人们生产和生活的固定场所，它和人们的日常活动关系密切。所以，在建筑物中结构的安全可靠性，对建筑各项功能的正常发挥具有非常重要的作用。房屋结构必须在规定的使用年限内（设计基准期内），在正常设计、正常施工、正常使用以及正常维护的条件下具有完成预定功能的能力，这是房屋建筑对建筑结构的基本要求。房屋结构的功能包括如下内容。

（一）安全性

房屋结构在设计基准期内应能承担在正常设计、正常施工和正常使用过程中施加于它的各种作用，以及能在偶然事件发生时和发生后能够保持必需的整体稳定性的特性通常称为结构的安全性。

如前所述，结构承受的"作用"包括直接作用（荷载）、间接作用和偶然作用。直接作用根据现行国家标准《建筑结构荷载规范》GB 50009—2012 及相关标准确定。间接作用（由外加变形，如超静定结构的支座沉降引起的结构内力以及约束变形，如温度变化或混凝土收缩与徐变、强迫位移、环境性能引起材料性能劣化等造成的影响）、偶然作用（结构受到的各种潜在突发事件产生的内力及变形，如地震、台风、剧烈爆炸、撞击等）根据有关规范具体的情况确定。

（二）适用性

适用性是指结构或构件在正常施工及正常使用过程中应具有良好的工作性能。例如结构应具有适当的刚度，以免在直接作用、间接作用影响下产生影响外观和正常使用的大变形或产生影响正常使用的大振动等。

（三）耐久性

耐久性是指房屋结构在正常维护条件下，应能完好地使用到规定的年限，而不致因材料在长时间使用过程中出现的性质变化或外界侵蚀等因素影响，发生性能严重退化和影响结构安全性和适应性的性质。例如不能发生由于构件保护层太薄或裂缝过宽而发生钢筋锈蚀，导致结构变形加大、安全度降低等危及耐久性能的事件。

结构的可靠性是结构的安全性、适用性、耐久性的统称。可以概括为，结构的可靠性是指结构在正常设计、正常施工、正常使用和正常维护等条件下，在设计基准期内完成安全性、适用性、耐久性功能能力的总称。

二、结构功能的极限状态

（一）极限状态的定义

通常判断结构是否具有安全性、适用性、耐久性，《混凝土结构规范》给出了对应于这三个功能的判别条件（即某一特性的极限状态）。结构设计的目的是以比较经济的效果，使结构在规定的使用期内，不要达到或也不要超过以上三种功能的极限状态。

结构功能的极限状态是指对应于结构某种功能的特定状态（或边界状态），在结构上的作用影响下，超过了某种特定状态后，结构或构件就丧失了完成对应的该项功能的能力，这种特定状态称为结构的极限状态。

（二）结构的极限状态

现行国家标准《工程结构可靠性设计统一标准》GB50153—2008考虑了结构安全性、适用性、耐久性的功能要求，将极限状态分为承载能力极限状态和正常使用极限状态两类。

1. 承载能力极限状态

（1）定义

结构承载能力极限状态是指结构或构件达到了最大承载能力、出现疲劳破坏、发生了不适于继续承载的变形或因结构局部破坏而引发的连续倒塌。

（2）混凝土结构承载力极限状态计算应包括的内容

1）结构构件应进行承载力（包括失稳）计算，包括构件本身或构件之间连接的承载力计算、稳定性能验算。

2）直接承受重复荷载的构件应进行疲劳验算，如工业厂房结构中的吊车梁，必要时应进行疲劳验算。

3）有抗震设防要求时，应进行抗震承载力验算，《建筑抗震设计规范》GB 50011—2010限定的需要进行抗震设计的各类工业与民用建筑均应进行抗震承载力验算。

4）必要时尚应进行结构的倾覆、滑移、漂浮验算，在偶然作用（如地震、强台风等）影响下，建在地质情况复杂或场地条件差的场地上的房屋应进行倾覆、滑移验算，建在容易发生场地土液化或海域的结构应进行漂浮验算。

5）对于可能遭受偶然作用，且倒塌可能引起严重后果的主要结构，宜进行防连续倒塌设计，对于结构重要性等级高、体量大、结构平面布置复杂容易引起连片倒塌的结构应进行防连续倒塌设计，即在偶然事件发生时，允许结构出现某些局部的严重破坏，但结构仍应保持必要整体稳定性和完整性，不至于引起建筑物的整体倒塌。

由于超过承载能力极限状态后可能造成结构整体倒塌或严重破坏，从而造成人员伤亡或重大经济损失，后果特别严重，因此我国结构设计规范把到达承载能力极限状态的事件发生的概率控制得非常严格，它的限值很小。

2. 正常使用极限状态

（1）定义

正常使用极限状态是指结构或构件达到了正常使用的某项限值或耐久性能的某种规定状态。

（2）混凝土结构正常使用极限状态验算应包括的内容

1）对需要控制变形的构件，应进行变形验算；

2）对不允许出现裂缝的构件，应进行混凝土拉应力验算；

3）对允许出现裂缝的构件，应进行裂缝宽度验算；

4）对舒适度有要求的楼盖应进行竖向自振频率验算。

到达或超过正常使用极限状态后，虽然会使结构或构件丧失适用性和耐久性，但不会很快造成人员的重大伤亡和财产的重大损失，因此，《混凝土结构规范》把到达正常使用极限状态的事件发生的概率控制得比到达承载能力极限状态的事件发生的概率要宽松一些。

三、保证结构可靠性的措施

结构设计时是通过以下几个方面保证结构的可靠性的：

1. 承载力要求

结构验算的主要目的是从安全性的角度出发，通过验算来保证结构或构件具有足够的承载能力。大量的验算内容是对结构、构件控制截面的强度验算，这里所讲的控制截面不仅包括构件截面还包括了杆件连接点截面。通过验算确保控制截面不至于因为材料强度不足和承载力不足而破坏。通常混凝土结构和预应力混凝土结构的构件细长或太薄的情况不多，大多数构件不存在失稳破坏问题，所以除特殊情况外可不作稳定承载力验算。出现机动体的情况发生在少数超静定杆系结构中，一般结构构件不会发生。对某些悬臂构件和基底宽度较小而结构高度很大的烟囱、水塔、电视塔和以承受水平荷载为主的挡土墙等构筑物，需要进行位置平衡验算（即抗倾覆和抗滑移验算）。混凝土结构和预应力混凝土结构的承载力要求可以概括为以下几方面：

（1）截面强度验算

由结构承受的作用在构件截面引起的内力≤截面在承载能力极限状态下能够提供的承载能力（或称作结构构件的抵抗能力）。

（2）稳定验算或机动体验算

作用在结构构件上的荷载设计值≤结构构件在考虑稳定因素影响时极限状态下可能承担的最大荷载（受压临界荷载）。

（3）位置平衡验算

由各种作用引起的倾覆力矩或滑移力≤结构的抗倾覆力矩或抗滑移力。

2. 结构及构件的构造、连接措施

结构和构件设计时许多问题可能在概念上是清楚的，但要通过数值计算来满足往往却比较困难，因此根据以往的工程设计经验和试验得出的结论，采取构造措施就能容易地满足要求，这些构造措施是结构设计和施工中经常运用的技术措施的重要组成部分。构件与构件或结构与构件的连接方式的选用对确保结构性能正常发挥具有至关重要的作用，连接的可靠与否，连接的正确与否都将会影响结构安全性功能的发挥，因此，合理的连接方式是结构有效传递内力抵抗施加于它的外部各种作用的保证。

3. 对变形以及抗裂度或裂缝宽度的要求

为了保证结构的适用性和耐久性，一般钢筋混凝土和预应力混凝土结构，需要根据构件受力和变形特点分两类进行验算。一类是变形较大的梁、板构件和桁架，需要将它们的变形控制在规范规定的限值内。另一类是荷载作用时较易开裂的受弯、轴心受拉、偏心受拉和大偏心受压构件，需根据不同的裂缝控制等级，分别进行裂缝宽度（对裂缝控制不严的混凝土结构和预应力混凝土结构）和抗裂验算（对裂缝控制比较严的预应力混凝土结构）。验算内容包括以下几个方面。

（1）变形验算

构件在各种作用效应组合影响下产生的变形≤作为适用性极限状态的变形要求。

（2）抗裂验算

在各种作用效应组合影响下构件特定部位所产生的拉应力≤作为适用性和耐久性极限状态的应力控制值。

（3）裂缝宽度验算

构件在各种作用影响下产生的裂缝宽度≤作为适用性和耐久性极限状态的裂缝宽度允许值。

第二节 结构的极限状态设计方法

结构设计时可以根据两种不同的极限状态分别进行计算。承载能力极限状态验算是为了确保结构的安全性功能，正常使用极限状态的验算是为了确保结构的适用性和耐久性功能。结构设计的依据是各种不同结构《规范》根据各种不同结构的特点和使用要求给出的标志和限制要求。这种以相应于结构各种功能要求的极限状态作为设计依据的设计方法，就叫极限状态设计法。

我国现行国家标准《工程结构可靠度设计统一标准》GB 50153—2008 规定：我国结构设计采用以概率论为基础的极限状态设计法，以结构的可靠指标反映结构的可靠度，以分项系数表达的设计式进行设计。

一、作用及作用效应分析

如前所述，作用效应包括作用于结构的永久荷载、可变荷载、附加作用，约束变形等，结构设计时所要考虑的这些作用的最大值都不是定值，而是可大可小，具有变异性，这些变异性是造成作用效应随机性的主要因素。

1. 以结构自重为主的永久荷载的变异性

永久荷载是由结构和建筑及设备安装等部分的自重形成的，虽然设计图纸已对其所用的材料种类尺寸大小都作了规定，但是结构施工时受各种因素的影响，材料的组成不可能完全符合设计要求，表现在：一是材料的重度会在标准值附近上下浮动；二是构件尺寸也会有一定的误差。例如现浇混凝土结构中由于模板刚度不够产生变形，使得构件尺寸发生变大或减小，导致构件自重发生变异；楼（屋）面板结构层或上下抹灰层施工时由于厚度在图纸要求的尺寸上下浮动，引起荷载的变异；分隔和围护墙体由于垂直度不够，施工时粉刷层厚度变厚导致永久荷载增加。这些因素是结构施工过程不能完全杜绝的，实际工程中只能是这些作用效应变异程度大小的问题。结构设计时主要考虑作用效应变大后对结构受力的不利影响，一般不考虑由于尺寸变小自重降低对结构受力的影响，因为结构构件尺寸变小从永久荷载效应的角度对结构构件受力有利，但从构件承载力角度看却呈现反向相关关系；再者结构设计时为了结构安全性能得到保证，主要考虑不利因素对结构安全性功能产生的影响，以便采取措施对结构安全性加以保证。一般钢筋混凝土结构构件的离散性较小，变异系数只有 0.07 左右。

2. 可变荷载的变异性

可变荷载种类多、变异性比较复杂。例如民用建筑楼面使用可变荷载，即便是同类房屋，也可能由于使用对象不同荷载会有明显差异，也可能在不同的时间段荷载大小和作用位置会有所不同。同一栋工业厂房内的吊车荷载可能在不同的时间里对同一根柱所产生的作用力就会不一定相同；高层结构验算时需要考虑的水平风荷载的影响，它也是随时间大小、方向不断发生变化，并且最大值也不是定值。

3. 偶然作用的变异性

偶然作用的出现具有随机性、突然性和不确定性，通常不出现，一旦出现在短时间里对结构产生的破坏作用将是巨大的。例如特大地震引起的偶然作用具有很大的随机性，大小、作用方向都具有很大的不确定性，它是截至目前人类还不能准确预测的随机性最大的偶然事件之一，它对结构的影响和破坏作用是各类自然灾害中范围大、出现频次最高的。爆炸瞬间产生的破坏作用巨大，后果严重，为此，现行国家标准《混凝土结构规范》对罕遇自然灾害以及撞击、飓风、火灾等偶然作用以及非常规的特殊作用的计算，指出应根据有关标准或由具体条件和设计要求确定。

结构内力分析时，结构的计算简图和结构受力实际情况之间的差异，也是造成作用效应随机性的主要因素。例如，支承在多层砌体结构房屋墙体中的钢筋混凝土梁，一般认为是力学上所假定的简支梁，实际上它受上部墙体的约束和梁下水泥砂浆的粘结及摩擦作用的共同影响，受力情况与简支梁的受力情况差异较大。再如，钢筋混凝土屋架中杆件在节点处的连接，由于各杆件在节点浇筑在一起，刚性很大，彼此的变形受到同一节点上其他杆件的牵制和阻碍，不能自由转动，这和力学课所讲的桁架内力计算时铰接连接的假定也完全不是同一种情况。日常结构计算时，用力学方法分析结构内力是基于各种比较理想的假定，并在弹性限度内按弹性方法计算的，这和实际上钢筋混凝土结构构件配筋计算时考虑其截面塑性性质的承载能力计算之间存在明显的差异。并且这种差异可能放大内力也可能减小内力，同样具有不可忽略的随机性。

二、造成结构或构件抗力随机性的因素

1. 材料强度的离散性

材料强度的离散性是造成结构或构件抗力随机性的主要因素。混凝土受到骨料级配、石子和砂子内含泥量与其杂质含量、水泥强度、骨料含水量以及施工阶段振捣密实程度、养护时的温度及湿度、施工过程对混凝土产生的扰动等许多因素影响，这些因素直接影响混凝土强度的形成和产生，由于混凝土材料的组成和施工过程的不可控因素等造成其强度稳定差、离散性大。钢筋的生产加工过程要比混凝土的生产过程规范得多，但在同一批次的不同炉内、同一炉内的不同钢筋中也可能出现强度的变异和不稳定性，不过钢筋的强度离散性明显比混凝土小，所以强度稳定性比混凝土强度稳定性高。

2. 影响结构或构件抗力随机性的其他因素

由于施工误差造成的结构构件的尺寸偏差，如构件轮廓尺寸和钢筋位置偏差，以及施工中不可避免的截面局部缺陷，如混凝土的跑浆形成孔洞、麻面，脱模造成边角崩落等，也是造成构件抗力离散性的影响因素。此外，结构设计时选用的截面抗力计算方法与截面实际抗力之间也存在某些差异，这些差异同样可正可负，可大可小，同样是随机变量，因而，造成了构件抗力也具有一定程度的离散性。

三、失效概率和可靠指标

1. 失效概率

概率是工程数学的一个重要门类，具体到研究工程中某种可能发生结果时，概率指的是研究对象中某种可能的结果发生的次数和有限度比较多的各种事件发生的全部次数之间的比值。概率可以大致反映某种事件发生的可能性规律的趋势，因此，结构设计中借用它来分析结构的失效事件发生的趋势和规律。

（1）失效概率的定义

结构或构件不能完成预定功能的事件发生的概率叫失效概率，用 p_f 表示。

（2）保证概率的定义

结构或构件能完成预定功能的事件发生的概率就称之为保证概率，用 p_β 表示。

上述两个概念一词之差，它们从不同的方向探讨结构的可靠度大小，它们二者是直接关联和互补的。由此可见，$p_f + p_\beta = 1$，也就是说结构的失效概率和保证概率之和等于 1。

结构设计的目的就是为了保证结构安全可靠，因此，要求结构的可靠概率远远大于失效概率。作用在结构上的各种作用效应（包括荷载、地震、地基沉降、温度变化等的影响）对结构产生的影响（如内力、变形、裂缝），就不能超过结构到达极限状态时的抵抗能力（强度、刚度、抗裂度）。我们通常用 S_d 代表结构或构件上的作用效应，用 R_d 代表结构或构件的抵抗能力（简称抗力），根据 R_d 和 S_d 的组成特点，我们知道它们都是随机变量，因此，要求满足 $S_d \leqslant R_d$ 的事件发生的概率就必须足够的高，即结构可靠概率要足够高；$S_d > R_d$ 的试件发生的概率就要求足够的低，这样我们就认为结构是安全可靠的。为了分析问题的方便，我们假设 Z 为结构的功能函数，并令 $Z = R_d - S_d$。

显然，当 $Z > 0$ 时结构处于可靠状态；

当 $Z = 0$ 时结构处于极限状态；

当 $Z < 0$ 时结构处于失效状态。

如果我们用横坐标表示结构功能函数 Z，用纵坐标表示功能函数各种状态的事件发生的概率，则图 3-1 中纵坐标轴以左、横坐标轴以上、结构功能函数曲线以下的部分（坐标系的第二象限）面积就是结构完不成预定功能的事件发生（$Z < 0$）的失效概率的大小。纵坐标轴和功能函数概率分布曲线的交点处的纵坐标值表示结构处于极限状态的事件（$Z = 0$）发生的概率的大小。同理，在纵向坐标轴以右和横坐标轴以上，概率密度曲线以下的面积代表结构可靠事件（$Z > 0$）发生的概率密度的大小。

同理，如果我们以结构抗力为纵坐标，以作用效应为横坐标建立坐标系，我们会发现在坐标系里，图 3-2 为结构功能所处状态图。当 $S_d = R_d$ 即 $Z=0$ 时为结构的极限状态，这条直线实际是坐标系第一象限的 45°角分线。以 $Z=0$ 为分界线，左上区是 $R_d - S_d > 0$ 即 $Z > 0$ 的区域，也就是说 R_d 和 S_d 处在这个范围，结构或构件处于可靠状态。反之，当 R_d 和 S_d 处在这个区域右下侧 $Z=0$ 角分线以下时 $R_d - S_d < 0$ 即 $Z < 0$，结构处于失效状态。

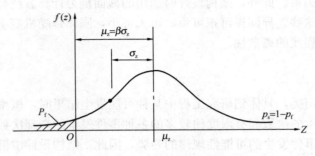
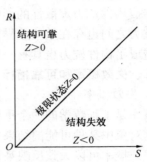

图 3-1　结构功能函数的概率分布　　　图 3-2　结构功能所处状态图

2. 可靠指标

由于结构或构件的抗力 R_d 和作用效应 S_d 都是随机变量，如图 3-1 所示呈现正态分布，曲线离散程度的标准差 σ_z 在几何意义上是表示分布曲线顶点到曲线反弯点之间的水平距离，因而从图中可以看到，用正态分布随机变量 $Z = R_d - S_d$ 的平均值 μ_z 与标准差 σ_z 就可以直接反映可靠指标 β。用 β 来表示 μ_z 与 σ_z 的比值，即

$$\beta = \frac{\mu_z}{\sigma_z} \tag{3-1}$$

那么失效概率 p_f 的大小就可以用 β 来度量，即 β 越大 p_f 越小，β 称作"结构的可靠指标"。规范规定结构构件为延性破坏时 $\beta = 3.2$，当为脆性破坏时 $\beta = 3.7$。

根据 R_d 和 S_d 正态分布的特点，求得它们的统计平均值 μ_R 和 μ_S 的标准差 σ_R 和 σ_S，即可根据 $\mu_Z = \mu_R - \mu_S$，$\beta_z = \sqrt{\beta_R^2 + \beta_S^2}$，这样就可以把 p_f 通过和 β 公式（3-1）与 μ_S、β_z 联系起来，再通过式（3-2）、式（3-3）将 R_d 和 S_d 进一步与影响 R_d 和 S_d 的各个随机变量联系起来。我们可以通过调整影响 R_d 或 S_d 的各个随机变量获得所希望的任意可靠指标 β 和它对应的失效概率 p_f。

综上所述，按照以概率论为基础的极限状态设计法进行结构设计时，强度验算的基本要求可以表达为式（3-2）和式（3-3）。p_f 与 β 之间的对应关系如表 3-1 所示。

β 与 p_f 之间的对应关系　　　表 3-1

β	2.7	3.2	3.7	4.2
p_f	3.5×10^{-3}	6.9×10^{-4}	1.1×10^{-4}	1.3×10^{-5}

结构的重要性不同，发生破坏后对生命和财产的危害程度及社会的影响也就不同。《工程结构可靠度设计统一标准》GB 50153—2008 根据结构破坏后产生的后果的严重性程度，将建筑结构安全等级划分为三级，建筑结构安全等级及设计时的目标可靠指标可见

表 3-2 所列。

建筑结构安全等级及目标可靠函数 表 3-2

结构安全等级	破坏后果	建筑物重要性等级	构件的目标可靠指标	
			延性破坏	脆性破坏
一级	很严重	重要的建筑物	3.7	4.2
二级	严重	一般的建筑物	3.2	3.7
三级	不严重	次要的建筑物	2.7	3.2

注：延性破坏是指构件破坏之前经历了明显的受力变形过程，破坏具有明显征兆的破坏；脆性破坏是指结构或构件在破坏前没有明显预兆的破坏。

采用失效概率和可靠指标反映结构可靠度时，应使失效概率足够的小，同时也要保证结构的可靠指标足够的高，计算公式如下：

$$p_f \leqslant [p_f] \tag{3-2}$$

$$\beta \geqslant [\beta] \tag{3-3}$$

第三节 结构承受的荷载分类和荷载代表值、材料强度的取值

荷载是结构上最常见和每时每刻都存在的直接作用，它的种类多、变异性大，结构设计时它的取值直接影响结构的可靠度和经济性能，因此，结构设计时必须高度重视荷载的取值。

一、荷载的分类

结构上的荷载按其作用随时间的变异性和出现的可能性可以分为：

1. 永久荷载

在结构使用期间它的大小和作用方向不随时间的延长而变化，即便有轻微变化，变化幅度很小与荷载自身平均值相比可以忽略不计，这种荷载以建筑物自重为主，其次还有土体的压力等。

2. 可变荷载

在结构使用期间它的大小和作用方向随时间的延长会发生变化，且变化幅度与自身平均值相比不可忽略。如楼面使用可变荷载、屋面积雪荷载和积灰荷载、厂房的吊车荷载、墙体和屋顶受到的大风荷载等，它们都具有随时间的推移作为结构上的作用力，其大小、作用方向、作用位置可能会发生变化的特征。

3. 偶然作用

这种作用在结构使用期间不一定出现，一旦出现其值很大且持续时间短，对结构的影响和危害也大，例如爆炸冲击力、飓风、地震、冲击作用等。

二、荷载的代表值及其确定

结构设计时针对不同的验算内容，荷载就需要取不同的荷载代表值，例如，进行结构或构件强度设计时，一般使用荷载的设计值，它是在标准值的基础上调整得到的；进行结构变形和裂缝验算时采用的是荷载标准值。现行国家标准《建筑结构荷载规范》GB

50009—2012 把作用于结构的荷载分为标准值、准永久值、频遇值和组合值四类。

1. 荷载标准值

（1）定义：荷载标准值是指结构在使用期间，在正常情况下出现的最大荷载值。

（2）用途：荷载标准值是荷载的基本代表值，其他荷载代表值可以根据它换算得到。

（3）确定：对于永久荷载取其概率分布上分位具有 95% 保证概率的值作为其标准值，其值的计算是根据建筑和结构设计图纸所限定的材料和尺寸计算得到的；对于可变荷载则取结构设计基准期（结构性能没有显著变化，能够比较好地发挥作用的年限，一般设计时以 50 年为基准期）内最大荷载概率分布上分位具有 95% 保证概率的值作为标准值，如图 3-3 所示。它的取值对结构的经济效果影响非常明显，我国对可变荷载取值沿用传统方法，在考虑了现实情况的基础上，《建筑结构荷载规范》GB 50009—2012 中给出了民用建筑结构均布活荷载的标准值 q_k，详见表 3-3。

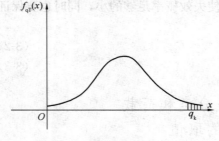

图 3-3 荷载标准值的取值

2. 可变荷载准永久值

（1）定义：作用在结构上的连续时间超过结构设计基准期的一半以上的这部分可变荷载值，称为可变荷载准永久值。

（2）用途：在计算结构长期荷载作用下的变形（挠度）和裂缝时需要使用可变荷载的准永久值。

（3）确定：根据荷载规范给定的准永久值系数和给定的某种可变荷载的标准值，二者相乘就得到它的准永久值，即 $\psi_q q_k$。

3. 频遇值

在设计基准期内，可变荷载中被超越的总时间仅为设计基准期很小一部分的可变荷载，或者在设计基准期内其超越频率为某一给定频率的作用值，称为荷载频遇值。在桥梁结构设计中使用，房屋建筑设计中使用较少。荷载频遇值等于可变荷载标准值乘以可变荷载的频遇值系数，即 $\psi_f q_k$。

由此可见，可变荷载的准永久值、可变荷载的频遇值二者分别是其荷载标准值与对应的准永久值系数、频遇值系数的乘积。

4. 可变荷载的组合值

（1）定义：结构上同时作用有两种或两种以上的可变荷载时，在每种荷载各自的概率分布中，各种荷载同时以最大值出现的概率很小，要求进行可变荷载组合时，为了比较准确地反映各自的实际情况，除对起主导作用的可变荷载取标准值外，其余伴随的可变荷载应取小于其标准值的量值为其代表值，称为荷载组合值，其取值用 $\psi_c q_k$ 表示，其中 ψ_c 为可变荷载组合系数，q_k 为可变荷载标准值。例如，在确定荷载的标准组合时，其中含有起控制作用的一个可变荷载标准值效应，此荷载标准值在组合时不折减，参与组合的其他可变荷载取其相应的组合值，在标准组合中需要某一种或某几种可变荷载标准组合值 $\psi_c q_k$；在准永久组合中，需要可变荷载准永久组合 $\psi_q q_k$，这些代表值就是该荷载的组合值。

（2）用途：在多种可变荷载同时作用于结构或构件，进行结构或构件内力及变形分析时，当需要考虑伴随荷载时取其组合值。例如，现行规范规定：对混凝土构件挠度、裂缝宽度计算采用荷载准永久组合并考虑长期作用影响；对预应力混凝土结构构件的挠度、裂缝宽度计算采用荷载标准组合并考虑长期效应影响。

(3) 确定：某种可变荷载的标准值与其对应的组合系数的乘积就是这种可变荷载的组合值 $\psi_c q_k$。

民用建筑楼面均布活荷载标准值、组合值、频遇值和准永久值系数　　表3-3

项次	类　别	标准值 (kN/m²)	组合值系数 ψ_c	频遇值系数 ψ_f	准永久值系数 ψ_q
1	(1) 住宅、宿舍、旅馆、办公楼、医院病房、托儿所、幼儿园 (2) 教室、试验室、阅览室、会议室、医院门诊室	2.0 2.0	0.7 0.7	0.5 0.6	0.4 0.5
2	食堂、餐厅、一般资料室	2.5	0.7	0.6	0.5
3	(1) 礼堂、剧院、影院，有固定座位的看台 (2) 公共洗衣房	3.0 3.0	0.7 0.7	0.5 0.5	0.3 0.5
4	(1) 商店、展览厅、车港口、机场大厅及其旅客等候室 (2) 无固定座位的看台	3.5 3.5	0.7 0.7	0.6 0.5	0.5 0.3
5	(1) 健身房、演出舞台 (2) 舞厅	4.0 4.0	0.7 0.7	0.6 0.6	0.5 0.3
6	(1) 书库、档案、贮藏室 (2) 密集柜书库	5.0 12.0	0.9 0.9	0.9 0.9	0.8 0.8
7	通风机房、电梯机房	7.0	0.9	0.9	0.8
8	汽车通道及停车库： (1) 单向板楼盖（板跨不小于2m） 　客车 　消防车 (2) 双向板楼盖（板跨不小于6m×6m）和无梁楼盖（柱网尺寸不小于6m×6m） 　客车 　消防车	 4.0 35.0 2.5 20.0	 0.7 0.7 0.7 0.7	 0.7 0.7 0.7 0.7	 0.6 0.6 0.6 0.6
9	厨房 一般的 餐厅	 2.0 4.0	 0.7 0.7	 0.6 0.7	 0.5 0.7
10	浴室、厕所、盥洗室： (1) 第1项中的民用建筑 (2) 其他民用建筑	 2.0 2.5	 0.7 0.7	 0.5 0.6	 0.4 0.5
11	走廊、门厅、楼梯： (1) 宿舍、旅馆、医院病房、托儿所、幼儿园、住宅 (2) 办公楼、教学楼、餐厅、医院门诊部 (3) 当人流可能密集时	 2.0 2.5 3.5	 0.7 0.7 0.7	 0.5 0.6 0.5	 0.4 0.5 0.3
12	阳台 (1) 一般情况 (2) 当人群可能密集时	 2.5 3.5	 0.7 0.7	 0.6 0.6	 0.5 0.5

注：1. 本表所给的各项可变荷载适用于一般使用条件，当使用荷载较大时或情况特殊时，应根据实际情况采用；
　　2. 第6项书库活荷载当书架高度大于2m时，书库活荷载尚应按每米书架高度不小于2.5kN/m²确定；
　　3. 第8项中客车活荷载只适用于停放载人少于9人的客车；消防车荷载是适用于满载总量为300kN的大型车辆；当不符合本表要求时，应将车轮的局部荷载按结构效应的等效原则换算为等效均布荷载；
　　4. 第11项楼梯活荷载，对于预制楼梯踏步平板，尚应按1.5kN集中荷载验算；
　　5. 本表各项荷载不包括隔墙自重和二次装修荷载。对固定隔墙的自重应按恒荷载考虑，当隔墙位置可灵活自由布置时，非固定隔墙的自重应取延长米墙中（kN/m）的1/3作为楼面可变荷载的附加值（kN/m²）计入，附加值不应小于1.0kN/m²。

5. 屋面均布活荷载

根据现行国家标准《建筑结构荷载规范》GB 50009—2012的规定，屋面均布活荷载应按表 3-4 所列的数值取用。

屋面均布荷载 表 3-4

项次	类别	标准值（kN/m²）	组合值系数 ψ_c	频遇值系数 ψ_f	准永久值系数 ψ_q
1	不上人屋面	0.5	0.7	0.5	0
2	上人的屋面	2.0	0.7	0.5	0.4
3	屋顶花园	3.0	0.7	0.6	0.5

注：1. 不上人屋面，当施工或维修荷载较大时，应按实际情况采用；对不同结构应按有关设计规范的规定，将标准值作 0.2kN/m² 的增减；
2. 对上人屋面，当兼作其他用途时，应按相应的楼面活荷载取用；
3. 对于因排水不畅、堵塞引起的积水荷载，应采取构造措施加以防止；必要时，应按积水可能深度确定屋面活荷载；
4. 屋顶花园可变荷载不包括花圃土石等材料自重。

屋面的布荷载标准值及其组合值系数、频遇系数、准永久系数见荷载规范表 5.3.1。

6. 可变荷载按楼层的折减

作用于楼面上的可变荷载，并非按表 3-3 内给定的值满布于各个楼面上，因此，在确定梁、柱、墙和基础的荷载标准值时，应将楼面可变荷载标准值进行折减。现行国家标准《建筑结构荷载规范》GB 50009—2012 给出的可变荷载按楼层的折减系数如下：

（1）设计楼面梁时，对表 3-3 中的可变荷载，折减系数为：

1）第 1（1）项当楼面梁从属面积超过 25m² 时，应取 0.9；

2）第 1（2）～7 项当楼面梁从属面积超过 50m² 时，应取 0.9；

3）第 8 项对单向板楼盖和槽形板的纵肋应取 0.8；对单向板楼盖的主梁应取 0.6；对双向板楼盖的梁应取 0.8；

4）第 9～12 项应采用与所属房屋类别相同的折减系数。

（2）设计墙、柱和基础时的荷载折减系数

1）第 1（1）项应按表 3-5 规定采用；

2）第 1（2）～7 项，应采用与其楼面梁相同的折减系数；

3）第 8 项对单向板楼盖应取 0.5；对双向板楼盖和无梁楼盖应取 0.8；

4）第 9～12 项应采用与所属房屋类别相同的折减系数。

活荷载按楼层的折减系数 表 3-5

墙、柱、基础计算截面以上的层数	1	2～3	4～5	6～8	9～20	>20
计算截面以上各楼层活荷载总和的折减系数	1.00 (0.90)	0.85	0.7	0.65	0.6	0.55

屋面直升机停机坪局部荷载标准值参见荷载规范表 5.3.2。

屋面积灰荷载标准值及组合值系数，频遇系数及准永久系数见荷载规范表 5.4.1-1。

三、材料强度的取值

1. 强度标准值

（1）定义：材料强度标准值是指在正常情况下可能出现的最小值。

（2）用途：在计算结构或构件变形、裂缝宽度和抗裂验算时直接采用；它是换算得到材料设计强度的依据。

（3）强度标准值的确定：

1）混凝土的强度标准值：混凝土是由天然的材料拌合而成，它的组成和强度与工厂化生产的钢筋相比具有很大的离散性，根据《混凝土结构规范》的规定，混凝土强度标准值的确定，是取其试验得到的强度平均值减去 1.645 倍标准差，即具有 95% 分布概率的强度值。即在材料强度概率分布曲线的下分位比平均值偏低的具有 95% 保证概率（5% 失效概率）时的材料强度值。《混凝土结构规范》给出的混凝土轴心抗压和轴心抗拉强度标准值如表 2-1 所示。

2) 钢筋的强度标准值：国家现行标准《钢筋混凝土用热轧光面钢筋》GB 13013 和《钢筋混凝土用热轧带肋钢筋》GB 1499 规定，确定各类钢筋强度标准值是经抽样试验得到的。它是取同批钢筋进行强度试验，在确定钢筋标准强度时，取比统计平均值偏低具有 95% 的保证概率，在材料强度概率分布曲线下分位的值作为钢材强度标准值。《混凝土结构规范》给出的钢筋强度标准值、预应力钢筋强度标准值如表 2-6、表 2-7 所示。

2. 材料强度设计值

（1）定义：在材料强度标准值的基础上，根据材料强度的变异性大小，对其强度标准值除以相应的大于 1 的材料强度分项系数后得到的强度值。

混凝土强度设计值＝混凝土强度标准值/混凝土材料分项系数，即

$$f_c = \frac{f_{ck}}{\gamma_c} \tag{3-4}$$

《混凝土结构规范》给出的混凝土轴心抗压、轴心抗拉强度设计值按表 2-2 取用。

钢筋强度设计值＝钢筋强度标准值/钢筋材料分项系数，即

$$f_y = \frac{f_{yk}}{\gamma_s} \tag{3-5}$$

《混凝土结构规范》给出的钢筋强度设计值、预应力钢筋强度设计值按表 2-8、表 2-9 取用。

（2）用途：在进行结构的承载能力验算时采用材料的强度设计值。

（3）材料分项系数：是反映材料强度离散性大小的系数，它是把材料强度标准值转化为设计值的调整系数。混凝土取 1.35，钢筋可根据不同的钢筋种类、强度离散性不同，强度低离散性小的钢筋分项系数小，强度高、塑性差离散性大的钢筋分项系数较大。

第四节 承载能力极限状态计算

一、按承载能力极限状态计算

结构设计的目的就是在经济性能较好的前提下，满足结构安全性、适用性和耐久性的功能要求。如前所述，结构承载力极限状态的计算涉及结构的安全性功能，是最基础和最为重要的设计内容。《混凝土结构规范》规定，混凝土结构设计应包括下列内容：

（1）结构方案设计，包括结构选型、构件布置及传力途径。

（2）作用及作用效应分析。

（3）结构的极限状态设计。

（4）结构及有关构件的构造、连接措施。

（5）耐久性及施工的要求。

（6）满足特殊要求结构的专门性能设计。

建筑工程涉及国民经济的各行各业，建筑类型繁多，作为建筑行业的主要专业之一，建筑结构专业担当着非常重要的角色，结构的方案设计是否科学，结构选型是否合理、构件布置是否恰当，传力途径是否简洁明快，不仅直接影响建筑经济性能，尤其是对结构功能能否得到正常发挥具有非常重要的影响。这部分内容本书在后续涉及的各类结构构件设计内容中进行讨论。

结构的作用及作用效应分析是确定结构和构件内力及变形的基础性工作，本书在后续内容中将结合实际结构和构件逐步加以介绍。结构及构件的构造、连接措施、耐久性及施工的要求是结构设计的重要组成部分，混凝土结构构造涉及面广、内容较多，本书在后面有关章节中只选择常用的加以介绍；对于施工要求和耐久性在后续章节中加以介绍。

二、结构承载能力极限状态设计表达式

1. 基本设计表达式

为了考虑荷载效应 S_d 和结构或构件抗力 R_d 的随机变量性质，就要求 S 取足够大的值，而 R 取足够小的值，并用在这种情况下所推算出的失效概率 p_f 和可靠指标 β 来满足要求。直接进行可靠指标和失效概率的计算十分繁冗，容易出错，费时费力，不便掌握。为了应用上的简便，考虑到工程设计人员的传统习惯，《混凝土结构规范》规定：对持久设计状况、短暂设计状况和地震设计状况，当用内力的形式表达时，结构构件应采用下列承载力极限状态设计表达式：

$$\gamma_0 S_d \leqslant R_d \tag{3-6}$$

$$R = R(f_c, f_y, \alpha_k, \cdots)/\gamma_{Rd} \tag{3-7}$$

式中　γ_0 ——结构重要性系数：在持久设计状态和短暂设计状态下，对安全等级为一级的结构构件不应小于 1.1，对安全等级为二级的结构构件不应小于 1.0，对安全等级为三级的结构构件不应小于 0.9；对于地震设计状态下应取 1.0；

　　　　S_d ——承载能力极限状态下作用组合的效应设计值；对持久设计状况和短暂设计状况应按作用的基本组合计算；对地震设计状况应按作用的地震组合计算；

　　　　R_d ——结构构件的抗力设计值；

　　　$R(*)$ ——结构构件的抗力函数；

　　　　γ_{Rd} ——结构构件的抗力模型不定性系数：静力设计取 1.0，对不确定性较大的结构构件根据具体情况取大于 1.0 的数值；抗震设计应用承载力抗震调整系数 γ_{RE} 代替 γ_{Rd}；

　　　$f_c、f_y$ ——混凝土、钢筋强度设计值，应按表 2-2、表 2-8、表 2-9 取值；

　　　　α_k ——几何参数的标准值，当几何参数的变异性对结构性能有明显的不利影响时，应增减一个附加值。

式 (3-6) 给出了以各个变量标准值和分项系数表示的实用设计表达式，并要求按荷载最不利效应组合进行设计。所谓荷载最不利效应组合是指，所有可能同时出现的各种荷载组合中，对结构或构件产生的组合效应最不利的那种组合。对于承载能力极限状态验算，结构构件应按荷载基本效应组合和偶然效应组合进行设计，式 (3-6) 中的 $\gamma_0 S_d$ 为各种不同构件中所计算的内力设计值，在以后章节中分别用 N、M、V、T 等表达。

2. 荷载效应组合

(1) 荷载效应基本组合

荷载效应组合值 S，应从下列组合中取其最不利的值确定：
1）由可变效应控制的组合

$$\gamma_0 S_\mathrm{d} = \sum_{j=1}^{m} \gamma_{Gj} S_{Gjk} + \gamma_{Q1} \gamma_{L1} S_{Q1k} + \sum_{i=2}^{n} \gamma_{Qi} \gamma_{Li} \psi_{ci} S_{Qik} \tag{3-8}$$

式中 γ_{Gj}——第 j 个永久荷载分项系数，一般情况下取 1.2，当永久荷载效应对结构有利时取 1.0；

γ_{Q1}——第一个起主导作用，产生的作用效应最大的可变荷载的分项系数，一般取 1.4，当楼面可变荷载的标准值大于 $4kN/m^2$ 时，取 1.3；

γ_{Qi}——第 i 个起伴随作用，产生的作用效应不是最大的可变荷载的分项系数，一般取 1.4，当楼面可变荷载的标准值大于 $4kN/m^2$ 时，取 1.3；

γ_{Li}——第 i 个可变荷载考虑设计使用年限的调整系数，其中 γ_{L1} 为主导可变荷载考虑设计使用年限的调整系数；

S_{Gjk}——第 j 个永久荷载标准值产生的效应；

S_{Q1k}——第一个起主导作用，产生的作用效应最大的可变荷载标准值产生的效应；

S_{Qik}——第 i 个起伴随作用的可变荷载标准值产生的效应；

ψ_{ci}——第 i 个起伴随作用的可变荷载的组合系数，当风荷载与其他荷载组合时可采用 0.6，其他情况取 1.0；

m——参与组合的永久荷载系数；

n——参与组合的可变荷载数。

为了查阅方便这里将荷载分项系数汇总于表 3-6 中。

荷载分项系数 表 3-6

极限状态	荷载类别	荷载特征	荷载分项系数
承载能力极限状态	永久荷载	当其效应对结构不利时 对由可变荷载效应控制的组合 对由永久荷载效应控制的组合	1.2 1.35
		当其效应对结构有利时 一般情况 对结构的倾覆、滑移或漂浮验算	1.0 0.9
	可变荷载	一般情况 对标准值≥$4kN/m^2$ 的工业房屋楼面可变荷载	1.4 1.3
正常使用极限状态	永久荷载 可变荷载		1.0

2）由永久荷载控制的效应设计值

$$\gamma_0 S_\mathrm{d} = \sum_{j=1}^{m} \gamma_{Gj} S_{Gjk} + \sum_{i=1}^{n} \gamma_{Li} \psi_{ci} S_{Qik} \tag{3-9}$$

楼面和屋面活荷载考虑设计使用年限的调整系数 γ_L 应按表 3-7 采用。

楼面和屋面活荷载考虑设计使用年限的调整系数 γ_L 表 3-7

结构设计使用年限（年）	5	50	100
γ_L	0.9	1.0	1.1

注：1 当设计使用年限不为表中数值时，调整系数可按线性内插法确定。
    2 对于荷载标准值可控制的活荷载，设计使用年限调整系数 γ_L 取 1.0。

2) 由永久荷载效应控制的组合，仍然按式（3-9）采用。

式中简化设计表达式中采用的荷载组合系数，当风荷载与其他可变荷载组合时可采用 0.85。

对偶然作用下的结构进行承载能力极限状态设计时，公式（3-6）的作用效应设计值 S 按偶然组合进行计算，结构重要性系数 γ_0 取不小于 1.0 的值；公式（3-7）中的混凝土、钢筋强度设计值 f_c、f_s 改为标准值 f_{ck}、$f_{yk}(f_{pyk})$。

当进行结构防连续倒塌验算时，结构构件的承载力函数应按规范的有关规定确定。

对既有结构的承载力极限状态设计，应按下列规定进行：

① 对既有结构进行安全复核、改变用途或延长使用年限而需要验算承载力极限状态时，宜符合式（3-6）、式（3-7）相关的规定；

② 对既有结构进行改建、扩建或加固改造而重新设计时，承载力极限状态的计算应符合本书第三章的规定。

【例题 3-1】

某宿舍楼采用钢筋混凝土现浇板，板简支于墙上，板的计算跨度 $l_0=3.14\mathrm{m}$，结构安全等级为二级，$\gamma_0=1.0$。屋面做法为：三元乙丙两层沥青粘结混合料上铺小石子，20mm 厚水泥砂浆找平层，60mm 厚加气混凝土保温层，现浇板厚 80mm，板底为 20mm 厚混合砂浆抹灰层，屋面可变荷载为 $0.7\mathrm{kN/m^2}$，雪荷载为 $0.3\mathrm{kN/m^2}$。试确定屋面板的弯矩设计值。

已知：$l_0=3.14\mathrm{m}$，屋面各层自重标准值分别为：防水层 $0.35\mathrm{kN/m^2}$、找平层 $20\mathrm{kN/m^3}$、保温层 $6\mathrm{kN/m^3}$、现浇板钢筋混凝土 $25\mathrm{kN/m^3}$、板底部混合砂浆抹面 $17\mathrm{kN/m^3}$，屋面可变荷载标准值为 $0.7\mathrm{kN/m^2}$、雪荷载标准值为 $0.3\mathrm{kN/m^2}$，$\gamma_G=1.2$，$\gamma_Q=1.4$。

求：板的跨中弯矩设计值 $M=?$

解：

（1）求永久荷载标准值

取 1m 宽的板带作为计算单元

三元乙丙防水层	$0.35\mathrm{kN/m^2}$
20mm 厚水泥砂浆找平层	$20\times0.02=0.40\mathrm{kN/m^2}$
60mm 厚加气混凝土保温层	$6\times0.06=0.36\mathrm{kN/m^2}$
80mm 厚现浇钢筋混凝土板	$25\times0.08=2\mathrm{kN/m^2}$
20mm 厚板底抹灰	$17\times0.02=0.34\mathrm{kN/m^2}$
可变荷载标准值总和	$g_k=3.45\mathrm{kN/m^2}$

（2）作用在板上永久荷载的线荷载设计值
$$g=\gamma_G g_k=1.2\times3.45\times1.0=4.14\mathrm{kN/m}$$

（3）求可变荷载标准值

屋面可变荷载标准值为 $0.7\mathrm{kN/m^2}$，屋面积雪荷载小于 $0.3\mathrm{kN/m^2}$，根据《建筑结构荷载规范》GB 50009—2012 的规定，计算时不考虑积雪荷载对结构内力计算的影响。屋面可变荷载标准值为 $0.7\mathrm{kN/m^2}$。

（4）求可变荷的线荷载载设计值
$$q=\gamma_Q q_k=1.4\times0.7\times1.0=0.98\mathrm{kN/m}$$

(5) 1m 宽板面承受的线荷载设计值

$$p = g + q = 5.12 \text{kN/m}$$

(6) 板的跨中承受弯矩设计值为

$$M = \frac{\gamma_0 p l_0^2}{8} = \frac{1.0 \times 5.12 \times 3.14^2}{8} = 6.31 \text{kN} \cdot \text{m}$$

第五节 正常使用极限状态计算

按正常使用极限状态设计时考虑结构适用性和耐久性功能，计算的内容包括结构和构件的变形验算、抗裂验算和裂缝宽度验算，设计时要做到使它们根据《混凝土结构规范》给定的公式和有关要求，计算所得的值不超过其限定值。

一、验算内容

《混凝土结构规范》规定，混凝土结构构件应根据使用功能及外观要求，按下列规定进行正常使用极限状态验算：

(1) 对需要控制变形的构件，应进行变形验算；
(2) 对不允许出现裂缝的构件，应进行混凝土拉应力验算；
(3) 对允许出现裂缝的构件，应进行受力裂缝宽度验算；
(4) 对有舒适度要求的楼盖结构，应进行竖向自振频率的验算。

二、设计实用表达式

对正常使用极限状态，钢筋混凝土构件、预应力混凝土构件应分别按荷载的准永久组合并考虑长期作用的影响或标准组合并考虑长期作用的影响，采用下列极限状态设计表达式进行验算：

$$S_d \leqslant C \tag{3-10}$$

式中 S_d——正常使用极限状态荷载组合的效应设计值；

C——结构构件达到正常使用要求所规定的变形、应力、裂缝宽度、振幅和加速度的限值。

到达或超过正常使用极限状态时，对人们生命及财产的影响和危害程度比到达或超过承载能力极限状态时小得多，因此，其目标可靠指标可定得低些。在正常使用极限状态验算中，材料强度取标准值而不用设计值，所以在公式（3-13）及式（3-14）中永久荷载效应为 S_{G_k}、可变荷载效应为 $S_{Q_{ik}}$（$i=1$、$2 \cdots n$）；计算荷载效应时，采用荷载效应标准组合和准永久组合。

对于标准组合，其荷载效应组合值 S 的表达式为

$$\gamma_0 S_d = \sum_{j=1}^{m} S_{Gjk} + S_{Q1k} + \sum_{i=2}^{n} \psi_{ci} S_{Qik} \tag{3-11}$$

对于准永久组合，其荷载效应组合值 S 的表达式为

$$\gamma_0 S_d = \sum_{j=1}^{m} S_{Gjk} + \sum_{i=1}^{n} \psi_{qi} S_{Qik} \tag{3-12}$$

式中 ψ_{qi}——第 i 个可变荷载准永久系数。

第六节 混凝土耐久性规定

耐久性是指暴露在特定使用环境中的工程材料，适应或抵抗各种物理和化学作用的影响，能够完好发挥其性能，正常使用到规定年限的性能。钢筋混凝土结构与其他三种材料做成的结构相比，具有很好的耐久性。这是因为，混凝土结构中包裹在钢筋周围的混凝土不仅自身具有很高的耐久性，同时它对钢筋提供的保护作用也大大提高了钢筋的耐久性。在正常设计、正常施工、正常使用和正常维护的条件下，混凝土结构的耐久性就能得到很好的保证，混凝土结构的耐久性超过百年没有什么困难。

近年来随着我国城市化和工业化进程的加快，环境压力持续增加，尤其是在大中城市环境问题显得尤为突出。混凝土结构构件表面暴露在空气中，受到酸性雨水的腐蚀，温度、湿度的变化，大气中多种有害气体的影响以及其他一些有害物质的侵蚀，随着时间的持续，出现因材料劣化而引起的性能衰减。主要表现为：钢筋混凝土构件表面出现锈胀裂缝；预应力筋开始锈蚀；结构表面混凝土出现可见的耐久性损伤（酥裂、粉化等）。混凝土的碳化、钢筋锈蚀等使结构耐久性的性能退化，进一步发展可能引起构件承载力问题，甚至发生破坏。因此，混凝土结构在进行承载能力极限状态设计和结构正常使用极限状态其他内容设计的同时，还应根据结构所处的环境类别、设计使用年限进行耐久性设计。混凝土结构所处的环境类别见表 3-8。

一、混凝土结构环境类别的划分

混凝土结构的环境类别   表 3-8

环境类别	条　件
一	室内干燥环境； 无侵蚀性静水浸没环境
二 a	室内潮湿环境； 非严寒和非寒冷地区的露天环境； 非严寒和非寒冷地区与无侵蚀性的水或土壤直接接触的环境； 严寒和寒冷地区的冰冻线以下与无侵蚀性的水或土壤直接接触的环境
二 b	干湿交替环境； 水位频繁变动环境； 严寒和寒冷地区的冰冻线以上与无侵蚀性的水或土壤直接接触的环境
三 a	严寒和寒冷地区冬季水位变动区环境； 受除冰盐影响的地区； 海风环境
三 b	盐渍土环境； 受除冰盐作用环境； 海岸环境
四	海水环境
五	受人为或自然的侵蚀性物质影响的环境

注：1. 室内潮湿环境是指构件表面经常处于结露或湿润状况的环境；
2. 严寒和寒冷地区的划分应符合现行国家标准《民用建筑设计热工规范》GB 50176 的有关规定；
3. 海岸环境和海风环境应根据当地情况，考虑主导风向及结构所处迎风、背风部位等因素的影响，由调查研究和工程经验确定；
4. 受除冰盐影响的环境是指受到除冰盐盐雾影响的环境；受除冰盐作用环境是指被除冰盐溶液溅射的环境以及使用除冰盐地区的洗车房、停车楼等建筑；
5. 暴露的环境是指混凝土结构表面所处的环境。

混凝土结构的耐久性主要与环境类别、使用年限、混凝土强度等级、水灰比、水泥用量、最大氯离子含量、最大碱离子含量、钢筋锈蚀、抗渗、抗冻等因素有关。

二、混凝土结构耐久性的要求

《混凝土结构规范》对混凝土结构的耐久性作了如下规定：

1. 设计使用年限为 50 年的混凝土结构，其混凝土材料宜符合表 3-9 的规定。

结构混凝土材料的耐久性基本要求　　　　　表 3-9

环境等级	最大水胶比	最低强度等级	最大氯离子含量（%）	最大碱含量（kg/m³）
一	0.6	C20	0.30	不限制
二 a	0.55	C25	0.20	3.0
二 b	0.50（0.55）	C30（C25）	0.15	3.0
三 a	0.45（0.50）	C35（C30）	0.15	3.0
三 b	0.40	C40	0.10	3.0

注：1. 氯离子含量系指其占胶凝材料总量的百分比；
　　2. 预应力构件混凝土中的最大氯离子含量为 0.06%，最低混凝土强度等级宜按表中的规定提高两个等级；
　　3. 素混凝土构件的水胶比及最低强度等级的要求可适当放松；
　　4. 有可靠工程经验时，二类环境中的最低混凝土强度等级可降低一个等级；
　　5. 处于严寒和寒冷地区二 b、三 a 类环境中的混凝土应使用引气剂，并可采用括号中的有关参数；
　　6. 当使用非碱活性骨料时，对混凝土中的碱含量可不作限制。

2. 《混凝土结构规范》规定混凝土结构及构件尚应采取下列耐久性技术措施：

（1）预应力混凝土结构中的预应力筋应根据具体情况采取表面防护、孔道灌浆、加大混凝土保护层厚度等措施，外露的锚固端应采取封锚和混凝土表面处理等有效措施；

（2）有抗渗要求的混凝土结构，混凝土的抗渗等级应符合有关标准的要求；

（3）严寒及寒冷地区的潮湿环境中，结构混凝土应满足抗冻要求，混凝土抗冻等级应符合有关标准的要求；

（4）处于二、三类环境中的悬臂构件宜采用悬臂梁-板的结构形式，或在其上表面增设防护层；

（5）处于二、三类环境中的结构构件，其表面的预埋件、吊钩、连接件等金属部件应采取可靠的防锈措施，对于后张预应力混凝土外露金属锚具，其防护要求应满足《混凝土结构规范》中的相关规定；

（6）处在三类环境中的混凝土结构构件，可采用阻锈剂、环氧树脂涂层钢筋或其他具有耐腐蚀性能的钢筋、采取阴极保护措施或采用可更换的构件等措施。

3. 一类环境中，设计使用年限 100 年的混凝土结构应符合下列规定：

（1）钢筋混凝土结构的最低强度等级为 C30；预应力混凝土结构的最低强度等级为 C40；

（2）混凝土中的最大氯离子含量为 0.06%；

（3）宜使用非碱活性骨料，当使用碱活性骨料时，混凝土中的最大碱含量为 3.0kg/m³；

（4）混凝土保护层厚度应符合本书第四章表 4-4 的规定；当采取有效的表面防护措施

时，混凝土保护层厚度可适当减小。

4. 二、三类环境中，设计使用年限 100 年的混凝土结构应采取专门的有效措施。

5. 耐久性环境类别为四类和五类的混凝土结构，其耐久性应符合有关标准的规定。

6. 混凝土结构在设计使用年限内尚应遵守下列规定：

(1) 建立定期检测、维修制度；

(2) 设计中可更换的混凝土构件应按规定更换；

(3) 构件表面的防护层，应按规定维护和更换；

(4) 各类环境中的混凝土保护层厚度，不应小于表 4-4 中规定的值；

(5) 结构出现可见的耐久性缺陷时，应及时进行处理。

三、钢筋混凝土楼盖竖向自振频率验算

对于跨度较大的楼盖及业主有要求时，可进行楼盖竖向自振频率验算。一般楼盖竖向自振频率可采用简化方法计算。对有特殊要求的工业建筑，可参照现行国家标准《多层厂房楼盖抗微振设计规范》GB 50190 进行验算。规范规定，对混凝土楼盖结构应根据使用功能的要求进行竖向自振频率验算，并应符合下列要求：

(1) 住宅和公寓楼不宜低于 5Hz；

(2) 办公楼和旅馆不宜低于 4Hz；

(3) 大跨度公共建筑不宜低于 3Hz。

本 章 小 结

1. 结构上的作用分为直接作用和间接作用两种，直接作用是指施加于结构上的各种荷载，包括结构自重、使用人群和家具荷载、风荷载、雪荷载，厂房结构中的吊车荷载和屋面积灰荷载。间接作用包括温度变化、地基不均匀沉降等，偶然作用包括爆炸、强台风、地震等。结构上的荷载按随时间的变异性可分为永久荷载、可变荷载和偶然作用三种；按作用于结构时是否产生加速度分为动荷载和静荷载。按作用方式可分为集中荷载和分布荷载。

2. 建筑结构应满足安全性、适用性和耐久性的功能要求。安全性功能由结构的承载能力极限状态来反映，适用性和耐久性功能由结构的正常使用极限状态来反映。这两种极限状态到达后产生的后果严重性程度不同，《混凝土结构规范》把到达承载力极限状态的事件发生的概率控制得比正常使用极限状态的事件发生的概率要严格，这是因为到达承载能力极限状态后结构的安全性已经到达最危险的状态，超过这种状态会造成重大人员伤亡和财产损失。到达正常使用极限状态后，结构的使用性能会受到影响，但不会立即发生非常严重的后果。结构的设计基准期一般是 50 年，超过设计基准期的房屋结构的某些功能会发生变化或降低，但是这并不意味着房屋到达设计寿命。结构的安全性、适用性和耐久性统称为结构的可靠性，这三项内容反映了建筑结构在正常设计、正常施工、正常使用、正常维护条件下完成预定功能的能力。结构的可靠度是指结构完成预定功能的概率，是对可靠性的一个定量表达。

3. 结构上的作用在结构或构件中引起的内力、变形等称为荷载效应，用 S 表示，结构或构件承受荷载效应的能力称为结构抗力，用 R 表示。由于荷载效应和结构抗力都具

有随机性和不确定性,所以要用数理统计的方法来研究。我国《混凝土结构规范》采用的是以概率论为基础的极限状态设计法,以结构的可靠指标量度结构的可靠性,用分项系数表达的设计式进行设计。主要使用的分项系数有荷载分项系数、材料分项系数、结构重要性系数,它们的作用是将标准值转化为设计值,将结构的重要性程度反映在结构计算式中。荷载标准值乘以相应的不小于1的荷载分项系数即为荷载设计值;材料强度标准值除以大于1的材料分项系数即为材料的强度设计值。建筑结构的安全等级分为三级,破坏后的后果特别严重的建筑划分为一级,破坏后的后果较为严重的划分为二级,破坏发生后的后果轻微的划分为三级;在计算结构荷载效应时分别乘的结构重要性系数为:一级为1.1,二级为1.0,三级为0.9。

4. 结构按承载能力极限状态验算时,采用荷载效应设计值和材料强度的设计值;结构按正常使用极限状态验算时,采用荷载标准值和材料强度标准值。结构的两种极限状态由安全性功能(承载能力极限状态),适用性和耐久性功能(正常使用极限状态)来反映。

5. 正常使用极限状态验算内容:包括结构构件变形验算、构件抗裂及裂缝宽度验算,还应根据环境类别、结构的重要性和设计使用年限,进行混凝土结构的耐久性设计。

复 习 思 考 题

一、名词解释

结构上的作用 荷载代表值 荷载标准值 荷载设计值 荷载分项系数 永久荷载 可变荷载 偶然荷载 材料分项系数 结构重要性系数 结构的承载能力极限状态 结构的正常使用极限状态 结构的安全性 结构的适用性 结构的耐久性 结构的设计基准期 结构的可靠性 结构的可靠度 荷载效应 结构抗力

二、问答题

1. 什么是结构上的作用?它分几类?
2. 荷载的代表值有几种?荷载的基本代表值是什么?
3. 荷载分项系数、材料分项系数、结构重要性系数的含义是什么?
4. 建筑结构的功能要求包括哪些内容?结构功能的"三性"是什么?
5. 结构设计基准期的含义是什么?
6. 结构的重要性等级怎样划分?在承载力验算时有何体现?
7. 荷载效应和结构抗力的含义各是什么?它们各有什么特性?
8. 什么是结构功能的极限状态?它分为几类?各自的含义是什么?
9. 承载能力极限状态的设计表达式是怎样的?结构验算时的 M、N 和 M_u、N_u 有什么区别?

三、计算题

已知某办公楼的预制钢筋混凝土($\gamma_1=25\text{kN/m}^3$)实心走道板,厚度80mm,宽度 $b=0.5\text{m}$,计算跨度 $l_0=2.5\text{m}$。水泥砂浆($\gamma_2=20\text{kN/m}^3$)面层25mm,板底采用20mm厚混合砂浆粉刷($\gamma_3=20\text{kN/m}^3$)。结构重要性系数 $\gamma_0=1.0$,楼面使用可变荷载为 2.0kN/m^2。求:(1)计算均布永久线荷载标准值 g_k 与均布可变线荷载标准值 q_k;(2)计算走道板跨中截面的弯矩设计值 M。

第四章 受弯构件正截面受弯承载力计算

学习要求与目标：
1. 理解钢筋混凝土适筋梁受力破坏过程中三个阶段的特点和各种指标的变化规律；理解纵向受拉钢筋配筋率对梁正截面破坏形态的影响。
2. 理解钢筋混凝土梁正截面受弯承载力计算时采用的截面计算图形。
3. 熟练掌握钢筋混凝土单筋矩形截面、双筋矩形截面和单筋 T 形截面正截面受弯构件截面设计与强度复核的公式、适用条件、步骤及方法。
4. 掌握梁、板中构造钢筋设置的要求。

钢筋混凝土梁、板是建筑结构中最常见的受弯构件。本章只讨论钢筋混凝土梁、板的基本构造要求和正截面受弯承载力计算。

钢筋混凝土梁根据其截面受力及配筋情况的不同，分为单筋梁与双筋梁；单筋梁是指仅在梁截面的受拉区配置受拉筋的梁；双筋梁是指不仅在梁截面受拉区配有受拉钢筋，同时也在截面受压区边缘配置受压钢筋的梁。根据截面形状不同钢筋混凝土梁可分为矩形、T形、十字形、花篮形和倒 L 形等。梁是承受弯矩和剪力作用的构件，按承载能力极限状态计算时要进行正截面受弯承载力和斜截面受剪承载力两方面的计算。除有特殊要求时，一般情况下可不进行正常使用极限状态验算，可以通过有关构造要求来满足正常使用极限状态限定的功能要求。但对挠度、振动和裂缝要求高的构件还要根据使用要求，依据《混凝土结构规范》的相关规定，进行其中的某些内容的验算。板是承受弯矩的另一种常用构件的，按制作方法不同，板分为现浇板、预制板两类；按截面类型不同，分为实心板、空心板两类。设计时必须按承载能力极限状态进行正截面受弯承载力的计算，由于板承受荷载的特点和截面尺寸特点，一般情况下钢筋混凝土板的斜截面受剪承载力能够满足要求，所以不进行斜截面受剪承载力的计算；确有必要时按正常使用极限状态的要求，验算板的挠度、抗裂或裂缝宽度使其满足不超过规范规定的限值要求。一般情况下板是单筋受弯构件，只在其受拉区配置受拉钢筋，同时在受拉钢筋的内侧配置分布钢筋，其他部位根据需要配置构造钢筋。

在几乎所有工业与民用建筑工程中都离不开梁、板等构件，无论是可以简化为简支于墙顶的简支梁，还是框架结构中的多跨连续梁、工业厂房的吊车梁都是常用的受弯构件；楼板、屋面板、地沟盖板、雨篷板，无论它们支撑情况和受力状况如何，同样也都是常用的结构受弯构件。

第一节 梁、板的一般构造

构造要求和结构计算具有同样重要的意义，它们面对的问题、学习时难易程度、在结构中起到的作用虽有不同,但它们都是结构设计的重要组成部分。这是因为,在实际工程中许多难以通过数值计算解决的问题却可以通过合理的构造措施妥善解决。所以掌握《混凝土结构规范》给定的构造措施十分必要,本书限于篇幅只对比较常用和相对简单的构造加以说明。

一、梁的截面与配筋

(一)梁的截面尺寸和形状

梁截面尺寸是根据强度、刚度和抗裂(或裂缝宽度)三个方面的要求确定的。

1. 梁截面高度 h

根据以往工程经验和梁的挠度要求、抗裂或裂缝宽度验算公式的推导分析得出,钢筋混凝土简支梁截面高度可由式(4-1)计算得到。

$$h = \left(\frac{1}{8} \sim \frac{1}{12}\right)l_0 \qquad (4-1)$$

式中 l_0——梁的计算跨度,可按表11-1规定采用。

从梁截面刚度出发,根据以往设计经验,梁不需进行挠度验算的最小高度应符合表4-1的要求。

不需要进行挠度验算的梁最小高度　　　　　表 4-1

项次	构件种类		简支	两端连续	悬臂
1	整体式肋形楼盖	次梁	$\frac{1}{15}l_0$	$\frac{1}{20}l_0$	$\frac{1}{8}l_0$
		主梁	$\frac{1}{12}l_0$	$\frac{1}{15}l_0$	$\frac{1}{6}l_0$
2	独立梁		$\frac{1}{12}l_0$	$\frac{1}{15}l_0$	$\frac{1}{6}l_0$

注:表中 l_0 为梁的跨度,当梁的跨度大于9m时表中的数值应放大20%。

2. 梁截面宽度 b

确定梁截面宽度 b 时,一般根据梁的高度 h 根据式(4-2)、式(4-3)确定。

矩形截面梁 $\qquad b = \left(\frac{1}{2} \sim \frac{1}{2.5}\right)h \qquad (4-2)$

T形截面梁 $\qquad b = \left(\frac{1}{2.5} \sim \frac{1}{3}\right)h \qquad (4-3)$

为了便于施工和模板定型化,梁的尺寸应符合模数的要求,通常取梁截面高度 h 为150、180、200、240、250mm,超过250mm时按50mm进制。梁截面的宽度 b 为120、150、180、200、220、250mm,超过250mm时按50mm进制。

3. 梁的截面形状

同样的梁截面面积,不同形状的截面提供的截面抗弯刚度就不同,根据材料力学中合理截面的概念,结合工程实际,通常一般梁截面形状根据实用性程度的高低,依次是矩形、T形、I形、花篮形、十字形、倒L形等。

(二)梁截面的配筋

钢筋混凝土梁内通常配置纵向受力钢筋、箍筋、弯起钢筋和架立钢筋四种钢筋,如图4-1所示。特殊情况下也可配置其他的钢筋,本节主要讨论前述的那四种钢筋。

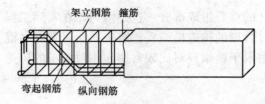

图 4-1 钢筋混凝土梁的配筋

1. 纵向受力钢筋

(1) 作用

纵向受力钢筋是沿着梁的纵向配置的起承受纵向力作用的钢筋。在单筋梁中它专指配在梁截面受拉区的受拉钢筋，它的作用是和包裹它的混凝土形成整体共同抵抗由梁截面承受的弯矩引起的梁截面的拉力。在双筋梁中纵向受力钢筋一方面包括了配在梁截面的纵向受拉钢筋，另一方面也包括了配置在梁截面受压区的纵向受压钢筋，纵向受压钢筋的作用是和受压区包裹在它周围的混凝土形成整体，共同抵抗由截面承受的弯矩所引起的压力。

(2) 直径

梁截面内纵向受力钢筋的直径，一般在 12~25mm，梁截面尺寸较大或梁截面内配筋面积较大时，可以选用粗直径的钢筋。当 $h \geqslant 300mm$ 时，纵筋的直径 d 不应小于 10mm；当 $h \leqslant 300mm$ 时、d 不应小于 8mm。

(3) 净间距

为了确保梁内纵向受力钢筋和混凝土之间充分的粘结并有效地传递内力，确保梁内混凝土浇筑和振捣密实，在梁截面的上部水平方向的纵向钢筋的净距离不小于 30mm 和 1.5d；梁截面下部水平钢筋的净距不应小于 25mm 和 d。当梁下部钢筋多于 2 层时，2 层以上钢筋水平向的中距应比下面 2 层的中距增大一倍；各层钢筋之间的净距不应小于 25mm 和 d，d 为钢筋的最大直径，如图 4-13 所示。

(4) 伸入支座内的纵筋数量

伸入支座内的纵筋不少于 2 根。双筋梁中，受压钢筋兼作架立钢筋时，伸入支座的受压钢筋根数不少于两根，且必须保证箍筋的四个角各有一根纵向受力钢筋伸入支座。

(5) 并筋的配筋方式

根据长期工程实践经验，为了保证混凝土浇筑质量，解决粗钢筋及配筋密集引起的设计、施工的困难，《混凝土结构规范》提出了并筋的配筋形式，规定如下：构件中的钢筋可以采用并筋的配筋形式。直径 28mm 及以下的钢筋并筋数量不超过 3 根，如图 4-2 (a) ~ (d) 所示；直径 32mm 的钢筋并筋数量宜不多于 2 根，如图 4-2 (a)、(b) 所示。直径 36mm 及以上的钢筋不宜采用并筋。并筋应按单根等效钢筋进行计算，等效钢筋的等效直径应按截面面积相等的原则确定。二并筋可按横向或纵向的方式布置；三并筋宜按品字形布置，并且均以并筋的重心作为等效钢筋的重心。

等直径横向二并筋时，并筋后光圆钢筋重心在原钢筋的重心处，如图 4-2 (a) 所示；纵向等直径二并筋时，并筋后钢筋重心在距钢筋下或上表面 d 的位置处，如图 4-2 (b) 所示。等直径光圆钢筋采用"品"字形并筋时，并筋后钢筋的重心在距钢筋下表面近似为 0.8d 的位置处；等直径肋形圆钢筋采用"品"字形并筋时，并筋后钢筋的重心在距钢筋下表面近似为 0.87d 的位置处，如图 4-2 (c) 所示。等直径光圆钢筋反向"品"字形并筋时，并筋后光圆钢筋的重心在距钢筋上表面近似为 0.8d 的位置处；等直径肋形钢筋反向"品"字形并筋时，并筋后钢筋的重心在距钢筋

图 4-2 梁内纵向受力钢筋的并筋配置方式

上表面近似为 $0.87d$ 的位置处，如图 4-2（d）所示。

即相同两根直径相同的钢筋并筋等效直径可取 1.41 倍单根直径，即 $d_{eq}=1.41d$，三并筋等效直径取 1.73 倍单根钢筋直径，即 $d_{eq}=1.73d$。等效直径 d_{eq} 可以用于近似计算并筋后钢筋截面积，以直径 20mm 的钢筋为例，查表 2-4 得知其单根钢筋面积为 314.2mm²，两根并筋后的等效直径为 $d_{eq}=1.41d=1.41\times 20=28.2$mm，按等效直径计算的横截面积为 $\frac{\pi d_{eq}^2}{4}=\frac{3.141\times 28.2^2}{4}=624.46$mm²，与表 2-4 查得的结果有近 4mm² 差异；三根并筋时其等效直径为 $d_{eq}=1.73d=1.73\times 20=34.6$mm，按等效直径计算的横截面积为 $\frac{\pi d_{eq}^2}{4}=\frac{3.141\times 34.6^2}{4}=940$mm²，与表 2-4 查得的结果有 2mm² 差异。这种微小的面积差异只占钢筋实际面积的 0.64% 和 0.21%，不会影响结构设计计算的精度，实用中可以直接查表 2-4，根据并筋的钢筋根数得到并筋后的钢筋面积，也可根据等效直径计算并筋后的钢筋面积。

2. 箍筋

（1）作用

从受力的角度看，箍筋的作用是承受由梁截面弯矩和剪力共同形成的主拉应力引起的梁斜截面的拉力，起抗剪作用。箍筋对限制钢筋混凝土梁斜裂缝宽度的增加，延缓斜截面破坏效果显著。从构造的角度看，箍筋和纵向受力钢筋、架立钢筋通过绑扎和焊接形成封闭完整的钢筋骨架，确保梁的钢筋骨架中所配置的四种钢筋具有正确的位置。

（2）直径

当梁截面高 h 不大于 800mm 时，箍筋直径 d_{sv} 不应小于 6mm；当 h 大于 800mm 时，d_{sv} 不应小于 8mm；梁中配有计算需要的纵向受压钢筋时，箍筋直径不应小于 $d/4$（d 为纵向受压钢筋的最大直径）。

（3）设置要求

按承载力计算不需要箍筋的梁，当截面高度大于 300mm 时，应沿梁的全长设置构造箍筋；当梁截面高度 $h=150\sim300$mm 时，可仅在梁两端各 $l_0/4$ 范围内设置构造箍筋（l_0 为梁的计算跨度）。但当在梁中部 1/2 跨度范围内有集中荷载作用时，则应沿梁的全长设置箍筋。当梁截面高度小于 150mm 时，可以不设置箍筋。

（4）最大间距

规范规定的梁中箍筋最大间距如表 4-2 所示。

梁中箍筋最大间距　　　　　　　　　　　　表 4-2

梁高 h	$V>0.7f_tbh_0$	$V\leqslant 0.7f_tbh_0$
$150<h\leqslant 300$	150	200
$300<h\leqslant 500$	200	300
$500<h\leqslant 800$	250	350
$h>800$	300	400

(5) 梁中箍筋形式

箍筋应做成封闭式,且弯钩直线段长度不应小于 5d (d 为箍筋直径)。箍筋最大间距不应大于纵向受压钢筋的最小直径 d 的 15 倍,并不应大于 400mm。当一层的纵向受压钢筋多于 5 根且直径大于 18mm 时,箍筋间距不应大于 10 倍纵向受压钢筋的最小直径 d。

当梁的宽度 $b > 400$mm,且一层内的纵向受压钢筋多于 3 根时,或当梁的宽度 $b \leqslant 400$mm 但一层内的纵向受力钢筋多于 4 根时,宜设置复合箍筋。

(6) 梁中箍筋的肢数

当梁宽 $b < 350$mm 时,宜采用双肢箍筋;当梁宽 $b \geqslant 400$mm 时宜用四肢箍筋;梁内受拉钢筋一排中配有多于 5 根受拉钢筋时或受压钢筋多于三根时,宜采用四肢箍筋或六肢箍筋,四肢箍筋一般由两个双肢箍筋组成。

(7) 受扭箍筋

受扭箍筋应做成封闭式;根据空间变角桁架理论,受扭构件中抵抗扭转拉应力和压应力的受扭箍筋应沿构件截面周边均匀配置;受扭计算时复合箍筋内部的几肢不应计入受扭所需的箍筋面积;受扭箍筋的数量和受剪箍筋的数量合起来后一起配置;受扭箍筋和抗震设计所需的箍筋一样末端要做成 135°的弯钩,弯钩的平直段长度应为 10d (d 为箍筋直径)。箍筋的肢数和形式如图 4-3 所示。

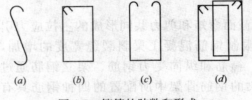

图 4-3 箍筋的肢数和形式

3. 弯起钢筋

(1) 作用

弯起钢筋是从梁跨中截面所配的纵向受拉钢筋中,将其中在支座附近不需要继续提供受弯承载力的钢筋弯折而成的。它的主要作用是和箍筋一起抵抗弯矩和剪力共同作用所产生的主拉应力(斜向拉应力),起抗剪的作用。

(2) 设置要求

当纵向受拉钢筋受限制不能在需要的位置弯起或弯起钢筋不能满足抗剪要求时,需要增设附加鸭筋来补充,鸭筋的两端水平段要锚固在梁的受压区,如图 4-4 (a) 所示;不能采用一端锚固在受拉区,另一端锚固在受压区的浮筋,如图 4-4 (b) 所示。

弯起钢筋的横截面积一般根据计算确定,可参照实配纵向钢筋,从其中选取满足要求的作为弯起钢筋。弯起钢筋的构造要求为:当梁高 $h \leqslant 800$mm 时,弯起角为 45°,当梁高 $h > 800$mm 时弯起角为 60°。在弯终点外应留有平行于梁轴线方向的锚固长度,且在受拉区不应小于 20d,在受压区不小于 10d (d 为弯起钢筋的直径),如图 4-5 所示。

4. 梁内构造钢筋

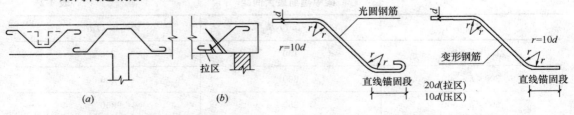

图 4-4 附加鸭筋、吊筋及浮筋   图 4-5 弯起钢筋的端部构造

梁内构造钢筋包括架立钢筋、梁上部纵向构造钢筋、梁截面中部构造钢筋、拉筋。

(1) 架立筋

1) 作用

架立筋一般配置在梁箍筋的上角，通过箍筋和弯起筋以及下部纵向受拉钢筋形成封闭的钢筋骨架，确保其他钢筋在梁内的正确位置。此外，架立筋也可协助受压区混凝土承受一部分压力，当混凝土收缩时可以防止梁上部产生裂缝。

2) 设置要求

当梁跨度小于4m时，架立筋的直径不宜小于8mm；梁跨度在4~6m时，架立筋的直径不宜小于10mm；当梁跨度大于6m时，架立筋的直径不宜小于12mm。架立筋如需和受力纵筋搭接，不需满足搭接长度不小于30d的要求（d为架立筋的直径）。

(2) 梁上部纵向构造钢筋

当梁端按简支计算考虑但实际受到部分约束时，如梁端嵌固在承重砖墙中时，应在支座上部设置纵向构造钢筋。其截面积不应小于跨中截面下部所配纵向受力钢筋计算所需截面面积的1/4，且不小于2根。该构造钢筋自支座边缘向跨内伸出的长度不应小于$l_0/5$，l_0为梁的计算跨度。

(3) 梁截面中部构造钢筋

1) 作用

当梁截面高度 h 相对较高，架立筋或上部受压纵筋到梁截面下部受拉纵筋之间距离较大，梁中部混凝土收缩作用会引起开裂，设置梁截面中部构造钢筋可以有效防止梁中部的开裂，它同时还具有增加梁内钢筋骨架刚度的作用。

2) 设置

当梁的腹板的高度 $h_w \geqslant 450$mm 时，在梁的两个侧面应沿截面高度配置纵向构造钢筋，此构造钢筋一般应选用HPB300级光圆钢筋，每侧面积不小于 $0.1\% bh_w$，梁截面中部构造钢筋沿梁截面高度方向的间距不大于200mm，直径为10~14mm，如图4-7所示。

(4) 拉筋

主要作用是拉结和固定梁截面中部构造钢筋的位置，使梁截面中部构造钢筋和梁的钢筋骨架拉结成一个整体。拉筋与箍筋的直径、弯钩的要求一致，拉筋的间距是梁内所配箍筋间距的两倍，拉筋的设置如图4-6所示。

梁内常用钢筋的细部构造如图4-7所示。

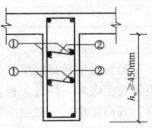

图4-6 梁内截面中部构造钢筋和拉筋

二、板的厚度和配筋

(一) 板的厚度

板的厚度要满足强度、刚度和抗裂（或裂缝宽度）的要求。厚度不够的板从满足强度要求看，对受力钢筋的消耗就多，不经济；但如果板太厚会造成混凝土用量的急剧增加，也不够经济。从抵抗变形和抗裂的角度看，板太薄，截面提供的抗弯刚度 $E_c I$ 就太小，挠度验算和抗裂验算就不容易满足。工程实践中从刚度条件出发，结合以往工程经验给出了现浇板的跨厚比是：钢筋混凝土单向板不大于30，双向板不大于40。对跨度较大的楼盖及业主有要求时，可进行楼盖竖向自振频率验算。现浇板的最小厚度要求见表4-3。当板

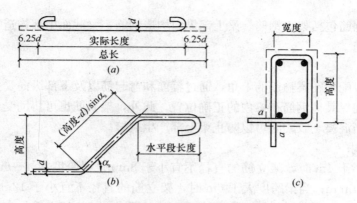

图 4-7 钢筋的细部构造

上作用的荷载较小时,可以选择满足上述两个规定尺寸中较薄的值作为板厚,当板上承受比较大的荷载时可以适当选择较厚的板厚尺寸。

现浇板的最小厚度（mm）　　　　表 4-3

板 的 类 别		最小厚度
单向板	屋面板	60
	民用建筑楼板	60
	工业建筑楼板	70
	车道下的楼板	80
双向板		80
密肋楼盖	面板	50
	肋高	250
悬臂板（根部）	悬臂长度不大于500mm	60
	悬臂长度1200mm	100
无梁楼盖		150
现浇空心楼盖		200

（二）板的配筋

通常由于板截面厚度较厚,板面荷载较小,引起的板截面主拉应力较小,通常不会发生斜截面破坏,因此,板内不设置用于抵抗主拉应力的弯起筋和箍筋。板相对于梁截面而言,其高度小,一般也不需配置构造用的架立筋。板内钢筋分为受力钢筋、分布钢筋及其他构造钢筋。

1. 受力钢筋

(1) 作用

板内受力钢筋的主要作用是抵抗板面承受的荷载引起的跨中截面下部及支座截面上部受拉区的弯曲拉应力。

(2) 配置

沿板的跨度方向在板横截面受拉区配置受拉钢筋。对于一般楼（屋）面板,受拉钢筋配置在板截面的下部受拉区;在板的长跨 l_2 与短跨 l_1 的比值 l_2/l_1 大于3的单向板中,受力钢筋是沿着板的受力方向即短跨配置；在长跨 l_2 与短跨 l_1 的比值 l_2/l_1 小于 3 的双向板楼盖中，板的两个方向都是受力方向，两个方向配置的钢筋都是受力钢筋，一般短跨方向的钢筋配在截面外侧；对于阳台板、雨篷板、挑檐板等悬臂构件以及地下室底板等构件，受力钢筋配置在板的上部受拉区。对于悬臂构件和上部配筋的构件，为确保受拉钢筋的位置和截面有效高度，钢筋端部宜设置直角钩支撑在板底，当板厚大于 120mm 时可做成圆钩。对于梁式厚板采用双筋截面时需要在板平面均匀配置马凳筋。

（3）间距及数量

板中受力钢筋的间距，当板厚不大于 150mm 时，不宜大于 200mm；当板厚大于 150mm 时不宜大于板厚的 1.5 倍，且不宜大于 250mm。

板内所配的受力钢筋的数量，对简支板按跨中弯矩最大截面，或连续板对其跨中和连续支座弯矩最大截面按受弯承载力计算所得结果，并参照《混凝土结构规范》有关要求决定。

（4）直径

板厚 h 小于 100mm 时，$d=6\sim 8$mm；当板厚 $h=100\sim 150$mm 时，$d=8\sim 12$mm；当板厚 h 大于 150mm 时，$d=12\sim 16$mm。

（5）配置方式

多跨连续板的跨中截面下部受拉区和支座截面上部受拉区均需按计算配置受拉钢筋。配筋方式分为弯起式和分离式两种。采用弯起式配筋的板整体性好，节省钢筋；弯起式配筋的钢筋弯起角度在 30°～45°之间。采用分离式配筋时，板的施工简便，板的整体性较差。弯起式配筋和分离式配筋的细部构造详见本书第十一章梁板结构中的具体内容。

（6）伸入支座的锚固长度

采用分离式配筋的多跨板，板底钢筋宜全部伸入支座；支座负弯矩钢筋从支座边缘向跨中延伸的长度应根据负弯矩图确定，并应满足钢筋在支座内的锚固要求。

受力筋在支座内的锚固长度 $l_{as} \geq 5d$（d 为受力钢筋的直径）且宜过支座中心线。当连续板内温度、伸缩应力较大时，伸入支座的长度宜适当增加。

当采用焊接网配筋时，板的末端至少有一根横向钢筋配置在支座内，如不能满足要求时，伸入支座内的受力钢筋末端必须设置弯钩或加焊横向锚固钢筋。

2. 分布钢筋

（1）作用

1）固定受力钢筋的位置，确保浇筑混凝土时受力筋不发生平面和上下移动；

2）将板上局部承受的集中力向比较大范围的受力钢筋上传递；

3）抵抗由于混凝土收缩和温度的变化在垂直于受力钢筋方向的拉应力，防止板表面产生沿受力钢筋方向的开裂；

4）在单向板肋形楼屋盖中，分布钢筋可以抵抗沿板长边方向传递的数值较小的内力，如图 4-8 所示。

（2）配置

沿板的宽度方向单位长度内分布

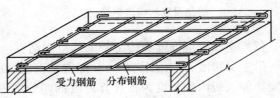

图 4-8 板中受力钢筋与分布钢筋

钢筋的面积不宜小于沿板长度方向上实配受力钢筋面积的15%且配筋率不小于0.15%；分布钢筋间距不宜大于250mm，其直径不小于6mm；集中荷载较大时分布钢筋面积应适当加大，间距不宜大于200mm。在温度和收缩应力较大的现浇板范区域，应在板的表面双向配置防裂结构钢筋。配筋率不宜小于0.1%，间距不宜大于200mm。防裂构造钢筋也可利用原有钢筋贯通布置；也可另行设置钢筋按受拉钢筋的要求搭接或在周边构件中锚固。

3. 构造钢筋

在现浇单向板肋形板楼盖中，主梁、次梁和单向板三部分整体浇筑在一起，受力后可能会在主梁与板连接处发生裂缝，也可能在板边缘和板的角部受墙体和边梁等的嵌固作用影响，板上部荷载作用后在板边缘和板的角部发生开裂，为了有效地防止这些问题的发生，就必须在板的上部和板的角部设置构造钢筋。如图4-9所示。

(1) 现浇单向板或双向板板角上部构造钢筋

为了防止板角受双长边和短边方向嵌固作用出现垂直于板对角线的板面裂缝，就必须在板角的上部设置构造负筋，在板上部离板角点$l_1/4$范围内配置板面双向钢筋网，该钢筋在支座内满足锚固长度要求；从墙边伸入板内长度不小于$l_1/4$（l_1是单向板或双向板的短边跨度），如图4-9所示。

当板边嵌固在承重墙内时，为了防止板边出现沿嵌固墙长度方向的开裂，沿板边全长应配置上部构造钢筋，间距不大于200mm，直径d不小于6mm（包括弯起钢筋），此构造钢筋从墙边伸入板内的长度不小于板短边跨度的$l_1/7$（l_1是单向板或双向板的短边跨度）；沿板受力方向配置的上部构造钢筋，其截面面积不应小于该方向跨中受力钢筋截面面积的1/3；沿非受力方向的构造钢筋可酌情减少，图4-9所示为单向板沿短边方向配置的板内的构造钢筋。

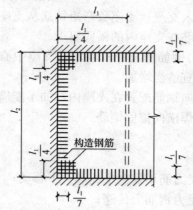

图4-9 板嵌固在承重墙内时沿墙边和墙角设置的构造钢筋

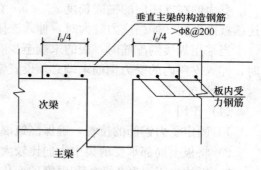

图4-10 主梁和楼板连接处梁顶的构造钢筋

(2) 主梁上部嵌固板边上部的构造钢筋

沿主梁跨度方向间距200mm配置垂直主梁的板上部构造钢筋，该钢筋$d=8$mm，从主梁边伸入板内的长度为板计算跨度的四分之一，即$l_0/4$；单位长度范围内的受力钢筋面积不小于板内受力钢筋面积的1/3，如图4-10所示。

(3) 嵌固在边梁、钢筋混凝土墙和柱内的板边上部构造钢筋

现浇单向板或双向板与周边边梁整体浇筑在一起时，板上部应配置沿板边的构造钢筋，配置的面积不宜小于板跨中同方向纵向钢筋面积的 1/3；在单向板中该钢筋从梁边伸入板内的长度 $\geqslant l_1/5$（l_1 是单向板短边跨度），在双向板中该钢筋不小于 $l_1/4$（l_1 是双向板短跨方向的跨度），在板角处该钢筋应沿两个方向垂直各自正常设置或按放射状设置。当柱角或墙的阳角伸入板内尺寸较大时，也按上述梁边和钢筋混凝土墙边的要求配置板边上部构造钢筋，其伸入板内的长度应从柱边或墙边算起。上述构造钢筋也应按受拉钢筋锚固在墙、梁和柱内。

(4) 挑檐转角处的构造钢筋

挑檐转角处受到两个互相垂直方向的弯矩影响容易开裂，因此必须在这个部位布置放射形构造钢筋。挑檐板出挑跨度为 l，在 $l/2$ 处该放射钢筋的间距不应大于 200mm；该放射钢筋锚入板内的长度不小于挑檐板的出挑长度 l，如图 4-11 所示。放射钢筋的直径 d 与边跨支座的（边梁）的负筋相同。

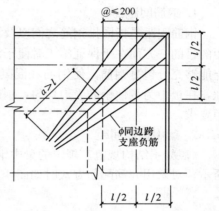

图 4-11 挑檐转角处的构造钢筋

(5) 板上开洞时的构造钢筋

1) 圆洞直径小于 300mm 或方洞边长小于 300mm 时，可将板内受力钢筋绕过洞口，不必采用加强钢筋。

2) 当 $d \geqslant 300$mm 或 $b \leqslant 1000$mm 时，应沿洞每边配置加强钢筋，其面积不小于洞口宽度范围内被切断的受力钢筋面积的 1/2，且不小于两根直径 10mm 的 HPB300 钢筋。

3) 当 $b > 1000$mm 时，如无特殊要求应在洞口边设置小梁将两个方向的受力筋和构造钢筋牢靠锚固在其中，如图 4-12 所示。

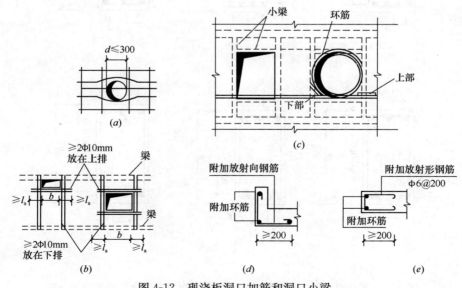

图 4-12 现浇板洞口加筋和洞口小梁

（6）现浇混凝土空心楼板

现浇混凝土空心楼板的体积空心率不宜大于50%。采用箱形内孔时，顶板厚度不应小于肋间净距的1/15且不小于50mm。当底板配置受力钢筋时，其厚度不小于50mm。内孔肋间宽与内孔高度比不宜小于1/4，且肋宽不应小于60mm，对预应力板不应小于80mm。

采用管形内孔时，孔顶、孔底板厚不应小于40mm，肋宽与内孔径之比不宜小于1/5，且肋宽不应小于50mm，对预应力板不宜小于60mm。

（三）钢筋的间距、钢筋保护层厚度和梁的有效高度

1. 钢筋间距

钢筋间距是指同排钢筋之间以及设置多排配筋时上下层钢筋之间的净距。保证钢筋间距的目的一方面在于保证施工时便于混凝土的浇筑和振捣，另一方面是确保钢筋周围混凝土能够充分包裹钢筋，使钢筋和混凝土之间具有可靠的粘结力，以确保内力的传递。因此，在板中为了使钢筋受力均匀，钢筋间距又不能超过《混凝土结构规范》规定的最大间距要求。

2. 梁中钢筋间距

《混凝土结构规范》规定的梁中钢筋净距，对梁常规的配筋方式如图4-13（a）、（b）所示；对采用并筋配筋方式时如图4-13（c）、（d）为沿截面纵向、横向双并筋时梁截面

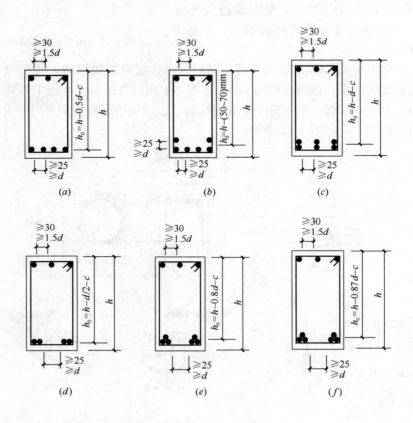

图4-13 梁中纵向受力钢筋的间距和混凝土保护层厚度、梁的有效高度

的有效高度；(e)、(f)为直径不超过28mm的钢筋按"品"字形并筋时梁截面的有效高度，根据规范规定推导的结果，光圆钢筋$h_0 = h - 0.8d - c$，如图4-13(e)所示，肋形钢筋$h_0 = h - 0.5d_{eq} - c = h - 0.87d - c$，如图4-13(f)所示；同样当支座上部钢筋"品"字形并筋时，光圆钢筋$a'_s = c + 0.8d$，肋形钢筋$a'_s = c + 0.87d$，图4-13中c为梁内钢筋的混凝土保护层厚度，按表4-4的规定取用。

3. 保护层厚度

在钢筋混凝土构件中钢筋的混凝土保护层厚度（以下简称保护层厚度），主要作用是防止混凝土的碳化和水分渗透的共同作用导致钢筋发生锈蚀，进而影响结构的安全性和耐久性事件的发生，为此，就必须根据结构构件所处的环境条件，采用合理的保护层厚度，表4-4就是《混凝土结构规范》给定的不同环境等级条件下，梁、板混凝土保护层的最小厚度。

混凝土保护层的最小厚度（mm） 表4-4

环境类别	板、墙、壳	梁、柱、杆
一	15	20
二a	20	25
二b	25	35
三a	30	40
三b	40	50

注：1. 混凝土强度等级不大于C25时，表中保护层厚度数值应增加5mm；
    2. 钢筋混凝土基础宜设置混凝土垫层，基础中钢筋的保护层厚度应从垫层顶面算起，且不应小于40mm。

4. 截面的有效高度

通常用h表示受弯构件截面的高度，用h_0表示构件截面的有效高度。将h_0称为有效高度是因为构件截面在弯矩作用后受拉区会开裂，混凝土退出工作后，真正提供拉力的是受拉钢筋，受拉钢筋对受压区混凝土合力中心的距离就必须从受拉钢筋中心算起。所以从构件受拉钢筋合力中心到构件受压区混凝土上边缘的距离称为构件的有效高度，用h_0表示。

(1) 梁的有效高度h_0

从梁高h中扣掉混凝土保护层厚度和单排钢筋时的钢筋半径就是梁单排配筋时的有效高度值，即$h_0 = h - c - \dfrac{d}{2}$，如图4-13所示，其中$c$就是查表4-4得到的混凝土保护层的厚度。对于双排配筋的构件，$h_0 = h - 60$mm，对于双并筋的梁按图4-13(c)或(d)确定梁截面有效高度，对于品字形并筋的梁，当为光圆钢筋HPB300时按图4-13(e)确定h_0，对于肋形钢筋按图4-13(f)确定梁截面有效高度h_0。

(2) 板的有效高度

板的有效高度等于板厚减去混凝土保护层的厚度，再减去板中受力钢筋的半径就是板的有效高度，即$h_0 = h - c - \dfrac{d}{2}$，如图4-14所示。

图4-14 板截面的有效高度

第二节　钢筋混凝土受弯构件正截面受弯承载力的试验研究

钢筋混凝土材料受力破坏过程具有明显的弹塑性特征，在钢筋混凝土结构构件设计计算中传统的材料力学原理是不适宜的。为了进一步了解钢筋混凝土结构受弯构件的受力破坏的全过程，掌握其受力变化的基本规律，并根据它建立钢筋混凝土结构受弯构件的基本计算公式，讨论受弯构件正截面受弯破坏试验全过程具有客观必要性。

一、试验简介

本试验用的构件要求在结构试验室较为理想的温度和湿度条件下，提前28d以上制作完成。试验梁采用跨度$l_0=5.4m$，$b×h=200mm×500mm$，截面受拉钢筋配筋为3Φ18的HRB400级钢筋；箍筋为HPB300钢筋，配筋值为2Φ8@150mm，架立筋为2Φ10的HPB300级光面钢筋。试验需要参加人数约20人，通过分工协作来完成试验任务。试验时间大约1.5小时。试验设备有试验室专用支座，加压设备、千斤顶、百分表、应变仪、显微镜、红蓝铅笔、记录本等。试验目的包括：帮助初学者系统全面了解梁受弯破坏的全过程，掌握钢筋混凝土梁受力破坏过程各种力学参数的取值和它们之间对应的关系，加深对钢筋混凝土梁正截面受弯破坏全过程的理解；并能根据试验成果记录编写合格的试验报告，为课堂教学作好铺垫和准备工作；了解试验的准备、组织和管理，培养学生团结协作的团队意识。

钢筋混凝土梁根据正截面配筋率的大小分为适筋梁、超筋梁和少筋梁三种。配筋率是指梁内配置的纵向受拉钢筋横截面面积与梁横截面有效截面积的比值，用公式（4-4）来表示。

$$\rho = \frac{A_s}{bh_0} \tag{4-4}$$

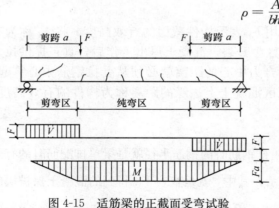

图 4-15　适筋梁的正截面受弯试验

图 4-15 所示为试验用钢筋混凝土简支梁，为了在跨中留有足够布置应变片、测试应变用千分表等设备的长度，在梁1/3或1/4等分点处对称施加动态等值的荷载，在忽略梁自重的情况下使跨中形成假想的纯弯曲区段。首先从零荷载开始逐渐加力，观测应变仪百分表读数随外力变化的情况以及梁挠度、位移、裂缝等的变化过程，要特别注意试验梁跨中截面下部受拉区出现裂缝、应变仪上显示的受拉钢筋屈服以及梁受压区混凝土达到极限应变和最终压碎等特定状态的加载量值，观测各点位移和挠度的变化等，这个过程一直持续到梁压碎试验结束。

二、钢筋混凝土适筋梁受力破坏的三个阶段

1. 第一阶段

从开始试验加载到梁下缘产生第一条垂直裂缝，这一阶段称为第一阶段。开始加载时梁截面受到的弯矩和下缘混凝土拉应力比较小，测试的结果表明受压区和受拉区混凝土的应变

均呈三角形分布，梁处在弹性工作阶段。随着加载过程的持续，梁下缘混凝土的应变接近受拉极限应变现出较弱的塑性特征，拉应力即将达到混凝土的抗拉强度标准值，梁处在将裂而未裂的第一阶段末开裂前的临界状态，随着试验持续很快超过临界状态梁开裂，宣告第一阶段结束，如图 4-16（a）、(b) 所示。第一阶段初期到开裂前梁内钢筋和混凝土二者共同受力和变形，随着试验过程的持续，梁截面应力、应变不断增加，梁中性轴不断上移，直到第一阶段结束。梁受力第一阶段末的受力状态是梁正截面抗裂验算的依据。

2. 第二阶段

梁开裂的瞬间混凝土承担的拉应力转嫁给了受力钢筋，在梁截面内产生第一次内力重新分布，钢筋应力上升突然加快，随后钢筋应力上升速度变得较为平稳，但梁的开裂导致梁抗弯刚度下降，梁抵抗变形的能力随试验的延续不断下降，M-f 曲线上钢筋应力以同一速度上升时挠度 f 增加速度加快，在钢筋屈服前由于塑性变形的影响，钢筋的内力增长速度有所降低，混凝土的内力增加速度有所加快，产生了梁截面内第二次塑性内力重分布，梁截面塑性性质越来越明显，这个过程一直持续到受拉钢筋屈服，宣告第二阶段结束，如图 4-16（c）、(d) 所示。这一阶段钢筋和混凝土的应变与第一阶段一样符合平截面假定，梁中性轴上移的同时受压区高度也不断缩小，混凝土应力继续上升，直到钢筋屈服。梁受力第二阶段末的受力状态是梁进行裂缝宽度与变形验算的依据。

3. 第三阶段

进入第三阶段后钢筋维持屈服强度不变，随着荷载的增加钢筋应变不断上升，混凝土依靠自身塑形变形的发展压应力有缓慢的上升，这一过程一直持续到混凝土达到极限压应变，梁受压区混凝土塑形发展非常充分时而破坏，如图 4-16（e）、(f) 所示。梁受力第三阶段末的受力状态是梁正截面受弯承载力计算的依据。

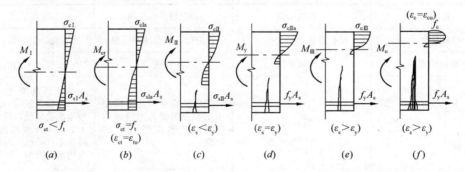

图 4-16 钢筋混凝土适筋梁受力破坏的三个阶段应力变化图

钢筋混凝土适筋梁受力破坏的三个阶段弯矩-截面曲率曲线如图 4-17 所示。

三、梁正截面破坏形态

1. 适筋梁

（1）定义

钢筋混凝土梁内受拉钢筋的含量在一个比较合适范围内的梁，即 $\rho_{min} \leqslant \rho \leqslant \rho_{max}$ 的梁，称为适筋梁，如图 4-18（a）所示。

（2）破坏过程

起始于梁弯矩最大截面的边缘混凝土开裂；随着受力过程的持续钢筋屈服，受压区高

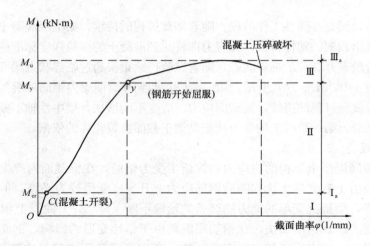

图 4-17　适筋梁受弯试验时的弯矩 M-f 的关系曲线

度减少,钢筋拉应力上升直到屈服;混凝土的压应变不断上升,压应力达到强度设计值,塑性发展越来越充分,直至混凝土在达到极限应变后被压碎。

(3) 破坏特点

适筋破坏过程的阶段性明显,经历了较长的受力变形的过程,梁中钢筋和混凝土两种材料的力学性能得到了较好发挥,经济性能好,属于延性破坏,详细内容可参照表 4-5。

适筋梁正截面受弯三个受力阶段的主要特点　　　　表 4-5

主要特点	受力阶段	第一阶段	第二阶段	第三阶段
通称		未开裂阶段	带裂缝工作阶段	破坏阶段
外观特征		没有裂缝,挠度很小	有裂缝,挠度还不明显	钢筋屈服,裂缝宽、挠度大
弯矩-截面曲率图形		大致成直线	曲线	接近水平的曲线
混凝土的应力图形	受压区	直线	受压区高度减少,混凝土压应力图形为上升段的曲线,峰值在受压区的边缘	受压区高度进一步减少,混凝土压应力图形为较丰满的曲线,后期为有上升段与下降段的曲线,峰值不在受压区的边缘而在边缘的内侧
	受拉区	前期为直线,后期为有上升段和下降段的曲线,峰值不在受拉边缘	大部分退出工作	绝大部分退出工作
纵向受拉钢筋		$\sigma_{s1}=(20\sim30)$ N/mm²	$\sigma_{s1}<\sigma_{s2}<f_y$	$\sigma_{s3}=f_y$
与设计计算的联系		第一阶段末用于抗裂验算	第二阶段末用于裂缝宽度及变形验算	第三阶段末用于正截面受弯承载力验算

(4) 应用情况

由于适筋破坏经历几个明显的受力阶段,破坏前有明显的征兆,为结构的抢修和加固可以提供必要的时间,所以工程中只允许使用这种梁。

2. 超筋梁

(1) 定义

梁截面内所配的受拉钢筋的含量超过适筋梁最大配筋率的梁，即 $\rho > \rho_{max}$ 的梁，如图4-18（b）所示。

(2) 破坏过程

钢筋混凝土梁内纵向受拉钢筋数量过多，在荷载作用下梁下缘混凝土应力、梁内受拉区钢筋的应力和应变增长缓慢，上边缘应变也没有明显增加；随着荷载的继续增加，梁下缘受拉混凝土出现一些裂缝，这些裂缝总体由于应力上升缓慢沿截面上升过程不明显，上缘受压区混凝土应力和应变随着试验加载过程的持续不断上升，直到受压混凝土达到极限压应变和压应力被突然压碎宣告梁的破坏。

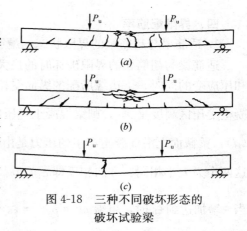

图 4-18　三种不同破坏形态的破坏试验梁

(3) 破坏特点

破坏没有明显特征和过程，具有突然性，在受压区混凝土压碎时梁内钢筋截面的应力也不高，材料性能没有充分发挥，不经济，属于脆性破坏。

(4) 应用情况

由于破坏的脆性特征，不经济，也不安全，工程实践中不允许使用。

3. 少筋梁

(1) 定义

钢筋混凝土少筋梁截面内所配的受拉钢筋的量过少，低于适筋梁的最小配筋率的梁，即 $\rho < \rho_{min}$ 的梁，如图4-18（c）所示。

(2) 破坏过程

由于梁内纵向配筋数量太少，在荷载作用下梁下缘混凝土和钢筋应力及应变增长不多的情况下梁就开裂；此后，在荷载稍微增加的情况下，梁的裂缝迅速上升，拉应力将梁很快裂通，宣告梁的破坏。

(3) 破坏特点

少筋梁的破坏过程短促，承受荷载小，具有突然性，材料性能没有得到正常发挥，不经济，属于脆性破坏。

(4) 应用情况

由于破坏的脆性特征，不经济，也不安全，工程实践中不允许使用（表4-6）。

纵向受拉钢筋的配筋率对正截面受弯破坏形态的影响　　　　表 4-6

破坏形态	配筋百分率	破坏状态	破坏特性	材料利用	工程应用
适筋破坏	$\rho_{min} \leqslant \rho \leqslant \rho_{max}$	钢筋先屈服，混凝土后压碎	延性破坏	能合理使用	允许
界限破坏	$\rho = \rho_{max}$	钢筋屈服和混凝土同时压碎	延性破坏	能合理使用	允许
超筋破坏	$\rho > \rho_{max}$	混凝土压碎，钢筋不屈服	脆性破坏	钢筋强度没有充分发挥	不允许
少筋破坏	$\rho < \rho_{max}$	一裂即坏	脆性破坏	不能充分利用	不允许

四、界限配筋率

1. 适筋梁与超筋梁的界限状态的配筋率 ρ_{max}

适筋梁与超筋梁的界限破坏时的最大特点，就是梁受压上边缘混凝土达到极限压应力和压应变的同时，下边缘所配的纵向受拉钢筋也达到抗拉强度设计值。此时，我们假定混凝土受压区高度是 x_b，则梁混凝土受压区界限相对高度就是 $\xi_b = \dfrac{x_b}{h_0}$；根据图 4-20（c）、(d)，梁截面上沿混凝土产生的压力是由下部受拉钢筋产生的拉力来平衡的，得到梁截面这两个力大小相同、方向相反即 $\alpha_1 f_c b x_b = f_y A_s$，经推导式（4-13）可得到 $\rho = \xi \dfrac{\alpha_1 f_c}{f_y}$，当 ξ 增加达到 ξ_b 时，可得 $\rho_b = \rho_{max} = \xi_b \dfrac{\alpha_1 f_c}{f_y}$。《混凝土结构规范》规定，梁混凝土受压区界限相对高度 ξ_b 应按式（4-5）、式（4-6）计算。所以 ρ_b 称为适筋梁和超筋梁的界限状态下的配筋率，ρ_b 也称为适筋梁的最大配筋率。

有屈服点普通钢筋

$$\xi_b = \dfrac{\beta_1}{1 + \dfrac{f_y}{E_s \varepsilon_{cu}}} \tag{4-5}$$

无屈服点普通钢筋

$$\xi_b = \dfrac{\beta_1}{1 + \dfrac{0.002}{\varepsilon_{cu}} + \dfrac{f_y}{E_s \varepsilon_{cu}}} \tag{4-6}$$

式中　ξ_b——相对界限受压区高度，取 x_b/h_0，C50 以下的混凝土在不同强度等级下的 ξ_b 按表 4-7 取用。

　　　h_0——截面有效高度，纵向受拉钢筋合力点至截面受压边缘的距离；

　　　E_s——钢筋弹性模量，按表 2-10 采用；

　　　β_1——系数，当混凝土强度等级不超过 C50 时，取 0.80，当混凝土强度等级为 C80 时取 0.74，其间按线性内插法确定。

　　　ε_{cu}——非均匀受压时混凝土极限压应变，按式（4-11）计算。

不同钢筋 ξ_b 及 α_{sb}　　　　　　表 4-7

钢筋类别	ξ_b	α_{sb}
HPB300	0.576	0.410
HRB335 HRBF335	0.550	0.399
HRB400 HRBF400 RRB400	0.518	0.384
HRB500 HRBF500	0.487	0.368

当截面受拉区内配置有不同种类或不同种类预应力钢筋时，受弯构件的相对受压区高度应分别计算，并取较小值。

2. 纵向受力钢筋的最小配筋率 ρ_{min}

实测结果表明，混凝土少筋梁的受弯承载能力和不配钢筋的素混凝土梁不相上下，在取二者相等的情况下推导出了梁的最小配筋率。规范规定梁的最小配筋率如表 4-8 所列为 $45\dfrac{\alpha_1 f_t}{f_y}$ % 和 0.2% 中的较大值。

梁正截面三种不同受弯破坏情形下，梁内钢筋的应变变化如图 4-19 所示。

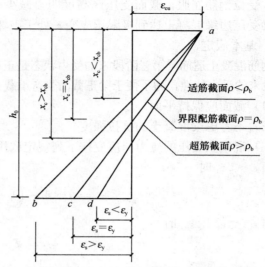

图 4-19 梁正截面三种不同受弯破坏形态下 ε_s 和 ε_y 的关系

混凝土构件中纵向受力钢筋的最小配筋百分率 ρ_{min}（%） 表 4-8

受力类型			最小配筋百分率
受压构件	全部纵向钢筋	强度等级 500MPa	0.5
		强度等级 400MPa	0.55
		强度等级 300MPa、335MPa	0.60
	一侧纵向钢筋		0.20
受弯构件、偏心受拉、轴心受拉构件一侧的受拉钢筋			0.2 和 $45 f_t/f_y$ 中的较大值

注：1. 受压构件全部纵向钢筋最小配筋百分率，当采用 C60 以上强度等级的混凝土时，应按表中规定增加 0.1；
2. 板类受弯构件（不含悬臂板）的受拉钢筋，当采用强度等级 400MPa、500MPa 的钢筋时，其最小配筋百分率采用 0.2 和 $45 f_t/f_y$ 中的较大值。
3. 偏心受拉构件中的受压钢筋，应按受压构件一侧纵向钢筋考虑；
4. 受压构件的全部纵向钢筋和一侧纵向钢筋的配筋率以及轴心受拉构件和小偏心受拉构件一侧受拉钢筋的配筋率均应按构件的全截面面积计算；
5. 受弯构件、大偏心受拉构件一侧受拉钢筋的配筋率应按全截面面积扣除受压翼缘面积 $(b'_f-b)h'_f$ 后的截面面积计算；
6. 当钢筋沿构件截面周边布置时，"一侧纵向钢筋"系指沿受力方向两个对边中的一边布置的纵向钢筋。

第三节 单筋矩形截面梁正截面承载力计算

一、相关知识链接

1. 矩形单筋截面梁第三阶段末的受力状态

单筋矩形截面梁受弯性能试验第三阶段末的状态是，梁截面受拉区开裂，混凝土退出工作，受拉钢筋屈服，截面受压区高度明显减少，受压区混凝土应力达到抗压强度设计值，梁受压边缘混凝土达到极限压应变，处于破坏前的极限状态。

2. 基本假定

钢筋混凝土适筋梁第三阶段末的受力状态是正截面受弯承载力计算的根据之一，结合第三阶段末的受力特性，为了便于梁正截面受弯承载力计算，规范给出了如下四条基本假定：

(1) 截面应保持平面。

(2) 不考虑梁混凝土的抗拉强度。

(3) 混凝土受压的应力与应变按下列规定取用：

当 $\varepsilon_c \leqslant \varepsilon_0$ 时

$$\sigma_c = f_c \left[1 - \left(1 - \frac{\varepsilon_c}{\varepsilon_0} \right)^n \right] \tag{4-7}$$

当 $\varepsilon_0 < \varepsilon_c \leqslant \varepsilon_{cu}$ 时

$$\sigma_c = f_c \tag{4-8}$$

$$n = 2 - \frac{1}{60}(f_{cu,k} - 50) \tag{4-9}$$

$$\varepsilon_0 = 0.002 + 0.5(f_{cu,k} - 50) \times 10^{-5} \tag{4-10}$$

$$\varepsilon_{cu} = 0.0033 - (f_{cu,k} - 50) \times 10^{-5} \tag{4-11}$$

式中　σ_c——混凝土压应变为 ε_c 时的混凝土压应力；

f_c——混凝土轴心抗压强度设计值，按表 2-2 采用；

ε_0——混凝土压应力达到 f_c 时的混凝土压应变，当计算的 ε_0 小于 0.002 时，取为 0.002；

ε_{cu}——正截面混凝土极限压应变，当处于非均匀受压且按公式（4-11）计算的值大于 0.0033 时，取为 0.0033；当处于轴心受压状态时取为 ε_0；

$f_{cu,k}$——混凝土立方体抗压强度标准值，按规范规定的混凝土立方体抗压强度测试方法确定。

(4) 纵向受拉钢筋的极限拉应变取为 0.01。

纵向钢筋的应力取钢筋应变与弹性模量的乘积，但其值应符合式（4-12）的要求。

$$-f'_y \leqslant \sigma_{si} \leqslant f_y \tag{4-12}$$

式中　σ_{si}——第 i 层纵向普通钢筋的应力，正值代表拉应力，负值代表压应力；

f_y、f'_y——普通钢筋抗拉、抗压强度设计值，按表 2-8 采用。

3. 等效应力图形

受弯构件承载力计算时，受压区混凝土的应力图形可简化等效为矩形应力图。矩形应力图的受压区高度 x 可取截面符合平面假定时所确定的中和轴高度乘以系数 β_1。当混凝土强度等级不超过 C50 时 β_1 取 0.80，当混凝土强度等级不超过 C80 时，β_1 取 0.74，其间按线性内插法确定。根据上述假定，受弯构件第三阶段末的应力和应变分布图形如图 4-20 所示。根据推导计算，应力图形简化前曲线应力分布高度为 x_c 等于 $1.25x$，简化前的受压区边缘的应力是 f_c，简化以后的矩形应力图的应力值是 $\alpha_1 f_c$。当混凝土强度等级不超过 C50 时，$\alpha_1 = 1.0$，当混凝土强度等级为 C80 时 $\alpha_1 = 0.94$，在 C50 和 C80 之间时，α_1 按线性内插法确定。

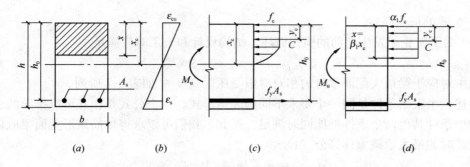

图 4-20 曲线形分布的应力图形与等效后矩形应力分布图形

二、基本计算公式及其适用条件

1. 基本计算公式

根据前述基本假定和简化后的等效应力图形,以及理论力学中平行力系平衡的原理,梁截面受压区的混凝土提供的压力之和应该与梁下部配置的受拉钢筋提供的拉力之和相等;另外,截面内两个大小相等、方向相反的内力对截面任一点取矩所求得的弯矩值应与荷载作用下梁设计截面承受的弯矩大小相等、方向相反,梁的截面才可达到平衡。根据

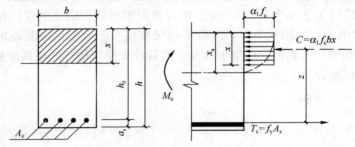

图 4-21 等效后单筋矩形截面梁正截面应力分布

图 4-21 的平衡关系所示建立的计算公式为:

$$\sum x = 0 \qquad \alpha_1 f_c b x = f_y A_s \tag{4-13}$$

$$\sum M = 0 \qquad M = \alpha_1 f_c b x \left(h_0 - \frac{x}{2} \right) \tag{4-14}$$

$$M = f_y A_s \left(h_0 - \frac{x}{2} \right) \tag{4-15}$$

式中 M——受弯构件设计截面由荷载设计值引起的设计弯矩,单位为 N·mm;

b——梁截面宽度,单位为 mm;

h_0——梁截面有效高度,单位为 mm;

A_s——梁下部纵向受拉钢筋的面积,单位为 mm²;

f_c——混凝土抗压强度设计值,单位为 N/mm²,可按表 2-2 取用;

f_y——梁截面内配置的纵向受拉钢筋的受拉强度设计值,单位为 N/mm²,可按表 2-8 取用;

x——梁设计截面内受压区混凝土的折算高度,单位为 mm;

α_1——混凝土强度等级的调整系数,按本节"一、3"中的规定取用。

2. 公式的适用条件

(1) 为了防止梁发生超筋的脆性破坏，结构设计和施工时应满足

$$\rho \leqslant \rho_{\max}, \ x \leqslant x_b, \ \xi \leqslant \xi_b \tag{4-16}$$

式中对应于梁最大配筋率时的相对界限受压区高度 ξ_b 如表 4-7 所列。

上述三个限制条件是同一个要求不同的表达形式，三个公式是相互可以推导的，满足其中一个条件其他两个条件就能同时满足。据此，我们可以求得单筋矩形截面梁取最大配筋率配筋时的最大承载力计算公式：

$$M_{u,\max} = \alpha_1 f_c b h_0^2 \xi_b (1 - 0.5 \xi_b) \tag{4-17}$$

(2) 为了防止梁出现少筋的脆性破坏，规范规定结构设计时必须满足

$$\rho \geqslant \rho_{\min} \ \text{或} \ A_s \geqslant A_{s\min} = \rho_{\min} bh \tag{4-18}$$

式中 $\rho_{\min}$ 是受弯构件受拉钢筋的最小配筋率为表 4-8 中的 $45 \dfrac{\alpha_1 f_t}{f_y}$ ‰和 0.2%中的较大值。

3. 基本计算公式的应用

基本计算公式表面上共有三个，其实后面两个是同一平衡关系的不同表达方式，即单筋矩形截面梁这组计算公式中独立的平衡方程实际上有两个，未知数也有 x 和 A_s 两个。这样就可以通过求解关于 x 和 A_s 的二元二次方程组求得我们需要的受拉钢筋的截面面积 A_s 值。解方程组的方法实用性不强，所以不建议使用。下面依据单筋矩形截面梁的基本计算公式，推导几个常用系数，借助于这几个系数计算受弯构件的截面配筋，可以收到省时省力和便于记忆的效果。

由式 $\sum M = 0$ 可得：

$$M = \alpha_1 f_c bx \left(h_0 - \frac{x}{2}\right) = \alpha_1 f_c bx h_0 \left(1 - \frac{x}{2h_0}\right) = \alpha_1 f_c b h_0^2 \frac{x}{h_0}\left(1 - \frac{x}{2h_0}\right) = \alpha_1 f_c b h_0^2 \xi(1 - 0.5\xi)$$

令 $\alpha_s = \xi(1 - 0.5\xi)$

$$M = \alpha_s \alpha_1 f_c b h_0^2$$

$$\alpha_s = \frac{M}{\alpha_1 f_c b h_0^2} \tag{4-19}$$

由式 $\sum M = 0$ 可得：

$$M = f_y A_s \left(h_0 - \frac{x}{2}\right) = f_y A_s h_0 \left(1 - \frac{x}{2h_0}\right) = f_y A_s h_0 (1 - 0.5\xi)$$

令 $\gamma_s = (1 - 0.5\xi)$，则

$$A_s = \frac{M}{f_y h_0 \gamma_s} \tag{4-20}$$

下面根据公式 $\alpha_s = \xi(1 - 0.5\xi)$ 和 $\gamma_s = 1 - 0.5\xi$

求解得 $\xi = 1 - \sqrt{1 - 2\alpha_s}$，$\gamma_s = \dfrac{1 + \sqrt{1 - 2\alpha_s}}{2}$

至此，α_s、ξ、γ_s 三者的基本关系已经建立。

(1) 截面设计

已知：$M, b, h, f_c, f_y, \alpha_1$。

求：$A_s = ?$

解：1）判别截面类型

当 $M \leqslant M_{u,max}$ 时，该梁为单筋矩形截面梁；

当 $M > M_{u,max}$ 时，该梁为双筋矩形截面梁，它的截面设计和强度复核在下一节中讨论。

2）求 $\alpha_s = \dfrac{M}{\alpha_1 f_c b h_0^2}$

3）求 $\xi = 1 - \sqrt{1 - 2\alpha_s} \leqslant \xi_b$ 或 $\gamma_s \dfrac{1 + \sqrt{1 - 2\alpha_s}}{2}$

4）求 $A_s = \xi \dfrac{\alpha_1 f_c}{f_y} b h_0$ 或 $A_s = \dfrac{M}{f_y h_0 \gamma_s}$

根据计算结果查表 2-4 配置截面受力钢筋 A_s。

复核实配钢筋 A_s 的截面配筋率 $\rho_{min} \leqslant \rho \leqslant \rho_{max}$、钢筋间距和保护层厚度等是否满足前述构造要求，如符合就画出包括架立筋和箍筋在内的截面配筋图。

判定为单筋矩形截面梁后，截面设计可按图 4-22 所示框图进行。

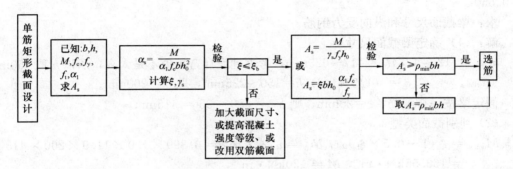

图 4-22　单筋矩形截面梁设计框图

（2）强度复核

已知：M，$b \times h$，f_c，f_y，α_1，A_s。

求：$M_u = ?$

解：1）判别截面类型

$M \leqslant M_{u,max}$ 时，该梁为单筋矩形截面梁；

$M > M_{u,max}$ 时，该梁为双筋矩形截面梁，它的截面设计和强度复核在下一节中讨论。

2）$\rho = \dfrac{A_s}{b h_0}$

3）$\xi = \rho \dfrac{f_y}{\alpha_1 f_c} \leqslant \xi_b$

4）求 $\alpha_s = \xi(1 - 0.5\xi)$

5）求 $M_u = \alpha_s \alpha_1 f_c b h_0^2$

6）比较 $M \leqslant M_u$，该梁安全可靠。

如果 $M > M_u$，该梁不安全。必要时要根据截面配筋未知，重新假定 b、h 尺寸和 f_c、f_y，再进行设计。

单筋矩形截面梁受弯承载力复核可按图 4-23 所示框图给定的步骤进行。

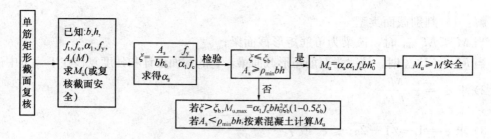

图 4-23 单筋矩形截面梁受弯承载力复核

【例题 4-1】

某办公楼矩形截面简支梁，计算跨度 $l_0=5$m，经计算由荷载设计值产生的弯矩设计值 $M=120$kN·m，混凝土采用 C25，钢筋为 HRBF335 级，$\xi_b=0.550$，构件工作环境等级为一级，构件重要性等级为二级。试确定梁截面尺寸和纵向受力钢筋。

已知：$M=120$kN·m，$l_0=5$m，$f_c=11.9$N/mm²，$f_t=1.27$N/mm²，$\alpha_1=1.0$，$\xi_b=0.550$。

求：梁截面尺寸和纵向受力钢筋。

解：(1) 确定梁截面尺寸

$h=(1/12\sim1/8)l_0=417\sim625$mm，考虑到设计弯矩值不是太高，所以 h 取 450mm。

$b=(1/3\sim1/2)h=150\sim225$mm，取 $b=200$mm。

假定梁按一排配筋，$c=25$mm，则 $h_0=450-35=415$mm。

(2) 判别截面类型

$$M_{umax}=\xi_b(1-0.5\times\xi_b)\alpha_1f_cbh_0^2=\alpha_{sb}\alpha_1f_cbh_0^2=0.399\times1.0\times11.9\times200\times415^2$$
$$=163.55\text{kN·m}>M=120\text{kN·m}$$

故为单筋矩形截面梁。

(3) 求截面配筋面积

$$\alpha_s=\frac{M}{\alpha_1f_cbh_0^2}=0.293$$

$$\xi=1-\sqrt{1-2\alpha_s}=0.356\leqslant\xi_b=0.550$$

$$A_s=\xi\frac{\alpha_1f_c}{f_y}bh_0=0.356\times\frac{1.0\times11.9}{300}\times200\times415=1174\text{mm}^2$$

(4) 查表 2-4 实配 4Φ^F20，实配面积 $A_s=1256$mm²。

(5) 复核钢筋间距 $2\times25+4\times20+3\times25=205mm>200$mm，采用并筋方式，钢筋间距为 $(200-2\times25-4\times20)/2=35mm>25$mm，满足要求。

(6) 验算配筋率：

$$\rho_{min}=0.2\%\leqslant\rho=A_s/bh_0=1256/(200\times415)=1.51\%$$
$$\leqslant\rho_{max}=0.550\times1\times11.9/300=2.18\%$$

满足要求。

(7) 绘制配筋图（如图 4-24 所示）。

【例题 4-2】

已知：某现浇钢筋混凝土过道板，如图 4-25 所示，板厚 80mm，承受均布荷载设计值 $q=9.7$kN/m²（包括自重），采用 C30 混凝土，HPB300 级光圆钢筋（$f_y=$

270N/mm^2, $\xi_b = 0.576$),构件安全等级二级,板的计算跨度 $l_0 = 2.40\text{m}$,试确定板中的配筋。

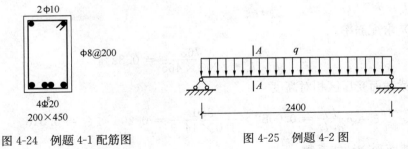

图 4-24 例题 4-1 配筋图　　　　图 4-25 例题 4-2 图

求:板中配筋。

解:1) 计算单元选取

由于板承受均布荷载的作用且长度较长,为了便于计算沿板的长度方向截 1m 宽的板带作为计算单元,则 $b = 1000\text{mm}$。

2) 内力计算

由于板是简支板,所以板跨中的最大弯矩设计值为:

$$M = \frac{\gamma_0 q l_0^2}{8} = \frac{1.0 \times 9.7 \times 2.4^2}{8} = 6.984 \text{kN} \cdot \text{m}$$

3) 查表得知

$f_c = 14.3\text{N/mm}^2$, $f_t = 1.43\text{N/mm}^2$, $f_y = 270\text{N/mm}^2$, $\alpha_1 = 1.0$。

4) 配筋计算

板的有效高度　　　$h_0 = h - a_s = 80 - 20 = 60\text{mm}$

$$\alpha_s = \frac{M}{\alpha_1 f_c b h_0^2} = \frac{6.984 \times 10^6}{1.0 \times 14.3 \times 1000 \times 60^2} = 0.136$$

$$\xi = 1 - \sqrt{1 - 2\alpha_s} = 1 - \sqrt{1 - 2 \times 0.136} = 0.147 < \xi_b = 0.576$$

$$A_s = \xi \frac{\alpha_1 f_c}{f_y} b h_0 = 0.147 \times \frac{1.0 \times 9.6}{270} \times 1000 \times 60 = 314\text{mm}^2$$

5) 钢筋选配

查表 2-5 可得,受力钢筋为 $\Phi 10@150$ ($A_s = 523\text{mm}^2$);根据构造要求,分布钢筋配置在受力钢筋内侧选 $\Phi 8@200\text{mm}$。板配筋如图 4-26 所示。

【例题 4-3】

已知某钢筋混凝土简支梁截面尺寸为 $b \times h = 200\text{mm} \times 500\text{mm}$,实际配置的受拉钢筋为 HRB400 级 3 Φ 18 ($f_y = 360\text{N/mm}^2$, $\xi_b = 0.518$, $A_s = 763\text{mm}^2$),混凝土强度等级 C30 ($f_c = 14.3\text{N/mm}^2$),承受设计弯矩 $M = 98\text{kN} \cdot \text{m}$。试验算该梁正截面受弯承载力是否满足要求。

已知:$b \times h = 200\text{mm} \times 500\text{mm}$, $f_y =$

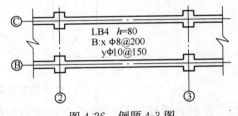

图 4-26 例题 4-3 图

360N/mm^2, $f_c=14.3\text{N/mm}^2$, $\alpha_1=1.0$, $h_0=h-a_s=500-35=465\text{mm}$, $A_s=763\text{mm}^2$, $M=98\text{kN·m}$

求：$M_u=?$

解：1) 求配筋率

$$\rho=\frac{A_s}{b\times h_0}=\frac{763}{200\times 465}=0.82\%$$

2) 求梁截面受压区相对高度

$$\xi=\rho\frac{f_y}{\alpha_1 f_c}=0.0082\times\frac{360}{1.0\times 14.3}=0.206<\xi_b=0.518$$

3) 求截面受弯性能系数

$$\alpha_s=\xi(1-0.5\xi)=0.206\times(1-0.5\times 0.206)=0.185$$

4) 梁截面提供的抵抗弯矩

$$M_u=\alpha_s\alpha_1 f_c b h_0^2=0.185\times 1.0\times 14.3\times 200\times 465^2$$
$$=114.404\text{kN·m}>M=98\text{kN·m}$$

此梁安全可靠。

第四节 双筋矩形截面梁正截面承载力计算

一、概述

在梁截面的受拉区配有纵向受拉钢筋，在梁截面的受压区同时配有纵向受压钢筋的梁叫做双筋梁。如果工程设计时单筋截面梁能够满足要求，一般不需要设计为双筋梁，理由是采用双筋梁成本较高。但在下列情况下必须采用双筋梁：(1) 受建筑设计要求的限制，梁截面高度不能加大但单筋梁又不能满足承载力的需要；(2) 在类似多跨框架梁中由于跨中和支座截面的受拉区，沿梁跨度交替变化，梁相邻支座上部截面受拉钢筋在跨中截断后相距较小，为便于施工；(3) 梁在不同的荷载作用下，同一截面可能分别承受正弯矩或负弯矩，由于梁的受拉区与受压区交替变化，为满足不同荷载作用下的受力需要，也必须设计成双筋梁。

在计算双筋梁时首先要对梁的受压钢筋的设计应力取值加以明确。分析可知，双筋梁受力最不利受力发生在 $x\leqslant 2a'_s$ 的情况下，其受力图和相关的力学指标如图 4-27 所示。

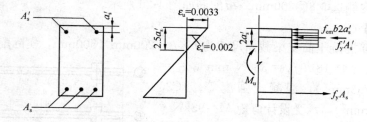

图 4-27 双筋梁中混凝土受压破坏时受压钢筋的压应力

此时，受压钢筋的压应力的合力与受压混凝土的压应力合力作用点重合。即 $x=2a'_s$

时，$x_c = \dfrac{x}{0.8} = 2.5a'_s$；混凝土受压破坏时，受压边缘的极限压应变取其最大值为 $\varepsilon_{cu} = 0.0033$；钢筋合力中心处的应变为 $\varepsilon_s = \dfrac{2.5a'_s - a'_s}{2.5a'_s}\varepsilon_{cu} = 0.002$；此时钢筋所发挥出的应力为 $\sigma_s = f'_y = E_s\varepsilon_s = 2\times 10^5 \times 0.002 = 400\text{N/mm}^2$，也就是说一般情况下处在受压区的钢筋在混凝土达到极限压应变 ε_{cu} 时，配置在受压区的钢筋能够发挥的最大压应力设计值不会超过 400N/mm^2。《混凝土结构规范》中淘汰了强度较低的 HPB235 级光圆钢筋，限制并逐步淘汰 HRB335 级钢筋，列入了细晶粒钢筋和高强度的 500MP 带肋钢筋和细晶粒钢轧制的带肋钢筋，同时规定对 HRB500、HRBF500 两种钢筋取抗拉设计强度 $f_y = 435\text{N/mm}^2$，$f'_y = 410\text{N/mm}^2$。这就和其他 $f_y < 400\text{N/mm}^2$ 的钢筋取 $f'_y = f_y$ 有所区别，这点也是传统习惯不同之处，在工程实际中务必准确应用。

二、基本计算公式及其适用条件

双筋矩形截面梁截面应力分布图和单筋矩形截面梁截面应力图形的差异，是双筋梁截面多了受压区

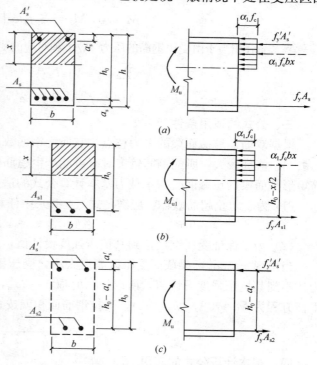

图 4-28 双筋矩形截面受弯承载力计算原理图

受压钢筋产生的压力 $f'_y A'_s$，所以，正截面强度计算时就可以在单筋矩形截面梁的计算公式基础上，增加受压钢筋产生的压力 $f'_y A'_s$ 在内力平衡中的作用就可以了。双筋矩形截面梁的截面应力图形如图 4-28 所示。

基本计算公式：

$$\sum x = 0 \qquad \alpha_1 f_c bx + f'_y A'_s = f_y A_s \tag{4-21}$$

$$\sum M = 0 \qquad M = \alpha_1 f_c bx\left(h_0 - \dfrac{x}{2}\right) + f'_y A'_s(h_0 - a'_s) \tag{4-22}$$

式中　f'_y——受压钢筋抗压强度设计值；

　　　A'_s——受压钢筋的横截面面积；

　　　a'_s——受压钢筋合力作用点到梁受压上边缘的距离。

为了便于分析和计算，习惯上一般把双筋矩形截面梁截面的应力假想分为两部分，一部分是由受压混凝土提供的压力和对应的第一部分受拉钢筋建立的平衡关系，它们提供的抵抗矩是 M_{u1}，所用的受拉钢筋的面积是 A_{s1}；另一部分是由受压钢筋和对应的第二部分受拉钢筋建立的平衡关系，它们提供的抵抗矩是 M_{u2}，所用的受拉钢筋面积是 A_{s2}，如图 4-28 所示。根据上述平衡关系可得

$$M = M_1 + M_2 \tag{4-23}$$

$$M_u = M_{u1} + M_{u2} \tag{4-24}$$
$$A_s = A_{s1} + A_{s2} \tag{4-25}$$

第一部分相当于一个单筋梁，即
$$\sum x = 0, \quad \alpha_1 f_c b x = f_y A_{s1} \tag{4-26}$$
$$\sum M = 0, \quad M_1 = \alpha_1 f_c b x \left(h_0 - \frac{x}{2}\right) \tag{4-27}$$

第二部分相当于由受压钢筋的压力 $f'_y A'_s$ 和对应的受拉钢筋的拉力 $f_{y2} A_{s2}$ 的二力平衡关系
$$\sum x = 0, \quad f'_y A'_y = f_y A_{s2} \tag{4-28}$$
$$\sum M = 0, \quad M_2 = f'_y A'_y (h_0 - a'_s) = f_y A_{s2}(h_0 - a'_s) \tag{4-29}$$

三、公式的适用条件

根据双筋矩形截面梁的受力特点，它所配钢筋数量较多，不会产生少筋破坏，但由于 x、ξ、A_{s1} 值都较大，所配钢筋较多时有可能产生超筋的情况。《混凝土结构规范》给定双筋矩形截面梁的正截面受弯承载力基本计算公式的适用条件是：

(1) 为了防止超筋破坏，应满足式（4-30）中任意一式的要求即可。
$$x \leqslant x_b = \xi_b h_0, \quad \xi_1 \leqslant \xi_b, \quad \rho_1 \leqslant \rho_{\max} \tag{4-30}$$

(2) 为了保证受压钢筋达到其抗压强度设计值，应满足 $x \geqslant 2a'_s$。

当出现 $x < 2a'_s$，梁截面受压区高度太小，受压钢筋离中和轴太近，受压钢筋的压应力达不到其抗压强度设计值，所以，这时取 $x = 2a'_s$，受拉钢筋对受压钢筋合力点取矩得平衡方程为 $M = f_y A_s (h_0 - a'_s)$，受拉钢筋面积就按式（4-31）求得：
$$A_s = \frac{M}{f_y (h_0 - a'_s)} \tag{4-31}$$

四、基本计算公式的应用

(一) 截面设计

根据以上分析知，双筋矩形截面梁截面设计具有以下两种情形。

1. 已知：$M, b \times h, f_c, f_y, f'_y, \alpha_1$。

求：$A_s = ?$ $A'_s = ?$

解：在截面设计时，首先得判定为双筋矩形截面梁，即满足式 $M > M_{u,\max}$ 可判定为双筋矩形截面梁。在基本计算公式组成的方程组中，有三个未知数 A_s、A'_s 和 x，两个方程不能求解三个未知数。为了使梁截面设计达到最优化的目的，就需要使截面设计结果的经济性能最好。因为，钢筋数量的减少可以有效降低梁的造价，因此，尽可能让受压区混凝土提供最大的压力，才能使受压钢筋用量及总钢筋用量最低。在适筋梁范围内，取 $x = x_b$ 时可达到这种效果。

我们将基本计算公式中的 A_s 和 A'_s 的表达式求和得 $(A_s + A'_s)$ 的表达式，然后对其求 x 的导数得微分方程，并令该微分方程等于 0 时，求解得到的 x 值近似等于 x_b，和前面分析基本一致。

当 $x = x_b$ 时，对应于其中相对于单筋梁那一部分的配筋值达到适筋梁最大配筋率时的配筋面积，提供的抵抗弯矩就是 $M_{u,\max}$，求解过程如下：

1) $M_1 = M_{u1} = \alpha_{sb} \alpha_1 f_c b h_0^2$

2) $A_{s1} = \xi_b \dfrac{\alpha_1 f_c}{f_y} b h_0$

3) $M_2 = M - M_1$

4) $A'_s = \dfrac{M_2}{f'_y(h_0 - a'_s)}$

5) $A_{s2} = \dfrac{A'_s}{f_y} f'_y$

6) $A_s = A_{s1} + A_{s2}$

2. 已知：$M, b \times h, f_c, f_y, f'_y, \alpha_1, A'_s$。

求：$A_s = ?$

解：1) 求 M_2 和 $M_{u2} = ?$

用已知的 f'_y, A'_s 可求出 $M_2 = M_{u2} = A'_s f'_y (h_0 - a'_s)$

2) 用已知的 A'_s 可求出 A_{s2}：$A_{s2} = \dfrac{A'_s}{f_y} f'_y$

3) 根据部分之和等于整体的实际求 M_1，然后求出 A_{s1}：

$$M_1 = M - M_2$$

$$\alpha_{s1} = \dfrac{M_1}{\alpha_1 f_c b h_0^2}$$

$$\xi_1 = 1 - \sqrt{1 - 2\alpha_{s1}} \leqslant \xi_b$$

$$A_{s1} = \xi_b \dfrac{\alpha_1 f_c}{f_y} b h_0$$

4) 求 A_s：$A_s = A_{s1} + A_{s2}$

双筋矩形截面梁正截面受弯承载力可按图 4-29 所示框图给定的步骤进行。

【例题 4-4】

已知某矩形截面简支梁 $b \times h = 200\text{mm} \times 500\text{mm}$，混凝土强度等级为 C30（$f_c = 14.3\text{N/mm}^2$），钢筋为 HRB400（$f_y = 360\text{N/mm}^2$，$\xi_b = 0.518$），梁承受的弯矩设计值经计算为 $M = 288\text{kN} \cdot \text{m}$，试计算梁截面的配筋。

已知：$b \times h = 200\text{mm} \times 500\text{mm}$，$M = 288\text{kN} \cdot \text{m}$，$f_y = f'_y = 360\text{N/mm}^2$，$\xi_b = 0.518$，$f_c = 14.3\text{N/mm}^2$，$h_0 = 500 - 60 = 440\text{mm}$，$\alpha_1 = 1.0$。

求：$A_s = ?$ $A'_s = ?$

解：1) 判别截面类型

$$M_{u,\max} = \xi_b(1 - 0.5\xi_b)\alpha_1 f_c b h_0^2 = 0.384 \times 1.0 \times 14.3 \times 200 \times 440^2$$
$$= 212.62\text{kN} \cdot \text{m} < M = 288\text{kN} \cdot \text{m}$$

故此梁为双筋梁。

2) $M_1 = M_{u1} = M_{u,\max} = 212.62\text{kN} \cdot \text{m}$

3) $A_{s1} = \xi_b \dfrac{\alpha_1 f_c}{f_y} b h_0 = 0.518 \times \dfrac{1.0 \times 14.3}{360} \times 200 \times 440 = 1811\text{mm}^2$

4) $M_2 = M - M_1 = 288 - 212.62 = 75.38\text{kN} \cdot \text{m}$

5) $A'_s = \dfrac{M_2}{f'_y(h_0 - a'_s)} = \dfrac{75.38 \times 10^6}{360 \times (440 - 35)} = 517\text{mm}^2$

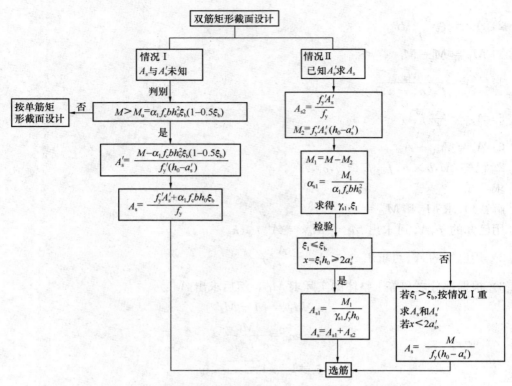

图 4-29 双筋矩形截面梁正截面受弯承载力计算框图

6) $A_{s2} = \dfrac{A'_s}{f_y} f'_y = 517 \text{mm}^2$

7) $A_s = A_{s1} + A_{s2} = 1811 + 517 = 2328 \text{mm}^2$

8) 查表配筋并验算配筋率及钢筋间距

查表 2-4，受压钢筋选配 3 Φ 16 ($A'_s = 603 \text{mm}^2$)，受拉钢筋下排配置 2 Φ 16＋4 Φ 25 2/4 ($A_s = 2365 \text{mm}^2$)；

$$\rho_{\min} = 0.2\% < \rho = \dfrac{A_s - A_{s2}}{bh_0} = \dfrac{2365 - 603}{200 \times 440} = 2\% < \rho_{\max} = 2.06\%$$

满足要求。

下排钢筋的间距为：$(200-4\times25-2\times25)/3 = 16.67\text{mm} < 25\text{mm}$ 且 $< d = 25\text{mm}$，不满足构造要求。故改为横向双并筋配筋截面配筋图如图 4-30 所示。

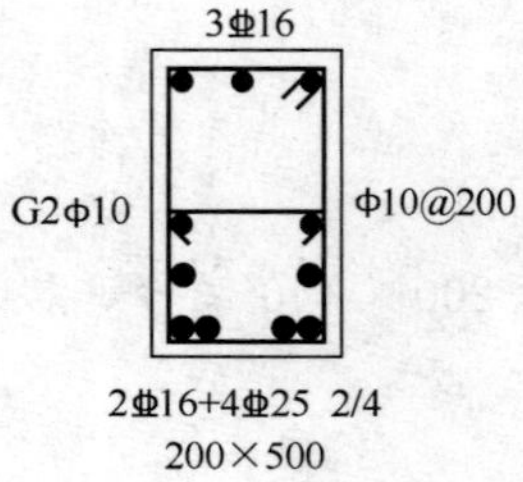

【例题 4-5】

已知某矩形截面简支梁 $b \times h = 200\text{mm} \times 500\text{mm}$，混凝土强度等级为 C30（$f_c = 14.3\text{N/mm}^2$），钢筋为 HRBF400（$f_y = f'_y = 360\text{N/mm}^2$，$\xi_b = 0.518$），梁承受的弯矩设计值经计算为 280kN·m，试按并筋方式配筋时计算梁截面的配筋，并画出配筋图。

已知：$b \times h = 200\text{mm} \times 500\text{mm}$，$f_c = 14.3\text{N/mm}^2$，$\xi_b = 0.518$，$f_y = f'_y = 360\text{N/mm}^2$，$M = 280\text{kN·m}$。

求：$A_s = ?$ $A'_s = ?$

图 4-30 例题 4-4 图

解：(1) 梁截面内受拉纵筋在截面内纵向二并筋配置

1) 确定截面计算高度

$$h_0 = h - d - c = 500 - 20 - 25 = 455\text{mm}$$

2) 判别截面类型

$$M_{u,max} = \xi_b(1-0.5\xi_b)\alpha_1 f_c b h_0^2 = 0.384 \times 1.0 \times 14.3 \times 200 \times 455^2$$
$$= 227.363\text{kN}\cdot\text{m} < M = 280\text{kN}\cdot\text{m}$$

因此，该梁为双筋矩形截面梁。

3) 求 M_2 及 $A'_s = A_{s2}$

$$M_2 = M - M_1 = M - M_{u,max} = 280 - 227.363 = 52.637\text{kN}\cdot\text{m}$$

$$A'_s = A_{s2} = \frac{M_2}{f_y(h_0 - a'_s)} = \frac{52.637 \times 10^6}{360 \times (455-35)} = 348\text{mm}^2$$

配置 2 Φ^F16 ($A'_s = A_{s2} = 401\text{mm}^2$)

4) 求 A_{s1} 及 A_s

$$A_{s1} = \xi_b \frac{\alpha_1 f_c}{f_y} b h_0 = 0.518 \times \frac{1.0 \times 14.3}{360} \times 200 \times 455 = 1872\text{mm}^2$$

$$A_s = A_{s1} + A_{s2} = 2220\text{mm}^2 \text{（计算需要配置的受拉钢筋面积）}$$

选配 6 Φ^F22 ($A_s = 2281\text{mm}^2$)，分纵向三列并筋配置，如图 4-31 所示。

5) 验算配筋率

$$\rho_{min} = 0.2\% < \rho = \frac{A_s - A_{s2}}{bh_0} = \frac{2281-401}{200 \times 455}$$
$$= 2.0\% < \rho_{max} = 2.06\%$$

满足要求。

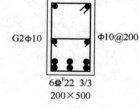

图 4-31 例题 4-5 图

(2) 受拉纵筋在截面受拉区品字形并筋配置

经计算，品字形并筋时钢筋重心至下排钢筋的下表面距离为 $0.87d$。

1) 求梁截面有效高度

$$h_0 = h - 0.87d - c = 500 - 17 - 25 = 458\text{mm}$$

2) 判别截面类型

$$M_{u,max} = \xi_b(1-0.5\xi_b)\alpha_1 f_c b h_0^2 = 0.384 \times 1.0 \times 14.3 \times 200 \times 458^2$$
$$= 230.37\text{kN}\cdot\text{m} < M = 280\text{kN}\cdot\text{m}$$

因此，为双筋矩形截面梁。

3) 求 M_2 及 $A'_s = A_{s2}$

$$M_2 = M - M_1 = M - M_{u,max} = 280 - 230.37 = 49.63\text{kN}\cdot\text{m}$$

$$A'_s = A_{s2} = \frac{M_2}{f_y(h_0 - a'_s)} = \frac{49.63 \times 10^6}{360 \times (455-35)} = 328\text{mm}^2$$

配置 2 Φ^F18 ($A'_s = 509\text{mm}^2$)。

4) 求 A_{s1} 及 A_s

$$A_{s1} = \xi_b \frac{\alpha_1 f_c}{f_y} b h_0 = 0.518 \times \frac{1.0 \times 14.3}{360} \times 200 \times 458 = 1885\text{mm}^2$$

$$A_s = A_{s1} + A_{s2} = 2213\text{mm}^2$$

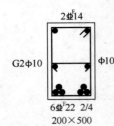

图 4-32 例题 4-5 图

5) 验算配筋率

选配 $6\Phi^F22$（$A_s = 2281\text{mm}^2$），按品字形并筋配置，如图 4-32 所示。

$$\rho_{\min} = 0.2\% < \rho = \frac{A_s - A_{s2}}{bh_0} = \frac{2281 - 401}{200 \times 455}$$
$$= 2.06\% = \rho_{\max} = 2.06\%$$

满足要求。

【例题 4-6】

已知某矩形截面简支梁 $b \times h = 200\text{mm} \times 500\text{mm}$，混凝土强度等级为 C25（$f_c = 11.9\text{N/mm}^2$），钢筋为 HRBF335 级（$f_y = 300\text{N/mm}^2, \xi_b = 0.550$），经计算梁承受的弯矩设计值为 200kN·m，梁受压钢筋面积 A'_s 为 $3\Phi^F20$（$A'_s = 941\text{mm}^2$）试计算梁截面的配筋，并画出配筋图。

已知：$b \times h = 200\text{mm} \times 500\text{mm}$，$f_c = 11.9\text{N/mm}^2$，$f_y = 300\text{N/mm}^2$，$\xi_b = 0.550$，$A'_s = 941\text{mm}^2$，$M = 200\text{kN·m}$，

求：$A_s = ?$

解：按上述步骤，按双排受拉钢筋考虑，则 $h_0 = h - 60 = 440\text{mm}$。计算过程如下：

1) 求 A_{s2} 及 M_2

$$A_{s2} = \frac{f'_y}{f_y}A'_s = \frac{300}{300} \times 941 = 941\text{mm}^2$$
$$M_2 = f_y A_{s2}(h_0 - a'_s) = 300 \times 941 \times (440 - 35) = 114.33\text{kN·m}$$

2) 求 M_1 及 A_{s1}

$$M_1 = M - M_2 = 85.67\text{kN·m}$$
$$\alpha_{s1} = \frac{M_1}{\alpha_1 f_c b h_0^2} = \frac{85.67 \times 10^6}{1.0 \times 11.9 \times 200 \times 440^2} = 0.186$$
$$\xi_1 = 1 - \sqrt{1 - 2\alpha_{s1}} = 0.21 < \xi_b = 0.550$$
$$A_{s1} = \xi_1 \frac{\alpha_1 f_c}{f_y} b h_0 = 0.21 \times \frac{1.0 \times 11.9}{300} \times 200 \times 440 = 733\text{mm}^2$$

3) 求 A_s 并选配钢筋

$$A_s = A_{s1} + A_{s2} = 733 + 942 = 1675\text{mm}^2$$

选配 $3\Phi^F22 + 2\Phi^F20$（$A_s = 1768\text{mm}^2$）。

4) 验算配筋率及钢筋间距

$$\rho_{\min} = 0.2\% < \rho = \frac{A_s}{bh_0} = \frac{733}{200 \times 440} = 0.833\% < \rho_{\max}$$
$$= \xi_b \times \frac{\alpha_1 f_c}{f_y} = 0.550 \times \frac{1.0 \times 11.9}{300} = 2.18\%$$

满足要求。

配筋图如图 4-33 所示，最下排靠钢筋内皮为 $3\Phi^F22$，上面一排 $2\Phi^F20$ 紧贴箍筋竖直肢；下排钢筋的间距为：$(200 - 3 \times 22 - 2 \times 25)/2 = 42\text{mm} > 25\text{mm}$ 且 $> d = 22\text{mm}$，满足构造要求。

（二）截面强度复核

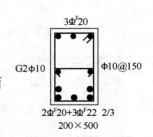

图 4-33 例题 4-6 图

已知:$M, b \times h, f_c, f_y, f'_y, \alpha_1, A_s, A'_s$。
求:$M_u = ?$
解:1) 求 A_{s2} 及 M_2
$$A_{s2} = \frac{f'_y}{f_y} A'_s$$
$$M_2 = f_y A_{s2}(h_0 - a'_s)$$

2) 求 A_{s1} 及 M_1
$$A_{s1} = A_s - A_{s2}$$
$$\xi_1 = \rho_1 \times \frac{f_y}{\alpha_1 f_c} = \frac{A_{s1}}{bh_0} \times \frac{f_y}{\alpha_1 f_c} \leqslant \xi_b$$
$$\alpha_{s1} = \xi_1(1 - 0.5\xi_1)$$
$$M_{u1} = \alpha_{s1} \alpha_1 f_c b h_0^2$$

3) 求 M_u 并最终判定
$$M_u = M_{u1} + M_{u2} > M$$
则该梁安全可靠;反之,若 $M < M_u$,该梁就不安全。

【例题 4-7】
已知某矩形截面简支梁 $b \times h = 200\text{mm} \times 500\text{mm}$,混凝土强度等级为 C25($f_c = 11.9\text{N/mm}^2$),钢筋为 HRB335 级($f_y = 300\text{N/mm}^2$,$\xi_b = 0.550$),梁承受的弯矩设计值经计算为 165kN·m,梁受压钢筋面积 A'_s 为 3Φ18($A'_s = 941\text{mm}^2$),梁受拉钢筋面积 A_s 为 3Φ25($A_s = 1473\text{mm}^2$),试验算该梁截面是否安全。

已知:$b \times h = 200\text{mm} \times 500\text{mm}$,$f_c = 11.9\text{N/mm}^2$,$f_y = 300\text{N/mm}^2$,$\xi_b = 0.550$,$A'_s = 941\text{mm}^2$,$A_s = 1473\text{mm}^2$,$M = 165\text{kN·m}$。

求:$M_u = ?$
解:1) 求 A_{s2} 及 M_2
受拉钢筋按两排考虑,则 $h_0 = h - 60 = 440\text{mm}$。
$$A_{s2} = \frac{f'_y}{f_y} A'_s = \frac{300}{300} \times 941 = 941\text{mm}^2$$
$$M_{s2} = f_y A_{s2}(h_0 - a'_s) = 300 \times 941 \times (440 - 35) = 114.332\text{kN·m}$$

2) 求 A_{s1} 及 M_1
$$A_{s1} = A_s - A_{s2} = 1473 - 941 = 532\text{mm}^2$$
$$\xi_1 = \rho_1 \times \frac{f_y}{\alpha_1 f_c} = \frac{A_{s1}}{bh_0} \times \frac{f_y}{\alpha_1 f_c} = \frac{532}{200 \times 440} \times \frac{300}{1.0 \times 11.9} = 0.152 < \xi_b = 0.550$$
$$\alpha_{s1} = \xi_1(1 - 0.5\xi_1) = 0.14$$
$$M_{u1} = \alpha_{s1} \alpha_1 f_c b h_0^2 = 0.14 \times 1.0 \times 11.9 \times 200 \times 440^2 = 64.51\text{kN·m}$$

3) 求 M_u 并最终判定
$$M_u = M_{u1} + M_{u2} = 179\text{kN·m} > M = 165\text{kN·m}$$
则该梁安全可靠。

第五节 单筋 T 形截面梁正截面受弯承载力验算

一、概述
1. T 形截面的特点和用途

T形截面与横截面面积相同的矩形截面相比，它绕 x 轴的惯性矩大，截面受弯抵抗矩大，因此，从受力角度看是合理截面。此外，矩形截面梁正截面受弯破坏第三阶段末的状态说明，梁弯矩最大截面受拉区的混凝土在开裂后退出工作，对梁受弯不起作用，根据这一特性将矩形截面改为T形截面，可节省混凝土、减轻梁自重，在不降低梁受弯承载力的前提下获得了比较好的经济效果。T形截面和矩形截面相比，自重小、承载力没明显变化、钢筋用量少、梁经济性好。所以，T形截面梁中受压上翼缘和受拉纵向钢筋绕形心轴提供抵抗弯矩，肋板（也称为腹板）一方面能发挥抗剪作用，另一方面也能起到连接受压上翼缘和受拉钢筋的作用。但是它和矩形截面梁相比，施工时支模工作量大，模板用量也大。T形截面梁用途广泛，除工业厂房和大跨建筑中的使用独立的T形截面梁外，工字形梁、槽形板、空心楼板以及单向板肋形楼盖中，次梁、主梁和边梁的计算都可简化为T形截面计算，如图 4-34 所示。

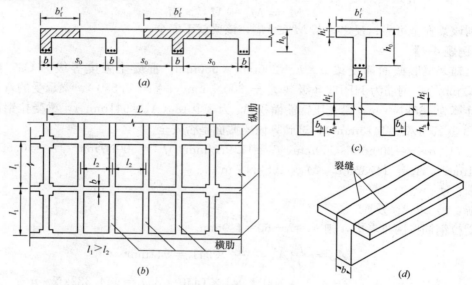

图 4-34 T形截面受弯构件的工程应用

2. T形截面的组成和翼缘的计算宽度

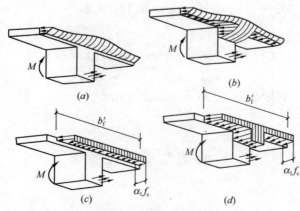

图 4-35 T形截面应力简化和翼缘计算宽度 b'_f

T形截面由翼缘和腹板两个矩形部分组成，受压翼缘宽度 b'_f、厚度 h'_f；腹板宽为 b，截面高为 h。根据试验观测和理论分析，T形截面受压翼缘上的压应力分布是不均匀的，从受压边缘塑性区向截面内部延伸应力曲线下降，从腹板中心向翼缘两边延伸应力也是在不规则地减小。为了便于计算，《混凝土结构规范》规定了受压翼缘计算宽度的取值范围，详见表 4-9。假定的一定宽度范围内认为压应力均匀分布的区域称为翼缘的计算宽度，用 b'_f 表示（图 4-35）。由表可以看出，b'_f 的取值与梁的计算跨度 l_0 有关，在连续梁板结构中与梁肋净距有关，同时也和翼缘厚度 h'_f 与梁截面有效高度 h_0 的比值有关。查表时如果几种情况至少符合两种以上要求时，取表中所给数值的最小值。

受弯构件受压区有效翼缘计算宽度 b'_f　　　　表 4-9

	情　　况		T形、I形截面		倒 L 形截面
			肋形梁（板）	独立梁	肋形梁（板）
1	按计算跨度 l_0 考虑		$l_0/3$	$l_0/3$	$l_0/6$
2	按梁（肋）净距 s_n 考虑		$b+s_n$	—	$b+s_n/2$
3	按翼缘高度 h'_f 考虑	$h'_f/h_0 \geq 0.1$	—	$b+12h'_f$	—
		$0.1 > h'_f/h_0 \geq 0.05$	$b+12h'_f$	$b+6h'_f$	$b+5h'_f$
		$h'_f/h_0 < 0.05$	$b+12h'_f$	b	$b+5h'_f$

注：1. 表中 b 为梁的腹板厚度；
2. 肋形梁在梁跨内设有间距小于纵肋间距的横肋时，则可不考虑表中情况 3 的规定；
3. 加腋的 T 形、I 形和倒 L 形截面，当受压区加腋的高度 $h_b \geq h'_f$ 且加腋的长度 $b_b \leq 3h_b$ 时，其翼缘计算宽度可按表中情况 3 的规定分别增加 $2b_b$（T 形和 I 形截面）和 b_b（倒 L 形截面）；
4. 独立梁受压区的翼缘板在荷载作用下经验算沿纵肋方向可能产生裂缝时，其计算宽度应取腹板宽度 b。

二、T 形截面的分类和判别

1. 分类

T 形截面受弯构件中性轴可能在翼缘内，也可能在腹板内，当截面受压区高度 $x \leq h'_f$ 时，受压区局限在翼缘以内，为第一类 T 形截面，如图 4-36（a）所示。当截面受压区高度 $x > h'_f$ 时，受压区已变为包含全部受压翼缘和部分腹板的 T 形截面，为第二类 T 形截面，如图 4-36（b）所示。

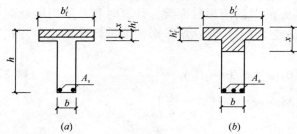

图 4-36　两类不同的 T 形截面
(a) 当截面受压区高度 $x \leq h'_f$ 时，受压区局限在翼缘以内；
(b) 当截面受压区高度 $x > h'_f$ 时，受压区已变为包含全部受压翼缘和部分腹板的 T 形截面

2. 判别

（1）截面设计时

已知：$b'_f, h'_f, b, h, f_c, f_y, M, \alpha_1$。

翼缘全部参与受压时，其合力对受拉钢筋合力中心产生的抵抗矩用式（4-32）计算（图 4-37）。

$$M'_u = \alpha_1 f_c b'_f h'_f \left(h_0 - \frac{h'_f}{2}\right) \quad (4-32)$$

如果满足式（4-33），则属于第一类 T 形截面。

$$M \leq M'_u = \alpha_1 f_c b'_f h'_f \left(h_0 - \frac{h'_f}{2}\right) \quad (4-33)$$

如果满足式（4-34），则属于第二类 T 形截面。

$$M > M'_u = \alpha_1 f_c b'_f h'_f \left(h_0 - \frac{h'_f}{2}\right) \quad (4-34)$$

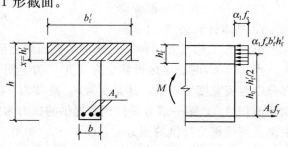

图 4-37　两类 T 形截面的界限状态

(2) 截面强度复核时

已知：$b'_f, h'_f, b, h, f_c, f_y, M, \alpha_1, A_s$。

如果翼缘全部参与受压时提供的压力大于或等于受拉钢筋提供的拉力，说明不需要全部翼缘参与受压（$x < h'_f$）就可以由部分翼缘提供的压力平衡受拉钢筋产生的拉力，受压区在翼缘内，该截面为第一类 T 形截面，即可用式（4-35）来判别。

$$f_y A_s \leqslant \alpha_1 f_y b'_f h'_f \tag{4-35}$$

如果翼缘全部参与受压时提供的压力小于受拉钢筋提供的拉力，说明全部翼缘参与受压还不能平衡受拉钢筋产生的拉力，受压区在腹板内（$x > h'_f$），该截面为第二类 T 形截面，即可用式（4-36）判别。

$$f_y A_s > \alpha_1 f_y b'_f h'_f \tag{4-36}$$

三、基本计算公式及其适用条件

（一）第一类 T 形截面

1. 计算公式

第一类 T 形截面混凝土的受压区高度小于或最大等于翼缘的高度 h'_f，受压区面积是一个宽度为翼缘宽度 b'_f、高度为 x 的矩形的面积，仿照矩形截面第三阶段末的受力和变形状态，裂缝以下开裂的混凝土，对梁受弯承载力不产生影响。则第一类 T 形截面就相当于宽度为翼缘宽度 b'_f、高度为梁全高 h 的单筋矩形截面梁。计算时和单筋矩形截面梁的计算公式的区别仅在于受压区宽度由 b 变为 b'_f。第一类 T 形截面设计计算基本公式为式(4-37)和式（4-38）。

$$\sum X = 0, \quad \alpha_1 f_c b'_f x = f_y A_s \tag{4-37}$$

$$\sum M = 0, \quad M = \alpha_1 f_c b'_f x \left(h_0 - \frac{x}{2}\right) \tag{4-38}$$

2. 公式的适用条件

因为第一类 T 形截面受压区高度小于或最大等于翼缘厚度，所以 $x \leqslant h'_f < \xi_b h_0$，不会发生超筋破坏。但是由于 x 有非常小的可能，可能会发生少筋的情况。因此，为了防止发生少筋破坏，应满足的适用条件由公式（4-39）表示。

$$\rho \geqslant \rho_{\min} \text{ 或 } A_s \geqslant bh_0 \rho_{\min} \tag{4-39}$$

因为梁的最小配筋率是根据钢筋混凝土梁开裂后，受弯承载力与素混凝土梁受弯承载力相等的条件得出的。又素混凝土 T 形截面梁的受弯承载力和矩形素混凝土矩形截面梁受弯承载力相近，为了简化计算，采用矩形截面梁的 $\rho_{\min}$ 作为 T 形截面梁的最小配筋率。

（二）第二类 T 形截面梁

1. 基本计算公式

第二类 T 形截面梁和第一类 T 形截面梁的区别在于，第二类 T 形截面受压区高度较大，当 $x > h'_f$ 时受压区形状变为 T 形。为了便于计算，将受压区面积分为两部分。第一部分以腹板宽度为界限，其宽度为 b，高度为 x，它提供的压力为 $\alpha_1 f_c b x$，它对应的受拉钢筋面积 A_{s1}，第一部分受拉钢筋提供的拉力为 $f_y A_{s1}$ 如图 4-38（b）所示。另外一部分是由悬挑翼缘部分提供的压力 $\alpha_1 f_c (b'_f - b) h'_f$ 和第二部分受拉钢筋提供的拉力 $f_y A_{s2}$ 建立的平衡关系，如图 4-38（c）所示。

因此，可以得到
$$M = M_1 + M_2$$
或 $M_u = M_{u1} + M_{u2}$ (4-40)
$$A_s = A_{s1} + A_{s2} \quad (4-41)$$

第一部分平衡关系可建立如下计算式
$$\alpha_1 f_c b x = f_y A_{s1} \quad (4-42)$$
$$M_1 = \alpha_1 f_c b x \left(h_0 - \frac{x}{2} \right) \quad (4-43)$$

第二部分平衡关系可建立如下计算式
$$\alpha_1 f_c (b'_f - b) h'_f = f_y A_{s2} \quad (4-44)$$
$$M_2 = \alpha_1 f_c (b'_f - b) h'_f \left(h_0 - \frac{h'_f}{2} \right) \quad (4-45)$$

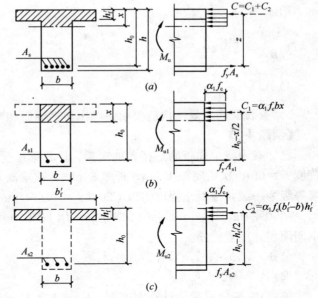

图 4-38 第二类 T 形截面梁的截面应力图

由式（4-42）与式（4-44）相加，由式（4-43）与式（4-45）相加可得 T 形截面受弯构件正截面受弯承载力基本计算公式为：

$$\sum x = 0, \alpha_1 f_c b x + \alpha_1 f_c (b'_f - b) h'_f = f_y A_s \quad (4-46)$$

$$\sum M = 0, M = \alpha_1 f_c b x \left(h_0 - \frac{x}{2} \right) + \alpha_1 f_c (b'_f - b) h'_f \left(h_0 - \frac{h'_f}{2} \right) \quad (4-47)$$

2. 公式的适用条件

由于第二类 T 形截面的混凝土受压区高度 $x > h'_f$ 相对较大，不会发生少筋的情况，但出现超筋的可能是存在的。A_{s2} 是根据力的平衡得到的已知值，它对梁截面配筋率不产生影响，即作为定值的 $A_{s2} f_y$ 不会影响梁的受压区高度 x，影响混凝土受压区高度及配筋率的是 A_{s1}。为使梁不发生超筋破坏，计算时必须满足：

$$x \leqslant x_b, \xi \leqslant \xi_b, A_{s1} \leqslant \rho_{max} b h_0 \quad (4-48)$$

（三）基本计算公式的应用

1. 截面设计

(1) 第一类 T 形截面

已知：$M, b \times h, b'_f, h'_f, f_c, f_y, \alpha_1, \xi$。

求：$A_s = ?$

解：1) 判别截面类型

$$M \leqslant M'_u = \alpha_1 f_c b'_f h'_f \left(h_0 - \frac{h'_f}{2} \right)$$

属于第一类 T 形截面。

2) $\alpha_s = \dfrac{M}{\alpha_1 f_c b'_f h_0^2}$

3) $\gamma_s = \dfrac{1+\sqrt{1-2\alpha_s}}{2}$

4) $A_s = \dfrac{M}{f_y h_0 \gamma_s}$

5) 查表配筋。复核构造要求并画出包括箍筋和弯起筋在内的截面配筋详图。

【例题 4-8】

已知某现浇单向板肋形楼盖的次梁，计算梁承受的设计弯矩为 $M=108\text{kN}\cdot\text{m}$，计算跨度 $l_0=6\text{m}$，次梁间距 1.6m，板厚 80mm，次梁高 $h=400\text{mm}$，$b=200\text{mm}$，构件所在环境等级为一级，混凝土强度等级 C20（$f_c=9.6\text{N/mm}^2$），纵向受力钢筋采用 HRBF335 级（$f_y=300\text{N/mm}^2$，$\xi_b=0.550$），架立筋采用 HPB300 级光圆钢筋。试计算次梁的截面受拉钢筋面积并配置钢筋。

已知：$M, b, h, b'_f, h'_f, f_c, f_y, \alpha_1, \xi$。

求：$A_s=?$

解：1) 确定翼缘的计算宽度 b'_f，$h_0 = h - a'_s = 400 - 35 = 365\text{mm}$

当按梁的计算跨度考虑时　　$b'_f = \dfrac{l_0}{3} = \dfrac{6}{3} = 2\text{m}$

当按梁的净距考虑时　　$b'_f = b + s_n = 1.6 + 0.2 = 1.8\text{m}$

当按梁的翼缘厚度计算时

$$\dfrac{h'_f}{h_0} = \dfrac{80}{365} = 0.219 > 0.1$$

查表 4-9 不受此项限制，从前两项计算结果中选较小值，则 $b'_f = 1800\text{mm}$。

2) 判别截面类型

$$M_u = \alpha_1 f_c b'_f h'_f \left(h_0 - \dfrac{h'_f}{2}\right) = 1.0 \times 9.6 \times 1800 \times 80 \times (365 - 80/2)$$

$$= 449280000\text{N}\cdot\text{mm} = 449.28\text{kN}\cdot\text{m} > M = 108\text{kN}\cdot\text{m}$$

属于第一类 T 形截面。

3) 配筋计算

按宽度为 b'_f，高度为 h 的单筋矩形截面计算。

$$\alpha_s = \dfrac{M}{\alpha_1 f_c b'_f h_0^2} = \dfrac{108 \times 10^6}{1.0 \times 9.6 \times 1800 \times 365^2} = 0.047$$

$$\gamma_s = \dfrac{1+\sqrt{1-2\alpha_s}}{2} = \dfrac{1+\sqrt{1-2\times 0.047}}{2} = 0.976$$

$$A_s = \dfrac{M}{f_y h_0 \gamma_s} = \dfrac{108 \times 10^6}{300 \times 365 \times 0.976} = 1010.6\text{mm}^2$$

4) 查表 2-4，选配 3Φ^F22（$A_s=1140\text{mm}^2$）。

5) 验算配筋率

$$\rho = \dfrac{A_s}{bh_0} = \dfrac{1140}{200 \times 365} = 1.56\% > \rho_{\min} = 0.2\%，满足要求。$$

6) 钢筋间距验算

$$2\times25+3\times22+2\times25=166\text{mm}<b=200\text{mm}$$

满足要求，梁截面的配筋图如图 4-39 所示。

(2) 第二类 T 形截面

已知：M, $b\times h$, b'_f, h'_f, f_c, f_y, α_1。

求：$A_s=?$

解：1) 判别截面类型

当满足 $M>M_u=\alpha_1 f_c b'_f h'_f\left(h_0-\dfrac{h'_f}{2}\right)$ 时为第二类 T 形截面。

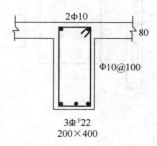

图 4-39 例题 4-8 的截面配筋图

2) $A_{s2}=\dfrac{\alpha_1 f_c(b'_f-b)h'_f}{f_y}$

3) $M_2=\alpha_1 f_c(b'_f-b)h'_f\left(h_0-\dfrac{h'_f}{2}\right)$

4) $M_1=M-M_2$

5) $\alpha_{s1}=\dfrac{M_1}{\alpha_1 f_c b h_0^2}$

6) $\xi_1=1-\sqrt{1-2\alpha_{s1}}\leqslant \xi_b$ 或 $\gamma_s=\dfrac{1+\sqrt{1-2\alpha_{s1}}}{2}$

7) $A_{s1}=\xi_1\dfrac{\alpha_1 f_c}{f_y}bh_0$ 或 $A_{s1}=\dfrac{M}{f_y h_0 \gamma_{s1}}$

8) $A_s=A_{s1}+A_{s2}$

9) 选配钢筋并复核构造要求，并画出包含箍筋和架立筋在内的梁截面配筋详图。

仅在受拉区配置受拉钢筋的单筋 T 形截面梁，其正截面受弯承载力计算步骤可按图 4-40 所示的框图进行。

【例题 4-9】

已知某 T 形截面梁尺寸 $b'_f=600\text{mm}$，$h'_f=100\text{mm}$，$b=300\text{mm}$，$h=800\text{mm}$，混凝土强度等级为 C25（$f_c=11.9\text{N/mm}^2$），钢筋采用 HRBF335 级（$f_y=300\text{N/mm}^2$，$\xi_b=0.550$），承受设计弯矩为 570kN·m，试确定梁截面的配筋。

已知：$b'_f=600\text{mm}$，$h'_f=100\text{mm}$，$b=300\text{mm}$，$h=800\text{mm}$，$f_c=11.9\text{N/mm}^2$，$f_y=300\text{N/mm}^2$，$\alpha_1=1.0$，$M=570\text{kN·m}$，$\xi_b=0.550$。

求：$A_s=?$

解：1) 判别截面类型

$$M_u=1.0\times11.9\times600\times100\times\left(740-\dfrac{100}{2}\right)=492.66\text{kN·m}<M=570\text{kN·m}$$

故属于第二类 T 形截面。

2) 求 M_2 和 A_{s2}

$$M_2=\alpha_1 f_c(b'_f-b)h'_f\left(h_0-\dfrac{h'_f}{2}\right)$$
$$=1.0\times11.9\times300\times100\times(740-100/2)=246.33\text{kN·m}$$

$$A_{s2}=\dfrac{\alpha_1 f_c(b'_f-b)h'_f}{f_y}=\dfrac{1.0\times11.9\times300\times100}{300}=1190\text{mm}^2$$

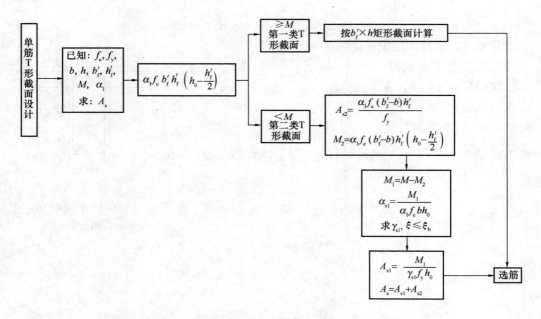

图 4-40 仅在受拉区配置受拉钢筋的单筋 T 形
截面梁正截面受弯承载力计算框图

3) 求 M_1 和 A_{s1}

$$M_1 = M - M_2 = 570 - 246.33 = 323.67 \text{kN} \cdot \text{m}$$

$$\alpha_{s1} = \frac{M_1}{\alpha_1 f_c b h_0^2} = 0.166$$

$$\xi_{s1} = 1 - \sqrt{1 - 2\alpha_{s1}} = 1 - \sqrt{1 - 2 \times 0.166} = 0.183 < \xi_b = 0.550$$

$$\gamma_{s1} = \frac{1 + \sqrt{1 - 2\alpha_{s1}}}{2} = 0.909$$

$$A_{s1} = \frac{M_1}{f_y h_0 \gamma_{s1}} = 1604 \text{mm}^2$$

4) 求 A_s

$$A_s = A_{s1} + A_{s2} = 1604 + 1190 = 2794 \text{mm}^2$$

查表 2-4，选配 6 Φ^F 25 2/4($A_s = 2945 \text{mm}^2$)。

5) 验算配筋率

$$\rho_{\min} = 0.2\% < \rho_1 = \frac{A_s - A_{s2}}{bh_0} = \frac{2945 - 1190}{300 \times 740} = 0.8\% < \rho_{\max} = 2.18\%$$

满足要求。

6) 钢筋间距验算

$$2 \times 25 + 4 \times 25 + 3 \times 25 = 225 \text{mm} < b = 300 \text{mm}，满足要求。$$

梁截面的配筋图如图 4-41 所示。

2. 截面强度复核

(1) 第一类 T 形截面

已知：b'_f，h'_f，b，h，f_c，A_s，f_y，M。

求：$M_u = ?$

解：1）判别截面类型

当 $f_y A_s \leqslant \alpha_1 f_c b'_f h'_f$ 时，为第一类 T 形截面。

2）求配筋率 ρ、截面混凝土受压区相对高度 ξ 和截面抗弯抵抗矩系数 α_s

$$\rho = \frac{A_s}{b h_0}, \xi = \rho \frac{f_y}{\alpha_1 f_c}, \alpha_s = \xi(1 - 0.5\xi)$$

3）求 M_u

$$M_u = \alpha_s \alpha_1 f_c b'_f h_0^2$$

4）比较 M 和 M_u 的大小关系

$M \leqslant M_u$，该梁安全可靠；若 $M > M_u$，该梁不安全。

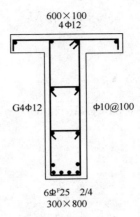

图 4-41 例题 4-9 图

【例题 4-10】

经计算某单向板肋形楼盖 T 形截面次梁，$b'_f = 1500 \text{mm}$，$h'_f = 80 \text{mm}$，$b = 250 \text{mm}$，$h = 500 \text{mm}$，混凝土强度等级为 C25，钢筋为 HRBF335 级，$\xi_b = 0.550$，配有纵向受拉钢筋 $4\Phi^F 22$（$A_s = 1520 \text{mm}^2$），梁承受设计弯矩为 $M = 150 \text{kN} \cdot \text{m}$，试验算该梁是否安全？

已知：$b'_f = 1500 \text{mm}$，$h'_f = 80 \text{mm}$，$b = 250 \text{mm}$，$h = 500 \text{mm}$，$f_c = 11.9 \text{N/mm}^2$，$f_y = 300 \text{N/mm}^2$，$A_s = 1520 \text{mm}^2$，$M = 150 \text{kN} \cdot \text{m}$，$\xi_b = 0.550$。

求：$M_u = ?$

解：1）判别截面类型

$$f_y A_s = 300 \times 1520 = 456 \text{kN} < \alpha_1 f_c b'_f h'_f = 1.0 \times 11.9 \times 1500 \times 80 = 1428 \text{kN}$$

故属于第一类 T 形截面。

2）求 ρ、ξ 及 α_s

$$\rho = \frac{A_s}{b'_f h_0} = \frac{1520}{1500 \times 460} = 0.22\% > \rho_{\min} = 0.2\%$$

$$\xi = \rho \frac{f_y}{\alpha_1 f_c} = 0.0022 \times \frac{300}{1.0 \times 11.9} = 0.0555 < \xi_b = 0.550$$

$$\alpha_s = \xi(1 - 0.5\xi) = 0.0555(1 - 0.5 \times 0.0555) = 0.054$$

3）求 M_u 并比较与 M 的关系

$$M_u = \alpha_s \alpha_1 f_c b'_f h_0^2 = 0.054 \times 1 \times 11.9 \times 1500 \times 460^2$$

$$= 203.96 \text{kN} \cdot \text{m} > M = 150 \text{kN} \cdot \text{m}$$

该梁截面承载力满足要求。

(2) 第二类 T 形截面

已知：b'_f，h'_f，b，h，f_c，f_y，A_s。

求：$M_u = ?$

解：1）判别截面类型

当 $f_y A_s > \alpha_1 f_c b'_f h'_f$ 时，属于第二类 T 形截面。

2) 求 A_{s2} 和 M_2

$$A_{s2} = \frac{\alpha_1 f_c (b'_f - b) h'_f}{f_y}$$

$$M_2 = M_{u2} = \alpha_1 f_c (b'_f - b) h'_f \left(h_0 - \frac{h'_f}{2}\right)$$

3) 求 A_{s1} 和 M_1

$$A_{s1} = A_{s1} - A_{s2}$$

$$\rho_1 = \frac{A_{s1}}{bh_0}$$

$$\xi_1 = \rho_1 \frac{f_y}{\alpha_1 f_c} \leq \xi_b$$

$$\alpha_{s1} = \xi_1 (1 - 0.5\xi_1)$$

$$M_{u1} = \alpha_{s1} \alpha_1 f_c b h_0^2$$

4) 比较 M_u 与 M 的大小

$$M_u = M_{u1} + M_{u2}$$

当 $M \leq M_u$ 时，则该梁安全可靠；若 $M > M_u$ 则该梁不安全。

【例题 4-11】

某 T 形截面梁尺寸为 $b'_f = 500\text{mm}$，$h'_f = 100\text{mm}$，$b = 250\text{mm}$，$h = 800\text{mm}$，混凝土强度等级为 C25（$f_c = 11.9\text{N/mm}^2$），梁下部受拉区实配钢筋采用 HRB335 级（$f_y = 300\text{N/mm}^2$，$\xi_b = 0.550$）4Φ22+2Φ18（$A_s = 2029\text{mm}^2$），截面承受设计弯矩 $M = 280\text{kN} \cdot \text{m}$，试验算梁正截面受弯承载力是否满足要求。

已知：$b'_f = 500\text{mm}$，$h'_f = 100\text{mm}$，$b = 250\text{mm}$，$h = 800\text{mm}$，$f_c = 11.9\text{N/mm}^2$，$f_y = 300\text{N/mm}^2$，$A_s = 2029\text{mm}^2$，$M = 280\text{kN} \cdot \text{m}$，$h_0 = 800 - 60 = 740\text{mm}$。

求：$M_u = ?$

解：1) 判别截面类型

$$f_y A_s = 300 \times 2029 = 608.7\text{kN} > \alpha_1 f_c b'_f h'_f$$
$$= 1.0 \times 11.9 \times 500 \times 100 = 595\text{kN}$$

为第二类 T 形截面。

2) 求 A_{s2} 和 M_2

$$A_{s2} = \frac{\alpha_1 f_c (b'_f - b) h'_f}{f_y} = \frac{1.0 \times 11.9 \times (500-250) \times 100}{300} = 992\text{mm}^2$$

$$M_2 = M_{u2} = \alpha_1 f_c (b'_f - b) h'_f \left(h_0 - \frac{h'_f}{2}\right)$$
$$= 1.0 \times 11.9 \times (500-250) \times 100 \times \left(740 - \frac{100}{2}\right)$$
$$= 205.275\text{kN} \cdot \text{m}$$

3) 求 A_{s1} 和 M_{u1}

$$A_{s1} = A_s - A_{s2} = 2029 - 992 = 1037\text{mm}^2$$

$$\xi_1 = \rho_1 \frac{f_y}{\alpha_1 f_c} = \frac{1037}{250 \times 740} \times \frac{300}{1.0 \times 11.9} = 0.141 < \xi_b = 0.550$$

$$\alpha_{s1} = \xi_1(1-0.5\xi_1) = 0.131$$
$$M_{u1} = \alpha_{s1}\alpha_1 f_c bh_0^2 = 0.131 \times 1.0 \times 11.9 \times 250 \times 740^2 = 213.41 \text{kN} \cdot \text{m}$$

4)比较 M_u 与 M 的大小

$$M_u = M_{u1} + M_{u2} = 205.28 + 213.41 = 418.69 \text{kN} \cdot \text{m} > M = 280 \text{kN} \cdot \text{m}$$

该梁安全可靠。

本 章 小 结

1. 本章中心内容是钢筋混凝土梁正截面应力分析,正截面受弯承载力公式的建立,适用条件的提出,公式的应用。

2. 配筋率 $\rho = \dfrac{A_s}{bh_0}$ 是区分梁正截面不同破坏类型的根据,在单筋梁中配筋率 ρ、截面相对受压区高度 ξ、截面混凝土受压区折算高度 x 是一组相关联的值;$\rho = \xi \dfrac{\alpha_1 f_c}{f_y}$。

3. 钢筋混凝土适筋梁,是工程实际中采用的梁,它的配筋率 $\rho_{\min} \leqslant \rho \leqslant \rho_{\max}$;它发生的是延性破坏,材料性能能够最大限度发挥,具有经济性、适用性、合理性和安全性。钢筋混凝土少筋梁、超筋梁破坏都是没有征兆的脆性破坏,材料强度没有得到充分合理的利用,不具有合理性、适用性和安全性,因此,工程实践中不能使用。

4. 钢筋混凝土适筋梁的破坏经历了三个阶段,第一阶段是以梁下缘混凝土开裂为特征的;第二阶段是以受拉钢筋屈服为依据的;梁的破坏是以受压区混凝土达到极限压应变最后导致受压区混凝土被压碎为依据的。第一阶段末的截面应力图形是梁抗裂验算的依据;第二阶段末的截面钢筋和混凝土的应力图形是梁裂缝宽度和变形验算的依据,第三阶段末的应力图形是梁正截面承载力计算的依据。简化和等效后的适筋梁第三阶段末的应力图形,是确定适筋梁正截面承载力计算公式的依据。

5. 单筋矩形截面、双筋矩形截面和单筋T形截面梁基本计算公式是根据简化后的截面应力图形,按照截面轴向力和截面承受弯矩等于截面抵抗矩的关系建立的。根据截面的类型,截面设计计算公式有其适用条件,目的是为了确保截面为适筋梁。

6. 正截面受弯计算公式的应用包括截面设计和强度复核两类。截面强度设计是根据给定的条件求截面配筋面积,再依据规范给定的构造要求,配置截面纵向受力筋的过程。截面强度复核是根据截面配筋和其他已知条件,反算构件截面承载力能否满足使用要求的过程。

7. T形截面梁正截面设计是根据截面受力情况、截面尺寸、材料强度等级等因素划分为两种不同类型,截面受弯承载力验算是根据截面受力情况、截面尺寸、材料强度等级等因素划分为两种不同类型。第一类型T形截面相当于宽度为 b'_f,高度为 h 的单筋矩形截面梁,配筋率依然为 ρ。第二类T形截面梁可按双筋矩形截面梁的思路,将截面抵抗的弯矩、需要的纵向配筋和提供的内力分为两部分进行计算,一部分是由腹板和第一部分受拉钢筋之间的平衡关系提供的内力;另一部分是构件截面翼缘出挑部分和第二部分纵向受拉钢筋之间的平衡关系提供的内力,它的配筋率是依据影响受压区高度和截面破坏形态的第一部分钢筋面积计算的,配筋率为 ρ_1。在截面设计和强度复核时可依据部分之和等于整体的思路进行。

8. 学习时应注意把试验分析结果和《混凝土结构规范》给定的假定以及简化后的压力图形联系起来，在理解和记忆截面应力分布图的基础上记忆公式，做到理解的基础上对有关问题牢靠的记忆。做到先通过试验过程分析，得到感性认识，然后理论推导；先基本公式和适用条件的理解和掌握，后截面设计和强度验算；先计算结果后构造要求，先系统看书理解后动手做作业。按照上述思路系统、全面地领会理解所学知识内容，通过作业练习完成从门外汉变成内行的过渡。

复 习 思 考 题

一、名词解释

梁的配筋率　少筋梁　适筋梁　超筋梁　梁的保护层厚度　钢筋净距　钢筋间距　受压区相对高度　界限受压区相对高度　界限配筋率　单筋梁　双筋梁

二、问答题

1. 梁中钢筋有几种？它们的作用各是什么？
2. 板中分布钢筋的作用有哪些？设置时有哪些要求？
3. 梁中的架立钢筋的作用是什么？设置架立筋时应满足哪些要求？
4. 梁、板中混凝土保护层的作用是什么？为什么不同的构件使用环境保护层厚度不同？
5. 配筋率对梁截面受力破坏形态是如何影响的？
6. 钢筋混凝土梁正截面强度计算时，《混凝土结构规范》给出四条基本假定的内容是什么？
7. 双筋矩形截面梁承载力验算时，受压钢筋的应力取值有何限定？为什么？
8. 界限受压区相对高度的含义是什么？它与梁的最大配筋率有什么关系？
9. 单筋矩形截面梁的截面应力图形、计算公式和适用条件是什么？
10. 什么情况下采用双筋梁？为什么要满足 $x \geqslant 2a'_s$ 的要求？当 $x < 2a'_s$ 时，应如何处理？
11. T 形截面梁截面设计和强度复核时截面类型如何判别？
12. T 形截面梁的配筋率是如何确定的？为什么要这样确定？
13. 单向板肋型楼盖中的连续次梁、主梁正截面受弯承载力计算时，跨中截面为什么要按 T 形截面计算？支座截面为什么要按矩形截面计算？

三、计算题

1. 已知某矩形截面梁 $b \times h = 200\text{mm} \times 500\text{mm}$，经计算由荷载设计值产生的弯矩 $M = 165\text{kN} \cdot \text{m}$，混凝土强度等级为 C25，钢筋为 HRB400 级，结构的安全等级为二级，环境等级为一级。试计算截面配筋面积、配置钢筋并复核构造要求。

2. 挑檐板根部厚度 80mm，端部厚度 60mm，经计算每米板宽承受的设计弯矩 $M = 7.2\text{kN} \cdot \text{m}$，采用 C20 混凝土，HPB300 级钢筋，试确定板的配筋。

3. 某钢筋混凝土简支梁，截面尺寸为 $b \times h = 200\text{mm} \times 500\text{mm}$，配置有 HRBF400 级受拉钢筋 4⏀18 ($A_s = 1017\text{mm}^2$)，采用 C30 混凝土，梁承受的最大设计弯矩为 $M = 120\text{kN} \cdot \text{m}$，环境等级为一级。试复核梁是否安全？

4. 已知某矩形截面梁 $b \times h = 200\text{mm} \times 450\text{mm}$，经计算由荷载设计值产生的弯矩 $M = 185\text{kN} \cdot \text{m}$，混凝土强度等级为 C25，纵向受力钢筋为 HRB400 级，箍筋为 HPB300 级，结构的安全等级为二级，设环境等级为一级，假设受拉钢筋两排配置（$a_s = 60\text{mm}$）。试计算截面配筋面积、配置钢筋并复核配筋的构造要求。

5. 已知条件同 4 题，但在梁的受压区配有 2⏀18 的受压钢筋，试求受拉钢筋截面面积 A_s。

6. 已知某矩形截面简支梁，截面尺寸为 $b \times h = 200\text{mm} \times 500\text{mm}$，配置有 HRBF335 级受压钢筋 2⏀16 ($A'_s = 402\text{mm}^2$)，梁配有受拉钢筋 4⏀18 ($A_s = 1018\text{mm}^2$)，采用 C30 混凝土，求该梁承受的最大设计弯矩值。

7. 某肋形楼盖多跨连续次梁，间距为2400mm，次梁跨度为5.7m，次梁高度$h=400$mm，次梁的宽度$b=200$mm，板的厚度$h'_f=80$mm，经计算次梁跨中和支座承受的设计弯矩都为$M=110$kN·m，纵向受力钢筋为HRB400级，箍筋采用HPB300级。混凝土采用C30级，试求梁跨中和支座截面的配筋截面积，并根据构造要求配置钢筋。

8. 某单筋T形截面梁，$b \times h = 200\text{mm} \times 500\text{mm}$，$b'_f = 400$mm，$h'_f = 100$mm，混凝土强度等级为C30，纵向受力钢筋为HRB335级，箍筋采用HPB300级，设环境等级为一级，截面承受的弯矩设计值$M = 295$kN·m。试计算截面配筋面积、配置钢筋并复核构造要求。

第五章 受弯构件斜截面承载力计算

学习要求与目标：

1. 了解梁在外荷载作用下斜裂缝形成和扩展的过程，了解影响梁斜截面受剪承载的主要影响因素，了解梁斜截面受剪破坏的三种不同受力状态。
2. 掌握梁斜截面受剪承载力计算的基本公式及其适用条件，并能应用基本计算公式计算梁内腹筋的数量，能依据有关规定配置梁内腹筋。
3. 理解抵抗弯矩图的画法以及纵向受力钢筋弯起和截断时的构造要求。
4. 掌握梁内箍筋、弯起筋的构造要求。

第一节 梁斜截面受剪承载力的研究

梁在上部荷载作用下，截面出现弯矩和剪力两种内力，沿梁跨度方向不同截面弯矩 M 和剪力 V 呈连续变化，同时在同一正截面上不同高度同种应力也不相同。根据材料力学的知识可知，在弯曲应力和剪应力共同作用下，梁截面内会产生主拉应力 σ_{pt} 和主压应力 σ_{pc}，主拉应力如图 5-1 所示，用梁纵剖面上开口朝上的细实线表示，每根细实线上的应力都相等，方向是应力迹线的切线方向。开口朝下的虚线表示的主压应力迹线。对梁支座附近产生斜拉引起斜裂缝的主要是 σ_{pt}。可见要有效防止主拉应力引起的斜截面破坏，不仅要求梁具有合理的截面尺寸，同时还要求配置足够数量的箍筋和弯起筋，这样才可以满足

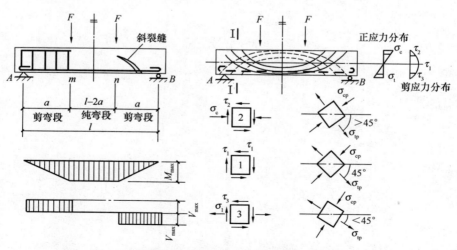

图 5-1 钢筋混凝土简支梁纵剖面主应力迹线示意图

梁斜截面受剪承载力的要求。

试验证实，影响梁斜截面承载力的主要因素包括梁截面形状和尺寸、混凝土的强度等级、剪跨比的大小、荷载类型和作用的方式、腹筋（弯起筋和箍筋的统称）的含量多少等。

剪跨比 $\lambda = \dfrac{a}{h_0}$，反映了集中荷载作用点到支座之间的距离 a（剪跨）和梁截面有效高度 h_0 的比值。

梁的配箍率 $\rho_{sv} = \dfrac{nA_{sv1}}{bs}$，它反映了梁内箍筋含量的多少，如图 5-2 所示。

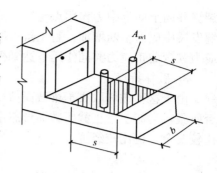

图 5-2 梁内配箍率示意图

梁的斜截面由于受力和自身组成的不同，通常发生斜压破坏、剪压破坏和斜拉破坏三种破坏，这三种破坏的形态分别如图 5-3（a）、（b）和（c）所示。

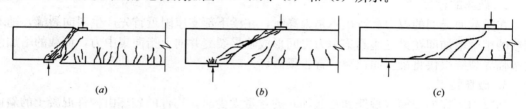

图 5-3 梁斜截面破坏形态

一、斜压破坏

1. 产生的条件

梁截面尺寸 b、h 太小，梁的配箍率 ρ_{sv} 太高，剪跨比 λ 太小（$\lambda < 1$）。

2. 破坏的过程

随着梁截面受到的剪力和弯矩的不断上升，在梁侧面中性轴附近由于主拉应力的影响，首先产生斜向裂缝，荷载越大裂缝的数量越多，裂缝向上指向集中力，向下指向支座，最终将梁裂缝周围的混凝土分割为若干个小的棱柱体，随着荷载的增加，这些棱柱体上斜向的压力不断上升，直到最后被压溃，宣告梁丧失承载力而破坏。

3. 破坏特点

由于这种破坏取决于混凝土是否被压碎，梁内所配的箍筋和弯起筋没有发挥应有的抗剪作用，类似于梁正截面破坏类型中的超筋梁。这种梁的破坏具有突然性、属于脆性破坏，没有预兆，不安全、也不经济。

4. 工程应用

工程实际中不允许出现这种破坏形式的梁。

二、剪压破坏

1. 产生的条件

梁截面尺寸 b、h 适中，梁的配箍率 ρ_{sv} 适中，剪跨比 λ 值正常（$1 \leqslant \lambda \leqslant 3$）。

2. 破坏的过程

随着梁截面受到的剪力和弯矩的不断上升，在梁下部支座附近首先产生竖向裂缝，随着荷载的继续增加原来的竖向裂缝开始斜向上发展，荷载持续上升，其中一条就发展为主裂缝并向上向集中力作用点延伸,随着试验过程的持续荷载继续加大,梁内腹筋在阻碍裂缝发展中应力不断增加,直至接近屈服强度,梁上部裂缝未开裂的正上方区域最后是在剪应力和弯曲正应力共同作用下达到极限应变和材料强度而破坏。

3. 破坏特点

由于这种破坏取决于梁截面剪压区混凝土是否被压碎,以及梁内所配箍筋和弯起筋是否屈服,类似于梁正截面破坏形态中的适筋梁。这种梁的破坏具有预兆、属于延性破坏,比较安全,也比较经济。

4. 工程应用

故工程实际中只允许使用产生这种破坏形式的梁。

三、斜拉破坏

1. 产生的条件

梁截面尺寸 b、h 太大,梁的配箍率 ρ_{sv} 太低,剪跨比 λ 太大($\lambda > 3$)。

2. 破坏的过程

在梁截面受到的剪力和弯矩不是太高时,在梁下部支座附近首先产生斜向裂缝,随着荷载的稍微增加即在梁支座到集中力之间形成临界裂缝并向上指向集中力,荷载的增加使这条临界裂缝很快将梁斜向拉裂,宣告梁破坏。

3. 破坏特点

当梁内所配的腹筋(箍筋和弯起筋)的含量太少时,构件的破坏由构件混凝土的斜向受拉开裂所决定,此情况下钢筋没能有效发挥抵抗梁产生斜拉破坏的作用,它类似于梁正截面破坏时的少筋破坏。这种破坏呈现突然性,属于脆性破坏,没有预兆,不安全,也不经济。

4. 工程应用

这种破坏形式的梁工程实际中不允许使用。

规范是通过限制梁截面尺寸不要过小的方式,限制梁不要发生超箍的斜压破坏;通过限制剪跨比和最小配箍率的思路防止斜拉破坏。对于工程实际中允许采用的剪压破坏则是通过确定合理截面尺寸、计算配置所需的箍筋和弯起筋的方式确保梁斜截面受剪承载力使其满足要求,防止发生这种破坏的。

第二节 受弯构件斜截面受剪承载力的计算

试验分析,梁主要在主拉应力影响下产生斜向裂缝,最终形成破坏前的短时的稳定状态。分析梁剪压破坏时的受力状态,以斜裂缝为界把梁靠近支座一侧作为分离体,研究其受力性能,如图 5-4 所示。

一、概述

由图 5-4 可知,当梁处在斜截面剪压破坏的临界状态时,裂缝顶端没有开裂的竖直截面,承受弯曲压应力和剪应力,斜裂缝截面受到裂缝两侧骨料的咬合力和摩擦力的作用,箍筋和弯起筋和斜裂缝相交可以承受剪切引起的斜向拉应力,提高受剪承载力,其次纵向受力钢筋可以提供销栓作用。上述这些抵抗内力组成了梁斜截面的受剪承载力。为了便于设计计算,规范把斜裂缝界面的骨料咬合摩擦作用归并于混凝土提供的受剪承载能力 V_c,

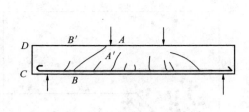
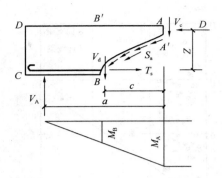

图 5-4 钢筋混凝土梁斜截面内力分布图

把纵筋的销栓作用作为安全储备在设计时不予考虑。因此，梁斜截面受剪设计时只考虑混凝土提供的受剪承载力、箍筋和弯起筋提供的受剪承载力这三部分，如图 5-5 所示，计算基本公式为式（5-1）。

$$V_u = V_c + V_{sv} + V_{sb} \quad (5\text{-}1)$$

其中 $\quad V_{cs} = V_c + V_{sv} \quad (5\text{-}2)$

则 $\quad V_u = V_{cs} + V_{sb} \quad (5\text{-}3)$

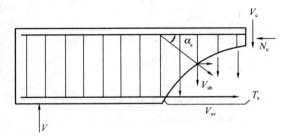

图 5-5 梁斜截面计算时内力分布图

式中 V_u——梁斜截面受剪承载力设计值；

V_c——梁内混凝土提供的受剪承载力；

V_{sv}——梁内与斜裂缝相交的箍筋提供的受剪承载力设计值；

V_{sb}——梁内与斜裂缝相交的弯起筋提供的受剪承载力设计值；

V_{cs}——梁内混凝土以及梁内与斜裂缝相交的箍筋提供的受剪承载力设计值总和。

二、梁截面受剪承载能力的计算公式

根据试验得知，梁在不同的荷载作用下发挥出的受剪承载力值是不一样的。规范为计算方便，将梁斜截面受剪承载力计算分为均布荷载作用下和集中荷载作用下两种类型。

均布荷载、集中荷载作用下矩形、T形、I形截面梁，在材料强度一定的情况下，实测对照试验得出的配箍率和梁受剪承载力之间的关系分布具有共同特征，为了偏于安全的进行设计，确保构件受剪承载力满足要求，规范在确立计算公式时，对试验结果取各组对照散点分析的下限值。均布荷载、集中荷载作用下梁受剪承载力和影响因素关系如图 5-6 与图 5-7 所示。

1. 均布荷载作用下矩形、T形、I形截面的一般受弯构件

（1）仅配置箍筋时

$$V \leqslant V_{cs} = 0.7 f_t b h_0 + f_{yv} \frac{A_{sv}}{s} h_0 \quad (5\text{-}4)$$

式中 f_{yv}——箍筋抗拉强度设计值，按表 2-8 采用；

A_{sv}——配置在同一截面内箍筋各肢的全部截面积，即 nA_{sv1}，此处 n 为在同一个截面内箍筋的肢数，A_{sv1} 为单肢箍筋的横截面面积；

s——沿构件长度方向的箍筋间距。

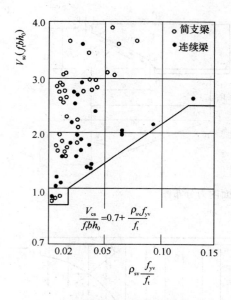
图 5-6 均布荷载作用下梁受剪
承载力和影响因素关系图

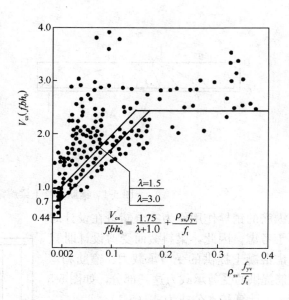
图 5-7 集中荷载作用下梁受剪
承载力和影响因素关系图

(2) 既配有箍筋也同时配有弯起筋时

梁斜截面受剪承载力计算公式为：

$$V \leqslant V_{cs} + V_{sb} = 0.7 f_t b h_0 + f_{yv} \frac{n A_{sv1}}{s} h_0 + 0.8 f_y A_{sb} \sin\alpha_{sb} \tag{5-5}$$

式中 f_y ——弯起钢筋（受拉纵筋）的抗拉强度设计值，一般梁中弯起钢筋是由纵向受拉钢筋在支座附近截面弯起形成的，所以弯起钢筋的强度设计值一般情况下等于纵向受拉钢筋的设计强度；

A_{sb} ——同一截面内弯起钢筋的截面面积；

α_{sb} ——斜截面上弯起钢筋的切线与构件纵轴的夹角。当 $h \leqslant 800$mm 时取 45°，当 $h > 800$mm 时取 60°。

2. 以集中荷载为主的矩形、T 形、I 形截面的一般受弯构件

以集中荷载为主，包括作用有多种荷载，其中集中荷载对支座截面或节点边缘所产生的剪力值占总剪力的 75% 以上的情况下的独立梁，斜截面受剪承载力的计算公式如式 (5-6) 所示。

(1) 仅配置箍筋时

$$V \leqslant V_{cs} = \frac{1.75}{\lambda + 1} f_t b h_0 + f_{yv} \frac{A_{sv}}{s} h_0 \tag{5-6}$$

式中 λ ——计算截面的剪跨比，可取 $\lambda = \frac{a}{h_0}$，a 为梁的剪跨，即集中荷载作用点至支座或节点边缘的距离；当 $\lambda < 1.5$ 时，取 $\lambda = 1.5$；$\lambda > 3$ 时，取 $\lambda = 3$。

(2) 既配有箍筋也同时配有弯起筋时

$$V \leqslant V_{cs} + V_{sb} = \frac{1.75}{\lambda + 1} f_t b h_0 + f_{yv} \frac{n A_{sv1}}{s} h_0 + 0.8 f_y A_{sb} \sin\alpha_{sb} \tag{5-7}$$

式中字母含义同前。

三、计算公式的适用条件

（1）为了防止发生斜压的超箍破坏，规范用限制梁截面尺寸不要太小的方式，来保证通过式（5-4）～式（5-7）计算的配筋值不发生超箍的情况，具体限制条件为式（5-8）、式（5-9）。

当 $\dfrac{h_w}{b} \leqslant 4$ 时

$$V \leqslant 0.25\beta_c f_c b h_0 \tag{5-8}$$

当 $\dfrac{h_w}{b} \geqslant 6$ 时

$$V \leqslant 0.2\beta_c f_c b h_0 \tag{5-9}$$

当 $4 < \dfrac{h_w}{b} < 6$ 时，按线性内插法确定。

式中 V——构件斜截面上的最大剪力设计值；

β_c——混凝土强度影响系数；当混凝土强度等级不超过 C50 时，β_c 取 1.0；当混凝土强度等级为 C80 时，β_c 取 0.8，其间按线性内插法确定；

b——矩形截面梁的宽度，T 形截面或 I 形截面的腹板宽度；

h_0——截面的有效高度；

h_w——梁截面的腹板高度：矩形截面，取有效高度；T 形截面取截面高度减去翼缘厚度；I 形截面，取腹板净高。

设计时如果验算不满足上述公式（5-8）或式（5-9）时，可以通过加大截面尺寸或提高混凝土强度等级等措施进行调整，直到满足为止。

（2）为了防止梁发生斜拉的少箍破坏，规范用限制梁的配箍率不要低于最小配箍率的方式来保证，用公式（5-10）来保证。

$$\rho_{sv} \geqslant \rho_{sv,\min} = 0.24\dfrac{f_t}{f_{yv}} \tag{5-10}$$

四、梁斜截面受剪承载能力计算公式的应用

梁斜截面受剪承载力设计是在正截面受弯设计的基础上进行的，此时，梁截面尺寸、正截面受弯计算所配的纵筋都已确定。斜截面受剪承载力设计的内容包括：（1）确定梁最大剪力所在的截面位置并求出最大剪力；（2）根据已知条件复核梁截面尺寸，判别是否满足规范规定的要求，如不满足调整到满足后进行截面设计。

1. 设计计算截面的确定

根据力学知识和梁斜截面受剪破坏的实际，规范规定计算斜截面承载力时，剪力设计值的计算截面应按下列规定确定：

（1）支座边缘截面；

（2）梁受拉区弯起钢筋弯起点处的截面；

（3）箍筋截面面积或间距改变处截面；

(4) 梁腹板截面尺寸改变处的截面。

2. 截面设计

已知：$V, b, h, f_t, f_c, f_y, f_{yv}, A_{sv}$

求：梁中箍筋的数量。

解：(1) 复核梁截面尺寸

当满足公式（5-8）或式（5-9）时，梁截面尺寸符合要求，反之就需要加大梁截面尺寸。

(2) 判断是否需要计算配置腹筋

当基本计算公式中 $V_c < V$ 时说明混凝土不能满足抗剪设计要求，需要计算配

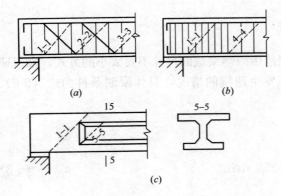

图 5-8 梁斜截面受剪承载力设计值的计算截面

置腹筋；反之，如果 $V_c \geqslant V$ 说明梁截面混凝土提供的受剪承载力可以满足要求，不需要计算配置腹筋，只需要按规范规定的构造要求，取箍筋的最小直径和最大间距配置腹筋即可。

$$V > V_c = 0.7 f_t b h_0 \tag{5-11}$$

$$V > V_c = \frac{1.75}{\lambda + 1} f_t b h_0 \tag{5-12}$$

1) 矩形、T 形、I 形截面承受均布荷载的一般受弯构件

当满足式（5-11）时采用计算配置腹筋，当 $V \leqslant 0.7 f_t b h_0$ 时按构造配置腹筋。

2) 对集中荷载为主的梁

当满足式（5-12）时采用计算配置腹筋，当 $V \leqslant \frac{1.75}{\lambda + 1} f_t b h_0$ 时按构造配置腹筋。

(3) 只配置箍筋时

1) 矩形、T 形、I 形截面的一般受弯构件

经判别需要计算配置箍筋时，适用的设计计算公式是：

$$V \leqslant V_{cs} = 0.7 f_t b h_0 + f_{yv} \frac{A_{sv}}{s} h_0 \tag{5-13}$$

先由式（5-13）求出箍筋的数量；再根据梁宽 b 和梁内所配的纵筋根数选定箍筋的肢数 n，箍筋的直径 d；最后求出箍筋的间距 s，根据计算值缩小后的整数值就是最后确定的钢筋间距。

$$\frac{A_{sv}}{s} \geqslant \frac{V - 0.7 f_t b h_0}{f_{yv} h_0} \tag{5-14}$$

2) 对集中荷载为主的受弯构件

适用的设计计算公式是：

$$V \leqslant V_{cs} = \frac{1.75}{\lambda + 1} f_t b h_0 + f_{yv} \frac{A_{sv}}{s} h_0 \tag{5-15}$$

先由式（5-15）求出箍筋的数量；再根据梁宽 b 和梁受拉区所配的纵筋的根数选定箍筋的肢数 n，箍筋的直径 d；最后求出箍筋的间距 s，根据计算值缩小后的整数值就是最后确定的钢筋间距。

$$\frac{A_{sv}}{s} \geqslant \frac{V - \dfrac{1.75}{\lambda+1}f_t b h_0}{f_{yv} h_0} \tag{5-16}$$

(4) 既配箍筋又配弯起筋时

1) 承受均布荷载为主的一般受弯构件

承受均布荷载为主的一般梁，斜截面受剪承载力的组成和基本构造要求如图 5-9 所示，适用的设计计算公式为式（5-17）。

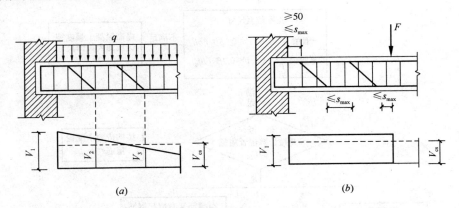

图 5-9　梁斜截面受剪承载力的组成和基本构造要求

$$V \leqslant V_{cs} + V_{sb} = 0.7 f_t b h_0 + f_{yv}\frac{nA_{sv1}}{s}h_0 + 0.8 f_y A_{sb} \sin\alpha_{sb} \tag{5-17}$$

第一步，根据构造要求首先选定箍筋的直径、间距和肢数，即公式右侧的箍筋提供的受剪承载力就设定为已知值。

第二步，由式（5-18）求出计算截面弯起钢筋的面积。

$$A_{sb} \geqslant \frac{V - 0.7 f_t b h_0 - f_{yv}\dfrac{nA_{sv1}}{s}h_0}{0.8 f_y \sin\alpha_{sb}} \tag{5-18}$$

第三步，从实配纵筋中选择合适截面的纵筋作为弯起筋。

第四步，复核前排弯起筋起弯点截面处受剪承载力是否满足，不满足时根据构造要求，确定后一排弯起钢筋弯终点的位置，继续前述步骤计算后第二排弯起钢筋的面积并确定弯起数量；继续上述步骤，直到满足斜截面受剪承载力的要求为止。

2) 对集中荷载为主配有弯起筋的梁

设计计算公式是：

$$V \leqslant V_{cs} + V_{sb} = \frac{1.75}{\lambda+1} f_t b h_0 + f_{yv}\frac{nA_{sv1}}{s}h_0 + 0.8 f_y A_{sb} \sin\alpha_{sb} \tag{5-19}$$

第一步，根据构造要求首先选定箍筋的直径、间距和肢数，即公式右侧的箍筋提供的受剪承载力就设定为已知值。

第二步，由式（5-20）求出计算截面所需的弯起钢筋的面积。

$$A_{sb} \geqslant \frac{V - \dfrac{1.75}{\lambda+1}f_t b h_0 - f_{yv}\dfrac{nA_{sv1}}{s}h_0}{0.8 f_y \sin\alpha_{sb}} \tag{5-20}$$

第三步，从实配纵筋中选择合适截面的纵筋作为弯起筋。

第四步，复核前排弯起筋起弯点截面处抗剪强度是否满足，不满足时根据构造要求，确定后一排弯起钢筋弯终点的位置，继续前述步骤计算后第二排弯起钢筋的面积并确定弯起数量；继续上述步骤，直到满足斜截面受剪承载力的要求为止。

梁斜截面受剪承载力计算可按图 5-10 所示的框图给定的步骤进行。

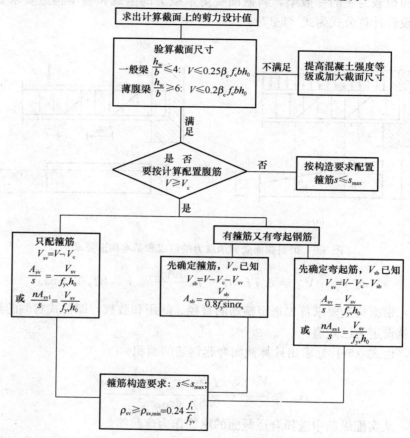

图 5-10 梁斜截面受剪承载力计算

【例题 5-1】

某钢筋混凝土矩形截面简支楼面梁，两端支承在砖墙上，净跨 $l_n=5.00\text{m}$，梁截面尺寸为 $b\times h=250\text{mm}\times 500\text{mm}$（$h_0=465\text{mm}$），承受均布荷载设计值 $q=62\text{kN/m}$（包含梁自重）。混凝土采用 C25（$f_c=11.9\text{N/mm}^2$），箍筋采用 HPB300（$f_{yv}=270\text{N/mm}^2$），根据正截面受弯计算实配纵向受拉钢筋为 3 Φ 20 的 HRB335 级钢筋（$f_y=300\text{N/mm}^2$）。(1) 只配置箍筋时试求箍筋的数量；(2) 试计算既配箍筋也配弯起筋时腹筋的数量。

已知：$l_n=5.00\text{m}$，$b\times h=250\text{mm}\times 500\text{mm}$，$h_0=465\text{mm}$，$q=62\text{kN/m}$，$f_c=11.9\text{N/mm}^2$，$f_t=1.27\text{N/mm}^2$，$f_{yv}=270\text{N/mm}^2$，$f_y=300\text{N/mm}^2$，$\beta_c=1.0$。

求：(1) 只配置箍筋时试求箍筋的数量；(2) 既配箍筋也配弯起筋时腹筋的数量。

解：(1) 只配置箍筋时

1) 求梁支座边缘的剪力设计值

$$V_n = \frac{ql_n}{2} = \frac{62 \times 5}{2} = 155\text{kN}$$

2) 复核梁截面尺寸

$$\frac{h_w}{b} = \frac{465}{250} = 1.86 < 4$$

根据式（5-8）可知

$$0.25\beta_c f_c bh_0 = 0.25 \times 1.0 \times 11.9 \times 250 \times 465$$
$$= 345.84\text{kN} > V = 155\text{kN}$$

梁截面尺寸满足要求。

3) 验算是否需要计算配箍

$$0.7f_t bh_0 = 0.7 \times 1.27 \times 250 \times 465 = 103.35\text{kN} < V = 155\text{kN}$$

满足式（5-11），所以需要计算配置箍筋。

4) 求箍筋的数量

由式（5-4）可得

$$\frac{A_{sv}}{s} \geq \frac{V - 0.7f_t bh_0}{f_{yv}h_0} = \frac{155 \times 10^3 - 0.7 \times 1.27 \times 250 \times 465}{270 \times 465}$$
$$= 0.41 \text{mm}^2/\text{mm}$$

5) 求箍筋的间距并配置箍筋

选用双肢箍 Φ6 ($A_{sv1} = 28.3\text{mm}^2$)，则 $s \leq \frac{nA_{sv1}}{0.41} = \frac{2 \times 28.3}{0.41} = 138\text{mm}$

实际配置 2Φ6@130。

或采用双肢箍 Φ8 ($A_{sv1} = 50.3\text{mm}^2$)，$s \leq \frac{nA_{sv1}}{0.41} = \frac{2 \times 50.3}{0.41} = 245\text{mm}$，实际配置 2Φ8@200（截面配筋图略）。

6) 配箍率验算 $\rho_{sv} = \frac{A_{sv}}{bs} = \frac{2 \times 28.3}{250 \times 200} = 0.113\% > \rho_{sv,\min} = 0.24\frac{f_t}{f_{y0}} = 0.24 \times \frac{1.27}{270} = 0.013\%$ 满足要求。

7) 画出梁横截面按第 1 种配筋结果时的配筋图，如图 5-11 所示。

（2）既配置箍筋也配置弯起筋

1) 选定箍筋的配筋结果

根据构造要求和以往工程经验，选定箍筋为 Φ6@200。

2) 求混凝土和箍筋承担的剪力设计值

由式（5-4）可得

$$V_{cs} = 0.7f_t bh_0 + f_{yv}\frac{A_{sv}}{s}h_0$$
$$= 0.7 \times 1.27 \times 250 \times 465 + 270 \times \frac{2 \times 28.3}{200} \times 465$$
$$= 138.88\text{kN}$$

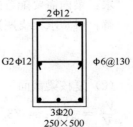

图 5-11 例题 5-1 图

3) 计算所需的弯起筋截面积

根据式（5-18）要求和前述构造要求，选定弯起钢筋的弯起角 $\alpha=45°$，则可得：

$$A_{sb} \geq \frac{V-0.7f_tbh_0-f_{yv}\dfrac{nA_{sv1}}{s}h_0}{0.8f_y\sin\alpha_{sb}}$$

$$=\frac{155\times10^3-0.7\times1.27\times250\times465-270\times\dfrac{2\times28.3}{200}\times465}{0.8\times300\times0.707}$$

$$=95\text{mm}^2$$

从纵向受力钢筋中将不在箍筋角部的一根从距支座边缘50mm作为上弯点向下弯折形成弯起钢筋（$A_{sb}=314.2\text{mm}^2$），满足支座边缘截面受剪计算要求。

4) 第一排弯起钢筋弯起点截面的受剪承载力复核

第一排弯起钢筋弯起点截面位置距支座边缘的距离为：

$$50+(500-2\times35)=480\text{mm}$$

第一排弯起钢筋弯起点截面位置剪力设计值 V_w：

$$V_w=\frac{2500-480}{2500}\times V=125.24\text{kN}<V_{cs}=138.88\text{kN}$$

故不需要配置第二排弯起钢筋。

将梁下部所配置的纵向受拉钢筋的中间一根弯起，上弯点距支座内皮50mm处，弯起角度45°，箍筋按计算结果和前述确定的值配置。

【**例题 5-2**】 某钢筋混凝土矩形截面简支梁两端支承在砖墙上，净跨 $l_n=7.5\text{m}$，梁截面尺寸为 $b\times h=250\text{mm}\times700\text{mm}$，梁截面有效高度 $h_0=640\text{mm}$，在梁三分之一跨处承受集中荷载设计值 $P=230\text{kN}$，$q=22\text{kN/m}$（含结构自重产生的荷载）。混凝土采用C30（$f_c=14.3\text{N/mm}^2$，$f_t=1.43\text{N/mm}^2$），箍筋采用HPB300（$f_{yv}=270\text{N/mm}^2$）；根据正截面受弯计算实配纵向受拉钢筋为 6⚿25（$A_s=2945\text{mm}^2$）、纵向受压钢筋 2⚿18（$A_s'=514\text{mm}^2$），HRB400级钢筋（$f_y=360\text{N/mm}^2$）。试求腹筋的数量并画出用施工图平面整体标注法标注的梁配筋图。

已知：$l_n=7.5\text{m}$，$b\times h=250\text{mm}\times700\text{mm}$，$h_0=640\text{mm}$，$P=230\text{kN}$，$q=22\text{kN/m}$，$f_c=14.3\text{N/mm}^2$，$f_t=1.43\text{N/mm}^2$，$\beta_c=1.0$，$f_{yv}=270\text{N/mm}^2$，$f_y=360\text{N/mm}^2$。

求：梁内需要配置的腹筋并绘出梁的截面配筋详图。

解：(1) 求梁支座边缘的剪力设计值

$$V=V_p+V_q=p+\frac{ql_n}{2}=230+\frac{22\times7.5}{2}=312.5\text{kN}$$

(2) 复核梁截面尺寸

$$\frac{V_p}{V}=\frac{230}{312.5}=73.6\%<75\%，所以可按一般梁进行受剪承载力计算。$$

$$\frac{h_w}{b}=\frac{640}{250}=2.56<4$$

根据式（5-8）可知

$$0.25\beta_cf_cbh_0=0.25\times1.0\times14.3\times250\times640$$

$$=572\text{kN}>V=312.5\text{kN}$$

梁截面尺寸满足要求。

（3）验算是否需要计算配箍

$$0.7f_tbh_0 = 0.7 \times 1.43 \times 250 \times 640 = 160.16\text{kN} < V = 312.5\text{kN}$$

满足式（5-11），所以需要计算配置腹筋。

（4）既配置箍筋也配置弯起筋

因为梁跨度大于 4.8m，所以需要配置弯起筋，因此，腹筋就包括箍筋和弯起筋两种。

1) 选定箍筋的配筋结果

根据构造要求和以往工程经验，选定箍筋为双肢箍Φ8@200。

2) 求混凝土和箍筋承担的剪力设计值

由式（5-4）可得

$$V_{cs} = 0.7f_tbh_0 + f_{yv}\frac{A_{sv}}{s}h_0 = 0.7 \times 1.43 \times 250 \times 640 + 270 \times \frac{2 \times 50.3}{200} \times 640$$

$$= 247.08\text{kN}$$

3) 计算所需的弯起筋截面积

根据式（5-18）要求，和前述构造要求，选定弯起钢筋的弯起角 $\alpha = 45°$，则可得：

$$A_{sb} \geq \frac{V - 0.7f_tbh_0 - f_{yv}\frac{nA_{sv1}}{s}h_0}{0.8f_y\sin\alpha_{sb}}$$

$$= \frac{312.5 \times 10^3 - 0.7 \times 1.43 \times 250 \times 640 - 270 \times \frac{2 \times 50.3}{200} \times 640}{0.8 \times 300 \times 0.707}$$

$$= 385\text{mm}^2$$

从纵向受力钢筋中将下排中间一根Φ25，从距支座边缘 50mm 处弯起（$A_{sb} = 491\text{mm}^2$），满足支座边缘截面受剪计算要求。

4) 第一排弯起钢筋弯起点截面的受剪承载力复核

第一排弯起钢筋弯起点截面位置距支座边缘的距离为：

$$50 + (700 - 2 \times 35) = 680\text{mm}$$

第一排弯起钢筋弯起点截面位置剪力设计值 V_w：

$$V_w = \frac{3750 - 680}{3750} \times 312.5 = 255.83\text{kN} > V_{cs} = 247.08\text{kN}$$

故需要配置第二排弯起钢筋，由于 $V_w - V_{cs} = 8.75\text{kN}$ 比较小，因此将受拉钢筋下排中间另一根钢筋弯起即可。

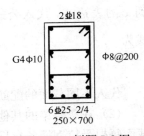

图 5-12 例题 5-2 图

5) 画出梁截面弯起钢筋起弯前支座边缘截面配筋图，如图 5-12 所示。

第三节 保证受弯构件斜截面抗弯承载力的构造要求

本节主要讨论梁斜截面受弯承载力的问题。梁斜截面抗弯承载力主要是依靠构造措施来满足的。一般是保证某根钢筋弯起后对斜裂缝上端剪压面上弯曲压应力作用点产生的抵抗弯矩，不小于该钢筋弯起前它对弯曲压应力作用点产生的抵抗弯矩。

一、抵抗弯矩图（M_u 图）

1. 定义

抵抗弯矩图是指根据梁各个截面实际配筋的面积、配筋位置和梁截面尺寸等因素计算所得的梁各截面所能提供的抵抗弯矩值所绘制的弯矩图形，也叫做材料图。图 5-13 为某简支梁的抵抗弯矩图示意。

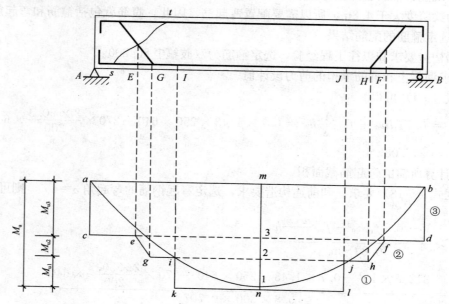

图 5-13 简支梁的抵抗弯矩图

2. 绘制

（1）根据梁内各截面实配钢筋面积和保护层厚度等因素，通过公式 $\alpha_1 f_c b x = f_y A_s$ 得到 x 的表达式，代入公式 $M = \alpha_1 f_c b x \left(h_0 - \dfrac{x}{2}\right)$ 可得到梁截面抵抗弯矩图 M_u 的计算公式为：

$$M_u = f_y A_s \left(h_0 - \frac{f_y A_s}{2\alpha_1 f_c b}\right) \tag{5-21}$$

代入不同截面的配筋值就可以得到梁相应截面的抵抗弯矩值。

（2）在忽略梁的其他影响因素后，梁的抵抗弯矩值 M_u 与该截面配筋面积成正比，该截面每根受拉钢筋各自提供的抵抗矩与其截面积在该截面全部受拉配筋总面积的比值成正比，因此，可以近似得出每根钢筋所能提供的抵抗弯矩值 M_{ui} 的计算公式为：

$$M_{ui} = \frac{A_{si}}{A_s} M_u \tag{5-22}$$

（3）根据梁各截面实配受力纵筋情况，可求出各截面提供的抵抗矩 M_u，及每根钢筋能够提供的抵抗矩 M_{ui}，在同一坐标系里以相同的比例先绘制内力图然后绘制抵抗弯矩图。

3. M_u 图的用途

可以直观反映梁截面配筋是否合理；可以确定梁截面每根钢筋的充分利用点、弯起点、理论截断点和实际截断点等。

4. 充分利用点

某根钢筋充分发挥其作用的截面位置。

5. 理论截断点

简单地说就是理论上该截面不再需要某根钢筋继续提供抵抗弯矩的梁横截面与梁纵向形心的交点。在绘制抵抗弯矩图时，编号该钢筋提供的抵抗弯矩 M_{ui} 划分的线内侧（靠近梁纵向轴线一侧）界线与设计弯矩 M 曲线的交点。

6. 钢筋的弯起点的确定

在确定钢筋的弯起点位置时应注意以下要求：(1) 要满足梁支座截面上斜截面受剪承载力的要求；(2) 要满足该截面正截面受弯承载力的要求（抵抗弯矩图能包住内力包络图）；(3) 要满足该截面斜截面受弯承载力的要求。

如上所述，为了保证梁正截面受弯承载力的要求，抵抗弯矩图应能在梁的各个截面充分包络设计弯矩图，即在弯矩设计值图形以外，如图 5-13 所示。

如图 5-14 所示，斜裂缝 ab 出现后还有满足斜截面受弯承载力要求的问题。图中 i 点为②号弯起钢筋的充分利用点，设在距 i 点为 s_1 的点处将②号筋弯起，斜裂缝 ab 顶点位于 i 截面处。②号筋在 i 点以右各截面提供的正截面抵抗矩为 $M_{u2} = f_y A_{s2} z = f_y A_{sb} z$；②号筋弯起后对 ab 裂缝底部剪压面弯曲压应力合力作用点提供的斜截面抵抗矩为 $M_{u2b} = f_y A_{s2} z_b = f_y A_{sb} z_b$，此处 A_{sb} 为②号弯起钢筋的截面面积，z 及 z_b 分别为弯起②号筋在正截面及斜截面受弯时的内力臂。为了确保②号钢筋弯起后提供的斜截面抵抗弯矩不小于弯起前它提供的正截面抵抗弯矩，就要求 $M_{u2b} \geqslant M_{u2}$，即满足式（5-23）。

$$z_b \geqslant z \quad (5-23)$$

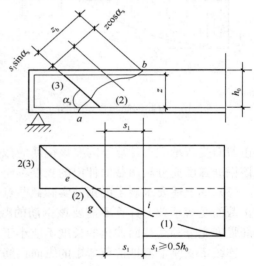

图 5-14 弯起钢筋的构造要求

由图 5-14 可知，$z_b = s_1 \sin\alpha_s + z\cos\alpha_s$，从而可得

$$s_1 = \frac{z(1-\cos\alpha_s)}{\sin\alpha_s} \quad (5-24)$$

考虑到 α_s 通常取为 45°和 60°，一般情况下近似认为纵向受力筋的正截面受弯时的内力臂 $z = 0.9h_0$，将以上参数代入式（5-24）可得：$\alpha_s = 45°$ 时，$s_1 = 0.37h_0$；$\alpha_s = 60°$ 时，$s_1 = 0.52h_0$。

α_s 在 45°～60°之间时，$s_1 = (0.37 \sim 0.52)h_0$。为了方便计算，设计时统一取 $s_1 \geqslant 0.5h_0$，如图 5-14 所示。

某根钢筋的弯起点在理论截断点外，应满足离开自身充分利用点 $0.5h_0$ 以上。

混凝土梁宜采用箍筋作为承受剪力的钢筋。当采用弯起筋时，弯起角宜采用 45°或 60°；在弯终点外应留有平行于梁轴心方向的锚固长度，且在受拉区不小于 $20d$，在受压区不小于 $10d$（d 为弯起钢筋直径）如图 4-5 所示；梁底层钢筋中的角部钢筋不应弯起，顶层钢筋中的角部钢筋不应弯下。

在混凝土梁的受拉区中，弯起钢筋的弯起点可设在按正截面受弯承载力计算不需要该钢筋的截面之前，但弯起钢筋与梁中心线的交点应位于不需要该根钢筋的截面之外，如图 5-15 所示；同时，弯起点与按充分利用该钢筋的截面之间的距离不应小于 $h_0/2$。

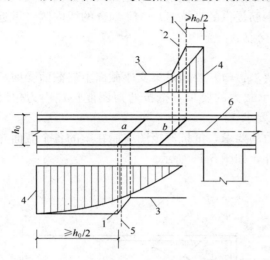

图 5-15 弯起钢筋与弯矩图形的关系

7. 钢筋实际截断点

根据规范给定的构造要求在理论截断点以外延伸一定的锚固长度后该钢筋实际截断的位置。该延伸的长度称为受拉钢筋的延伸长度，用 w 表示。一般不宜将受拉纵筋在梁下部简支座附近截断而是直接通入支座下部锚固牢靠；梁支座截面抵抗负弯矩的纵向受拉钢筋不宜在受拉区截断，确需截断时应符合下列要求：

(1) 当 $V \leqslant 0.7 f_t b h_0$ 时，应延伸至按正截面受弯承载力计算不需要该钢筋的截面以外不小于 $20d$ 处截断，且从该钢筋强度充分利用截面伸出的长度不应小于 $1.2 l_a$。

(2) 当 $V > 0.7 f_t b h_0$ 时，应延伸至按正截面受弯承载力计算不需要该钢筋的截面以外不小于 $1.3 h_0$ 且不小于 $20d$ 处截断，且从该钢筋强度充分利用截面伸出的长度不应小于 $1.2 l_a + h_0$。

(3) 如上述要求规定的钢筋实际截断点仍然位于负弯矩对应的受拉区时，则应延伸至按正截面受弯承载力计算不需要该钢筋的截面以外 $1.3 h_0$ 且不小于 $20d$ 处截断，且从该钢筋强度充分利用截面伸出的长度不应小于 $1.2 l_a + 1.7 h_0$。

连续梁支座上部抵抗负弯矩的纵向钢筋实际截断点如图 5-16 所示。

二、纵向钢筋的锚固

(一) 支座内的锚固长度

为了确保钢筋和混凝土能够有效地粘结在一起共同工作，无论是简支梁还是连续梁，伸入支座内的钢筋锚固长度 l_{as} 如图 5-17 所示，并满足规范的规定：

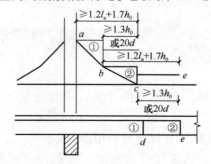

图 5-16 承担支座负弯矩的梁纵向受拉钢筋的延伸长度

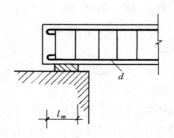

图 5-17 梁内纵向受拉钢筋在支座内的锚固长度

1. 当 $V \leqslant 0.7 f_t b h_0$ 时

$$l_{as} \geqslant 5d$$

2. 当 $V > 0.7 f_t b h_0$ 时

对于 HPB300 级光圆钢筋　　$l_{as} \geqslant 15d$

对于变形（带肋）钢筋　　　$l_{as} \geqslant 12d$

（二）弯钩或机械锚固

当条件所限纵向受力钢筋在支座内锚固长度不符合上述要求时，在钢筋末端配置弯钩是弥补锚固长度不足的有效方式，其原理是利用受力钢筋端部锚头（弯钩、贴焊锚筋、焊接锚板或螺栓锚头）对混凝土的局部挤压作用加大锚固承载力。锚头对混凝土的局部挤压保证了钢筋不会发生锚固拔出破坏，但锚头前必须有一定的直段锚固长度，以控制锚固钢筋的滑移，使构件不致发生较大的裂缝和变形。规范规定：对钢筋末端弯钩和机械锚固可以乘以 0.6 的修正系数，有效地减少锚固长度。

钢筋端部弯钩或一侧贴焊锚筋的情况用于截面侧边、角部的偏置锚固时，锚头偏置方向还应向截面内侧偏斜。

锚头和锚板工作时处在局部受压状态，局部受压与其承压面积有关，对锚头或锚板的净挤压面积，不应小于 4 倍的锚筋截面积，即总投影面积的 5 倍。对方形锚板边长为 1.98d，圆形锚板直径为 2.24d，d 为锚筋的直径。对弯钩，要求在弯折角度不同时弯后直线长度分别为 12d 和 5d。考虑到机械锚固局部受压区承压承载力与锚固区混凝土的厚度及约束程度有关，集中布置后对锚固性能有不利影响，因此，规范规定：锚头宜在纵、横两个方向错开，净间距均为不宜小于 4d。

梁的简支端支座内钢筋的附加锚固措施如图 5-18 所示。

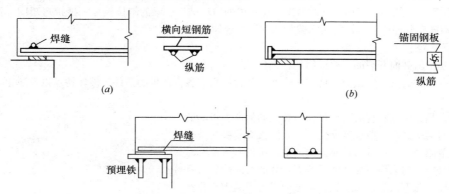

图 5-18　梁的简支端支座内钢筋的锚固长度

（三）其他锚固要求

支承在砌体结构上的钢筋混凝土独立梁，在纵向受力钢筋支座的锚固长度 l_{as} 范围内应配置不少于两个箍筋，该箍筋的直径不宜小于纵向受力钢筋直径的 1/4，间距不宜大于纵向受力钢筋直径 d 的 10 倍。规范同时指出，对混凝土强度等级低于 C25 及以下的简支梁和连续梁的简支端，当距支座边 1.5h 范围内作用有集中荷载，且 $V > 0.7 f_t b h_0$ 时，对带肋钢筋宜采用有效的锚固措施，或取锚固长度 $l_{as} \geqslant 15d$，d 为锚固钢筋的直径。

对于钢筋混凝土梁的其他构造措施可按规范的相关规定执行。

本 章 小 结

1. 梁截面尺寸、剪跨比和梁的腹筋配置不同时，其斜截面受剪破坏的形式不同。梁斜截面受剪破坏的形态有斜压、剪压、斜拉三种。其中斜压破坏类似于梁正截面破坏时的超筋破坏，斜拉破坏类似于梁正截面的少筋破坏，剪压破坏类似于梁正截面的适筋破坏。

2. 梁斜截面受剪承载力计算公式，是根据梁斜截面出现剪压破坏的试验结果，经过统计分析得到的。梁的斜截面受剪承载能力可以简单理解为，混凝土提供的受剪承载能力、箍筋提供的受剪承载能力和弯起筋提供的受剪承载能力三部分。均布荷载作用下和集中荷载作用下梁斜截面的计算公式基本相似，区别在于混凝土项提供的受剪承载力计算式前的系数不同。基本计算公式具有一定的适用条件，即尺寸不能太小，配箍率不能太低。

3. 梁斜截面承载力计算包括斜截面受剪承载力计算和斜截面受弯承载力计算两部分。前者要通过一系列的计算，通过配置腹筋等计算满足；后者则是通过限制弯起筋的弯起点的位置来保证。

4. 抵抗弯矩图是根据梁内实际配置的纵向受拉钢筋，所提供的梁各截面所能抵抗的弯矩值绘制的图形。钢筋理论截断点、实际截断点、弯起点等的确定是绘制抵抗弯矩图的依据。抵抗弯矩图可以清楚地反映梁内配筋情况。

5. 斜截面构造措施和数值计算具有同等重要的地位。二者互为补充关系，缺一不可。

复 习 思 考 题

一、名词解释

梁的配箍率　梁的剪跨比　梁的斜压破坏　梁的剪压破坏　梁的斜拉破坏　抵抗弯矩图　钢筋理论截断点　钢筋充分理论点　钢筋实际截断点钢筋的延伸长度

二、问答题

1. 引起梁斜截面开裂的主要原因是什么？
2. 配有腹筋的梁沿斜截面受剪破坏形态有几种？它们各自产生的条件、破坏特点以及防止措施各有哪些？
3. 什么是剪跨比？它对梁斜截面破坏是如何产生影响的？
4. 影响梁斜截面受剪承载能力的主要因素有哪些？
5. 梁斜截面受剪承载力计算公式的适用条件有哪些？
6. 规范指出的梁斜截面受剪承载力计算的截面位置有哪些？
7. 一般情况下板为什么不进行斜截面受剪承载力计算？
8. 什么是抵抗弯矩图？它与梁的弯矩包络图的关系是什么？
9. 怎样通过构造措施来保证梁斜截面受弯承载力能满足要求？
10. 纵向受拉钢筋的弯起、截断和锚固应注意哪些要求？
11. 配置梁的箍筋时应注意哪些构造要求？

三、计算题

1. 已知矩形截面简支梁，承受的均布荷载在支座边缘截面引起的设计剪力值为 $V=98$ kN（含自重产生的均布线荷载）。梁截面尺寸为 $b \times h=180\text{mm} \times 450\text{mm}$，混凝土强度等级为 C25，箍筋采用 HPB300 级。按仅配置箍筋的情况设计该梁。

2. 已知矩形截面简支梁，梁净跨度 $l_n=6$m，截面尺寸为 $b \times h=250\text{mm} \times 550\text{mm}$，承受的作用在梁 1/3 跨间对称的两个集中荷载设计值分别为 120kN，梁上作用有均布荷载设计值为 12kN/m，设计剪力值为156kN（含自重产生的均布线荷载产生的剪力设计值）。梁混凝土强度等级为C25，箍筋采用HPB300级。试配置此梁的箍筋。

3. 钢筋混凝土简支梁截面尺寸 $b \times h = 200\text{mm} \times 650\text{mm}$，承受均布荷载设计值 $p=82\text{kN/m}$（包括梁的自重产生的剪力设计值），梁的混凝土强度等级为C25，梁的净跨 $l_n = 6.6\text{m}$。梁内箍筋采用HPB300级，已知梁内实配HRB400级的纵向受力钢筋为 4Φ25+2Φ22。求：（1）梁内仅配箍筋时箍筋的数量，并配箍筋；（2）既配箍筋又配弯起筋时梁内腹筋的配置。

4. 已知某矩形截面两端外伸梁，梁跨度6m，外伸长度2.8m，截面尺寸为 $b \times h = 250\text{mm} \times 600\text{mm}$，跨内承受均布线荷载设计值为92kN/m，外伸端承受均布线荷载设计值84kN/m，梁混凝土强度等级为C25，箍筋采用HPB300级，纵向钢筋采用HRB400级。试通过计算配置该梁的腹筋。

第六章 受扭构件承载力计算

学习要求与目标：
1. 了解受扭构件在工程中的应用。
2. 了解钢筋混凝土弯扭、剪扭和弯剪扭构件的受力特点。
3. 掌握受扭构件承载力的计算方法和受扭构件的构造要求。

第一节 纯扭构件

结构中构件截面受到扭矩作用的构件属于受扭构件。例如，工业厂房中的吊车梁受到桥架上横向运行小车的刹车惯性力作用，通过吊车轨道传递的侧向集中力的影响受扭，如图 6-1（a）所示；框架的边梁由于受到一侧次梁根部固端弯矩的带动作用而受扭，如图 6-1（b）所示；悬挑的雨篷梁在板根部弯矩作用下受扭，如图 6-1（c）所示；框架结构中平面为曲线或折线的悬挑梁，如图 6-1（d）所示，在不对称的荷载作用下受到扭矩的作用也属于受扭构件的范围。机械工程中皮带传动轮的轴，可以简化为比较理想的纯扭构件，并依据材料力学中介绍的圆形截面杆件进行分析。建筑工程中圆形截面受扭构件基本不用，混凝土材料的力学性能和钢材构件差异很大，基本没有可借鉴的方面。纯扭构件只能用于研究扭矩对杆件的影响和其相应的受力破坏过程，建筑工程中纯扭构件很难遇见。一般比较多见的是扭矩和弯矩、剪力同时作用的构件。根据认识事物的一般规律，遵循由简到难的思维和学习程序，我们先讨论纯扭构件，然后讨论弯扭和弯剪扭构件。

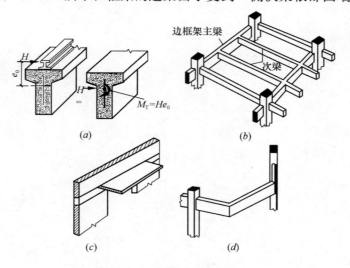

图 6-1 钢筋混凝土受扭构件

一、素混凝土纯扭构件受扭开裂试验研究

试验和理论分析证明，矩形截面受扭构件受扭矩 T 的影响，最大剪应力发生在截面

长边的中点,在该点主拉应力的方向与杆件轴线呈 45°的夹角,主拉应力值可达到最大值,如图 6-2 所示。所以,矩形截面受扭构件的开裂先从长边的中点开始,然后裂缝沿该面大致 45°上下延伸,到了上顶面和下底面处裂缝产生各自转向与两个棱线成大致为 45°夹角延伸至扭矩作用后受压的另一个长边,混凝土受到挤压作用最终发生突然破坏。实测证实,素混凝土构件的开裂扭矩为:

$$T_{cr} = f_t W_t \tag{6-1}$$

式中　W_t——受扭构件的抗扭塑性抵抗矩,矩形截面的抗扭塑性抵抗矩为 $W_t = \dfrac{b^2}{6}(3h - b)$;

　　　f_t——混凝土抗拉强度设计值。

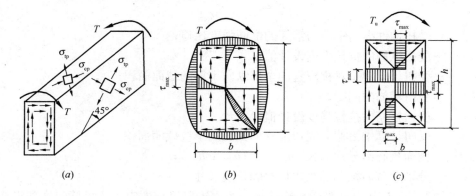

图 6-2　纯扭构件截面主应力和截面剪应力分布

二、矩形截面钢筋混凝土纯扭构件承载力计算

纯扭构件中所需的钢筋仅从受力角度考虑,最理想的情况是和受扭时出现的裂缝方向正交,即和杆件纵向轴线呈 45°角的状态。为了方便施工,受扭构件依然采用矩形箍筋和纵向受力钢筋形成的钢筋骨架承担出现在构件外表面的主拉应力和主压应力。

1. 配箍率和破坏特征

实践证明,受扭构件中箍筋的配箍率大小、纵筋的数量多少以及箍筋和纵筋二者的配筋强度比,它们都不同程度地影响着受扭构件的破坏形态。

(1) 少筋破坏

实践证明,受扭构件中当纵筋数量较少,箍筋含量太低,低于最小配箍率 $\rho_{\min} = 0.28\dfrac{f_t}{f_{yv}}$ 时,所配数量很少的钢筋对提高杆件受扭承载能力几乎不起作用,这类构件的破坏属于脆性破坏,实际工程中不能使用。

(2) 适筋破坏

在少筋破坏的基础上适当增加抗扭纵筋和箍筋的配筋量,使其达到一个比较合理的值,这类受扭构件的破坏首先是截面长边其中一面混凝土开裂,随着扭矩的加大,裂缝向两个相邻短边延伸,与裂缝相交的箍筋和纵向受力筋在经历了应力上升前一个阶段后达到屈服强度,随着扭矩的增加,裂缝不断延伸和扩展,最后导致另一面混凝土压碎,构件破坏。由于抗扭构件中一定数量的抗扭纵筋和抗扭箍筋的存在,受力破坏过程明显延长,抗扭承载力与脆性破坏的少筋构件相比有较大提高。这种破坏具有适筋破坏的特征，属于延性破坏，工程中允许采用这种构件。

(3) 超筋破坏

构件截面尺寸受限，抗扭箍筋和抗扭纵筋含量太高，类似于受弯构件中的超筋破坏。在扭矩作用下，构件开裂后混凝土受压侧压应力加大，配置较多的抗扭钢筋并没有直接发挥作用，随着扭矩的持续增加最后构件中部某一侧混凝土突然被压碎，构件宣告破坏。这种脆性特征明显的超筋破坏，实际工程中不允许使用。

根据实测得知受扭构件的破坏不仅与构件内的钢筋含量有关，同时还与抗扭纵筋和箍筋之间的配筋强度比有关，抗扭纵筋和箍筋的配筋强度比由式（6-2）表示。

$$\zeta = \frac{f_y A_{stl} s}{f_{yv} A_{st1} u_{cor}} \tag{6-2}$$

式中　ζ——受扭构件纵向钢筋与箍筋的配筋强度比值；
　　　f_y——受扭纵筋的抗拉强度设计值；
　　　A_{stl}——受扭计算中按对称配置的全部纵向钢筋的截面面积；
　　　s——受扭箍筋的间距；
　　　f_{yv}——受扭箍筋的抗拉强度设计值；
　　　A_{st1}——受扭计算中沿截面周边配置的箍筋的单肢截面面积；
　　　u_{cor}——截面核心部分的周长，$u_{cor} = 2(b_{cor} + h_{cor})$；
　　　b_{cor}、h_{cor}——分别为截面核芯的短边尺寸和长边尺寸。

ζ 的物理含义是抗扭纵筋沿受扭构件核心区周边单位长度内抗扭纵筋强度和沿构件长度方向单位长度内的单侧抗扭箍筋强度的比值（图 6-3）。

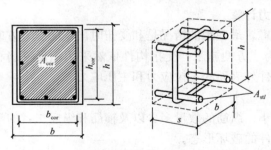

图 6-3　截面核心尺寸及纵筋与箍筋体积

试验证明，要使抗扭箍筋和抗扭纵筋能够匹配，使二者抗扭性能都能得到比较好的发挥，它们之间配筋值时合理的比例关系十分重要，即当 $\zeta = 1.2$ 左右时，抗扭箍筋和抗扭纵筋的配合达到最优状态，即在构件破坏之前这两种钢筋基本上都可达到其抗拉强度。一般 ζ 在 0.6～1.7 范围内而且配箍量和配箍率又不是过大时，这两种钢筋在构件破坏之前都可屈服，只不过 ζ 与 1.2 的差值越大，这两种钢筋先后到达屈服的时间间隔就越大。

2. 计算公式

《混凝土结构规范》给出的钢筋混凝土纯扭构件的抗扭承载力的计算公式为：

$$T = 0.35 f_t W_t + 1.2 \sqrt{\zeta} f_{yv} \frac{A_{st1} A_{cor}}{s} \tag{6-3}$$

式中　T——受扭构件设计截面承受的扭矩设计值；
　　　f_t——受扭构件中混凝土抗拉强度设计值；
　　　W_t——受扭构件的抗扭塑性抵抗矩；
　　　ζ——抗扭纵筋和抗扭箍筋的配筋强度比；

f_{yv} —— 抗扭箍筋的抗拉强度设计值；

A_{st1} —— 受扭计算中沿截面周边配置的箍筋的单肢截面面积；

s —— 受扭箍筋的间距。

第二节 弯剪扭构件的承载力计算

一、剪扭相关性

构件截面同时受到剪力和扭矩作用时，剪力的存在影响构件的抗扭能力，即随着剪力的增加构件的抗扭性能不断下降，与之对应的是扭矩的存在也影响受剪承载力，随着扭矩的上升构件的受剪承载力也在不断下降，这种构件同时受到两种及以上内力作用时，某种内力的存在对其他类型承载力的影响叫内力的相关性。《混凝土结构规范》规定用构件承载能力相关性系数 β_t 来反映剪力和扭矩二者之间的相关性。

承受均布荷载的一般构件

$$\beta_t = \frac{1.5}{1+0.5\dfrac{VW_t}{Tbh_0}} \qquad (6\text{-}4)$$

承受集中荷载的独立受扭构件

$$\beta_t = \frac{1.5}{1+0.2(\lambda+1)\dfrac{VW_t}{Tbh_0}} \qquad (6\text{-}5)$$

式中　β_t —— 剪扭构件剪扭相关性系数；

　　　W_t —— 截面抗扭塑性抵抗矩；

　　　V —— 剪扭构件承受的剪力设计值；

　　　T —— 剪扭构件承受的扭矩设计值；

　　　b —— 剪扭构件截面的宽度；

　　　h_0 —— 剪扭构件截面的有效高度；

　　　λ —— 计算截面的剪跨比，取 $\lambda=a/h_0$，当 λ 小于 1.5 时取 1.5，当 λ 大于 3 时取 3。

二、剪扭构件受剪承载力

1. 一般剪扭构件

$$V \leqslant V_u = 0.7(1.5-\beta_t)f_t bh_0 + f_{yv}\frac{A_{sv}}{s}h_0 \qquad (6\text{-}6)$$

2. 集中荷载作用下的独立剪扭构件受剪承载力

$$V \leqslant V_u = \frac{1.75}{\lambda+1}(1.5-\beta_t)f_t bh_0 + f_{yv}\frac{A_{sv}}{s}h_0 \qquad (6\text{-}7)$$

式中　V —— 剪扭构件承受的剪力设计值；

　　　f_{yv} —— 受扭箍筋的抗拉强度设计值；

　　　f_t —— 混凝土的抗拉强度设计值；

　　　A_{sv} —— 受扭箍筋横截面的总面积。

其余字母的含义同前。

三、剪扭构件的受扭承载力

在剪力的影响下，构件的抗扭承载力会下降，一般将剪扭构件混凝土受扭承载力系数，直接与纯扭构件受扭承载力的公式中混凝土提供的抗扭能力相乘，起到对构件抗扭能力的折减，以此来反映计算时的剪扭相关性。计算公式如式（6-8）所示。

$$T = 0.35\beta_t f_t W_t + 1.2\sqrt{\zeta} f_{yv} \frac{A_{st1} A_{cor}}{s} \tag{6-8}$$

式中字母的含义与式（6-3）中相同。

四、矩形截面弯剪扭构件承载力计算

为了简化计算，规范采用按承受扭矩和承受弯矩作用的构件，分别计算出受弯纵筋图 6-4（a）和受扭纵筋图 6-4（b），在满足截面受扭纵筋最大间距要求的前提下，将受扭纵筋沿构件截面高度方向均匀对称配置，然后在构件截面的受拉区和受压区将受弯纵向钢筋与该处配置的受扭钢筋面积叠加后，查表后统一配置，如图 6-4（c）所示。

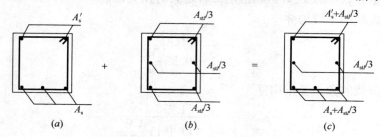

图 6-4 受弯和受扭纵筋的叠加

将计算得到的受扭箍筋数量和受剪箍筋的数量叠加后，统一配置即可。

弯剪扭构件的截面设计计算步骤如下。

1. 根据经验或参考已有设计，初步确定截面尺寸和所用的混凝土材料强度等级；
2. 验算构件截面尺寸

为了防止构件发生类似于超筋的破坏，当 $\frac{h_0}{b} < 6$ 时应满足：

$$\frac{V}{bh_0} + \frac{T}{W_t} \leqslant 0.7 f_t \tag{6-9}$$

式中字母的含义同前。

3. 确定计算方法

当构件承受的某种内力较小，截面尺寸又较大时，该内力作用下的截面承受这种内力的能力认为已经满足，在进行截面承载力计算时，即可不考虑这项比较小的内力。

（1）规范的一般规定

1）当构件符合下列条件时，可不必对构件进行受剪承载力计算。

一般剪扭构件

$$V \leqslant 0.35 f_t b h_0 \tag{6-10}$$

集中荷载作用下的独立剪扭构件

$$V \leqslant \frac{0.875}{\lambda + 1} f_t b h_0 \tag{6-11}$$

式中字母的含义同前。

2) 当构件满足下列条件可不必对构件进行受扭承载力计算。

$$T \leqslant 0.175 f_t W_t \tag{6-12}$$

（2）计算公式的适用条件

当 $\dfrac{h_w}{b} \leqslant 4$ 时

$$\frac{V}{bh_0} + \frac{T}{0.8W_t} \leqslant 0.25\beta_c f_c \tag{6-13}$$

当 $\dfrac{h_w}{b} = 6$ 时

$$\frac{V}{bh_0} + \frac{T}{0.8W_t} \leqslant 0.2\beta_c f_c \tag{6-14}$$

当 $4 < \dfrac{h_w}{b} < 6$ 时按线性内插法确定。

式中字母的含义同前。

4. 确定箍筋数量

（1）根据构件受力特征和式（6-4）或式（6-5）确定相关性系数 β_t。

（2）根据构件受力特征和式（6-3）或式（6-8）、式（6-6）或式（6-7）确定受扭箍筋数量、受剪箍筋的数量。

（3）按下式计算箍筋总数量

$$\frac{A_{st}^*}{s} = \frac{A_{sv}}{s} + \frac{A_{st}}{s} \tag{6-15}$$

式中　A_{st}^*——受扭和受剪箍筋合并后沿截面周边配置的箍筋截面积；
　　　A_{sv}——考虑剪扭相关性影响计算得到的抗剪箍筋沿截面周边配置的箍筋截面积；
　　　A_{st}——考虑剪扭相关性影响计算得到的抗扭箍筋沿截面周边配置的箍筋截面积。

（4）最小配筋率验算

为了有效防止少筋的脆性破坏，配箍率必须满足不小于最小配箍率：

$$\rho_{sv} \geqslant \rho_{sv,min} = 0.28 \frac{f_t}{f_{yv}} \tag{6-16}$$

5. 计算受扭纵筋数量

按已求出的单肢箍筋数量 A_{st1}/s 代入抗扭纵筋与抗扭箍筋强度比的公式即可求得 A_{stl}

$$A_{stl} = \frac{\zeta f_{yv} A_{st1} u_{cor}}{f_y s} \tag{6-17}$$

纵筋的配筋率应满足

$$\rho_{tl} = \frac{A_{stl}}{bh} \geqslant \rho_{tlmin} = 0.6 \sqrt{\frac{T}{Vb}} \frac{f_t}{f_y} \tag{6-18}$$

式中　$\dfrac{T}{Vb} > 2$ 时，取 2。

式中字母的含义同前。
6. 受弯纵筋的计算（略）
7. 将受弯纵筋和抗扭纵筋有机结合起来配置

五、受扭构件的构造要求

抗扭箍筋应该采用封闭式；当采用复合箍筋时位于截面内部的钢筋不应计入受扭箍筋当中；箍筋末端必需做成135°的弯钩，弯钩平直段不应小于10倍箍筋的直径；受扭箍筋的最大间距不应大于受剪箍筋的最大间距要求；在超静定结构中，考虑协调扭转而配置的箍筋间距不大于截面宽度的0.75倍。构件截面四角必须设置受扭纵筋，受扭纵筋应沿截面周边均匀对称配置，间距不大于200mm和截面短边尺寸，受扭纵筋应按受拉钢筋的要求相同锚固在支座内。

本 章 小 结

1. 在建筑工程中，截面仅承受扭矩作用的纯扭构件几乎不存在，一般都是剪力、弯矩和扭矩共同作用的构件。

2. 钢筋混凝土受扭构件的承载力是由混凝土、受扭箍筋和受扭纵筋共同提供。

3. 钢筋混凝土矩形截面纯扭构件的破坏形态分为少筋破坏、适筋破坏、超筋破坏三种。少筋破坏和超筋破坏是工程中不允许的，适筋破坏是计算受扭构件构件承载力的依据。设计时通过限制配箍率不要小于《混凝土结构规范》给定的最小配箍率，即纵筋的配筋率不小于最小配筋率来防止少筋破坏的发生。通过限制构件截面尺寸不小于《混凝土结构规范》限定的尺寸来防止出现超筋破坏。通过限制受扭纵筋和箍筋配筋强度比ζ防止出现部分超筋的情况。

4. 构件抵抗某种外力的能力受到同时作用的其他外力的影响的性质叫构件承受内力的相关性。实测证明在剪扭构件中随着扭矩的增加构件的受剪能力会下降，反之，随着构件承受的剪力上升构件的受剪承载力在下降。《混凝土结构规范》用受扭承载力下降系数β_t来反映混凝土构件的剪扭相关性。

5. 弯剪扭构件的配筋可按叠加法进行，即总箍筋是由受扭箍筋和抗剪箍筋的数量合起来后统一配置的。受弯纵筋配置在构件受拉区或受压区，受扭纵筋按照均匀对称的原则在满足《混凝土结构规范》要求的间距下沿截面周边均匀配置，在受弯纵筋部位，需要与受弯纵筋合并后统一配置。

复 习 思 考 题

一、名词解释

剪扭相关性　剪扭相关性系数　受扭纵筋和受扭箍筋的配筋强度比　弯剪扭构件

二、问答题

1. 工程中的受扭构件有哪些？它们各属于哪类受扭构件？
2. 防止受扭构件发生少筋和超筋破坏的措施各是什么？
3. 受扭纵筋和受扭箍筋的配筋强度比的含义是什么？限制它不要超过规定范围的意义是什么？
4. 《混凝土结构规范》给定的剪扭相关性系数β_t的意义是什么？
5. 受扭构件中受扭纵筋和受扭箍筋配置时应注意什么问题？

三、计算题

1. 已知某矩形截面纯扭构件，截面 $b \times h = 250\text{mm} \times 500\text{mm}$，混凝土保护层厚度 25mm，承受扭矩值 $T = 14\text{kN} \cdot \text{m}$，混凝土强度等级为 C20，纵向钢筋和箍筋都采用 HPB300 级，求该构件所需的纵向钢筋和箍筋数量并画出配筋图。

2. 已知条件与 1 题相同，但构件同时也承受弯矩和剪力，承受的弯矩为 $M = 56\text{kN} \cdot \text{m}$，承受的剪力设计值 10kN。求该构件需要的纵向钢筋和箍筋，并画出截面配筋图。

第七章 受压构件承载力计算

学习要求与目标：
1. 理解配置普通箍筋的轴心受压构件、配有螺旋箍筋的轴心受压构件的受力特性，掌握配置普通箍筋轴心受压构件的设计方法。
2. 理解偏心受压构件正截面两种破坏形式及各自的破坏特征，并掌握它们的判别方法。
3. 熟练掌握矩形截面对称配筋、不对称配筋偏心受压构件正截面承载能力的计算方法；了解对称配筋 I 形截面偏心受压构件正截面承载力的计算方法，了解偏心受压构件斜截面承载力的计算。
4. 掌握受压构件的构造要求。

钢筋混凝土受压构件是工程结构中应用最广泛、最重要的构件之一，它承受沿构件纵向轴线方向外力的作用，当外力作用在截面形心时称为轴心受压构件，外力作用点偏离形心时称为偏心受压构件。

受压构件在工程中主要用于房屋结构中的各种柱，如框架柱和排架柱、屋架中的受压腹杆等。

轴心受压构件根据截面形状不同分为正方形、矩形、多边形、圆形、圆环形等；按箍筋的不同类型分为配置普通箍筋的柱和配置螺旋箍筋的柱两类。偏心受压构件按配筋不同分为对称配筋和不对称配筋两种方式。按偏心力的作用位置和受力情况分单向偏心受压构件和双向偏心受压构件两类。无论是轴心受压构件还是偏心受压构件，都必须进行正截面抗压承载力验算，根据承受外力的具体情况，确有必要时还需进行柱斜截面受剪承载力的计算。

第一节 受压构件的构造要求

一、材料强度等级

混凝土材料的力学特性是抗压强度远高于抗拉强度，所以在受压构件中充分发挥混凝土抗压强度高的特性具有很明显的经济意义。一般房屋采用 C25 或 C25 以上等级的混凝土，重要公共建筑、高层结构底层柱，一般采用强度等级为 C40 及以上的混凝土。

在钢筋混凝土受压构件中，《混凝土结构规范》引入了 HRB500、HRBF500 级高强度钢筋，规定此类钢筋的抗拉强度设计值取 $f_y = 435\text{N}/\text{mm}^2$，抗压强度设计值取 $f'_y =$

410N/mm²，混凝土结构中受压钢筋强度设计值首次突破400N/mm²的限值规定，预示着在今后工程实际中应用允许使用强度更高、性能更好的钢筋及混凝土，结构构件的荷载适应性、经济性将会显著提高。工程应用中荷载较小时可以采用强度设计值较低的HPB300、HRB335、HRBF335、HRB400、HRBF400级钢筋，并在今后将逐步限制和淘汰HRB335、HRBF335级钢筋。当受压构件承受较大荷载但截面尺寸受限时，可以采用强度等级更高的HRB500、HRBF500级钢筋。

二、截面形式和尺寸

1. 截面形式

轴心受压构件一般截面形式可以是正方形、矩形、圆形和多边形；偏心受压构件一般采用矩形截面。当柱截面高度大于或等于800mm时，为了减轻自重可以改用工字形截面。

2. 尺寸和长细比

柱截面尺寸主要是根据它所承受的内力大小、构件长度及构造要求等条件确定的。柱截面尺寸不宜太小，因为尺寸太小要满足承载力要求，就得以增加钢筋用量为代价，显然就不够经济。现行混凝土结构规范增加了HRB500、HRBF500级高强钢筋，和高强度混凝土的应用，为今后减少构件截面尺寸、降低自重、减少钢筋用量、提高柱构件综合经济性能奠定了基础。

对多层厂房柱的截面高度 $h \geqslant l_0/25$，$b \geqslant l_0/30$。

对于工字形截面柱翼缘厚度不宜小于120mm，腹板厚度不小于100mm。

现浇柱的截面尺寸不宜小于250mm×250mm。当截面高度不大于800mm时，截面以50mm的倍数增减；当截面高度大于800mm时，以100mm的整倍数增加。

3. 纵向钢筋

（1）作用

柱内纵向钢筋的作用包括：

1）最主要、最直接的作用是与混凝土结合在一起，共同受力并赋予混凝土柱更高的承载能力；

2）承受由初始偏心引起的附加弯矩，和某些难以预料的偶然弯矩所产生的拉力；

3）和箍筋拉结后形成封闭的钢筋骨架，约束柱核心部分的混凝土，提高柱的延性；

4）降低混凝土的徐变，承受混凝土收缩和温度变化产生的应力。

（2）布置

轴心受压柱中的纵向钢筋应在截面周边均匀对称布置，为了施工方便和增加柱中钢筋骨架的抗变形能力，尽可能选用直径较粗的钢筋。柱中纵向钢筋的最小直径为12mm。矩形柱每个柱角至少有一根纵筋，圆形柱或圆环形柱不宜少于8根，不应少于6根，且宜沿周边均匀布置。当偏心受压柱的截面高度 $h \geqslant 600$mm 时，在柱侧面上应设置直径不小于10mm的纵向构造钢筋，并相应设置复合箍筋拉结。

（3）间距

柱内纵筋的间距不应小于50mm，最大间距不宜大于300mm；水平浇筑的柱内钢筋间距应取为与梁内钢筋间距的要求相同。垂直于弯矩作用平面的侧面上的纵向受力钢筋，以及轴心受压柱中各边的纵向受力钢筋，其中距不大于300mm。水平浇筑的预制柱，纵向钢筋的最小间距可按第四章中梁的有关规定取用。

(4) 配筋率

柱中全部纵筋的最大配筋率不宜超过 5%，当配筋率大于 3%时，箍筋直径不应小于 8mm，间距不应大于 10d（d 为钢筋直径），且不应大于 200mm；且箍筋宜采用封闭焊接的环状，轴心受压柱计算承载力时要用净截面积 A_n 代替其公式中的毛截面面积 A。在非对称配筋的构件中可能出现截面两侧配筋值不等的情况，所以，规范规定：一侧受压钢筋的最小配筋率 $\rho_{min} = 0.2\%$，全部纵向钢筋的最小配筋率见表 4-8。

4. 箍筋

(1) 作用

箍筋可以和纵向钢筋拉结形成封闭的钢筋骨架，确保受力钢筋在构件中的位置；依靠它与纵向受力钢筋的拉结作用形成的套箍作用，约束柱截面核心部分混凝土，大大减少了柱内混凝土侧向产生自由的变形；与纵筋一起形成受力和变形性能很好的钢筋骨架，减少构件的脆性破坏性质；防止由于纵筋在长度方向约束间距过大发生的伴随混凝土侧向较大变形向外受压凸出，从而保证纵筋和混凝土共同受力直到构件破坏。从受力角度看，它可以间接提高柱的抗压承载力，抵抗柱在横向力和纵向压力的共同作用产生的主拉应力引起的斜截面受剪破坏。

(2) 布置

为了提高箍筋对柱内混凝土和钢筋的约束作用，箍筋应做成封闭式，两端在交口处弯折成 135°弯钩，且弯钩末端平直段长度不应小于 10d（d 为纵向受力钢筋的最小直径）。当柱截面短边尺寸 b>400mm，且各边纵向钢筋多于 3 根时，或当柱截面短边尺寸 b≤400mm，但柱内各边所配的纵向钢筋多于 4 根时，应设置复合箍筋，如图 7-1 所示。

(3) 间距

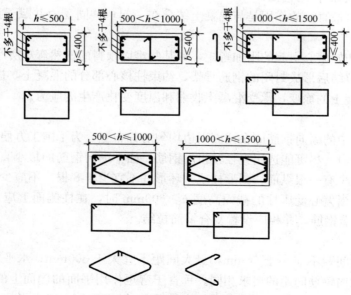

图 7-1 受压构件截面配箍形式

柱内箍筋的间距不应大于 400mm 及构件截面的短边尺寸，同时也不应大于 15d（d 为纵向钢筋最小直径）；在纵向受拉钢筋搭接区域内，箍筋间距不大于 5d 且不大于 100mm；

在纵向受压钢筋搭接区域内箍筋间距不大于 10d，d 为纵向钢筋最小直径 d，且不大于 200mm。

（4）直径

箍筋直径 $d_{sv} \geqslant d/4$，且不小于 6mm（d 为柱内纵向钢筋的最大直径）。当柱中所配的全部纵向钢筋的配筋率超过 3% 时，箍筋直径不宜小于 8mm。

（5）其他

在圆形、圆环形截面柱或配有焊接环式箍筋的柱中，如计算中考虑间接钢筋的作用，则其间距不应大于 80mm 及 5d_{cor}，且不小于 40mm，d_{cor} 为间接箍筋内表面确定的核心截面直径。

偏心受压柱截面高度 h 不小于 600mm 时，在柱的侧面上应设置直径不小于 10mm 的纵向构造钢筋，并相应设置复合箍筋和拉筋。

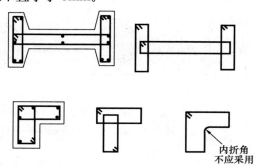

图 7-2 I 形截面柱的箍筋设置

如图 7-2 所示，I 形柱、倒 L 形柱内不能配置有内阴角的连弯形箍筋，应在不同的矩形分块内配置各自独立的矩形箍筋。

第二节 轴心受压构件承载力计算

当钢筋混凝土构件只承受作用在它截面形心上的轴向压力时，称为轴心受压构件。实际工程中理想状态的轴心受压构件是不存在的，实际工程中绝大多数受压构件中都不同程度承受有弯矩和剪力的作用，这是因为施工阶段加载位置不可能完全正确对准截面形心，混凝土浇筑过程产生的不均匀的实际形成构件事实上的不均匀、不对称所造成的人为偏心，制作安装过程中引起的尺寸误差，钢筋位置的偏差和构件轴线的弯曲和倾斜等，这些因素作用后构件后导致构件实际上是处在偏心受压状态。

理想的轴心受压构件由于截面压应力分布均匀，通常为双轴对称截面。一般常用的截面形式有正方形、矩形、箱形、多边形、圆形和圆环形。在正方形、矩形和箱形截面的四角必须各设置一根纵向受力钢筋，其余的纵向钢筋应沿截面周边均匀布置。根据箍筋配置形式不同，轴心受压构件分为配置普通箍筋和螺旋箍筋的构件两类，如图 7-3 所示。

一、配置普通箍筋的轴心受压构件

（一）短柱（长细比 $l_0/h \leqslant 8$）

这类柱构件由于相对比较短粗，在荷载作用下，整个截面的应变是均匀分布的，轴向力在截面产生的压力由混凝土和钢筋共同承担。随着荷载的增加应变也迅速增加，直到加荷的后期构件混凝土横向应变明显增加，柱表面出现纵向裂缝，混凝土保护层剥落，核心区混凝土横向应变快速增加，箍筋间的纵向钢筋外凸，构件由于混凝土被压碎宣告破坏，如图 7-4 所示。破坏时一般是纵筋先达到屈服强度，此时，荷载仍可继续增加，最后是混凝土达到极限压应变导致构件破坏。

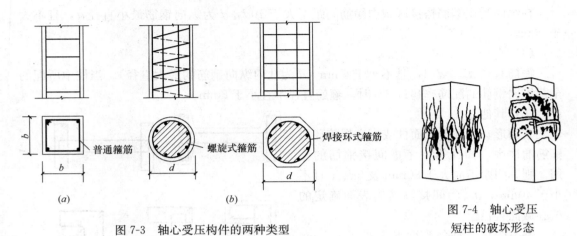

图 7-3 轴心受压构件的两种类型

图 7-4 轴心受压短柱的破坏形态

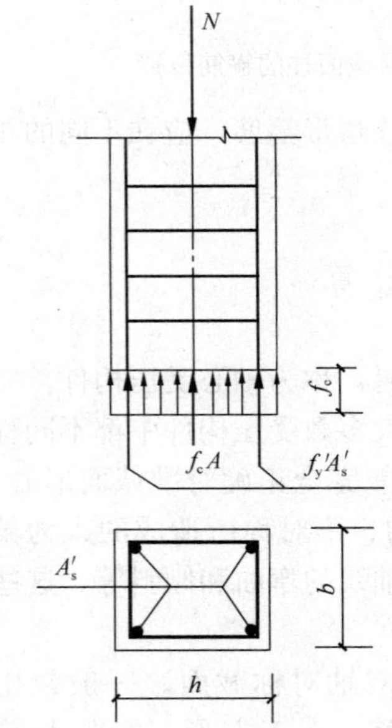

试验测定的钢筋混凝土短柱承载能力计算公式为（见图 7-5）：

$$N_s = f'_y A'_s + f_c A \quad (7-1)$$

式中　f_c——混凝土抗压强度设计值；
　　　A——构件截面面积；
　　　f'_y——钢筋抗压强度设计值；
　　　A'_s——柱内全部受压钢筋的横截面面积。

（二）长柱 $\left(\dfrac{l_0}{h} > 8\right)$

对于长细比大于 8 的柱，实际工程中，加载位置不可能完全正确对准截面形心，混凝土浇筑时出现的不均匀实际形成的人为偏心作用，制作安装过程中引起的截面尺寸的误差，钢筋位移的偏差和构件轴线的弯曲和倾斜，构件会出现水平位移。由于上述因素不可避免和客观存在，导致构件初始偏心距持续加大，加剧了构件的受力，使得构件承载能力明显下降。试验还证明，构件在其他条件不变的前提下，长细比越大，承载力下降幅度越大。柱的长细比超过某一个特定的较大值时，当荷载继续增加，构件的侧向挠度突然剧

图 7-5 配置普通箍筋的轴心受压柱

增，而承载力急剧下降，在这个最大值（也称为承载力临界值）作用下，钢筋和混凝土的应变都小于达到各自材料强度破坏时的极限应变值。这种在材料强度破坏之前发生的破坏称为失稳破坏。

综上所述，同等条件下，长柱的承载力低于短柱的承载力，《混凝土结构规范》用稳定系数 φ 反映长柱承载力相对于短柱承载力下降的幅度，即

$$\varphi = \frac{N_l}{N_s} \tag{7-2}$$

式中 φ——钢筋混凝土轴心受压构件的稳定系数,按表 7-1 取值。

把式（7-2）代入式（7-1），得长柱的承载力计算公式为：

1. 长柱承载力计算公式

$$N_l = \varphi N_s = \varphi(f_c A + f'_y A'_s) \tag{7-3}$$

考虑到非匀质弹性体的混凝土构件，截面重心和形心不重合，工程中理想状态的轴心受压构件是不存在的，因而截面上的应力分布不是绝对均匀，故配有纵筋和箍筋的混凝土轴心受压柱正截面承载力计算时，规范考虑了上述因素给出了公式为：

$$\gamma_0 N = 0.9\varphi(f_c A + f'_y A'_s) \tag{7-4}$$

式中 γ_0——结构的重要性系数；
N——构件承受的轴向压力设计值；
φ——钢筋混凝土构件的稳定系数，由表 7-1 查用；
A——构件毛截面面积；
A'_s——柱内全部受压纵向钢筋的横截面面积；
0.9——为保证轴心受压与偏心受压构件正截面承载力计算具有相近的可靠度所采用的系数。

钢筋混凝土轴心受压构件稳定系数 φ 表 7-1

l_0/b	≤8	10	12	14	16	18	20	22	24	26	28
l_0/d	≤7	8.5	10.5	12	14	15.5	17	19	21	22.5	24
l_0/i	≤28	35	42	48	55	62	69	76	83	90	97
φ	1.00	0.98	0.95	0.92	0.87	0.81	0.75	0.70	0.65	0.60	0.56
l_0/b	30	32	34	36	38	40	42	44	46	48	50
l_0/d	26	28	29.5	31	33	34.5	36.5	38	40	41.5	43
l_0/i	101	111	118	125	132	139	146	153	160	167	174
φ	0.52	0.48	0.44	0.40	0.36	0.32	0.29	0.26	0.23	0.21	0.19

注：1. 表中 l_0 为构件的计算长度，对钢筋混凝土柱可按表 7-2、表 7-3 规定取用；
2. b 为矩形截面宽度，d 为圆形截面直径，i 为截面的最小回转半径。

由表 7-1 可以看出，构件的长细比越大，φ 值就越小，当构件长细比小于 8 时为短柱，$\varphi=1.0$。同时从表中还可以看到，对圆形截面的长细比用 l_0/d（d 是圆形截面的直径）表示，其他不规则截面的长细比用 l_0/i 表示，i 是截面绕两个形心轴的回转半径中的较小值，$i=\sqrt{I/A}$。l_0 是杆件计算长度，它与杆件两端的支承情况有关，构件两端约束越牢靠，计算长度越短，稳定系数就越大，构件的承载力就越高。反之，构件两端约束越薄弱，计算长度就越大，查表 7-1 得到的构件稳定系数就越小，说明构件的承载力就越低。

《混凝土结构规范》规定轴心受压和偏心受压柱的计算长度 l_0 按下列规定确定：

（1）刚性屋盖单层厂房柱、露天吊车柱和栈桥柱，其计算长度按表 7-2 取用。

刚性屋盖单层厂房柱、露天吊车柱和栈桥柱的计算长度　　　表 7-2

柱 的 类 别		l_0		
		排架方向	垂直排架方向	
			有柱间支撑	无柱间支撑
无吊车房屋柱	单跨	$1.5H$	$1.0H$	$1.2H$
	两跨及多跨	$1.25H$	$1.0H$	$1.2H$
有吊车房屋柱	上柱	$2.0H_u$	$1.25H_u$	$1.5H_u$
	下柱	$1.0H_l$	$0.8H_l$	$1.0H_l$
露天吊车柱和栈桥柱		$2.0H_l$	$1.0H_l$	—

注：1. 表中 H 为从柱子顶面算起的柱子全高或；H_l 从基础顶面至装配式吊车梁底面或现浇吊车梁顶面的柱子下部全高；H_u 为从装配式吊车梁底面或从现浇吊车梁顶面算起的柱子上部高度；
2. 表中有吊车厂房排架柱的计算长度，当计算中不考虑吊车荷载时，可按无吊车房屋柱的计算长度采用，但上柱的计算长度仍可按有吊车房屋采用；
3. 表中有吊车房屋排架柱的上柱在排架方向的计算长度，仅适用于 H_u/H_l 不小于 0.3 的情况；当 H_u/H_l 小于 0.3 时，计算长度宜采用 $2.5H_u$。

（2）一般多层房屋中梁柱为刚接的框架结构，各层柱的计算长度 l_0 可按表 7-3 采用。

一般多层房屋的钢筋混凝土框架柱（柱与梁为刚接）：现浇楼盖底层柱 $l_0=1.0H$，其余各层柱 $l_0=1.25H$；装配式楼盖底层柱 $l_0=1.25H$，其余各层柱 $l_0=1.5H$（H 为层高）。底层层高 H 取基础顶面到一层楼盖顶面的高度，其余各层，为上下楼盖顶面之间的距离。框架结构各层柱的计算长度按表 7-3 取用。

框架结构各层柱的计算长度　　　表 7-3

楼盖类型	柱顶的类别	l_0
现浇楼盖	底层柱	$1.0H$
	其余各层柱	$1.25H$
装配式楼盖	底层柱	$1.25H$
	其余各层柱	$1.5H$

注：表中 H 为底层柱从基础底面到楼盖顶面的高度；其余各层柱为上下两层楼盖之间的高度。

当 $\rho=A'_s/A>3\%$ 时，公式中如果继续使用截面毛面积将会比较且明显过多地考虑混凝土提供的抗压承载力，为此《混凝土结构规范》规定，将计算公式中的面积 A 用净截面面积 $A_n=A-A'_s$ 代替。

2. 公式应用

（1）截面设计

已知：$b\times h$，H，f_c，f'_y，N。

求：截面配筋面积 $A'_s=?$

解：1）查表 7-2 或表 7-3 求出 l_0，由 l_0/b 查表 7-1 得 φ；

2）由式（7-4）求出 $A'_s=\dfrac{N/0.9\varphi-f_cA}{f'_y}$；

3）查表配筋并验算配筋率 $\rho_{\min}\leqslant\rho\leqslant\rho_{\max}$；

4）按构造要求配置箍筋，并画出截面配筋图。

(2) 截面复核

已知：$N, H, f_c, f'_y, A'_s, b \times h$。

求：$N_u = ?$

解：1) 查表 7-2 或 7-3，根据 H 求出 l_0，由 l_0/b 查表 7-1 得 φ；

2) 验算配筋率 $\rho_{max} \geqslant \rho \geqslant \rho_{min}$；

3) 由式（7-4），求出 N_u；

4) 当 $N_u \geqslant N$ 时，该柱安全、可靠；反之就不安全。

【例题 7-1】 某多层现浇钢筋混凝土框架结构，结构安全等级为一级，底层内柱承受轴向压力设计值 $N=1680$kN（包括柱的自重），柱截面尺寸为 $b \times h = 400$mm$\times 400$mm，基础顶面到一层楼面的高度为 $H=5.6$m，混凝土强度等级 C25（$f_c=11.9$N/mm^2），纵向受压钢筋采用 HRBF335 级（$f_y=300$N/mm^2）。试确定柱内应配置的纵筋和箍筋，并绘出配筋截面图。

已知：$b \times h = 400$mm$\times 400$mm，$l_0 = 5.6$m，$N=1680$kN，$f'_y=300$N/mm^2，$f_c = 11.9$N/mm^2，$\gamma_0 = 1.1$。

求：$A'_s = ?$

解：1) 计算杆件长细比，确定构件稳定性系数 φ

$l_0/b = 5.6/0.4 = 14$，查表 7-1 可得 $\varphi = 0.92$。

2) 求纵向受力钢筋面积

由式（7-4）可知

$$A'_s = \frac{\frac{1.1 \times 1680 \times 10^3}{0.9 \times 0.92} - 11.9 \times 400 \times 400}{300} = 1093 \text{mm}^2$$

3) 查表 2-4 确定截面配筋并验算配筋率

选配 4Φ^F20（$A'_s = 1256$mm^2）

$$\rho' = \frac{A'_s}{bh} = \frac{1256}{400 \times 400} = 0.79\% < 3\%，满足要求。$$

纵筋间的净距：$400 - 2 \times (35+20) = 290mm< 300$mm

满足规范给定的要求。

4) 箍筋选用并绘制截面配筋图

选用 $\Phi 8@100/200$，$s=200 < 15d = 300$mm

满足要求。

配筋图如图 7-6 所示。

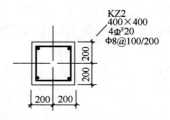

图 7-6 例题 7-1 图

【例题 7-2】 某轴心受压柱截面尺寸为 $b \times h = 350$mm$\times 350$mm，结构安全等级为二级，配有 HRB400 级 4Φ18 钢筋（$A'_s = 1017$mm^2，$f_y = 360$N/mm^2），混凝土强度等级为 C25（$f_c = 11.9$N/mm^2），计算长度 $l_0 = 4.2$m，承受轴向力设计值 $N = 1480$kN。试验算该柱承载力能否满足要求。

已知：$b \times h = 350$mm$\times 350$mm，$l_0 = 4.2$m，$f'_y = 360$N/mm^2，$N=1480$kN，$f_c = 11.9$N/mm^2，$\gamma_0 = 1.0$，$A'_s = 1017$mm^2。

求：$N_u = ?$

解：1）计算柱的长细比 l_0/b 并确定稳定性系数 φ

$l_0/b=4.2/0.35=12$，查表 7-1 可得 $\varphi=0.95$。

2）求出 N_u

$$N_u = 0.9\varphi(f_cA + f'_yA'_y) = 0.9\times 0.95\times (11.9\times 350\times 350 + 360\times 1017)$$
$$= 1559.4 \text{kN}$$

$N < N_u$，该柱安全、可靠。

二、配置螺旋箍筋的轴心受压构件

圆柱形和多边形轴心受压柱的箍筋不仅可以配置成焊接环形箍筋，也可以配成螺旋箍筋，螺旋箍筋和焊接封闭环式箍筋统称为间接钢筋。由于间接钢筋的横向套箍作用，有效地约束了柱的核心区域混凝土在纵向压力作用下产生纵向压缩时出现的横向变形，核心区混凝土处在三向受压状态，柱核心区混凝土要到达极限应变发生破坏就需要施加比常规构件多许多的轴向力，即在同等材料消耗的前提下，配置间接钢筋的轴心受压柱承载力高于配置普通箍筋的柱。配有螺旋箍筋和焊接环形箍筋的柱如图 7-7 所示。

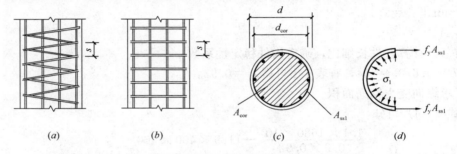

图 7-7 配有螺旋箍筋和焊接环形箍筋的柱

在配有螺旋箍筋和焊接环形箍筋的柱加载试验时，开始加力柱内纵向钢筋和混凝土的应力及构件的应变都不大，间接钢筋内部的拉应力也不大；随着加力过程的持续，柱的压缩应变越来越大，横向变形的趋势就越来越明显，间接钢筋内的拉力就不断增加，随着压应力和压应变的增加，间接钢筋周边的混凝土开裂并掉落，受压过程持续一直发展到间接钢筋达到屈服强度后，它对柱的核心区混凝土的约束作用消失，这时，柱仍然可以继续承受荷载，随着加载的持续，直到混凝土达到极限应变时柱即丧失承载能力。《混凝土结构规范》给出的配置间接钢筋的柱核心区混凝土抗压强度为：

$$f_{c1} = f_c + 4\sigma_1 \tag{7-5}$$

式中　f_c——混凝土轴心抗压强度设计值；

σ_1——核心区混凝土受到的径向压力。

根据箍筋间距 s 范围内 σ_1 的合力与箍筋拉力相平衡的条件得

$$\sigma_1 s d_{cor} = 2f_{yv}A_{ss1}$$

$$\sigma_1 = \frac{2f_{yv}A_{ss1}}{sd_{cor}} = \frac{f_{yv}A_{ss0}}{2A_{cor}} \tag{7-6}$$

式中　A_{cor}——构件截面核心区面积，即间接钢筋内表面范围内的混凝土面积；

d_{cor}——构件截面核心直径，即间接钢筋内表面之间的距离；

A_{ss1}——螺旋式或焊接环式单根间接钢筋的截面面积；

f_{yv}——间接钢筋抗拉强度设计值；

s——沿构件轴线方向间接钢筋的间距；

A_{ss0}——间接钢筋换算截面面积。

$$A_{ss0} = \frac{\pi d_{cor} A_{ss1}}{s} \tag{7-7}$$

根据轴向力的平衡条件得

$$N_u = (f_c + 4\sigma_1)A_{cor} + f'_y A'_s \tag{7-8}$$

将式（7-5）代入式（7-8），并经必要的修正，《混凝土结构规范》给出了采用螺旋式或焊接封闭环式箍筋间接钢筋轴心受压构件正截面受压承载力计算公式为

$$N \leqslant 0.9(f_c A_{cor} + f'_y A'_s + 2\alpha f_{yv} A_{ss0}) \tag{7-9}$$

式中 α——间接钢筋对混凝土约束的折减系数，当混凝土强度等级不超过C50时，取α=1；当混凝土强度等级为C80时，取α=0.85；在C50和C80之间时按线性内插法求得。

使用式（7-9）验算螺旋式或焊接环式间接配筋轴心受压柱承载力的时候，应注意下列事项：

（1）为保证间接钢筋外表面混凝土保护层不会过早脱落，按式（7-9）计算得到的柱承载力设计值不应大于按式（7-1）算得的构件受压承载力设计值的1.5倍。

（2）当遇到下列任意一种情况时，不考虑间接钢筋的影响，而按式（7-1）进行计算：

1）$l_0/d > 12$时，因长细比较大，有可能因纵向钢筋弯曲造成间接钢筋不起作用；

2）当按式（7-9）算得的受压柱承载力小于按式（7-1）算得的受压承载力时；

3）当间接钢筋的换算截面面积A_{ss0}小于纵向钢筋全部截面面积的25%时，则认为间接钢筋配置太少，对核心区混凝土约束效果不明显。

【例题7-3】 某办公楼底层门厅现浇钢筋混凝土圆形截面柱，采用螺旋式间接钢筋，柱直径d=450mm，承受轴向力设计值N=3400kN，柱计算长度l_0=4.5m，混凝土强度等级为C30（f_c=14.3N/mm²），纵向钢筋采用HRB400（f_y=360N/mm²），螺旋式间接钢筋采用HPB300级（f_y=270N/mm²）。试求柱内间接式螺旋箍筋。

已知：d=450mm，N=3800kN，l_0=4.5m，f_c=14.3N/mm²，f'_y=360N/mm²，f_{yv}=270N/mm²。

求：确定柱中螺旋箍筋的配置

解：1）选用纵向钢筋

假定纵筋配筋率ρ'为2.5%，满足$< \rho_{max}$=3%的要求，

$$A'_s = \frac{\rho' \pi d^2}{4} = \frac{0.025 \times 3.14 \times 450^2}{4} = 3974 mm^2$$

纵向钢筋选用10根直径22mm的HRB400级钢筋，A_s=3801mm²，ρ=2.39%。

2）使用条件验算l_0/d=4500/450=10<12，查表7-1得φ=0.958。

按式（7-4）计算得

$N_u = 0.9 \times 0.958(14.3 \times 3.14 \times 450^2/4 + 360 \times 3801) = 3139720 N = 3139.72 kN$

因为$N_u < N$=3400kN

所以可知,该柱可以考虑间接钢筋的影响。

3) 间接钢筋的计算

纵向钢筋保护层厚度为 30mm,则可得截面核心直径 $d_{cor} = 450 - 2 \times 30 = 390$mm

$$A_{cor} = \frac{\pi d_{cor}^2}{4} = \frac{3.14 \times 390^2}{4} = 119399 \text{mm}^2$$

由式(7-9)可得到间接钢筋的换算面积

$$A_{ss0} = \frac{\frac{N}{0.9} - f_c A_{cor} - f'_y A'_s}{2\alpha f_{yv}} = \frac{\frac{3400 \times 10^3}{0.9} - 14.3 \times 119399 - 360 \times 3801}{2 \times 1.0 \times 270}$$

$$= 1300 \text{mm}^2 > 0.25 A'_s = 0.25 \times 3801 = 950 \text{mm}^2,可以。$$

设间接钢筋直径为 10mm,单肢截面面积 $A_{ss1} = 78.5 \text{mm}^2$,由式(7-7)得间接钢筋的间距

$$s = \frac{\pi d_{cor} A_{ss1}}{A_{ss0}} = \frac{3.14 \times 390 \times 78.5}{1300} = 74 \text{mm}$$

取 $s = 65$mm,

$40 \text{mm} < s < 80 \text{mm}$ 及 $\frac{d_{cor}}{5} = 78$mm,满足构造要求。

柱截面配筋图如图 7-8 所示。

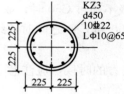

图 7-8 例题 7-3 图

第三节 矩形截面偏心受压构件正截面承载力计算的基本公式

如前所述,理想的轴心受压构件是不存在的,几乎所有构件都是偏心受压构件。偏心受压构件是指截面不仅受到轴向压力的作用影响,同时还受到引起截面侧向弯曲变形的弯矩的作用影响的这一类构件。截面承受的纵向力只作用在截面一个形心轴上产生偏心距时,称为单向偏心受压构件;截面承受的纵向力对截面上两个形心轴都产生偏心距的这类构件,称为双向偏心受压构件。

一、偏心受压构件的破坏特征

偏心受压构件根据偏心力偏心距的大小、截面内所配的受力钢筋情况和受力破坏特性的不同,可以分为受压破坏和受拉破坏两种类型。

(一) 大偏心受压(受拉破坏)

1. 定义

柱截面承受的纵向力偏心距大,远离轴向力一侧的钢筋配置较少,破坏过程开始于远离轴向力一侧受拉钢筋屈服的这类偏心受力构件,称为大偏心受压破坏(受拉破坏),如图 7-9 所示。

2. 破坏过程

开始施加外力时,柱在纵向力和弯矩共同作用下产生纵向压缩,同时也出现侧向挠曲,外力增加,截面远离偏心力作用的一侧,受拉向外凸出,轴向力的

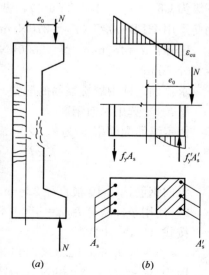

图 7-9 大偏心受压(受拉破坏)

近侧形成凹面,构件外侧受拉部位出现水平裂缝,构件的受压一侧出现纵向裂缝,构件出现明显的弯曲变形。随着试验过程的延续,截面远离偏心力作用的一侧混凝土边缘的拉应力超过其抗拉强度开裂,混凝土承受的拉力就转移给受拉钢筋;受压一侧的混凝土和配置不多的受压钢筋应力不断上升,压应变不断增加;随着外力继续上升受拉一侧钢筋首先屈服,并维持应力不变、应变继续增加,受压区混凝土和受压钢筋的应力随着变形的不断上升达到各自的屈服强度和屈服应变,宣告构件破坏。

3. 特点

受拉钢筋、受压钢筋和受压混凝土都达到屈服,内力计算比较简单。

(二) 小偏心受压(受压破坏)

1. 定义

柱截面承受的纵向力偏心距较小,远离轴向力一侧的钢筋配置较多,破坏过程开始于受压侧钢筋和混凝土到达设计强度和屈服应变的这类受力构件,称为小偏心受压破坏(受压破坏),如图 7-10 所示。

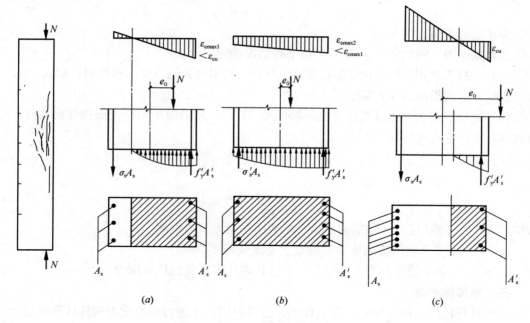

图 7-10 小偏心受压破坏

2. 破坏过程

开始施加外力时,柱在纵向力和弯矩共同作用下,产生纵向压缩的同时也出现侧向挠曲,侧向变形不很明显。随着试验过程延续和外力进一步增加,截面上离偏心力作用点较近的一侧,压应力上升明显,产生纵向裂缝,轴向力的远侧截面可能受到的是较小的拉力,或偏心距较小时也许是较小的压力,试验的后期外力作用的近侧混凝土和钢筋率先达到屈服强度和受压屈服应变值,导致构件丧失承载力,宣告构件破坏。

3. 特点

远离轴心力一侧的钢筋没有屈服,只有受压钢筋和受压混凝土达到屈服,内力计算比较复杂。

二、偏心受压构件的分类及远离 N 一侧钢筋应力的确定

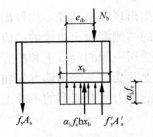

图 7-11 大小偏心的界限破坏时的受力状态

试验研究结果表明，在构件受力过程中，偏心受压构件中远离轴向力一侧所配置的钢筋的应力随着偏心距的变化而变化，截面受压区高度也随着变化。实测和理论分析证明，类似于受弯构件，偏心受压构件截面受压区相对高度是区分大、小偏心受压的界限，在截面受压区相对高度附近变化，截面内远离轴向压力一侧钢筋应力发生明显变化。受压区高度不超过界限受压区高度，远离轴向力一侧钢筋屈服，反之，就不屈服（图 7-11）。

所以，满足

$$x \leqslant x_b = \xi_b h_0 \tag{7-10}$$

为大偏心受压。

如果满足

$$x > x_b = \xi_b h_0 \tag{7-11}$$

为小偏心受压。

远离轴向力一侧钢筋的应力 σ_s 可按下列情况确定：

（1）当初步判别时计算的 ξ 值根据式（7-10）判别为大偏心受压构件时，取 $\sigma_s = f_y$，$\xi = x/h_0$，ξ_b 值根据表 4-7 采用。

（2）当初步判别时由计算的 ξ 值，根据式（7-11）判别为小偏心受压构件截面时，可由式（7-12）或式（7-13）计算。

$$\sigma_{si} = E_s \varepsilon_{cu} \left(\frac{\beta_1 h_{0i}}{x} - 1 \right) \tag{7-12}$$

$$\sigma_s = \frac{f_y}{\xi_b - \beta_1} \left(\frac{x}{h_{0i}} - \beta_1 \right) \tag{7-13}$$

式中　h_{0i}——第 i 层纵向钢筋截面重心至截面受压边缘的距离；
　　　x——等效矩形应力体系的混凝土受压区高度；
　　　σ_{si}——第 i 层纵向钢筋的应力，正值代表拉力，负值代表压力。

三、附加偏心距

由于材料特性、构件施工、外力作用位置等原因，在进行偏心受力构件计算时应充分考虑附加偏心距 e_a 对构件受力产生的不利影响。《混凝土结构设计规范》GB 50010—2010 规定，附加偏心距为 20mm 和 $h/30$ 中的较大值。

考虑了附加偏心距后构件计算时的初始偏心距 e_0 就变为：

$$e_i = e_0 + e_a \tag{7-14}$$

四、偏心受压构件初始弯矩的调整

轴向力初始偏心距产生的弯矩称为一阶效应，它与偏心距的大小成正比例，它的值为 Ne_i，计算时相对简单和直观。轴向力作用在容易产生细长效应的构件时，在初始偏心弯矩 Ne_i 作用下随即产生侧向挠曲，实测和理论分析证明，侧向挠度的变化与轴向力 N 之间不是线性关系，而是侧向挠度增加的速度远大于轴向力增加的速度。一般将细长构件截面在侧向挠曲过程中弯矩最大截面新增加的非线性弯矩称为二阶弯矩。细长构件纵向挠曲

变形特性如图 7-12 所示。

偏心受压细长构件在偏心压力作用下将产生侧向挠度，使偏心距由原来的 e_i 变为 e_i+f，相应截面的弯矩由初始弯矩 Ne_i 变为 $N(e_i+f)$，其中 Ne_i 为线性的一阶弯矩，$N \cdot f$ 为二阶弯矩。二阶弯矩产生的效应，$N \cdot f$ 的增加速度远比轴向力 N 的增加速度快，也就是说二阶弯矩效应的影响远超过一阶弯矩效应。即二阶弯矩影响下细长柱承载能力将会快速下降，如图 7-12 所示。

细长偏心受压构件中的二阶效应，是偏心受压构件中由轴向压力在产生了挠曲变形的构件引起的曲率和弯矩增量。现行规范沿用我国处理这个问题使用传统的极限曲率表达式，结合国际先进经验提出了新的方法，具体内容如下：

1. 排架结构考虑二阶效应的弯矩设计值

可按下式计算：

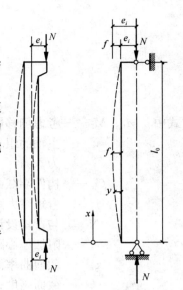

图 7-12 细长构件纵向
挠曲变形特性

$$M = \eta_s M_0 \tag{7-15}$$

$$\eta_s = 1 + \frac{1}{1500 e_i/h_0} \left(\frac{l_0}{h}\right)^2 \zeta_c \tag{7-16}$$

$$\zeta_c = \frac{0.5 f_c}{N} \tag{7-17}$$

$$e_i = e_0 + e_a \tag{7-18}$$

式中 ζ_c——截面曲率修正系数，当 $\zeta_c>1$ 时取 $\zeta_c=1$；
  e_i——初始偏心距；
  M_0——一阶弹性分析柱端弯矩设计值；
  e_0——轴向压力对截面重心的偏心距，$e_0=M_0/N$；
  e_a——附加偏心距，可按本章第三节的规定确定；
  l_0——排架柱的计算长度；可按本章表 7-2 取值；
  h——考虑弯曲方向柱截面高度；
  h_0——考虑弯曲方向柱截面有效高度。

2. 除排架结构外其他偏心受压构件，根据与较大弯矩 M_2 对应的轴力 N 求轴压比 $\frac{N}{f_c A} \leqslant 0.9$；构件两端截面按弹性分析确定的对同一组合弯矩设计值，较小值 M_1 与较大值 M_2 之比不大于 0.9，即 $\frac{M_1}{M_2} \leqslant 0.9$；构件长细比满足 $l_c/i \leqslant 34-12(M_1/M_2)$ 时，可以不考虑二阶效应对偏心距 e_0 的影响。反之，就必须按以下步骤调整初始偏心距。

$$C_m = 0.7 + 0.3 \frac{M_1}{M_2} \geqslant 0.7 \tag{7-19}$$

$$\zeta_c = \frac{0.5 f_c A}{N} \leqslant 1.0 \tag{7-20}$$

$$\eta_{ns} = 1 + \frac{1}{1300(M_2/N + e_a)/h_0} \left(\frac{l_c}{h}\right)^2 \zeta_c \tag{7-21}$$

$$C_m \eta_{ns} \geqslant 1.0$$
$$M = C_m \eta_{ns} M_2 \tag{7-22}$$
$$e_0 = \frac{M}{N} \tag{7-23}$$
$$e_i = e_0 + e_a \tag{7-24}$$

式中 M_1、M_2——考虑侧移影响的偏心受压构件两端截面按结构弹性分析确定的对同一主轴的组合弯矩设计值,绝对值较小端弯矩为 M_1,较大端弯矩为 M_2;

C_m——构件端截面偏心距调节系数,当小于 0.7 时取 0.7;

η_{ns}——弯矩增大系数;

N——与弯矩设计值 M_2 相应的轴向压力设计值;

e_a——附加偏心距,按上述"三、附加偏心距"的规定确定;

ζ_c——截面曲率修正系数,当计算值大于 1.0 时取 1.0;

h——截面高度;对环形截面取外直径;对圆形截面取直径;

h_0——截面有效高度;对环形截面,取 $h_0 = r_2 + r_s$;对圆形截面,取 $h_0 = r + r_s$,其中 r_2 为环形截面的外径;r_s 为纵向普通钢筋重心所在圆周的半径;r 为圆形截面的半径;

A——构件截面面积;

l_c——构件的计算长度,可近似的取偏心受压构件相应主轴方向上下支撑点间的距离。

3. 偏心弯矩 M 和轴压力 N 对偏心受压构件正截面承载力的影响

(1) 偏心受压构件达到承载能力极限状态时截面承载力 N_u 与 M_u 并不是独立的,而是相关的,也就是说给定轴力 N_u 时,有惟一对应 M_u,或者说构件可以在不同的多组 N_u 和 M_u 组合下达到承载力极限状态(图 7-13)。

在纵轴和曲线的交点 $(0, N_u)$ 是轴心受压时构件的极限承载力;曲线上 B 点,它的坐标为 (M_b, N_b),它是大偏心和小偏心受压的分界点;曲线和横坐标轴相交的点,它的坐标

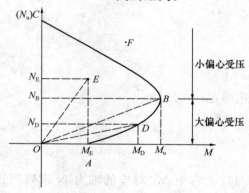

图 7-13 $N_u - M_u$ 关系曲线

为 $(M_u, 0)$ 为受弯构件的承载力。

(2) $N—M$ 相关曲线上任意一点 D 的坐标 (M_D, N_D) 代表此截面在这一组内力组合下恰好处于极限状态,是安全的;若 D 点位于 $M—N$ 曲线的外侧,表明截面在该点所确定的内力组合下,截面承载力不满足设计要求。

(3) 在上述过 B 点的水平线以上的小偏心区域,在相同的 M 值时,N 值越小越安全,N 值越大越不安全。设计时可以利用 $M—N$ 曲线的变化规律,在多组不同的内力组合中找到最不利的内力组合。

4. 计算公式及适用条件

偏心受压构件基本计算公式的建立，仍然需要遵循混凝土构件正截面承载力计算的几条基本假定，详细内容参见第四章第三节的内容。

（1）大偏心受压（$\xi \leqslant \xi_b$）

1）基本计算公式

根据基本假定和大偏心受压截面应力图形（图 7-14），由截面内力与外荷载作用力设计值平衡，截面产生的抵抗弯矩与外荷载在截面引起的弯矩平衡，可以得到计算公式为：

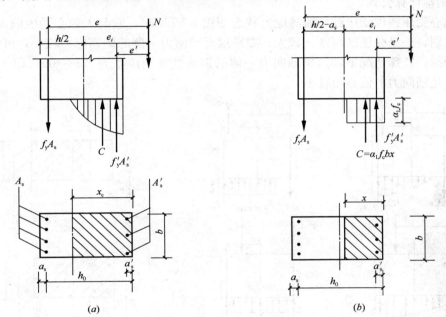

图 7-14 大偏心受压构件截面计算应力分布图

$$\Sigma N = 0, N = \alpha_1 f_c bx + f'_y A'_s - f_y A_s \tag{7-25}$$

$$\Sigma M = 0, Ne = \alpha_1 f_c bx \left(h_0 - \frac{x}{2}\right) + f'_y A'_s (h_0 - a'_s) \tag{7-26}$$

$$e = e_i + \frac{h}{2} - a_s \tag{7-27}$$

式中 e——轴向压力作用点至纵向受拉钢筋合力点的距离；

e_i——初始偏心距，由式（7-18）或式（7-24）求得；

a_s——纵向受拉钢筋合力点至截面近边缘的距离；

N——构件所受的轴向力设计值；

e_0——轴向压力对截面重心的初始偏心距。对于排架柱，为排架柱验算截面弯矩设计值与对应的轴向力设计值之比；对于非排架柱，为考虑截面弯矩二阶效应，将构件受到的较大端 M_2 调整为 M 后与对应的轴向力设计值之比。

2）适用条件

$\xi \leqslant \xi_b$ 或 $x \leqslant \xi_b h_0$ 是为了保证截面为大偏心受压构件；

$x \geqslant 2a'_s$ 是为了充分保证受压钢筋 A'_s 达到屈服强度。

当 $x < 2a'_s$ 时，表明受压钢筋达不到屈服强度 f'_y，为了偏于安全起见，取 $x = 2a'_s$，并对受压钢筋的合力点取矩，得

$$Ne' = f_y A_s (h_0 - a'_s) \tag{7-28}$$

式中 e'——轴向压力作用点至受压钢筋合力点的距离，其值为：

$$e' = e_i - \frac{h}{2} + a_s$$

式中其他字母的含义及取值同前。

(2) 小偏心受压（$\xi > \xi_b$）构件基本计算式

1) 基本计算公式

小偏心受压构件受压破坏前的应力状态如图 7-15 所示，它与大偏心受压截面压力分布图的区别，一是受压区高度 x 较大；二是远离轴向力一侧的钢筋应力较小，可能受压，也可能受拉，特殊情况下，远离轴向力一侧的钢筋处在消压状态（$\sigma_s = 0$），即 $-f'_y \leqslant \sigma_s \leqslant f_y$；三是轴向力的偏心距较小。

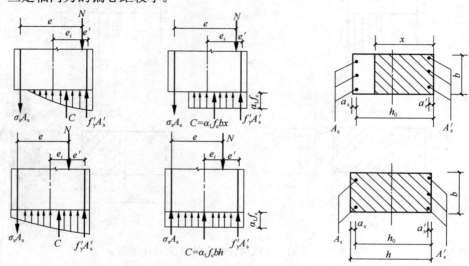

图 7-15 小偏心受压构件截面计算应力分布图

根据应力图形和平衡条件，可得小偏心受压破坏时截面设计计算的基本公式为：

$$\Sigma N = 0, N = \alpha_1 f_c bx + f'_y A'_s - \sigma_s A_s \tag{7-29}$$

$$\Sigma M = 0, Ne = \alpha_1 f_c bx \left(h_0 - \frac{x}{2}\right) + f'_y A'_s (h_0 - a'_s) \tag{7-30}$$

式中 e——轴向压力作用点至远离自身一侧的钢筋合力点的距离，用式（7-27）求得；

σ_s——对于远离轴向力一侧的钢筋的应力值 σ_s，根据式（7-12）、式（7-13）求得。

其余字母含义同前。

2) 公式的适用条件

$$\xi > \xi_b, x > x_b \tag{7-31}$$

当 $x \geqslant h$ 时，取 $x = h$ 计算。

3) 垂直于弯矩作用平面的承载力验算

纵向压力较大且弯矩作用平面内的偏心距 e_i 较小，若垂直于弯矩作用平面的长细比较大时，则有可能构件的破坏是由垂直于弯矩作用平面的纵向受压起控制作用。因此，《混凝土结构规范》规定，偏心受压构件除应计算弯矩作用平面内的偏心受压承载力外，还应按轴心受压构件验算垂直于弯矩平面的轴心受压承载力。计算公式为：

$$N \leqslant 0.9\varphi[(A_s + A'_s)f'_y + Af_c] \tag{7-32}$$

式中 φ——是根据受压构件长细比 l_0/b，在表 7-1 中查得的稳定系数。

第四节 矩形截面偏心受压构件承载力计算基本公式的应用

根据受力需要，偏心受压构件截面可设计为对称配筋和不对称配筋两种。所谓对称配筋是指在偏心力作用方向截面的两端配筋值（面积和强度等级）相同的配筋形式；不对称配筋是指在偏心力作用方向截面的两端配筋值不相同的配筋形式。

对称配筋形式是截面最常用的配筋形式，它的主要优点就是可以承受外加作用方向发生变化时出现的应力。例如，大风、地震作用和工业厂房中受吊车横向力作用的排架柱等。其次是施工简单，不宜发生配错筋的质量事故，这种配筋方式适应性强，应用最为广泛。

在结构承受的各种作用比较明确，绝大多数情况下受力状态不发生明显改变的情况下，采用对称配筋将不够经济时，经过上述两种方法对比，采用不对称配筋经济合理性高的情况下，也常采用不对称配筋形式。

正截面设计是根据已知条件求截面纵向受力钢筋的配筋的过程。它是根据已知作用在截面的内力 M、N 和构件的计算长度 l_0，先选定混凝土强度等级、钢筋级别、根据设计经验或以往设计成果，确定偏心受压构件截面尺寸，其次考虑二阶效应情况下求出杆件控制截面的弯矩设计值，调整初始偏心距，判别截面类型，根据公式计算所需钢筋面积的过程。

一、对称配筋偏心受压构件正截面承载力计算

（一）求初始偏心距 e_i

1. 求附加偏心距 e_a

根据规范规定，附加偏心距为 20mm 和 $h/30$ 二者的较大值。

2. 求 e_0

分为排架柱和非排架柱两种。

（1）排架柱

$$e_0 = \frac{M}{N} \tag{7-33}$$

（2）非排架柱

当满足下列条件时：

1) $\frac{M_1}{M_2} > 0.9$，$\frac{N}{f_cA} > 0.9$，或 $l_0/i \leqslant 34 - 12(M_1/M_2)$ 时；

2) $\frac{M_1}{M_2} > 0.9$，$\frac{N}{f_cA} \leqslant 0.9$，或 $l_0/i \leqslant 34 - 12(M_1/M_2)$ 时；

3) $\frac{M_1}{M_2} \leqslant 0.9$，$\frac{N}{f_cA} > 0.9$，或 $l_0/i \leqslant 34 - 12(M_1/M_2)$ 时；

4) $\frac{M_1}{M_2} \leqslant 0.9$，$\frac{N}{f_cA} \leqslant 0.9$，或 $l_0/i > 34 - 12(M_1/M_2)$ 时。

应按公式（7-19）～式（7-24）计算，并以式（7-22）体现考虑二阶效应后对偏心受压构件初始偏心距的调整。

（二）对称配筋时大小偏心的判别

1. 排架柱

需要按式（7-15）～式（7-18）求出偏心距增大系数 η_s，将初始偏心距 e_i 放大后进行判别。

2. 非排架柱

按前面计算得到的初始偏心距 $e_i=e_0+e_a$ 可直接判别。

在截面设计时，可按下述步骤进行：

根据对称配筋时 $f_y A_s = f'_y A'_s$ 的特点，在大偏心受压计算公式（7-17）中，受压钢筋产生的压力和受拉钢筋产生的拉力相互抵消，仅剩 $N \leqslant \alpha_1 f_c bx$，按极限状态可写为 $N = \alpha_1 f_c bx$，由此可得：

$$\xi = \frac{N}{\alpha_1 f_c b h_0} \tag{7-34}$$

当 $\xi \leqslant \xi_b$ 时，或 $x \leqslant x_b$ 时为大偏心受压构件；

反之，当 $\xi > \xi_b$ 时，或 $x > x_b$ 时为小偏心受压构件。

（三）截面设计

1. 大偏心受压

已知：N，M，b，h，f_c，f_y，f'_y，α_1，β_1，l_0。

求：$A_s = A'_s = ?$

解：(1) 按式（7-34）求出 ξ，当 $\xi \leqslant \xi_b$ 时判定为大偏心受压构件。

(2) 当 $2a'_s/h_0 \leqslant \xi \leqslant \xi_b$ 时，用 ξh_0 代替 x，由公式（7-26）可得

$$A'_s = A_s = \frac{Ne - \alpha_1 f_c b h_0^2 \xi(1-0.5\xi)}{f_y(h_0 - a'_s)} \tag{7-35}$$

式中，$e = e_i + h/2 - a_s$。

(3) 当 $\xi \leqslant 2a'_s/h_0$ 时，可按式（7-36）求出：

$$A_s = A'_s = \frac{Ne'}{f'_y(h_0 - a'_s)} \tag{7-36}$$

式中，$e = e_i - \frac{h}{2} + a_s$。

(4) 查表配筋，验算实配钢筋的配筋率

$$\rho_{min} = 0.2\% \leqslant \rho \leqslant \rho_{max} = 3\%$$

(5) 画出满足构造要求，包括箍筋在内的柱截面配筋图。

2. 小偏心受压

已知：N，M，b，h，f_c，f_y，f'_y，α_1，β_1，l_0。

求：$A_s = A'_s = ?$

解：(1) 求出 $\xi = \frac{N}{\alpha_1 f_c b h_0} > \xi_b$ 判定为小偏心受压构件。

(2) 求出小偏心受压构件的混凝土受压区相对高度 ξ，根据《混凝土结构规范》给定：

$$\xi = \frac{N - \xi_b \alpha_1 f_c b h_0}{\frac{Ne - 0.43\alpha_1 f_c b h_0^2}{(\beta_1 - \xi_b)(h_0 - a'_s)} + \alpha_1 f_c b h_0} + \xi_b \tag{7-37}$$

(3) 将由式（7-37）求得的 ξ 代入式（7-35），得

$$A'_s = A_s = \frac{Ne - \alpha_1 f_c b h_0^2 \xi(1-0.5\xi)}{f_y(h_0 - a'_s)} \tag{7-38}$$

式中
$$e = e_i + h/2 - a_s$$

(4) 查表配筋，验算实配钢筋的配筋率
$$\rho_{min} = 0.2\% \leqslant \rho \leqslant \rho_{max} = 3\%$$

(5) 根据式（7-32）验算垂直于受力平面外的轴心抗压强度，直到满足。

(6) 画出满足构造要求，包括箍筋在内的柱截面配筋图。

对称配筋的偏心受压构件截面设计可按下面框图给定的步骤进行：

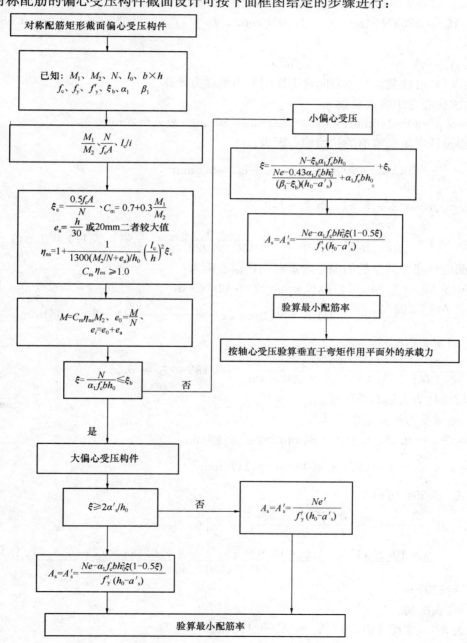

【例题 7-4】 已知某矩形截面偏心受压排架柱，截面尺寸 $b\times h=300\text{mm}\times 500\text{mm}$，$\alpha_s=\alpha'_s=40\text{mm}$，承受纵向压力设计值 $N=300\text{kN}$，柱承受的一阶弯矩设计值 $M_0=270\text{kN}\cdot\text{m}$，混凝土为 C25（$f_c=11.9\text{N/mm}^2$），钢筋为 HRB335 级（$f_y=f'_y=300\text{N/mm}^2$、$\xi_b=0.550$），柱的计算长度 $l_0=6.0\text{m}$，计算对称配筋时柱内所需的纵向钢筋截面面积。

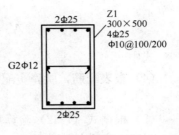

图 7-16 例题 7-4 图

已知：$b\times h=300\text{mm}\times 500\text{mm}$，$\alpha_s=\alpha'_s=40\text{mm}$，$N=300\text{kN}$，$M_0=270\text{kN}\cdot\text{m}$，$f_c=11.9\text{N/mm}^2$，$f_y=f'_y=300\text{N/mm}^2$，$\xi_b=0.550$，$l_0=6.0\text{m}$。

求：$A_s=A'_s=?$

解：(1) 沿柱截面长边方向弯矩作用平面承载力计算

1) 求偏心弯矩增大系数 η_s

$h_0=500-60=440\text{mm}$，$h/30=16.6\text{mm}<20\text{mm}$，故 $e_a=20\text{mm}$。

截面设计弯矩调整前的初始偏心距为：

$$e_0=\frac{M_0}{N}=0.9\text{m}=900\text{mm}, e_i=e_0+e_a=920\text{mm}$$

$$\zeta_c=\frac{0.5f_cA}{N}=2.975>1,\text{ 取 }\zeta_c=1.0$$

$$\eta_s=1+\frac{1}{1500e_i/h_0}\left(\frac{l_0}{h}\right)^2\zeta_c=1+\frac{1}{1500\times 920/440}\left(\frac{6000}{500}\right)^2\times 1.0=1.046$$

截面设计弯矩调整后的偏心弯矩和初始偏心距为：

$M=\eta_sM_0=1.046\times 270\text{kN}\cdot\text{m}=282.42\text{kN}\cdot\text{m}$

$e_1=\dfrac{M}{N}=\dfrac{282.42}{300}=0.941\text{m}=941\text{mm}$，$e_{i1}=e+e_a=941+20=961\text{mm}$

2) 判别大小偏心

$$\xi=\frac{N}{\alpha_1f_cbh_0}=\frac{300\times 10^3}{1.0\times 11.9\times 300\times 460}=0.183<\xi_b=0.550$$

该排架柱为大偏心受压截面。

3) 截面受力钢筋面积计算

$x=\xi h_0=0.183\times 460=84\text{mm}>2\alpha'_s=80\text{mm}$。

$e=e_i+\dfrac{h}{2}-a_s=961+250-40=1171\text{mm}$

由式（7-35）可得

$$A_s=A'_s=\frac{Ne-\alpha_1f_cbh_0^2\xi(1-0.5\xi)}{f'_y(h_0-\alpha'_s)}$$

$$=\frac{300\times 10^3\times 1171-1.0\times 11.9\times 300\times 460^2\times 0.183\times(1-0.5\times 0.183)}{300\times(460-40)}$$

$$=1791\text{mm}^2$$

4) 查表配筋

查表 3-4，实配 $4\Phi 25$（$A_s=A'_s=1964\text{mm}^2$）

验算配筋率：$\rho_{\min} = 0.2\% < \rho' = \dfrac{A'_s}{b \times h} = \dfrac{1964}{300 \times 500} = 1.31\% < \rho_{\max} = 3\%$

满足要求。

箍筋为：Φ8@100/200。

截面长边钢筋间距大于 300mm，因此需要在长边中部每侧设置一根直径 12mm 的 HPB300 级构造钢筋。

5）画出截面配筋图件图

（2）垂直弯矩作用平面的构件短边方向的轴心受压承载力验算

$l_0/b = 6000/300 = 20 \quad \varphi = 0.75$

$\begin{aligned}
N_u &= 0.9\varphi[f_c A + (A'_s + A_s)f'_y] \\
&= 0.9 \times 0.75 \times (11.9 \times 300 \times 500 + 1964 \times 2 \times 300) = 2000295\text{N} \\
&= 2000.295\text{kN} > N = 300\text{kN}
\end{aligned}$

满足要求。

【例题 7-5】 某钢筋混凝土偏心受压柱的截面尺寸 $b \times h = 400\text{mm} \times 500\text{mm}$，弯矩作用平面内的计算长度为 $l_c = 4.8\text{m}$，垂直于弯矩作用平面外的计算长度 $l_0 = 5.6\text{m}$，混凝土强度等级 C25（$f_c = 11.9\text{N/mm}^2$），钢筋采用 HRB400 级（$f_y = f'_y = 360\text{N/mm}^2$，$\xi_b = 0.535$），承受在弯矩设计值 $M_1 = 236\text{kN} \cdot \text{m}$，$M_2 = 260\text{kN} \cdot \text{m}$，与 M_2 对应的轴向力设计值为 $N = 1480\text{kN}$，取 $\alpha_s = \alpha'_s = 40\text{mm}$，试按对称配筋进行截面计算。

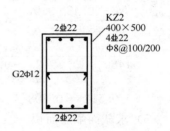

图 7-17 例题 7-5 图

已知：$b \times h = 400\text{mm} \times 500\text{mm}$，$l_c = 4.8\text{m}$，$f_c = 11.9\text{N/mm}^2$，$f_y = f'_y = 360\text{N/mm}^2$，$\xi_b = 0.518$，$M_1 = 236\text{kN} \cdot \text{m}$，$M_2 = 260\text{kN} \cdot \text{m}$

求：$A_s = A'_s = ?$

解：（1）柱长边方向弯矩作用平面内构件承载力计算

1）判断是否需要考虑轴向力在弯曲方向二阶效应对影响截面偏心距的影响。

柱两端弯矩的比值

$\dfrac{M_1}{M_2} = \dfrac{236}{260} = 0.91 > 0.9$

$l_c/i = 4800/(500/2 \times 1.732) = 33.25 > 34 - 12(M_1/M_2) = 24.31$

需要考虑轴力作用下二阶效应对影响截面偏心距的影响。

2）调整截面承受的弯矩

e_a 从 $h/30 = 17\text{mm}$ 和 20mm 的较大值为附加偏心距，即 $e_a = 20\text{mm}$

$C_m = 0.7 + 0.3\dfrac{M_1}{M_2} = 0.973 > 0.7$

$\zeta_c = \dfrac{0.5 f_c A}{N} = \dfrac{0.5 \times 11.9 \times 400 \times 500}{1480 \times 10^3} = 0.804 < 1.0$

$\begin{aligned}
\eta_{ns} &= 1 + \dfrac{1}{1300(M_2/N + e_a)/h_0}\left(\dfrac{l_c}{h}\right)^2 \zeta_c \\
&= 1 + \dfrac{1}{1300 \times (260 \times 10^6/1480 \times 10^3 + 20)/460} \times \left(\dfrac{4800}{500}\right)^2 \times 0.804 = 1.134
\end{aligned}$

$$C_m \eta_{ns} = 0.973 \times 1.134 = 1.103 \geqslant 1.0$$

计算调整后的弯矩设计值

$$M = C_m \eta_{ns} M_2 = 0.973 \times 1.134 \times 260 = 286.88 \text{kN} \cdot \text{m}$$

3) 判断大小偏心受压

$$\xi = \frac{N}{\alpha_1 f_c b h_0} = \frac{1480 \times 10^3}{1.0 \times 11.9 \times 400 \times 440} = 0.707 > \xi_b = 0.518$$

故该柱为小偏心受压柱。

4) 求 ξ

$$e_0 = M/N = 286.88 \times 10^6 / 1480 \times 10^3 = 194 \text{mm}$$

$$e_i = e_0 + e_a = 194 + 20 = 214 \text{mm}$$

$$e = e_i + \frac{h}{2} - a_s = 214 + 250 - 40 = 424 \text{mm}$$

$$\xi = \frac{N - \xi_b \alpha_1 f_c b h_0}{\dfrac{Ne - 0.43 \alpha_1 f_c b h_0^2}{(\beta_1 - \xi_b)(h_0 - a'_s)} + \alpha_1 f_c b h_0} + \xi_b$$

$$= \frac{1480 \times 10^3 - 0.518 \times 1.0 \times 11.9 \times 400 \times 460}{\dfrac{1480 \times 10^3 \times 424 - 0.43 \times 1.0 \times 11.9 \times 400 \times 460^2}{(0.8 - 0.518) \times (460 - 40)} + 1.0 \times 11.9 \times 400 \times 460}$$

$$+ 0.518 = 0.608$$

5) 求截面配筋面积

$$A_s = A'_s = \frac{Ne - \alpha_1 f_c b h_0^2 \xi(1 - 0.5\xi)}{f'_y (h_0 - a'_s)}$$

$$= \frac{1480 \times 10^3 \times 424 - 1.0 \times 11.9 \times 400 \times 460^2 \times 0.608 \times (1 - 0.5 \times 0.608)}{360 \times (460 - 40)}$$

$$= 1331 \text{mm}^2$$

6) 查表配筋并验算基本构造要求

查表选配：4 Φ 22（$A_s = A'_s = 1520 \text{mm}^2$）

配筋率验算：$\rho'_{min} = 0.55\% < \rho' = \dfrac{A'_s + A_s}{bh} = \dfrac{1520 \times 2}{400 \times 500} = 1.52\% < \rho'_{max} = 3\%$

符合要求。

短边方向钢筋间距：

$$(400 - 2 \times 40 - 4 \times 22)/3 = 77.3 \text{mm} > 30 \text{mm} \text{ 且大于 } 1.5d = 33 \text{mm}$$

长边方向钢筋间距：

$$(500 - 2 \times 40 - 2 \times 22) = 376 \text{mm} > 300 \text{mm}$$

故需要在长边方向的中点靠箍筋内皮配置 HPB300 级构造钢筋 2 Φ 10 构造钢筋。柱的配筋构造详图如下：

(2) 柱长短方向垂直于弯矩作用平面内构件承载力复核

1) $l_0/b = 5600/400 = 14$

2) 查表 7-1，得 $\varphi = 0.92$

$$N_u = 0.9\varphi[f_c A + (A'_s + A_s)f_y]$$

$$= 0.9 \times 0.92 \times (11.9 \times 400 \times 500 + 1520 \times 2 \times 360) = 2876.80 \text{kN} > 1480 \text{kN}$$

满足要求

二、非对称矩形截面偏心受压构件正截面承载力计算

(一) 非对称配筋偏心受压构件大、小偏心的判别

对称配筋由于偏心弯矩作用方向两侧的配筋值和强度相同，在判别截面类型时，可以先假定为大偏心，使两侧钢筋产生的力 $f_y A_y$ 与 $f'_y A'_s$ 抵消，然后由基本计算公式求出截面混凝土受压区折算高度或相对折算高度，由此根据 ξ 与 ξ_b 的关系判别截面大、小偏心受压的类型。在非对称配筋截面设计时，由于 A_s 与 A'_s 二者不相等且均是未知数，不可能假想二者抵消。故无法计算受压区相对高度 ξ，因此，就不能用 ξ 的大小来判别截面大、小偏心受压的类型。

分析研究表明，非对称配筋偏心受压构件，受力破坏的特性与轴向力偏心距和截面配筋情况有关。在一般情况下，当 $e_i \leqslant 0.3 h_0$ 时，均为小偏心受压。当 $e_i > 0.3 h_0$ 时，如果远离轴力作用点所配的钢筋 A_s 适量，则为大偏心受压；如 A_s 过多，则 A_s 中的应力达不到 f_y 而成为小偏心受压。这里的 e_i 是考虑二阶效应对初始偏心距 e_0 增大后的值。在截面设计时截面配筋 A_s 为未知数，不会出现过大导致 $\xi > \xi_b$ 的情况，一般先假定为大偏心受压。根据截面调整截面设计弯矩后的偏心距初步判别不对称配筋偏心受压构件大、小偏心类别的公式是：

大偏心受压 $\qquad\qquad\qquad e_i > 0.3 h_0$ \hfill (7-39)

小偏心受压 $\qquad\qquad\qquad e_i \leqslant 0.3 h_0$ \hfill (7-40)

通常用号的大小可直接判别大小偏心受压构件。

(二) 非对称配筋时大偏心受压构件的截面设计

1. 已知：N、M、b、h、f_c、f_y、f'_y、α_1、β_1、l_0。

求：$A_s = ?$ $A'_s = ?$

解：由大偏心受压构件基本计算公式 (7-25)、式 (7-26) 可见，两个基本计算公式中有 A_s、A'_s 和 x 三个未知量，按常规方法不能求解。为此需要补充一个条件才能求解。与双筋矩形截面受弯构件求解配筋面积的情况相似，为使在满足截面承载力要求的前提下用钢量即 $(A_s + A'_s)$ 最小，此时，应充分发挥混凝土的承载能力，在大偏心受压范围内混凝土受压区高度取最大值，即 $x = x_b = \xi_b h_0$，将其代入式 (7-25)、式 (7-26) 可得：

$$A'_s = \frac{Ne - \alpha_1 f_c b h_0^2 \xi_b (1 - 0.5\xi_b)}{f_y (h_0 - a'_s)} \tag{7-41}$$

$$A_s = \frac{\alpha_1 f_c b h_0 \xi_b + f'_y A'_s - N}{f_y} \tag{7-42}$$

当求得的 $A'_s < \rho_{\min} bh$ 时，取 $A'_s = \rho_{\min} bh$，并按 A'_s 为已知重新计算 A_s 值。

2. 已知：N、M、b、h、f_c、f_y、f'_y、α_1、β_1、A'_s、l_0。

求：$A_s = ?$

利用大偏心受压构件基本计算公式 (7-25)、式 (7-26) 可以容易求出 A_s 和 x 的唯一解。

根据力的平移原理，假想将图 7-18 (a) 中轴向力 N 从作用点平移到远离它一侧的受拉钢筋合力 $f_y A_s$ 的作用点，此时截面需要附加一个顺时针的弯矩，得到图 7-18 (b)；依据力系的分解方法，可将图 7-18 (b) 分解为图 7-18 (c)、图 7-18 (d) 和图 7-18 (e)。从图中可以看出图 7-18 (c) 和图 7-18 (d) 之和类似于双筋矩形截面梁的内力分解图，

图 7-18（e）是轴向力 N 与第三部分钢筋的一个平衡关系图。仿照双筋矩形截面梁正截面的计算和截面内力的平衡关系，可知：

$$M = Ne = M_1 + M_2$$
$$A_s = A_{s1} + A_{s2} - A_{s3}$$

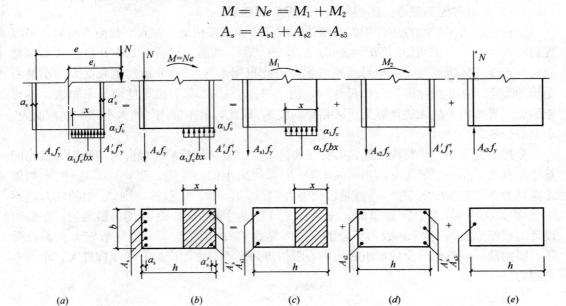

图 7-18 非对称配筋大偏心受压截面应力分解图

图 7-18（d）中 $A_{s2} = \dfrac{f'_y}{f_y} A'_s$、$M_2 = f'_y A'_s (h_0 - a'_s)$ 为已知值，所以图 7-18（c）相当于矩形截面单筋梁，其承受的 $M_1 = M - M_2$，所需的钢筋面积为 A_{s1}。根据单筋矩形截面梁计算时的公式求出混凝土受压区折算高度 x_1：

$$\alpha_{s1} = \dfrac{M_1}{\alpha_1 f_c b h_0^2}, \xi_1 = 1 - \sqrt{1 - 2\alpha_{s1}}, x_1 = \xi_1 h_0$$

根据 $x = x_1$ 的大小所处的范围，可分为三种情况：

（1）当 $2a'_s \leqslant x \leqslant x_b$，说明构件确实属于大偏心受压，$A'_s$ 的配筋值适当可以有效地发挥作用，A_s 也能屈服。此时，A_s 的计算步骤如下：图 7-18（d），$A_{s2} = A'_s \dfrac{f'_y}{f_y}$，$M_2 = A'_s f'_y (h_0 - a'_s)$

图 7-18（c） $A_{s1} = \xi_1 \dfrac{\alpha_1 f_c}{f_y} b h_0$

图 7-18（e） $A_{s3} = \dfrac{N}{f_y}$

$$A_s = A_{s1} + A_{s2} - A_{s3} = \xi_1 \dfrac{\alpha_1 f_c}{f_y} b h_0 + A'_s \dfrac{f'_y}{f_y} - \dfrac{N}{f_y} \tag{7-43}$$

（2）当 $x > x_b$ 时，说明已知的受压钢筋 A'_s 不满足受力要求，应加大截面尺寸，或按 A'_s 及 A_s 均未知的情况重新计算 A'_s 和 A_s，使其满足 $x \leqslant x_b$ 的条件。

（3）当 $x < 2a'_s$ 时，说明受压钢筋 A'_s 不能屈服，此时应按式（7-28）计算受拉钢筋。

$$A_s = \frac{Ne'}{f_y(h_0 - a'_s)}$$

也可按不考虑受压钢筋情况,认为 $A'_s = 0$,按 $M_2 = Ne$ 受弯条件计算 A_s,然后与式(7-28)求得的值比较,取二者较小值配筋。

(三) 非对称配筋时小偏心受压构件的截面设计

已知:N、M、b、h、f_c、f_y、f'_y、α_1、β_1、l_0。

求:$A_s = ?$ $A'_s = ?$

解:非对称配筋时小偏心受压构件与非对称配筋大偏心受压时具有共同特性,因此,为了节约钢筋,必须以截面钢筋总用量最小为出发点,即 $A_s + A'_s$ 最小来补充相应的条件。为此令基本计算公式(7-29)中 $\sigma_s = -f'_y$,可以使式(7-29)中等号右侧提供承载力的三项同号且达到最大值,于是原基本方程就成为可解的方程组。

故小偏心受压构件截面需要配置的钢筋面积为:

$$A'_s = \frac{Ne - \alpha_1 f_c bh(h_0 - 0.5h)}{f'_y(h_0 - a'_s)} \tag{7-44}$$

$$A_s = \frac{N - \alpha_1 f_c bh - f'_y A'_s}{f_y} \tag{7-45}$$

应当指出,当轴向力比较大,A_s 比较少且偏心距较小时,则轴向力的作用点可能位于实际截面形心轴另一侧,致使 A_s 先达到受压屈服强度。为了避免这种情况发生,《混凝土结构规范》规定,除按式(7-28)计算 A_s 外,还应按下式核算 A_s,并取较大者配筋。

$$A_s = \frac{N\left[\dfrac{h}{2} - a_s(e_0 - e_a) - \alpha_1 f_c b\left(h_0 - \dfrac{h}{2}\right)\right]}{f_y(h_0 - a_s)} \tag{7-46}$$

【例题 7-6】 某钢筋混凝土偏心受压柱的截面尺寸为 $b \times h = 400\text{mm} \times 500\text{mm}$,弯矩作用平面内的计算长度为 5.4m,混凝土强度等级 C25($f_c = 11.9\text{N/mm}^2$),钢筋采用 HRB400 级($f_y = f'_y = 360\text{N/mm}^2$,$\xi_b = 0.518$),承受的弯矩设计值 $M_1 = 272\text{kN·m}$,$M_2 = 296\text{kN·m}$,与 M_2 对应的轴向力设计值为 $N = 980\text{kN}$,取 $a_s = a'_s = 60\text{mm}$。试按不对称配筋进行截面计算。

已知:$b \times h = 400\text{mm} \times 500\text{mm}$,$l_0 = 5.4\text{m}$,$f_c = 11.9\text{N/mm}^2$,$f_y = f'_y = 360\text{N/mm}^2$,$\xi_b = 0.518$,$M_1 = 272\text{kN·m}$,$M_2 = 296\text{kN·m}$,$N = 980\text{kN}$。

求:$A_s = ?$ $A'_s = ?$

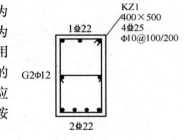

图 7-19 例题 7-6 图

解:(1) 柱长边方向弯矩作用平面内构件承载力计算

1) 判断是否需要考虑轴向力在弯曲方向二阶效应对影响截面偏心距的影响。

柱两端弯矩的比值

$$\frac{M_1}{M_2} = \frac{272}{296} = 0.92 > 0.9$$

$$l_c/i = 5400/(500/2 \times 1.732) = 37.41 > 34 - 12(272/296) = 22.96$$

$$\frac{N}{f_c A} = \frac{980 \times 10^3}{11.9 \times 400 \times 500} = 0.411 < 0.9$$

需要考虑轴力作用下二阶效应对截面偏心距的影响。

2）调整设计截面承受的弯矩设计值

e_a 从 $h/30=17$mm 和 20mm 的较大值为附加偏心距，即 $e_a=20$mm

$$C_m = 0.7 + 0.3 \frac{M_1}{M_2} = 0.976 > 0.7$$

$$\zeta_c = \frac{0.5 f_c A}{N} = \frac{0.5 \times 11.9 \times 400 \times 500}{980 \times 10^3} = 1.2 \text{ 取 } \zeta_c = 1.0$$

$$\eta_{ns} = 1 + \frac{1}{1300(M_2/N + e_a)/h_0} \left(\frac{l_c}{h}\right)^2 \zeta_c$$

$$= 1 + \frac{1}{1300 \times (296 \times 10^6/980 \times 10^3 + 20)/440} \times \left(\frac{5400}{500}\right)^2 \times 1.0 = 1.122$$

$$C_m \eta_{ns} = 0.976 \times 1.123 = 1.096 \geqslant 1.0 \quad \text{满足要求。}$$

3）计算调整后的弯矩设计值

$$M = C_m \eta_{ns} M_2 = 0.976 \times 1.122 \times 296 = 324.14 \text{kN} \cdot \text{m}$$

4）判断大小偏心受压

$$\xi = \frac{N}{\alpha_1 f_c b h_0} = \frac{980 \times 10^3}{1.0 \times 11.9 \times 400 \times 440} = 0.468 < \xi_b = 0.518$$

该柱为大偏心受压柱。

5）求截面配筋

$$e = e_i + \frac{h}{2} - a_s = 351 + 250 - 60 = 541 \text{mm}$$

$$A'_s = \frac{Ne - \alpha_1 f_c b h_0^2 \xi_b (1 - 0.5\xi_b)}{f'_y (h_0 - a'_s)}$$

$$= \frac{980 \times 10^3 \times 541 - 1.0 \times 11.9 \times 400 \times 440^2 \times 0.518 \times (1 - 0.5 \times 0.518)}{360 \times (440 - 60)}$$

$$= 1290 \text{mm}^2$$

$$A_s = \frac{\alpha_1 f_c b h_0 \xi_b + f'_y A'_s - N}{f_y}$$

$$= \frac{1.0 \times 11.9 \times 400 \times 440 \times 0.518 + 360 \times 1235 - 980 \times 10^3}{360} = 1581 \text{mm}^2$$

6）选配钢筋

轴向力 N 的近侧　　选配 4 ⏀ 20（$A_s=1256$mm²）

轴向力 N 的远侧　　选配 2 ⏀ 25+2 ⏀ 22（$A'_s=1742$mm²）

7）验算构造要求并画配筋图

配筋率　　$\rho = \frac{A_s + A'_s}{bh} = \frac{2998}{400 \times 500} = 1.5\% > \rho_{min} = 0.55\%$ 满足要求

短边方向钢筋间距

$(400-2\times50-2\times25-2\times22)/3 = 68.7$mm >30mm 且 $>1.5d=37.5$mm 满足要求

长边方向钢筋间距　　$500-2\times50-25-20=355>300$mm

构件长边每侧配置构造钢筋为 HPB300 级Φ12。

截面配筋如图 7-19 所示。

(2) 短边方向垂直于弯矩作用平面的承载力复核

$l_0/b = 5400/400 = 13.5$，查表 7-1 得 $\varphi = 0.923$

$N_u = 0.9\varphi[f_cA + (A'_s + A_s)f'_y] = 0.9 \times 0.923 \times (11.9 \times 400 \times 500 + 2548 \times 360)$
$= 2739.50 \text{kN} > 980 \text{kN}$

满足要求。

【例题 7-7】 某矩形截面框架柱，截面尺寸 $b \times h = 400\text{mm} \times 600\text{mm}$，$l_c = 5.4\text{m}$，$a_s = a'_s = 40\text{mm}$；所用材料为混凝土 C30 ($f_c = 14.3\text{N/mm}^2$)，钢筋为 HRB400 级 ($\xi_b = 0.533$，$f_y = 360\text{N/mm}^2$)；柱承受的内力为柱一端承受偏心弯矩 $M_1 = 147\text{kN} \cdot \text{m}$，另一段承受偏心弯矩 $M_2 = 158\text{kN} \cdot \text{m}$ 及与它对应的轴向力设计值 $N = 3125\text{kN}$。试求截面配筋。

已知：$b \times h = 400\text{mm} \times 600\text{mm}$，$l_c = 5.4\text{m}$，$a_s = a'_s = 40\text{mm}$，$f_c = 14.3\text{N/mm}^2$，$f_y = 360\text{N/mm}^2$，$\xi_b = 0.518$，$M_1 = 147\text{kN} \cdot \text{m}$ $M_2 = 158\text{kN} \cdot \text{m}$，$N = 3125\text{kN}$

求：$A_s = ?$ $A'_s = ?$

解：(1) 柱长边方向弯矩作用平面内构件承载力计算

1) 判断是否需要考虑轴向力在弯曲方向二阶效应对影响截面偏心距的影响。

$$\frac{M_1}{M_2} = \frac{147}{158} = 0.93 > 0.9$$

$$\frac{N}{f_cA} = \frac{3125 \times 10^3}{14.3 \times 400 \times 600} = 0.91 > 0.9$$

$$l_c/i = 5400/(600/2 \times 1.732) = 31.14 > 34 - 12(147/158) = 22.84$$

需要考虑二阶弯矩效应的影响。

2) 求调整后柱设计截面的弯矩设计值

$h/30 = 20\text{mm}$ 故 $e_a = 20\text{mm}$

$C_m = 0.7 + 0.3\dfrac{M_1}{M_2} = 0.979 > 0.7$

$\zeta_c = \dfrac{0.5f_cA}{N} = \dfrac{0.5 \times 14.3 \times 400 \times 600}{3125 \times 10^3} = 0.55$

$\eta_{ns} = 1 + \dfrac{1}{1300(M_2/N + e_a)/h_0}\left(\dfrac{l_c}{h}\right)^2 \zeta_c$

$= 1 + \dfrac{1}{1300 \times (158 \times 10^6/3125 \times 10^3 + 20)/550} \times \left(\dfrac{5400}{600}\right)^2 \times 0.55 = 1.267$

$C_m\eta_{ns} = 0.979 \times 1.267 = 1.240 \geqslant 1.0$，满足要求。

$M = C_m\eta_{ns}M_2 = 0.979 \times 1.267 \times 158 = 196\text{kN} \cdot \text{m}$

3) 求截面配筋面积

$$e_0 = \frac{M}{N} = \frac{196 \times 10^6}{3125 \times 10^3} = 62.72\text{mm}$$

$$e_i = e_0 + e_a = 67.72 + 20 \text{mm} = 87.72 \text{mm}$$

$$e = e_i + h/2 - a_s = 87.2 + 300 - 40 = 347.2 \text{mm}$$

$$\alpha_1 f_c b h = 1.0 \times 14.3 \times 400 \times 600 = 3432 \text{kN} > N = 3125 \text{kN}$$

$$e' = h/2 - a'_s - (e_0 - e_a) = 300 - 40 - (67.2 - 20) = 213 \text{mm}$$

$$A_s = \frac{Ne' - \alpha_1 f_c b h (h/2 - a'_s)}{f_y (h_0 - a'_s)}$$

$$= \frac{3125 \times 10^3 \times 213 - 1.0 \times 14.3 \times 400 \times 600 \times (300 - 40)}{360 \times (560 - 40)} < 0$$

按构造配筋取 $A_s = \rho_{\min} bh = 0.2\% \times 400 \times 600 = 480 \text{mm}^2$

$$B_1 = \frac{A_s f_y}{(\beta_1 - \xi_b) \alpha_1 f_c b h_0} = \frac{480 \times 360}{(0.8 - 0.533) \times 1.0 \times 14.3 \times 400 \times 560} = 0.202$$

$$B_2 = \frac{a_s}{h_0}(1 + B_1) - B_1 = \frac{50}{560} \times (1 + 0.202) - 0.202 = -0.095$$

$$\xi = \sqrt{B_2^2 + 2 \times \left(\frac{N}{\alpha_1 f_c b h_0} + \beta_1 \times B_1\right) \times \left(1 - \frac{a'_s}{h_0}\right) - \frac{2 \times Ne}{\alpha_1 f_c b h_0^2}} - B_2$$

$$= \sqrt{(-0.095)^2 + 2 \times \left(\frac{3125 \times 10^3}{1.0 \times 14.3 \times 400 \times 560} + 0.8 \times 0.202\right) \times \left(1 - \frac{50}{560}\right) - \frac{2 \times 3125 \times 10^3 \times 347.2}{1.0 \times 14.3 \times 400 \times 560^2}}$$

$$- 0.095$$

$$= 0.904 < 1.6 - \xi_b = 1.067$$

4) 求 A'_s

$$A'_s = \frac{N - \alpha_1 f_c \xi b h_0}{f_y} + A_s \frac{\xi - \beta_1}{\xi_b - \beta_1}$$

$$= \frac{3125 \times 10^3 - 1.0 \times 14.3 \times 0.904 \times 400 \times 560}{360} + 480 \times \frac{0.904 - 0.8}{0.518 - 0.8} = 460 \text{mm}^2$$

5) 选配钢筋

远离轴向力的一侧　配置 2Φ18（$A_s = 509 \text{mm}^2$）

离轴向力近的一侧　配置 2Φ18（$A'_s = 509 \text{mm}^2$）

6) 复核构造要求并画截面配筋图

配筋率　$\rho = \frac{A_s}{bh} = \frac{509}{400 \times 600} = 0.212\% > \rho_{\min} = 0.2\%$，满足要求。

短边方向钢筋的间距 $(400 - 2 \times 40 - 4 \times 20)/3 = 80 \text{mm} > 1.5d = 30 \text{mm}$，满足要求。

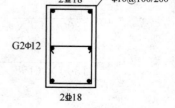

图 7-20　例题 7-7 图

7) 长边方向钢筋的间距 $600 - 2 \times 40 - 18 - 20 = 482 \text{mm} > 300 \text{mm}$

长边中点每侧应配置 HPB300 级Φ12 的构造钢筋，如图 7-20 所示。

第五节 I形截面偏心受压构件正截面承载力计算

通常情况下当柱截面高度大于 800mm 时,为了节省柱消耗的混凝土,降低柱的自重,提高厂房建设的经济性能,采用 I 形柱。I 形柱偏心受压构件的破坏特征和计算方法与矩形截面偏心受压构件相似。截面大、小偏心的判别与矩形截面的判别式相同,当满足:

$\xi \leqslant \xi_b$ 时,为大偏心受压;

$\xi > \xi_b$ 时,为小偏心受压。

一、基本计算公式及适用条件

(一)大偏心受压($\xi \leqslant \xi_b$)

I 形截面大偏心受压构件,可能出现受压区只局限在受压翼缘以内和受压区进入腹板两种情况。

1. 受压区局限在翼缘以内($x \leqslant h'_f$)

如图 7-21(a)所示,受压区局限在翼缘以内的 I 形大偏心受压截面,受力破坏时的截面内力平衡类似于宽度为 b'_f,高度为 h 的矩形截面的受力,根据截面内力平衡条件,可得这类 I 形截面的基本计算公式:

$$\Sigma N = 0, N \leqslant \alpha_1 f_c b'_f x + f'_y A'_s - f_y A_s \tag{7-47}$$

$$\Sigma M = 0, Ne \leqslant \alpha_1 f_c b'_f x \left(h_0 - \frac{x}{2}\right) + f'_y A'_s (h_0 - a'_s) \tag{7-48}$$

公式的适用条件:

$$2a'_s \leqslant x \leqslant h'_f$$

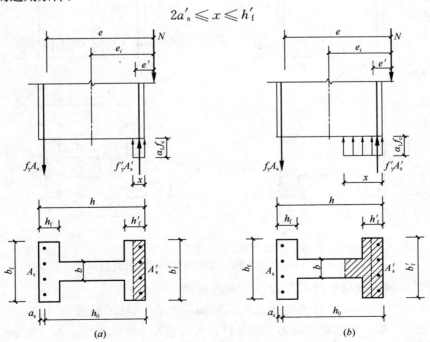

图 7-21 I 形截面大偏心受压构件横截面计算应力图

当 $x<2a'_s$ 时，取 $x=2a'_s$，按式（7-28）计算。

2. 受压区进入腹板（$x>h'_f$）

如图 7-21（b）所示，此类 I 形截面受压区全部翼缘和部分腹板参与受压，混凝土受压区形状为 T 形。由力的平衡条件可得基本计算公式为：

$$\Sigma N = 0, N \leqslant \alpha_1 f_c bx + \alpha_1 f_c (b'_f - b) h'_f + f'_y A'_s - f_y A_s \quad (7-49)$$

$$\Sigma M = 0, N \leqslant \alpha_1 f_c \left[bx \left(h_0 - \frac{x}{2} \right) + (b'_f - b) h'_f \left(h_0 - \frac{h'_f}{2} \right) \right] + f'_y A'_s (h_0 - a'_s) \quad (7-50)$$

基本计算公式的适用条件：

$$h'_f < x \leqslant \xi_b h_0 \quad (7-51)$$

（二）小偏心受压（$x>\xi_b h_0$）

1. 受压区在腹板内（$\xi_b h_0 < x < h - h_f$）

如图 7-22（a）所示，I 形小偏心受压构件，截面受压区一种情况是在翼缘内，此时受压区截面形状为 T 形；根据截面内力平衡条件，可得这类 I 形截面的基本计算公式为

$$\Sigma N = 0, N \leqslant \alpha_1 f_c bx + \alpha_1 f_c (b'_f - b) h'_f + f'_y A'_s - \sigma_s A_s \quad (7-52)$$

$$\Sigma M = 0, Ne = \alpha_1 f_c \left[bx \left(h_0 - \frac{x}{2} \right) + (b'_f - b) h'_f \left(h_0 - \frac{h'_f}{2} \right) \right] + f'_y A'_s (h_0 - a'_s) \quad (7-53)$$

公式的受压条件：

$$\xi_b h_0 < x \leqslant h - h_f$$

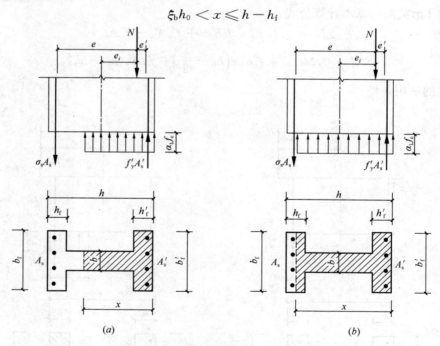

图 7-22 I 形截面小偏心受压构件横截面计算应力图

2. 受压区进入远离轴向压力 N 一侧的腹板内

如图 7-22（b）所示，受压区进入远离轴向压力 N 一侧的腹板内（$x>h-h_f$），受压区截面形状为 I 形，根据截面内力平衡条件，可得这类 I 形截面的基本计算公式为

$$\Sigma N = 0, N \leqslant \alpha_1 f_c [bx + (b'_f - b) h'_f + (b_f - b)(x - h + h_f)] + f'_y A'_s - \sigma_s A_s \quad (7-54)$$

$$\Sigma M = 0, Ne = \alpha_1 f_c \left[bx\left(h_0 - \frac{x}{2}\right) + \left(h_0 - \frac{h'_f}{2}\right)\left(h_0 - \frac{h'_f}{2}\right) \right.$$
$$\left. + (b_f - b)(x - h + h_f)\left(\frac{h}{2} + \frac{h_f}{2} - \frac{x}{2} - a_s\right) \right] + f'_y A'_s (h_0 - a'_s) \quad (7\text{-}55)$$

公式的受压条件：
$$h - h_f < x \leqslant h$$

以上各式中 $e = e_i + \frac{h}{2} - a_s$，$e_i = e_0 + e_a$，对于长柱 e_0 是考虑二阶弯矩响应后调整得到的值。式（7-52）及式（7-54）中的 σ_s 由式（7-12）、式（7-13）求得。

二、对称配筋 I 形截面偏心受压构件正截面承载力计算

工业厂房的排架柱在地震作用、大风荷载和吊车横向惯性作用等影响下，处在交替变化的外力作用下，故通常采用对称配筋的方式。

（一）大偏心受压（$x \leqslant h'_f$）

由于两侧翼缘内配筋值和强度等级相同，且二者方向相反，可以抵消。由式（7-48）可得

$$x = \frac{N}{\alpha_1 f_c b'_f} \quad (7\text{-}56)$$

当 $2a'_s \leqslant x \leqslant h'_f$ 时，

$$A_s = A'_s = \frac{Ne - \alpha_1 f_c b'_f h_0^2 \xi(1 - 0.5\xi)}{f'_y(h_0 - a'_s)} \quad (7\text{-}57)$$

式中 $e = e_i + \frac{h}{2} - a_s$。

当 $x < 2a'_s$ 时，由式（7-28）可得

$$A_s = A'_s = \frac{Ne'}{f'_y(h_0 - a'_s)}$$

式中 $e' = e_i + \frac{h}{2} - a_s$。

当 $x > h'_f$ 时，说明中性轴在腹板内，这时应按式（7-49）求 x。

$$x = \frac{N - \alpha_1 f_c (b'_f - b) h'_f}{\alpha_1 f_c b} \quad (7\text{-}58)$$

当按式（7-54）求得的 $x \leqslant \xi_b h_0$，属于大偏心受压，则

$$A_s = A'_s = \frac{Ne - \alpha_1 f_c bx\left(h_0 - \frac{x}{2}\right) - \alpha_1 f_c (b'_f - b) h'_f \left(h_0 - \frac{h'_f}{2}\right)}{f'_y(h_0 - a'_s)} \quad (7\text{-}59)$$

【例题 7-8】 已知某 I 形截面排架柱，如图 7-23 所示，$l_0 = 6.3\text{m}$，混凝土强度等级为 C30，纵向钢筋采用 HRBF400 级，作用于柱截面的弯矩设计值 $M = 650\text{kN} \cdot \text{m}$，轴向力设计值 $N = 982\text{kN}$，$a_s = a'_s = 40\text{mm}$。试计算对称配筋时截面面积 $A_s = A'_s$ 的值。

已知：$l_0 = 6.3\text{m}$，$f_c = 14.3\text{N/mm}^2$，$f_y = 360\text{N/mm}^2$，$h_0 = 860\text{mm}$，$a_s = a'_s = 40\text{mm}$，$\xi_b = 0.518$，$M = 650\text{kN} \cdot \text{m}$，$N = 982\text{kN}$。

求：$A_s = A'_s = ?$

解：（1）确定截面的几何参数

截面面积 $A=1.80\times10^5 \mathrm{mm}^2$；
截面绕 y 轴的惯性矩 $I_y=19.54\times10^9 \mathrm{mm}^4$；
回转半径 $i_y=323\mathrm{mm}$。

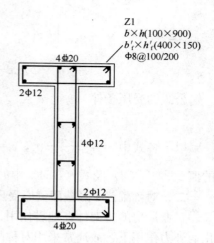

图 7-23 例题 7-8 图

(2) 判断是否需要考虑二阶弯矩效应的影响
$$\frac{l_0}{h}=\frac{6300}{900}=7<8 \text{ 或 } \frac{l_0}{i_y}=\frac{6300}{323}=19.5<28$$
该柱为短柱，故可以不考虑二阶弯矩效应的影响。

(3) 初始偏心距的确定 e_i

1) 附加偏心距 e_a 的确定
$$\frac{h}{30}=\frac{900}{30}=30\mathrm{mm}$$

2) 求偏心距 e_0
$$e_0=\frac{M}{N}=\frac{650\times10^6}{982\times10^3}=662\mathrm{mm}$$

则
$$e_i=e_0+e_a=662+30=692\mathrm{mm}$$

(4) 判别大、小偏心
$$e_i=e_0+e_a=662+30=692\mathrm{mm}>0.3h_0=0.3\times860=258\mathrm{mm}$$
初步判别为大偏心受压构件。
$$\alpha_1 f_c b'_f h'_f=1.0\times14.3\times400\times150=858\mathrm{kN}<N=982\mathrm{kN}$$
受压区高度在翼缘内，即 $x>h'_f$。
$$\xi=\frac{N-\alpha_1 f_c(b'_f-b)h'_f}{\alpha_1 f_c b h_0}$$
$$=\frac{982\times10^3-1.0\times14.3\times(400-100)\times150}{1.0\times14.3\times100\times860}=0.275<\xi_b=0.518$$
属于大偏心受压。

(5) 配筋面积计算
$$e=e_i+h/2-a_s=692+450-40=1102\mathrm{mm}$$
$$A_s=A'_s=\frac{Ne-\alpha_1 f_c[bx(h_0-x/2)+(b'_f-b)h'_f(h_0-h'_f/2)]}{f'_y(h_0-a'_s)}$$
$$=\frac{982\times10^3\times1102-1.0\times14.3\times[100\times236.5\times(860-236.5/2)+(400-100)\times150\times(860-150/2)]}{360\times(860-40)}$$
$$=1105\mathrm{mm}^2$$

(6) 选配钢筋并验算有关构造要求
查表选配 4 Φ 20（$A_s=A'_s=1256\mathrm{mm}^2$）
配筋率 $\rho_{min}=0.55\%<\rho=\dfrac{A_s+A'_s}{A}=\dfrac{2\times1256}{1.87\times10^5}=1.34\%<\rho_{max}=3\%$
满足要求。
翼缘宽度方向钢筋间距：

$$(400-2\times40-4\times20)/3=80\text{mm}>30\text{mm} \text{ 且} >1.5d=30\text{mm}$$

满足要求。

截面高度方向腹板净高尺寸为600mm，根据构造要求在腹板内配两排HPB300级，共6Φ10构造钢筋。

（二）小偏心受压（$x>\xi_b h_0$）

当按式（7-56）求得的$x>\xi_b h_0$，属于小偏心受压，这时应按式（7-51）与式（7-52）或式（7-53）与式（7-54）联立求解x和A_s。

第六节　偏心受压构件承载力复核及斜截面抗剪承载力计算

一、正截面承载力复核

已知：柱截面尺寸b、h，柱内配筋面积A_s、A'_s，材料强度f_c、f_y、f'_y，构件的长细比l_0/h，轴向力设计值N，偏心距e_0。

求：$N_u=?$ $M_u=?$

解：(1) 弯矩作用平面内承载力复核

1）判别大、小偏心受压

依据大偏心受压构件截面应力图形（图7-14）上应力对偏心轴向力的作用点取矩，可得平衡方程：

$$\alpha_1 f_c bh\xi(e_i-0.5h+0.5\xi h_0)+A'_s f'_y(e_i-0.5h+a'_s)=f_y A_s(e_i+0.5h-a_s) \tag{7-60}$$

解式（7-60）可得：

$$\xi=\left(1-\frac{e}{h_0}\right)+\sqrt{\left(1-\frac{e}{h_0}\right)^2+2\left(\frac{\rho f_y}{\alpha_1 f_c}\cdot\frac{e}{h}\right)\mp\frac{\rho' f'_y}{\alpha_1 f_c}\cdot\frac{e'}{h_0}} \tag{7-61}$$

当$\xi\leqslant\xi_b$时，与原假定相符，为大偏心受压；

当$\xi>\xi_b$时，与原假定不符，为小偏心受压。

2）大偏心受压构件截面复核

当$\frac{2a'_s}{h_0}\leqslant\xi\leqslant\xi_b$时，将由式（7-61）求得的$\xi$结果代入基本计算公式（7-25）可得：

$$N_u=\alpha_1 f_c bh_0\xi \tag{7-62}$$

当$\xi<\frac{2a'_s}{h_0}$时，将由式（7-60）求得的ξ结果代入基本计算公式（7-28）可得：

$$N_u=\frac{f_y(h_0-a'_s)}{e_i-0.5h+a'_s} \tag{7-63}$$

3）小偏心受压构件截面复核

当$\xi>\xi_b$时，将由式（7-60）求得的ξ结果代入基本计算公式（7-29）、式（7-30）可得：

$$N_u=\alpha_1 f_c bh_0\xi+f'_y A'_s-f_y A_s\frac{\xi-\beta_1}{\xi_b-\beta_1} \tag{7-64}$$

$$N_u e=\alpha_1 f_c bh_0^2\xi(1-0.5\xi)+f'_y A'_s(h_0-a'_s) \tag{7-65}$$

(2) 垂直于弯矩作用平面的承载力验算

若垂直于弯矩作用平面的长细比 $l_0/b>24$ 时，则有可能构件的破坏是由垂直于弯矩作用平面的纵向受压起控制作用。因此，《混凝土结构规范》规定，小偏心受压构件除应计算弯矩作用平面内的受压承载力外，还应按轴心受压构件用公式（7-32）验算垂直于弯矩平面的受压承载力。

二、斜截面承载力计算

建筑结构中的偏心受压构件除了承受轴向压力 N 和弯矩 M 外，在水平地震作用、不对称的垂直荷载、大风荷载和水平方向其他荷载影响下还承受水平剪切力的作用，此时就需要对承受水平力作用的受弯构件进行斜截面承载力验算。

试验表明，轴向力的存在能够阻止或减缓柱斜裂缝的出现和开展，轴向压力在一定范围内时柱斜截面的受剪承载力就会提高，当轴压比 $\dfrac{N}{f_c b h_0}=0.3\sim0.5$ 时，柱斜截面受剪承载力达到最大值，所以轴向力 N 具有提高柱斜截面受剪承载能力的作用。此外，由于轴向力的存在，使柱中主拉应力的方向与柱轴线夹角变大，从而使斜裂缝的倾角（与构件轴线的夹角）减少，剪压区面积有所增大，这就使得柱截面内剪压区混凝土的抗剪性能得到充分发挥。但轴压比在 0.3 以下时随着其变小增加轴向力、在 0.5 时随着其变大增加轴向力，柱抗斜截面受剪承载力都将下降。对于矩形、T 形和工字形截面的钢筋混凝土受压构件，柱受剪承载力计算公式为：

$$V \leqslant \frac{1.75}{\lambda+1} f_{cc} b h_0 + f_{yv} \frac{A_{sv}}{s} h_0 + 0.07N \tag{7-66}$$

矩形截面偏心受压柱，其截面柱应符合公式（5-8）或式（5-9）的要求，如不符合需加大到满足后方可。

式（7-66）的右侧第一项 $\dfrac{1.75}{\lambda+1}f_{cc}bh_0$ 可以直观地理解为截面混凝土提供的柱斜截面受剪承载力，第三项 $0.07N$，可以理解为由于轴向力的存在，对验算的柱斜截面受剪承载力产生的提高作用。

因此，当满足式（7-53）时，可按构造配置箍筋，不必进行受剪承载力验算。

$$V \leqslant \frac{1.75}{\lambda+1} f_{cc} b h_0 + 0.07N \tag{7-67}$$

式中　N——与柱截面承受的剪力设计值 V 相应的轴向压力设计值。当 $N>0.3f_c A$ 时，取 $N=0.3f_c A$；

　　　λ——偏心受压柱计算截面的剪跨比。对于各类框架柱，宜取 $\lambda=M/Vh_0$；对于框架结构的框架柱，反弯点在层高范围内时，可取 $\lambda=H_n/2h_0$；当 $\lambda<1$ 时，取 $\lambda=1$；当 $\lambda>3$ 时，取 $\lambda=3$；H_n 为柱的净高，M 为计算截面上与剪力设计值对应的弯矩设计值。（1）其他偏心受压构件，当承受均布荷载时，取 $\lambda=1.5$；（2）当承受集中荷载时（包括作用有多种荷载且集中荷载对柱支座截面产生的剪力设计值占总剪力 75% 以上时，可取 $\lambda=a/h_0$），其中当 $\lambda<1$ 时，取 $\lambda=1$；当 $\lambda>3$ 时，取 $\lambda=3$；a 为集中荷载至支座边缘的距离。

本 章 小 结

1. 配有普通箍筋的轴心受压构件承载力由混凝土和纵向受力钢筋两部分抗压承载力

组成，对于长细比较大的柱子还要考虑纵向弯曲的影响，长柱的承载力计算公式为 $N \leqslant 0.9\varphi(f_c A + f'_y A'_s)$。配有螺旋式和焊接封闭环式间接钢筋的轴心受压构件承载力，除了应考虑混凝土和纵向钢筋影响外，还应考虑间接箍筋对承载力的影响。其计算公式为 $N \leqslant 0.9(f_c A_{cor} + f'_y A'_s + 2\alpha f_y A_{ss0})$。

2. 偏心受压构件按其破坏特征不同，分为大偏心受压和小偏心受压。大偏心受压破坏时，受拉钢筋先达到屈服，最后轴向力的近侧混凝土达到极限应变被压碎，受压钢筋达到设计强度。小偏心受压构件在轴向力和偏心弯矩作用下，轴向力的近侧混凝土首先被压碎，受压钢筋达到屈服强度，而距轴力较远一侧钢筋无论受拉或受压均不能达到屈服强度。此外，对非对称配筋的小偏心受压构件，还可能发生距轴力远侧混凝土先被压坏的反向破坏。

3. 当截面受压区的相对高度 $\xi \leqslant \xi_b$ 时为大偏心受压构件，$\xi > \xi_b$ 时为小偏心受压构件。

4. 偏心受压构件正截面承载力计算时，都要考虑附加偏心距 e_a 和长细比过大产生的偏心弯矩增大系数 η_{ns} 的影响。

5. 对于长细比较大的小偏心受压构件，在截面设计或强度复核时都要验算构件垂直于弯矩作用平面的轴心抗压强度。

6. 偏心受压构件斜截面受剪承载力计算公式，是在梁斜截面受剪承载力计算公式的基础上，考虑轴向力的影响后得到的。在一定轴压比的范围内，轴向力的存在对受压构件斜截面受剪承载力会产生有利影响。超出这个范围则具有不利影响。

复习思考题

一、名词解释

轴心受压构件　构件的长细效应　小偏心受压构件　界限受压破坏　大偏心受压构件　偏心距增大系数　附加偏心距

二、问答题

1. 受压构件中纵向钢筋的作用有哪些？
2. 受压构件中箍筋的作用有哪些？它对构件纵向抗压有什么影响？
3. 短柱和长柱的区别有哪些？长柱计算时如何考虑其长细效应对承载力的不利影响？
4. 配有间接箍筋（螺旋箍筋和焊接封闭环式箍筋）的轴心受压构件其承载力和变形性能提高的原因是什么？
5. 偏心受压构件有几种破坏形态？各自的特点有哪些？
6. 什么是偏心受压构件的附加偏心距？它对构件承载力有何影响？怎样计算附加偏心距？
7. 偏心距增大系数如何计算？它对构件承载力有何影响？
8. 如何判别大小偏心受压构件？大偏心受压和小偏心受压构件的承载力计算步骤各有哪些？
9. 何种偏心受压构件需要验算短边方向的轴心抗压强度？为什么？

三、计算题

1. 已知柱截面尺寸为 $b \times h = 300\text{mm} \times 300\text{mm}$，计算长度 $l_0 = 4.2\text{m}$，采用 C25 混凝土和 HRB400 级纵向钢筋，柱底承受的轴向压力（含柱的自重）设计值为 $N = 1350\text{kN}$。试确定柱的纵向受力钢筋。

2. 已知柱截面尺寸为 $b \times h = 300\text{mm} \times 300\text{mm}$，计算长度 $l_0 = 3.9\text{m}$，采用 C25 混凝土，RRB400 级纵向钢筋，实配 4Φ^R 18，箍筋为 HPB300 级，实配Φ8@200；柱底承受的轴向压力（含柱的自重）为 $N = 1180\text{kN}$。试验算该柱的承载力是否满足需要。

3. 某配有螺旋箍筋的圆形截面柱，承受轴向压力设计值 $N = 2360\text{kN}$，柱的直径 $d = 450\text{mm}$，计算长度 $l_0 = 4.2\text{m}$，已配纵向钢筋为 HRB335 级 8Φ16（$A'_s = 1608\text{mm}^2$），采用 HPB300 级Φ10 螺旋箍筋，

混凝土强度等级为 C25。试求所需螺旋箍筋的数量。

4. 某矩形截面偏心受压排架柱，截面尺寸为 $b \times h = 300\text{mm} \times 500\text{mm}$，计算长度 $l_0 = 6.6\text{m}$，$a_s = a_s' = 40\text{mm}$，混凝土强度等级为 C30，钢筋采用 HRB400 级，截面承受的弯矩设计值 $M = 288\text{kN} \cdot \text{m}$，承受的轴向力设计值为 $N = 565\text{kN}$。求采用对称配筋时柱截面的配筋面积。

5. 某矩形截面偏心受压柱，截面尺寸为 $b \times h = 400\text{mm} \times 500\text{mm}$，计算长度 $l_0 = 3.9\text{m}$，$a_s = a_s' = 40\text{mm}$，混凝土强度等级为 C20，钢筋采用 HRB400 级，截面承受的弯矩设计值 $M_1 = 360\text{kN} \cdot \text{m}$，$M_2 = 390\text{kN} \cdot \text{m}$，承受与 M_2 对应的轴向力设计值为 $N = 1320\text{kN}$。求采用对称配筋时截面的配筋面积。

6. 某矩形截面偏心受压柱，截面尺寸为 $b \times h = 400\text{mm} \times 600\text{mm}$，计算长度 $l_0 = 3.0\text{m}$，$a_s = a_s' = 40\text{mm}$，混凝土强度等级为 C30，钢筋采用 RRB400 级，截面承受的弯矩设计值 $M = 400\text{kN} \cdot \text{m}$，承受的轴向力设计值为 $N = 800\text{kN}$，柱内每侧配有 3Φ^R25 的纵向受力钢筋。试复核该柱正截面承载力是否满足要求。

第八章 受拉构件承载力计算

学习要求与目标：
1. 理解大、小偏心受拉构件的判别方法，掌握大、小偏心受拉构件正截面承载力的计算方法。
2. 了解偏心受拉构件的斜截面受剪承载力计算。

截面承受拉力作用的构件称为受拉构件，截面承受的拉力通过截面形心轴的构件称为轴心受拉构件。这类构件包括屋架没有节间荷载作用时的下弦杆，屋架中的受拉腹杆，圆形截面蓄水池的池壁等。轴向拉力作用点和截面形心之间存在偏心距的构件称为偏心受拉构件。这类构件包括工业厂房中使用的钢筋混凝土双肢柱的柱肢，混凝土屋架的上弦杆，矩形截面蓄水池的池壁等，如图 8-1 所示为常用的受拉构件。

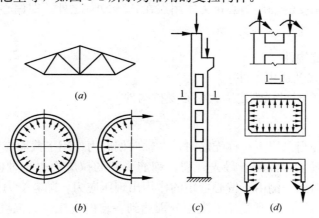

图 8-1 常用受拉构件

第一节 轴心受拉构件

轴心受拉构件受力较小时钢筋和混凝土共同承担外荷载的作用，随着构件承受的外荷载不断增加，截面承受的拉应力也不断增加，在轴向力增加的过程中混凝土很快达到其抗拉极限应变和抗拉设计强度而开裂；构件开裂的同时原来由混凝土承受的拉应力就转嫁给了截面上配置的钢筋，钢筋应力瞬间快速增加。随后伴随荷载的上升，截面所配的受拉钢筋的拉应力持续上升，最后达到屈服强度，构件达到承载力的极限状态（图 8-2）。可见

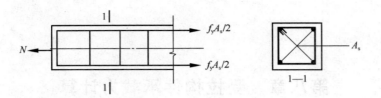

图 8-2 轴心受拉构件破坏时截面应力图

轴心受拉构件的承载力就等于截面配置的纵向受拉钢筋屈服时提供的总的拉力。

$$N \leqslant f_y A_s \tag{8-1}$$

式中 N——构件截面承受的轴向拉力设计值；

f_y——钢筋抗拉强度设计值；

A_s——轴向受拉钢筋的全部截面面积。

第二节 矩形截面偏心受拉构件承载力计算

矩形截面偏心受拉构件正截面上所配钢筋，承受拉力较大的离轴向偏心拉力较近的用 A_s 表示，承受力较小的离轴向偏心力较远的钢筋用 A'_s 表示。为了内力分析的方便假定，当截面承受的轴向偏心拉力作用点在 A_s 和 A'_s 之间，即偏心距 $e_0 \leqslant \frac{h}{2} - a_s$ 时，为小偏心受拉构件。当截面承受的轴向偏心拉力作用点在 A_s 和 A'_s 之外，即偏心距 $e_0 > \frac{h}{2} - a_s$ 时，为大偏心受拉构件。

一、大偏心受拉构件

1. 基本计算公式及适用条件

当满足式（8-2）时可以判定为大偏心受拉构件

$$e_0 > \frac{h}{2} - a_s \tag{8-2}$$

大偏心受拉构件当采用不对称配筋时，在轴向偏心力作用下截面应力不均匀，轴向力 N 作用的近侧拉力较大，混凝土最先开裂，钢筋受到的拉应力也较轴向力的远侧钢筋中的拉力大，同时截面另一侧由于偏心弯矩的作用出现压应力，随着受力过程的持续，首先 A_s 屈服，最后另一侧的 A'_s 和受压混凝土分别达到各自的抗压设计强度 f'_y 和 f_c 而破坏。大偏心受拉构件截面内力分布图如图 8-3 (b) 所示。计算公式为式（8-3）和式（8-4）。

$$\Sigma N = 0, N = f_y A_s - f'_y A'_s - \alpha_1 f_c bx \tag{8-3}$$

$$\Sigma M = 0, Ne \leqslant \alpha_1 f_c bx \left(h_0 - \frac{x}{2}\right) + f'_y A'_s (h_0 - a'_s) \tag{8-4}$$

式中

$$e = e_0 - \frac{h}{2} + a_s \tag{8-5}$$

公式的适用范围 $2a'_s < x \leqslant \xi_b h_0$

2. 截面设计

（1）不对称配筋时

已知：b，h，M，N，f_c，f'_y，f_y。

求：$A_s = ?$ $A'_s = ?$

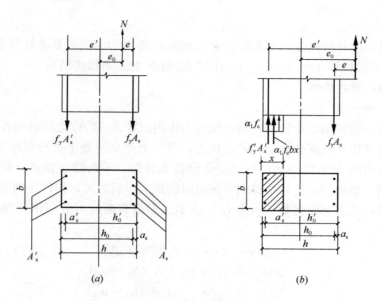

图 8-3 偏心受拉构件截面应力分布图

解：
1) 判定为大偏心受拉构件
$$e_0 = M/N > h/2 - a_s$$

2) 为了使截面配筋面积最少即 $A_s + A'_s$ 之和最小，取 $x = \xi_b h_0$，代入式（8-3）和式（8-4）可得：

$$A'_s = \frac{Ne - \alpha_1 f_c b h_0^2 \xi_b (1 - 0.5\xi_b)}{f'_y (h_0 - a'_s)} \tag{8-6}$$

$$A_s = \frac{\alpha_1 f_c b h_0 \xi_b + f'_y A'_s + N}{f_y} \tag{8-7}$$

如果由式（8-6）计算得到的 $A'_s < \rho_{min} bh$ 时，取 $A'_s = \rho_{min} bh$，按 A'_s 已知的情况代入式（8-3）和式（8-4）便可求得 x 和 A_s。

当 $x < 2a'_s$ 时，可仿照大偏心受压构件的处理方法，取 $x = 2a'_s$，合力 $A_s f_y$ 对混凝土和受压钢筋合力共同的中心取矩得

$$A'_s = \frac{N - f_y A_s - \alpha_1 f_c b x}{f'_y} \tag{8-8}$$

$$A_s = \frac{Ne'}{f_y (h_0 - a'_s)} \tag{8-9}$$

（2）对称配筋时

已知：b，h，M，N，f_c，f'_y，f_y。

求：$A_s = ?$ $A'_s = ?$

解：由于 $A_s = A'_s$，$f_y = f'_y$，大、小偏心都是远离纵向偏心力 N 一侧的钢筋达不到设计强度，属于 $x \leqslant 2a'_s$ 的情况，取 $x = 2a'_s$，按式（8-8）和式（8-9）计算即可。

3. 强度复核

已知：b，h，M，N，f_c，f'_y，f_y，A_s，A'_s。

求：$N_u = ?$

解：将已知的材料强度，截面配筋面积和间接给出的 e 代入基本计算公式（8-3）和式（8-4）中可以求出 x 和 N_u 值，然后比较 N_u 和 N 的关系得出结论。

二、小偏心受拉构件

1. 基本计算公式

受拉构件截面的偏心距较小，轴向偏心力作用点在 A_s 和 A'_s 之间时称作小偏心受拉构件。小偏心受拉构件截面全部受到的是拉力，当拉力达到混凝土抗拉强度和极限应变时，离轴向偏心拉力 N 较近的一侧构件截面边缘首先开裂，不久截面裂通，截面承受的拉力转由钢筋承担，当轴向力达到全部钢筋屈服时的最大承载力时，构件达到破坏状态。小偏心受拉构件截面应力分布图如图 8-3（a）所示。根据截面应力分布图可得到它的构件承载力计算公式：

$$\Sigma N = 0, N = f_y A_s + f'_y A'_s \tag{8-10}$$

$$\Sigma M_{A_s} = 0, Ne = f_y A'_s(h_0 - a'_s) \tag{8-11}$$

$$\Sigma M_{A'_s} = 0, Ne' = f_y A_s(h_0 - a'_s) \tag{8-12}$$

式中

$$e = \frac{h}{2} - a_s - e_0, e' = \frac{h}{2} - a'_s + e_0 \tag{8-13}$$

2. 截面设计

（1）非对称配筋

已知：$b, h, M, N, f_c, f'_y, f_y$。

求：$A_s = ?$ $A'_s = ?$

可直接由式（8-11）和式（8-12）两式分别求出。

$$A_s = \frac{Ne'}{f_y(h_0 - a'_s)} \tag{8-14}$$

（2）采用对称配筋

已知：$b, h, M, N, f_c, f'_y, f_y$。

求：$A_s = ?$ $A'_s = ?$

解：由于 $A_s = A'_s$，$f_y = f'_y$，大、小偏心都是远离纵向偏心力 N 一侧的钢筋达不到设计强度，属于 $x \leqslant a'_s$ 的情况，取 $x = a'_s$，按式（8-8）和式（8-9）计算即可得到所需的结果。

3. 截面强度复核

已知：$b, h, M, N, f_c, f'_y, f_y, A_s, A'_s$。

求：$N_u = ?$

解：将已知的材料强度，截面配筋面积和间接给出的 $e_0 = M/N$ 代入基本计算公式（8-10）、式（8-11）和式（8-12）中可以求出 x 和 N_u 值，然后比较 N_u 和 N 的关系得出结论。

三、矩形截面偏心受拉构件的斜截面受剪承载力计算

偏心受拉构件在工程中有时不可避免的要受到较大剪力的作用，为此，需要考虑它的斜截面受剪承载力是否满足要求的问题。试验表明，由于轴向拉力的存在，截面受剪能力比普通受弯构件要低，这个性质和受压构件正好相反，也就是说轴向拉力加快了斜裂缝的

出现,加大了裂缝的宽度,降低了构件的承载力。《混凝土结构规范》给定的偏心受压构件的强度计算公式是

$$V \leqslant \frac{1.75}{\lambda+1}f_t bh_0 + f_{yv}\frac{A_{sv}}{s}h_0 - 0.2N \tag{8-15}$$

式中　V——偏心受拉构件验算截面承受的剪力设计值;
　　　N——与剪力设计值 V 对应的轴向拉力设计值;
　　　λ——计算截面剪跨比,当构件承受均布荷载时,取 $\lambda=1.5$;当承受集中荷载时(包括作用有多种荷载且集中荷载对柱支座截面产生的剪力设计值占总剪力值 75% 以上时),取 $\lambda=a/h_0$,当 $\lambda<1$ 时,取 $\lambda=1$;当 $\lambda>3$ 时,取 $\lambda=3$;a 为集中荷载至支座边缘的距离。

当式(8-15)右侧的计算值小于 $f_{yv}A_{sv}h_0/s$ 时,取 $f_{yv}A_{sv}h_0/s$,且 $f_{yv}A_{sv}h_0/s$ 不得小于 $0.36f_t bh_0$。

本 章 小 结

1. 轴心受拉构件的承载力是由截面所配置的纵向受拉钢筋的强度和面积决定的。
2. 偏心受拉构件根据偏心力的位置分为大偏心受拉和小偏心受拉构件,当轴心拉力 N 作用点落在两侧受拉钢筋之间时为小偏心受拉构件;当轴心拉力 N 作用点落在两侧受拉钢筋的外侧时为大偏心受拉构件。
3. 大偏心受拉构件与大偏心受压构件正截面承载力计算公式相似,截面配筋计算方法也可参照大偏心受压构件进行;区别在于轴向力方向相反,大偏心受拉构件不考虑二阶弯矩影响下的偏心距增大,也不考虑附加偏心距的影响。
4. 偏心受拉构件斜截面承载力计算公式是在受弯构件斜截面受剪承载力计算公式的基础上,考虑到轴心拉力对斜截面受剪不利影响后修正得到的。

复 习 思 考 题

一、问答题
1. 在工程中轴心受拉构件应用在哪些场合?
2. 大、小偏心受拉构件如何判别?各自的受力破坏过程是什么?
3. 大偏心受拉构件正截面承载力计算公式的适用条件是什么?为什么计算中要满足这些条件?
4. 从破坏形态、截面应力、计算公式等方面分析大偏心受拉与大偏心受压有何异同?
5. 轴向力对偏心受拉构件斜截面承载力产生什么影响?

二、计算题
1. 某屋架受拉矩形截面腹杆,截面尺寸为 $b \times h = 160mm \times 160mm$,承受轴心拉力 $N=270kN$,采用 C30 混凝土,受力钢筋为 HRB335 级。试求该杆件的截面配筋面积。
2. 某屋架矩形截面受拉下弦杆,截面尺寸为 $b \times h = 250mm \times 300mm$,截面所能承受的轴向拉力 $N=520kN$,由于受到下弦竖向悬挂管道的影响,屋架下弦承受弯矩设计值 $M=39.6kN \cdot m$,若混凝土强度等级为 C25,纵向受拉钢筋采用 HRB335 级。试计算不对称配筋情况下所需的纵向受拉钢筋的面积。
3. 已知某矩形截面受拉构件截面尺寸为 $b \times h = 250mm \times 350mm$,承受轴向拉力设计值 $N=220kN$,弯矩 $M=150kN \cdot m$,选用 C20 混凝土,HRB335 级钢筋,$a_s = a'_s = 40mm$。试计算不对称配筋情况下其受拉和受压钢筋面积。

第九章　钢筋混凝土受弯构件变形和裂缝宽度验算

学习要求与目标：
1. 理解混凝土受弯构件的变形特点、短期刚度、长期刚度的概念、裂缝出现的机理。
2. 掌握混凝土受弯构件挠度验算方法。
3. 掌握混凝土受弯构件裂缝宽度验算方法。
4. 掌握降低混凝土受弯构件的挠度和裂缝宽度的措施。

第一节　概　　述

根据现行国家标准《工程结构可靠度设计统一标准》GB 50153—2008 和《混凝土结构规范》的要求，所有的结构构件都必须按照承载能力极限状态的要求，进行安全性功能的验算；对使用过程有特殊要求的结构构件，还要按照正常使用极限状态进行适用性和耐久性验算。钢筋混凝土受弯构件变形验算、裂缝宽度和抗裂验算是正常使用极限状态验算的重要内容。

如前所述，正常使用极限状态的验算采用的荷载作用效应的标准值，材料强度也是标准值，所以本章的验算采用的是材料强度标准值和荷载的标准值。也就是说构件在荷载作用效应标准值影响下，所产生的变形及裂缝宽度应严格控制在《混凝土结构规范》限定的范围以内。它们的设计表达式可分别写成

$$f_{max} \leqslant f_{lim} \tag{9-1}$$

$$w_{max} \leqslant w_{lim} \tag{9-2}$$

式中　f_{max}——考虑荷载的准永久组合，同时考虑荷载长期作用的影响的受弯构件最大挠度；

　　　f_{lim}——受弯构件允许变形值，按表 9-1 采用；

　　　w_{max}——考虑荷载准永久组合，并考虑长期作用影响下受弯构件最大裂缝宽度；

　　　w_{lim}——受弯构件允许裂缝宽度，按表 9-2 采用。

受弯构件的挠度限值　　　　　　　表 9-1

构件类型		挠度限值
吊车梁	手动吊车	$l_0/500$
	电动吊车	$l_0/600$

续表

构件类型		挠度限值
屋盖、楼盖及楼梯构件	当 $l_0 < 7\text{m}$ 时	$l_0/200(l_0/250)$
	当 $7\text{m} \leqslant l_0 \leqslant 9\text{m}$ 时	$l_0/250(l_0/300)$
	当 $l_0 > 9\text{m}$ 时	$l_0/300(l_0/400)$

注：1. 表中 l_0 为构件的计算跨度；计算悬臂构件时，其计算跨度 l_0 按实际悬臂长度的 2 倍取用；
2. 表中括号中的数值适用于使用中对挠度有较高要求的构件；
3. 如果构件制作时预先起拱，且使用中也允许，则在验算挠度时，可将计算所得的挠度值减去起拱值；对预应力混凝土构件，尚可减去预应力产生的反拱值；
4. 构件制作时的起拱值和预应力所产生的反拱值，不宜超过构件在相应计算挠度和在组合下的计算挠度值。

第二节 受弯构件的挠度验算

一、计算梁挠度时的材料力学基本公式回顾

根据材料力学给出的匀质弹性材料梁的跨中最大挠度计算公式，常用类型承受不同荷载作用是各种梁跨中最大挠度按式（9-3）～式（9-8）计算。

1. 梁跨中最大挠度计算的公式为：

$$f = s\frac{Ml_0^2}{EI} \tag{9-3}$$

式中　f——梁跨中的最大挠度；
　　　s——与荷载形式、支承条件有关的系数；
　　　l_0——梁的计算跨度；
　　　M——梁跨中验算截面荷载的准永久组合，同时考虑荷载长期作用的影响时计算的弯矩标准值；
　　　EI——梁截面抗弯刚度。

2. 承受均布荷载的简支梁

$$f = \frac{5q_k l_0^4}{384EI} \tag{9-4}$$

3. 承受跨中一个集中荷载的简支梁

$$f = \frac{p_k l_0^3}{48EI} \tag{9-5}$$

4. 跨中承受两个集中荷载的简支梁

$$f = \frac{13.6 p_k l_0^3}{384EI} \tag{9-6}$$

5. 满跨均布荷载作用的悬臂梁

$$f = \frac{q_k l_0^4}{8EI} \tag{9-7}$$

6. 荷载作用在悬臂梁自由端

$$f = \frac{P_k l_0^3}{3EI} \tag{9-8}$$

式中　l_0——梁的计算跨度；
　　　EI——梁截面抗弯刚度；
　　　q_k——梁承受的均布荷载标准值；
　　　p_k——梁承受的集中荷载标准值。

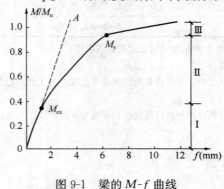

图 9-1　梁的 M-f 曲线

由式（9-3）～式（9-8）可知，当截面形状和材料类型一定时，抗弯刚度 EI 为常数，挠度 f 与弯矩 M 为正比例关系。如前所述，钢筋混凝土适筋梁正截面受弯试验的三个阶段中，梁开裂后的第二阶段，由于裂缝的不断延伸，截面受压区高度不断缩小，梁的刚度不断下降，如图 9-1 所示。

根据梁弯曲变形的实际情况，《混凝土结构规范》在计算梁挠度时规定：钢筋混凝土梁是用考虑荷载的准永久组合，同时考虑荷载长期作用影响时计算的弯矩标准值求得的最大挠度，不超过规范的限值来实现对挠度的控制要求。

二、荷载效应标准值组合下受弯构件的短期刚度 B_s

1. 实验研究分析

钢筋混凝土受弯构件挠度计算，是以适筋梁受弯破坏时的第二阶段应力状态作为计算依据的。在梁的纯弯段，这一阶段裂缝稳定后的应力、应变有如下特点：

（1）梁开裂后纯弯段裂缝截面中和轴位置沿构件纵轴呈波浪形。

（2）裂缝截面受压区边缘混凝土的应力 σ_c 和应变 ε_c 为最大，裂缝之间受压区边缘混凝土的压应力、压应变最小。

（3）钢筋混凝土受弯构件的短期刚度 B_s。梁开裂后纯弯段中和轴位置沿构件纵轴呈波浪形；根据平截面假定和上述分析的结论，以及钢筋和混凝土平均应力的物理关系及内外力的平衡条件，引入一些基本假定，即可得出受弯钢筋混凝土构件的短期刚度 B_s 的公式。

根据材料力学的推导和平面假设，钢筋混凝土受弯构件短期刚度 B_s 与按荷载标准组合计算的弯矩 M_k 以及曲率半径 γ_{cm} 有如下关系：

$$B_s = \frac{M_k}{1/\gamma_{cm}} = M_k \gamma_{cm} \tag{9-9}$$

式中　γ_{cm}——平均曲率半径；
　　　M_k——按荷载的标准组合计算的弯矩，取计算区段内的最大弯矩，以下各公式中皆同。

建立短期刚度表达式要综合应用截面应变的几何关系，材料应变与应力的物理关系以及截面内力的平衡关系。

（1）几何关系

由于混凝土平均应变 ε_{cm} 和钢筋的平均应变 ε_{sm} 符合平截面假定，梁截面刚度和截面曲率的分布如图 9-2 所示。则截面曲率为

$$\varphi = \frac{1}{\gamma_{cm}} = \frac{\varepsilon_{cm} + \varepsilon_{sm}}{h_0} \tag{9-10}$$

（2）物理关系

由于钢筋的平均应力和平均应变的关系符合胡克定律，则钢筋的平均应变 ε_{sm} 与裂缝截面钢筋应力 σ_s 的关系为：

$$\varepsilon_{sm} = \psi \varepsilon_s = \frac{\psi \sigma_s}{E_s} \tag{9-11}$$

另外，由于受压区混凝土的平均应变 ε_{cm} 与裂缝截面的应变 ε_c 相差很小，再考虑到混凝土的塑性变形而采用变形模量 E'_c（$E'_c = \nu E_c$），则

$$\varepsilon_{cm} = \varepsilon_c = \frac{\sigma_c}{E'_c} \tag{9-12}$$

（3）平衡关系

裂缝截面的受压区高度为 ξh_0，截面的内力臂为 ηh_0，则由截面平衡关系得

$$M_k = \xi \omega \eta \sigma_c \tag{9-13}$$

受拉钢筋的应力：

$$\sigma_s = \frac{M_k}{A_s \eta h_0} \tag{9-14}$$

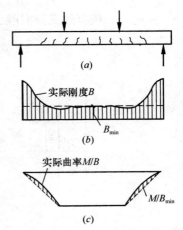

图 9-2 钢筋混凝土梁界面刚度和截面曲率分布

综合以上三种关系，将式（9-10）～式（9-14）联解，即得到曲率表达式，再将其代入式（9-8），并根据经验和试验结果进行处理，得到钢筋混凝土受弯构件短期计算刚度公式为：

$$B_s = \frac{E_s A_s h_0^2}{1.15\psi + 0.2 + \dfrac{6\alpha_E \rho}{1 + 3.5\gamma'_f}} \tag{9-15}$$

$$\psi = 1.1 - 0.65 \frac{f_{tk}}{\rho_{te} \sigma_s} \tag{9-16}$$

式中 ψ——裂缝间纵向受拉钢筋应变不均匀系数；当 $\psi < 0.2$ 时，取 $\psi = 0.2$；当 $\psi > 1.0$ 时，取 $\psi = 1.0$；对直接承受重复荷载的构件，$\psi = 1.0$；

α_E——钢筋弹性模量与混凝土弹性模量的比值，$\alpha_s = \dfrac{E_s}{E_c}$；

ρ——纵向受拉钢筋的配筋率，$\rho = \dfrac{A_s}{b \times h_0}$；

E_s——钢筋弹性模量，按表 2-10 取用；

A_s——梁内纵向受拉钢筋的面积；

γ'_f——受压翼缘截面面积与腹板有效截面面积的比值，如图 9-3 所示；

f_{tk}——混凝土轴心抗拉强度标准值，按表 2-1 取值；

σ_{sk}——梁跨中验算截面荷载的准永久组合同时考虑荷载长期作用的影响时，计算的受拉钢筋应力，对钢筋混凝土受弯构件：

$$\sigma_{sk} = \frac{M_k}{0.87 h_0 A_s} \tag{9-17}$$

M_k——按荷载的标准组合计算的弯矩，取计算区段内的最大弯矩；

ρ_{te}——按有效受拉混凝土面积 A_{te} 计算的配筋率，对受弯构件：

$$\rho_{te} = \frac{A_s}{A_{te}} = \frac{A_s}{0.5bh + (b_f - b)h_f} \tag{9-18}$$

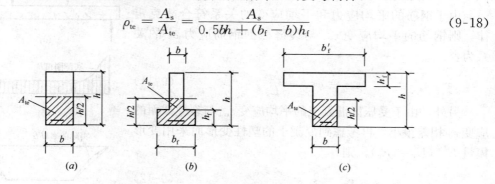

图 9-3 有效受拉混凝土面积

三、受弯构件的长期刚度 B

矩形、T形、倒T形和I形截面钢筋混凝土受弯构件，在荷载作用下受压区混凝土将产生徐变，使得混凝土压应变 ε_c 增大，梁的曲率增大。此外，混凝土的收缩、钢筋的粘结滑移也使曲率增大。由于这些因素的影响，构件的刚度随时间增长而下降，导致构件的变形值随着时间的延长而增加，这一过程一般要持续好几年。试验证明，加荷试验的初期构件挠度增长快，随时间持续延长速度就越来越慢，最终趋于稳定。

钢筋混凝土受弯构件的长期刚度是在短期刚度的基础上，考虑荷载长期作用的影响因素后确定的。《混凝土结构规范》采用挠度增大系数 θ 来考虑荷载长期作用对构件挠度的影响系数，对于受弯构件，θ 可按下列规定采用：当 $\rho = 0$ 时，取 $\theta = 2$；当 $\rho = \rho'$ 时，取 $\theta = 1.6$；当 ρ' 介于 0 和 ρ 之间时，θ 按线性内插法取用，这里 $\rho' = \frac{A'_s}{bh_0}, \rho = \frac{A_s}{bh_0}$；对于翼缘位于构件受拉区的倒 T 形截面，$\theta$ 应增加 20%，θ 的计算公式为：

$$\theta = 1.6 + 0.4\left(1 - \frac{\rho'}{\rho}\right) \geqslant 1.6 \tag{9-19}$$

由式（9-19）可知，θ 与 ρ'/ρ 呈反向相关关系，也就是说梁受压区受压钢筋的配筋率越高，纵向受压钢筋对混凝土的徐变以及构件的挠度起抑制作用就越小。

梁在按可变荷载的准永久值组合计算的弯矩 M_q 作用下的短期挠度 f_1，则在 M_k 长期作用下梁的挠度就为 θf_1；当全部可变荷载作用在梁上时，弯矩增量为 $M_k - M_q$，挠度的增量为 f_2，则梁在 M_k 作用下的总挠度 $f = \theta f_1 + f_2$。假设短期荷载和长期荷载的分布形式相同，根据式（9-3）可得

$$\rho_{te} = \frac{A_s}{A_{te}} = \frac{A_s}{0.5bh + (b_f - b)h_f} \tag{9-20}$$

用一个总的"长期刚度" B 来表示总变形 f 与标准荷载效应组合 M_k 之间的关系，即得

$$f = \frac{sM_k l_0^2}{B} \tag{9-21}$$

将式（9-21）代入式（9-20）并简化后可得

$$B = \frac{M_k}{M_q(\theta - 1) + M_k} B_s \tag{9-22}$$

式中　M_k——按荷载的标准组合计算的弯矩,取计算区段内的最大弯矩;

M_q——按荷载的准永久组合计算的弯矩,取计算区段内的最大值;

B_s——按荷载准永久组合计算的钢筋混凝土受弯构件的短期刚度;

θ——荷载长期作用对梁挠度增大的影响系数,取值及含义同前。

四、构件的变形挠度验算

1. 构件挠度验算的基本要求

构件挠度的限值以不影响结构正常使用功能、外观及与其他构件的连接等要求为目的。钢筋混凝土受弯构件的最大挠度应按荷载的准永久组合,同时考虑荷载长期作用的影响进行计算。表9-1列举了常用的几种受弯构件挠度限值。悬臂构件,如雨篷、挑檐、阳台及挑台是工程实践中容易发生事故的构件,在表9-1注1中规定设计时对其挠度的控制要求;表9-1注4中提出了起拱和反拱的限制。表中括号内的数值比一般要求更加严格,在构件挠度满足表中数值要求,但验算的具体构件相对使用要求仍然过大时,可根据实际情况按括号内限值作出更加严格的要求。

2. 构件挠度的验算

计算梁在荷载长期作用下的挠度,构件的刚度采用荷载长期作用的刚度,公式（9-3）中的 EI 用式（9-22）计算得到的 B 代替。即可得到受弯构件挠度的计算公式:

$$f = \frac{sM_k l_0^2}{B} \leqslant f_{\lim} \tag{9-23}$$

构件沿长度方向配筋及其弯矩都是变值,故沿构件长度方向的刚度也是变值。据此,实际计算时采用了沿梁长度方向最小刚度原则:即在同号弯矩作用区段内,按最大弯矩截面确定的刚度最小,计算时采用这个最小刚度,并假定同号弯矩区段内刚度相等。如简支梁一般取跨中弯矩最大截面的长期刚度 B 作为梁验算时的刚度;有外挑段的外伸梁,跨中正弯矩区段按弯矩最大截面的抗弯刚度 B_1 计算挠度,而支座处负弯矩区段挠度的计算则按支座负弯矩最大截面的刚度 B_2 计算挠度。

若变形验算不能满足《混凝土结构规范》规定的要求,可以通过增加截面高度 h 的方法去满足,增加钢筋面积、采用双筋截面、T形和工字形截面,都是提高梁截面刚度,降低梁挠度的最有效的方法。

【例题 9-1】 某办公楼承受均布荷载矩形截面简支梁尺寸为 $b \times h = 250 \times 700 \text{mm}$,$l_0 = 7.0 \text{m}$,永久荷载标准值（含量自重）为 $g_k = 19.74 \text{kN/m}$,可变荷载标准值 $q_k = 10.50 \text{kN/m}$,准永久值系数为0.4,混凝土强度等级为C20（$E_c = 2.55 \times 10^4 \text{N/mm}^2$）,配制HRB335级钢筋 2$\Phi$22+2$\Phi$20 （$A_s = 1388 \text{mm}^2$）,$E_s = 2.0 \times 10^5 \text{N/mm}^2$,挠度限值 $[f] = l_0/250$。试验算梁的跨中最大挠度是否满足要求。

解:（1）求弯矩标准值及准永久值

按荷载效应标准组合计算的弯矩值为

$$M_k = \frac{(g_k + q_k) l_0^2}{8} = \frac{(19.74 + 10.50) \times 7^2}{8} = 185.22 \text{kN} \cdot \text{m}$$

按可变荷载效应准永久组合的弯矩值为

$$M_q = \frac{(g_k + \psi_q q_k) l_0^2}{8} = \frac{(19.74 + 0.4 \times 10.50) \times 7^2}{8} = 146.63 \text{kN} \cdot \text{m}$$

(2) 求受拉钢筋应变不均匀系数 ψ

$$h_0 = 700 - 35 = 665\text{mm}, \rho_{te} = \frac{A_s}{0.5bh} = 0.01529$$

C20 混凝土抗拉强度标准值 $f_{tk} = 1.54\text{N/mm}^2$，按荷载效应标准组合计算的钢筋应力为

$$\sigma_{sk} = \frac{M_k}{0.87h_0 A_s} = 230.7\text{N/mm}^2$$

钢筋应变不均匀系数为

$$\psi = 1.1 - \frac{0.65 f_{tk}}{\rho_{te} \sigma_{sk}} = 0.816$$

(3) 求短期刚度 B_s

因为截面为矩形 $\gamma'_f = 0$，$\alpha_E = \frac{E_s}{E_c} = 7.84$

受拉纵筋的配筋率：$\rho = \frac{A_s}{bh_0} = 0.00835$

则短期刚度为

$$B_s = \frac{E_s A_s h_0^2}{1.15\psi + 0.2 + \frac{6\alpha_E \rho}{1 + 3.5\gamma'_f}} = 80174 \times 10^9 \text{N} \cdot \text{mm}^2$$

(4) 考虑荷载长期作用影响的刚度 B

由于 $\rho' = 0, \theta = 2$

$$B = \frac{M_k}{M_q(\theta - 1) + M_k} B_s = 44749 \times 10^9 \text{N} \cdot \text{mm}^2$$

(5) 计算跨中挠度 f

$$f = \frac{5}{48} \frac{M_k l_0^2}{B} = \frac{5 \times 185.22 \times 10^6 \times 700^2}{48 \times 44749 \times 10^9} = 21.13\text{mm}$$

$$f = 21.13\text{mm} < f_{lim} = \frac{l_0}{250} = \frac{7000}{250} = 28\text{mm}$$

故满足要求。

第三节 裂缝宽度验算

一、概述

钢筋混凝土构件产生裂缝的原因主要包括以下两方面，一是荷载直接作用引起的，构件在弯矩和轴心拉力作用下，截面产生弯曲拉应力和轴心拉应力引起裂缝；二是由于间接作用引起的裂缝，如基础不均匀沉降、构件混凝土收缩和温度变化等产生附加变形和约束变形引起的裂缝。

实际工程中可能会产生裂缝的构件包括：一类是变形较大的梁、板构件和桁架，需要将它们的变形控制在规范规定的限值内。另一类是荷载作用时较易开裂的受弯、轴心受拉、偏心受拉和大偏心受压构件，需根据不同的裂缝控制等级，分别进行裂缝宽度（对裂缝控制不严的混凝土结构和预应力混凝土结构）和抗裂验算（对裂缝控制比较严的预应力混凝土结构）。

对于直接作用引起的裂缝，条件允许时可以通过在构件受力阶段截面的受拉区，通过施加预应力的工艺措施加以解决；试验表明，对于通常情况下由荷载引起的裂缝，只要构件能满足斜截面承载力要求，并相应配置符合构造要求的腹筋，则斜裂缝宽度不会太大，能满足正常使用要求。因间接作用引起的裂缝，主要是通过采用合理的结构方案、构造措施来控制使其达到规范限值并满足使用要求。

《混凝土结构规范》规定：对混凝土构件裂缝宽度计算，采用荷载准永久组合并考虑长期作用影响。

结构构件正截面的受力裂缝控制等级分为三级，等级划分及要求应符合下列规定：

（1）一级。严格要求不出现裂缝的构件，按荷载标准组合计算时，构件受拉边缘混凝土不产生拉应力即满足：

$$\sigma_{ck} - \sigma_{pc} \leqslant 0 \tag{9-24}$$

（2）二级。一般不要求出现裂缝的构件，按荷载标准组合计算时，构件受拉边缘混凝土拉应力不应大于混凝土抗拉强度标准值即满足：

$$\sigma_{ck} - \sigma_{pc} \leqslant f_{tk} \tag{9-25}$$

（3）三级。允许出现裂缝的构件：对混凝土构件，按荷载准永久组合并考虑长期作用影响计算时，构件的最大裂缝宽度不应超过表9-2规定的最大裂缝宽度限值。

$$w_{max} \leqslant w_{lim} \tag{9-26}$$

对环境类别二a类环境的预应力混凝土构件，尚应按荷载准永久组合计算，且受拉构件边缘混凝土的拉应力不应大于混凝土的抗拉强度标准值。

不同裂缝控制等级的最大裂缝宽度，对室内正常条件（一类环境）下钢筋混凝土构件最大裂缝剖面观察结果表明，不论裂缝宽度大小，使用时间长短，地区湿度高低，凡钢筋上不出现结露或水膜，则其裂缝处钢筋基本上未发现明显的锈蚀现象，因此表9-2给出了裂缝宽度限值。而对钢筋混凝土屋架、托架、主要屋面承重结构等构件，根据以往的工程经验，裂缝宽度限值宜从严控制；对吊车梁的裂缝宽度限值，也应适当从严控制。对露天或室内潮湿环境（二类环境）条件下的钢筋混凝土构件，裂缝剖面观察结果表明，裂缝处钢筋都有不同程度的锈蚀，当裂缝宽度小于或等于0.2mm时，裂缝处钢筋只有轻微的表面锈蚀，因此规范规定裂缝宽度限值为0.2mm。对于使用除冰盐等的三类环境，钢筋混凝土结构构件的受力裂缝宽度对耐久性的影响不是太大，因此仍延续存在受力裂缝，规范规定最大裂缝宽度限值为0.2mm。对采用预应力钢丝、钢绞线及预应力螺纹钢筋的混凝土构件，考虑到钢丝直径较小原因，一旦出现裂缝会影响结构耐久性，故适当加严。在室内正常环境下控制裂缝宽度采用0.2mm；在露天环境（二a）下控制裂缝宽度0.1mm。

当混凝土保护层较大时，虽然受力裂缝宽度计算值也较大，但较大的混凝土保护层厚度对防止裂缝锈蚀是有利的。因此，对混凝土保护层厚度较大的构件，当在外观的要求上允许时，可根据经验对表9-2中裂缝宽度允许值适当放大。

《混凝土结构规范》根据结构构件类型和环境类别，规定了不同裂缝控制等级及最大裂缝宽度限值 w_{lim}，见表9-2。

结构构件裂缝控制等级及最大裂缝宽度限值　　　　　　表9-2

环境类别	钢筋混凝土结构		预应力混凝土结构	
	裂缝控制等级	w_{lim}	裂缝控制等级	w_{lim}
一	三级	0.3（0.4）	三级	0.2
二 a		0.2		0.1
二 b			二级	—
三 a、三 b			一级	

注：1. 对处于平均相对湿度小于60％地区一类环境下的受弯构件，其最大裂缝宽度限值可取括号内的数值。
　　2. 在一类环境下，对钢筋混凝土屋架、托架及需作疲劳验算的吊车梁，其最大裂缝宽度限值应取为0.20mm；对钢筋混凝土屋面梁、托梁、单向板其最大裂缝宽度限值应取为0.30mm。
　　3. 在一类环境下，对预应力混凝土屋架、托架及双向板体系，应按二级裂缝控制等级进行验算；对一类环境下的混凝土屋面梁、托梁、单向板，应按表中二 a 类环境的要求进行验算，在一类和二 a 类环境下需作疲劳验算的预应力混凝土吊车梁，应按裂缝控制等级不低于二级的构件进行验算。
　　4. 表中规定的预应力混凝土构件裂缝控制等级和最大裂缝宽度限值仅适用于正截面验算；预应力构件的斜截面裂缝控制验算应符合《混凝土结构规范》第七章的有关规定。
　　5. 对于处于四、五类环境下的结构，其裂缝控制要求应符合专门标准的有关规定。
　　6. 表中的最大裂缝宽度限值为用于验算荷载作用引起的最大裂缝宽度。

构件处于潮湿、有腐蚀性的酸和其他腐蚀性介质存在的环境中，控制裂缝宽度和抗裂的目的是为了防止钢筋锈蚀，确保构件和结构的耐久性和安全性；同时也从感观上消除房屋使用者由于构件存在的裂缝所造成的心理恐慌和不安全感。

二、裂缝产生和开展的机理

为了方便问题的讨论，以轴心受拉构件为对象去研究钢筋混凝土构件裂缝产生的机理。在钢筋混凝土轴心受拉构件的轴心受拉试验过程中，当混凝土的拉应力达到混凝土的抗拉强度标准值和受拉极限应变时，在构件受力最薄弱的截面首先出现第一批裂缝，在裂缝截面上由于混凝土的开裂退出工作，全部拉应力由受拉钢筋承担，在构件开裂的同时截面上产生的应力由混凝土向钢筋转移（截面内应力重新分布），这时的应力重分布使钢筋和混凝土之间产生了轻微相对滑移，钢筋和混凝土之间出现了剪切应力，通过粘结应力使裂缝截面较大的钢筋拉应力部分地向混凝土转移，离裂缝截面越远，钢筋的拉应力越小，混凝土受到的拉应力就越大，直到距离第一批裂缝截面距离为 l 处混凝土的拉应力达到混凝土的抗拉强度标准值 f_{tk} 后出现新的裂缝。显然在距第一条裂缝两侧各为 l 范围内不会出现新的裂缝，因为该段范围内混凝土的拉应力小于它的抗拉强度标准值 f_{tk}。

由于混凝土内在质量的不均匀和不稳定性，裂缝间距疏密不等，离散性越小裂缝间距越大。理论上 $l_{cr,min}$ 最大裂缝间距为 $2l_{cr,min}$，平均裂缝间距介于 $l_{cr,min}$ 和 $2l_{cr,min}$ 之间某个值，如图9-4所示。

钢筋混凝土受弯构件和轴心受拉构件受力开裂变化的机理和轴心受拉构件基本相似。

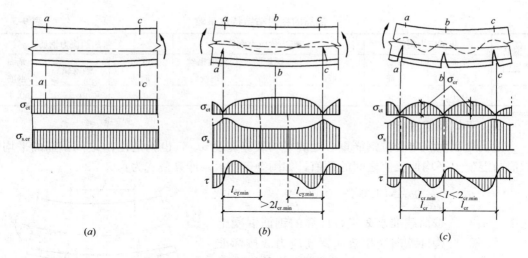

图 9-4 裂缝的出现、分布和开展

三、裂缝的平均间距

理论分析和试验证明，裂缝间距受裂缝平均间距与混凝土保护层厚度、截面配筋率以及纵向钢筋直径等因素有关，其值可由下式计算：

$$l_{cr} = \beta\left(k_2 c_s + k_1 \frac{d_{eq}}{\rho_{eq}}\right) \tag{9-27}$$

根据对试验资料的分析，取经验系数 $k_1=0.08$，$k_2=1.9$，得 l_{cr} 计算式：

$$l_{cr} = \beta\left(1.9 c_s + 0.08 \frac{d_{eq}}{\rho_{te}}\right) \tag{9-28}$$

式中 β——系数，对于受弯构件 $\beta=1.0$，对于轴心受拉构件取 $\beta=1.1$；

c_s——最外层纵向受拉钢筋外缘至受拉区边缘的距离（mm）；当 $c_s<20$mm 时取 $c_s=20$mm；当 $c_s>65$mm 时取 $c_s=65$mm；

d_{eq}——受拉区纵向钢筋的等效直径（mm）；按下式取值：

$$d_{eq} = \frac{\sum n_i d_i^2}{\sum n_i \nu_i d_i}$$

d_i——受拉区第 i 种纵向钢筋的公称直径（mm）；

n_i——受拉区第 i 种纵向钢筋的根数；

ν_i——受拉区第 i 种纵向钢筋的相对粘结特性系数，按表 9-3 采用；

ρ_{te}——按有效受拉混凝土截面面积计算的纵向受拉钢筋的配筋率，当 $\rho_{et}<0.01$ 时，取 $\rho_{et}=0.01$；计算式如下：

$$\rho_{te} = \frac{A_s}{A_{te}}$$

A_{te}——有效受拉混凝土截面面积，如图 9-3 所示；按下式计算：

$$A_{te} = 0.5bh + (b_f - b)h_f$$

b_f——I 形或倒 L 形截面的受拉翼缘的宽度；

h_f——I 形或倒 L 形截面的受拉翼缘的高度。

钢筋的相对粘结特性系数　　表 9-3

钢筋类别	非预应力钢筋		先张法预应力钢筋			后张法预应力钢筋		
	光面钢筋	带肋钢筋	带肋钢筋	螺旋肋钢筋	刻痕钢丝、钢绞线	带肋钢筋	钢绞线	光面钢筋
μ_i	0.7	1.0	1.0	0.8	0.6	0.8	0.5	0.4

四、平均裂缝宽度

梁裂缝截面纵向受拉钢筋重心处的平均裂缝宽度 $\overline{w}_m$，也就是在 l_{cr} 之间钢筋的平均伸长值与混凝土平均伸长值之间的差值，如图 9-5 所示，计算公式为：

$$w_m = k_m \beta \psi \frac{\sigma_s}{E_s}\left(1.9 c_s + 0.08 \frac{d_{eq}}{\rho_{te}}\right) \quad (9-29)$$

式中　σ_s——按荷载准永久组合计算的钢筋混凝土构件纵向受拉普通钢筋应力或按标准组合计算的预应力混凝土构件纵向受拉钢筋等效应力。

　　　ψ——裂缝间纵向受拉钢筋应变不均匀系数：当 $\psi<0.2$ 时，取 $\psi=0.2$；当 $\psi>1.0$，取 $\psi=1.0$。

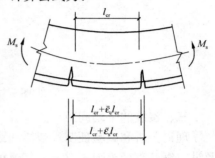

图 9-5　裂缝的平均宽度

根据试验结果，k_m 在 0.85 左右变化，取 $k_m=0.85$。

式中其他字母含义同前。

五、最大裂缝宽度

由于混凝土组成上的不均匀，裂缝宽度并不一致，也不是平均宽度 $\overline{w}_m$。试验证明，在准永久荷载效应组合下，裂缝宽度将随时间的延长而加大，原因是由于受压区混凝土在压力作用下的应力松弛、混凝土徐变、混凝土的收缩和钢筋的滑移等因素，使得裂缝间受拉钢筋的平均应变不断加大，致使裂缝宽度不断加大。《混凝土结构规范》综合上述因素给出了矩形、T 形、倒 T 形和工字形截面的受弯和轴心受拉构件最大裂缝宽度计算公式

$$w_{max} = \alpha_{cr} \psi \frac{\sigma_s}{E_s}\left(1.9 c_s + 0.08 \frac{d_{eq}}{\rho_{te}}\right) \quad (9-30)$$

式中　α_{cr}——构件受力特征系数，按表 9-4 采用；

　　　ψ——裂缝间纵向受拉钢筋应变不均匀系数；当 $\psi<0.2$ 时，取 $\psi=0.2$；当 $\psi>1.0$ 时，取 $\psi=1.0$；对直接承受重复荷载的构件，$\psi=1.0$；

　　　ρ_{te}——按有效受拉混凝土面积 A_{te} 计算的配筋率，对受弯构件：在最大裂缝宽度计算中，$\rho_{te}<0.01$ 时，取 $\rho_{te}=0.01$；

其余符号含义同前。

对于使用中允许出现裂缝的构件，按荷载效应组合的标准组合并考虑长期作用影响计算所得裂缝最大宽度不应超过《混凝土结构规范》给出的限值，应满足式（9-2）的要求。

构件受力特征系数 表 9-4

类 型	α_{cr}	
	钢筋混凝土构件	预应力混凝土构件
受弯、偏心受压	1.9	1.5
偏心受拉	2.4	—
轴心受拉	2.7	2.2

【例题 9-2】 某钢筋混凝土简支梁,计算跨度 $l_0=6\text{m}$,截面尺寸为 $b\times h=200\text{mm}\times 450\text{mm}$,混凝土强度等级 C20,经正截面计算在受拉区配置 HRB335 级(4Φ18)纵向受力钢筋($A_s=1017\text{mm}^2$),已知作用在梁上永久荷载标准值 $g_k=8\text{kN/m}$(含梁的自重),可变荷载的标准值 $q_k=8\text{kN/m}$(准永久系数为 $\psi_q=0.4$),构件的重要性系数 $\gamma_0=1.0$,经计算,构件在准永久荷载作用下产生的弯矩标准值为 $M_q=50.4\text{kN}\cdot\text{m}$,在标准组合并考虑长期作用时,弯矩标准值为 $M_k=72\text{kN}\cdot\text{m}$,构件处于正常环境(一类环境),最大裂缝宽度限值 $\overline{w}_{lim}=0.2\text{mm}$。试验算裂缝宽度是否满足要求。

已知:$f_{tk}=1.54\text{N/mm}^2$,$E_s=200\text{kN/mm}^2$,$E_c=25.5\text{kN/mm}^2$,$A_s=1017\text{mm}^2$,$M_k=72\text{kN}\cdot\text{m}$,$M_q=50.4\text{kN}\cdot\text{m}$,$\nu_i=1.0$。

求:裂缝宽度 $w_{max}=?$

解:$h_0=h-40=410\text{mm}$

$$\rho_{te}=\frac{A_s}{0.5bh_0}=1017/(0.5\times 200\times 410)=0.0248>0.01$$

$$d_{eq}=\Sigma\frac{n_i d_i^2}{n_i\nu_i d_i}=4\times 18^2/(4\times 1.0\times 18)=18\text{mm}$$

$$\sigma_s=\frac{M_k}{0.87A_s h_0}=\frac{72\times 10^6}{0.87\times 1017\times 410}=198\text{N/mm}^2,$$

$$\psi=1.1-0.65\frac{f_{tk}}{\rho_{te}\sigma_s}=1.1-0.65\times 1.54/(0.0248\times 198)=0.896$$

$$w_{max}=\alpha_{cr}\psi\frac{\sigma_s}{E_s}\left(1.9c_s+0.08\frac{d_{eq}}{\rho_{et}}\right)$$

$$=2.1\times 0.896\times 198/(2\times 10^5)\times(1.9\times 30+0.08\times 18/0.0248)$$

$$=0.21\text{mm}\approx 0.2\text{mm}$$

基本满足要求。

【例题 9-3】 某轴心受拉构件,截面尺寸为 $b\times h=200\text{mm}\times 200\text{mm}$,配置 4Φ18 的 HRB335 级轴心受拉钢筋($A_s=1017\text{mm}^2$),混凝土为 C25 级($f_{tk}=1.78\text{N/mm}^2$),保护层厚度 $c_s=25\text{mm}$,轴向拉力标准值 $N_k=160\text{kN}$,最大裂缝宽度限值 $w_{lim}=0.2\text{mm}$。试验算裂缝宽度。

已知:$b\times h=200\text{mm}\times 200\text{mm}$,$A_s=1017\text{mm}^2$,$f_{tk}=1.78\text{N/mm}^2$,$c_s=25\text{mm}$,$N_k=160\text{kN}$,$N_k=0.2\text{mm}$。

求:裂缝宽度 $w_{max}=?$

解:$E_c=2.8\times 10^4\text{kN/mm}^2$,$E_s=2\times 10^5\text{kN/mm}^2$,

$$\sigma_{sk} = \frac{N_k}{A_s} = \frac{160 \times 10^3}{1017} = 157.3 \text{N/mm}^2$$

$$\rho_{te} = \frac{A_s}{A_{te}} = \frac{1017}{200 \times 200} = 0.0254 > 0.01$$

$$\psi = 1.1 - \frac{0.65 f_{tk}}{\rho_{te} \sigma_{sk}} = 1.1 - \frac{0.65 \times 1.78}{0.0254 \times 157.3} = 0.810$$

$$d_{eq} = 18 \text{mm}$$

$$w_{max} = \alpha_{cr} \psi \frac{\sigma_{sk}}{E_s} \left(1.9 c_s + 0.08 \frac{d_{eq}}{\rho_{te}}\right)$$

$$= [1.9 \times 0.810 \times 157.3/(2 \times 10^5)] \times (1.9 \times 25 + 0.08 \times 18/0.0254)$$

$$= 0.13 \text{mm} < 0.2 \text{mm}$$

满足要求。

本 章 小 结

1. 变形和裂缝宽度控制属于正常使用极限状态，它们不同于承载能力极限状态的计算，而是根据应给定的构件进行验算。即在构件承载力满足要求的情况下，再验算挠度或裂缝宽度是否满足要求。验算时，应采用荷载效应的标准组合，材料强度应采用材料强度标准值。在确定弯曲刚度时还应计入可变荷载的准永久值，以考虑荷载长期作用对降低截面弯曲刚度的影响。

2. 截面的弯曲转动是由曲率来量度的，曲率是指构件单位长度上两截面间的相对转角。欲使截面产生单位曲率需要施加的弯矩就是截面的弯曲刚度，即 $B = \frac{M}{\varphi}$。截面弯曲刚度是用来衡量截面抵抗弯曲转动的能力。

3. 钢筋混凝土受弯构件开裂后，$M - \varphi$ 关系曲线是曲线，因此截面曲率刚度不是常量。为了便于手工计算梁的挠度，我国《混凝土结构规范》对截面弯曲刚度是这样定义的：在 $M - \varphi$ 关系曲线上选取 $M = (0.5 \sim 0.7) M_u$ 的那一段曲线，在这段曲线上的任一点与坐标原点相连的割线的斜率，定义为使用阶段的截面弯曲刚度。

4. 荷载长期作用将使截面弯曲刚度降低，最大裂缝宽度增加。在截面刚度计算时考虑了荷载效应的准永久组合对挠度增大的影响系数。

5. 混凝土的碳化和钢筋的锈蚀是影响混凝土耐久性的主要因素，大气中的二氧化碳不断向混凝土内扩散，使混凝土中的氢离子浓度指数 pH 值下降形成中性化的现象，称为混凝土的碳化。混凝土的碳化将会破坏钢筋表面的氧化膜，使钢筋有锈蚀的危险，同时，混凝土的碳化会加剧混凝土的收缩，从而导致混凝土的开裂。减少混凝土碳化的措施主要是合理设计混凝土强度，提高混凝土的密实性和抗渗性，确保满足钢筋保护层最小厚度，采用覆盖面层等。钢筋表面的氧化膜破坏后，一些含氧水分侵入到钢筋表面，形成一种电解质水膜，从而在钢筋表面构成无数的腐蚀微电池，对钢筋产生电化学腐蚀。钢筋表面氧化膜的破坏是钢筋锈蚀的必要条件，含氧水分的侵入是钢筋锈蚀的必要条件。减少钢筋锈蚀的主要措施是提高混凝土的质量，采用覆盖层，采用防锈剂及阴极防护法。

复习思考题

一、问答题

1. 设计结构构件时为什么要控制裂缝宽度和构件的变形？
2. 验算构件的裂缝宽度和变形时采用的是荷载的什么值？为什么要采用这种值？
3. 什么是最小刚度原则？
4. 在长期荷载作用下，梁截面弯曲刚度怎样变化？在计算中怎样体现这种变化？
5. 裂缝间钢筋应变不均匀系数 ψ 的意义是什么？
6. 平均裂缝宽度是怎样确定的？在确定裂缝最大宽度时主要考虑了哪些因素的影响？
7. 构件裂缝平均间距 l_m 与哪些因素有关？
8. 钢筋受力特征系数 α_{cr} 的构成与哪些因素有关？

二、计算题

1. 已知某矩形截面简支梁，计算跨度 $l_0 = 5\text{m}$，截面尺寸为 $b \times h = 200\text{mm} \times 500\text{mm}$，承受楼面传来的均布永久荷载标准值（含自重）$g_k = 25\text{kN/m}$，均布可变荷载标准值 $q_k = 14\text{kN/m}$，准永久系数 $\psi_q = 0.5$，采用 C25 混凝土和 6Φ18 的 HRB335 级钢筋（$A_s = 1526\text{mm}^2$），梁的允许挠度为 $l_0/250$。试验算梁的挠度是否满足要求。

2. 条件同 1 题，已知梁的最大允许裂缝宽度为 0.2mm，混凝土保护层厚度为 30mm。试验算梁的裂缝宽度是否满足要求。

第十章 预应力混凝土结构的基本知识

学习要求与目标：
1. 理解预应力混凝土的基本概念，了解施加预应力的方法，掌握预应力混凝土构件对材料的要求。
2. 掌握张拉控制应力的概念，了解各项预应力损失的计算和组合。
3. 了解预应力混凝土轴心受拉构件的受力特点，会进行轴心受拉构件的基本计算。
4. 理解预应力混凝土结构的基本构造。

第一节 预应力混凝土结构的基本概念

一、概述

钢筋混凝土结构中由于混凝土的极限拉应变很小，约为 $(1.0\sim1.5)\times10^{-3}$，抗拉强度也很低，大约为其抗压强度的 1/10 左右。对应于混凝土开裂时的受拉钢筋的应力仅为 $20\sim30\text{N/mm}^2$。对于使用中允许开裂的构件，当裂缝宽度在 0.2～0.3mm 时，已经比较宽，钢筋的应力只能达到 $150\sim250\text{N/mm}^2$ 左右。因此，高强钢筋在普通混凝土结构中不能发挥应有的作用，要使高强钢筋达到屈服，构件的裂缝宽度将很大，构件早就超过允许的裂缝宽度，难以满足使用要求。由于高强钢筋无法使用和截面过早开裂导致构件截面刚度下降，影响结构功能的正常发挥。为了满足刚度要求就必须加大截面高度和宽度，由此会引起结构自重的增加；在均布荷载作用下，梁跨度增大时梁跨中截面的弯矩是以跨度增大倍数的平方的关系在迅速增加，钢筋混凝土结构在大跨结构和承受很大荷载的结构中无法使用。

二、预应力混凝土的基本概念

对密封性或耐久性要求较高的结构构件和对裂缝控制要求较严的结构，必须避免普通混凝土结构的裂缝过早出现带来的不良后果。为了充分利用高强钢筋和高强混凝土，更好地解决混凝土带裂缝工作的问题，20 世纪 30 年代以后，人们在普通钢筋混凝土结构的基础上通过较长时间的试验研究，发明了目前普遍采用的预应力混凝土结构。它是在结构构件承受外荷载作用之前，预先对构件工作阶段的受拉区施加预压力，造成一种人为的预压应力状态，由此产生的预压应力可以减少或抵消外荷载引起的截面混凝土拉应力，甚至使截面处在受压状态。在工程结构中，这种借助于混凝土较高的抗压强度来弥补其抗拉强度的不足，达到提高截面刚度、抗裂度，推迟预应力混凝土构件截面受拉区开裂目的的结构，称为预应力混凝土结构。

工程实际中钢筋混凝土屋架的下弦是轴心受拉杆，一般多采用后张法施加预应力。钢筋混凝土屋架的下弦受力过程可以简单概括为：在屋架钢筋绑扎完毕后首先浇筑屋架下弦的混凝土，并预留预应力筋的孔道，同时浇筑屋架的上弦和所有腹杆混凝土并养护使其达到设计强度75%以上时，穿预应力钢筋，并用专用的张拉设备给屋架下弦施加预压应力，达到设计规定的值后锚固预应力钢筋。这个过程实际上是屋架下弦预压应力形成的过程，完成这个阶段，屋架下弦混凝土承受了人为施加的预压应力。当屋架安装就位后屋面板和施工荷载逐步作用在屋架上时，预应力下弦便同步产生拉力，随着荷载的增长，下弦的拉力不断上升，当荷载引起的拉力抵消预压应力时，截面边缘处在预压应力被抵消后的消压状态，截面边缘应力此时为0，荷载继续增加，截面开始出现拉应力，这个过程一直持续到截面混凝土受到的拉应力达到抗拉设计强度和受拉极限应变而开裂，最后

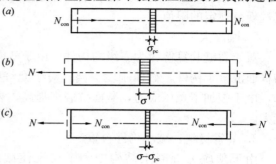

图 10-1 轴心受拉预应力混凝土构件受力破坏过程示意图

到裂缝截面受拉钢筋屈服，预应力受拉构件宣告破坏，如图10-1所示。

工程中最常用的预应力混凝土空心楼板和预应力梁为典型的预应力混凝土受弯构件。在构件施工阶段预先施加预压应力，构件投入使用后在荷载作用下产生的拉应力就必须首先抵消预压应力，随着外荷载的增加预压应力被全部抵消时构件受拉区边缘处于消压状态，此后的荷载增量才开始在截面引起拉应力，随着荷载的持续增加构件受拉区应力不断增加，最后受拉区开裂直到破坏，如图10-2所示。

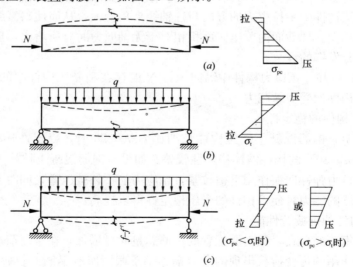

图 10-2 受弯预应力混凝土构件受力破坏过程示意图

三、预应力混凝土结构的优缺点及其应用

（一）优点

预应力混凝土结构与普通混凝土结构相比，具有下列优点：

1. 构件抗裂性能好

由于对构件截面的受拉区施加了预压应力，对不允许出现裂缝的构件就可以满足抗裂的要求，防止了裂缝的产生；对于允许出现裂缝但对裂缝宽度有要求的构件，根据裂缝宽度验算的结果设计和施工，延缓了构件截面裂缝的出现，同时也可有效地限制裂缝宽度不超过规范规定的限值。

2. 刚度大

对于裂缝验算等级为一级的构件，由于截面没有开裂，相对于正常情况下带裂缝工作的普通混凝土构件，截面刚度提高；对于允许截面开裂，但对截面裂缝宽度有限制的构件，由于施加了预压应力，截面抗裂度提高，裂缝宽度和长度会大大下降，所以截面刚度就大。

3. 节省材料，减小构件自重

由于预应力混凝土结构中为了实现使截面产生足够高的预压应力，必须使用高强度的混凝土承受较高的预压应力，同时通过高强度的钢筋受到的很高的拉应力的弹性回缩作用，给高强混凝土截面施加较高的预压应力，这就要求预应力混凝土结构中必须使用高强钢筋和高强混凝土。由于高强材料的使用，同等外荷载作用下出现的内力，就只需要较小的构件截面尺寸和较小的截面配筋面积，因而构件自重减轻。由此，构件自身消耗的钢筋与混凝土减少，自重小，带来材料运输量和成本下降。

4. 提高了构件的受剪能力

在第七章中我们已经知道，轴向压力在一定的范围内，能够阻止、减缓柱斜截面裂缝的出现和开展，所以截面预压应力具有提高柱斜截面受剪承载能力的作用。这是由于轴向力的存在，使受压构件中主拉应力的方向与柱轴线夹角变大，从而使斜裂缝的倾角（与构件轴线的夹角）减少，柱截面内剪压区面积相对于无轴向力时有所增大，剪压区混凝土抗剪性能得到了充分发挥的缘故。

由式（7-66）可知，预应力构件中纵向压力 N 的存在和受压构件中的纵向压力 N 一样同样可以提高构件的受剪承载力。

5. 提高受压构件的稳定性

试验研究证明，钢筋混凝土受压构件长细比 $l_0/h < 25$ 时，稳定性还有一定的保证，长细比过大（$l_0/h > 30$）的构件整体稳定性较差。如果对钢筋混凝土柱施加预应力，纵向受力钢筋就在预拉力弹性回缩作用下被拉紧，预应力筋不易被压弯，同时它可以帮助周围的混凝土提高抗压的能力，使得构件的受压稳定性得以提高。

6. 提高了构件的抗疲劳性能

由于预应力钢筋的存在，截面所配置的钢筋总量明显增加，在重复荷载作用的结构构件中，由于往复作用的可变荷载出现的应力幅远小于截面所有钢筋的拉、压应力最高值，变幅作用的应力幅也远低于钢筋的拉压最高应力值，近似于常幅应力的作用，所以构件的抗疲劳性能会大大提高。

（二）缺点

预应力混凝土结构与普通混凝土结构相比，具有下列缺点：

（1）工艺复杂，需要训练有素的施工人员队伍，加大了生产难度和成本。

(2) 需要专门设备，如台座、锚具、夹具、孔道压力灌浆机，千斤顶等；对于后张法构件锚具是随构件一起工作的称为工作锚具，不能重复使用，所以构件加工生产成本比普通混凝土构件高。

(3) 预应力构件加工工艺与技术要求使用的设备专用性高，这些投资在构件中摊销的比例高，构件数量越少成本越高。

(4) 制作工艺相对普通混凝土构件复杂程度高，质量控制难度大。

总体上看，预应力混凝土结构具有普通混凝土结构无法具备的优点，是对混凝土结构的补充完善和提高，它的优点和缺点相比，优点是主要的。

预应力混凝土结构的出现是普通钢筋混凝土结构发展史上一次革命性的进步，它的完善和提高也是随着科技进步在不断改进和提高，上述缺点将会在工程实践中不断得以克服，并将为预应力混凝土结构的广泛运用开辟更加美好的前景。

(三) 预应力混凝土结构的应用

预应力混凝土结构的特点决定了它具有广泛的应用范围。在建筑结构中，通常用于大跨度屋架、吊车梁、预应力空心板、小梁、檩条等，在大跨结构和高层房屋现浇结构中也经常使用；另外，大跨度桥梁结构、塔桅构筑物、储液罐、压力管道，以及原子能反应堆厂房外墙等都有使用。

第二节 施加预应力的方法

预应力混凝土构件根据施加预压应力在先还是浇筑混凝土在先，分为先张法和后张法两种。

一、先张法

1. 定义

在混凝土浇筑之前先张拉预应力钢筋并进行锚固，然后浇筑混凝土并养护，使其达到设计强度75%以上时，放松预应力钢筋，依靠钢筋的弹性回缩使构件截面混凝土承受预压应力的施工方法，称为先张法，如图10-3所示。

2. 工艺过程

在台座间布筋，张拉预应力钢筋，锚固张拉达到控制指标（单控时只控制预应力钢筋的张拉应变，双控时既控制张拉应变也控制张拉应力）的预应力钢筋，浇筑混凝土并养护，使其达到设计强度的75%以上，放松（切断）预应力钢筋。

3. 设备

台座、锚具、夹具、张拉机械、钢筋切割机、千斤顶、吊装用起重设备等。

4. 注意事项

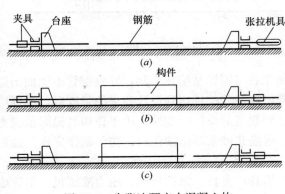

图10-3 先张法预应力混凝土构件张拉台座设备图

(1) 钢筋张拉时要保证现场人员的安全,防止钢筋被拉断弹力伤人;
(2) 张拉控制指标严格遵守设计要求;
(3) 养护混凝土要确保湿度、温度,以便混凝土强度得到充分发挥;
(4) 钢筋切断时要保证混凝土强度已达到设计要求;
(5) 码放或现场吊装堆放时注意确保板叠块数不超过有关规程的规定,搁置时要保证板上、下方向的正确。

5. 特点

(1) 构件生产工厂化程度高,施工队伍专业化程度高,所以构件质量稳定;
(2) 可以大批量生产,生产效率高,便于运输;
(3) 锚具等设备可以重复使用,摊销进构件中的成本低,可以有效减少用钢量。

6. 应用

便于运输的中小型构件,如各种楼板、檩条、梁等。

二、后张法

1. 定义

在浇筑混凝土的同时预留预应力钢筋的孔道,养护混凝土达到设计强度的75%以上时,穿预应力钢筋,并按设计规定的施工工艺张拉,使其达到设计规定的控制指标,在构件的端部锚固钢筋,通过孔道侧面预留的灌浆孔用压力灌浆机灌浆,使预应力钢筋和孔道有效地粘结并传递预压应力,这种施加预压应力的施工方法,称为后张法,如图10-4所示。

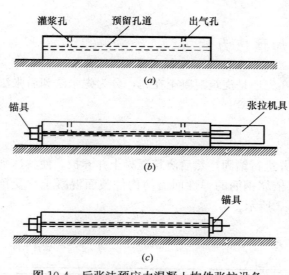

图10-4 后张法预应力混凝土构件张拉设备

2. 工艺过程

在底模上绑扎非预应力钢筋和其他构造钢筋,同时穿孔道成型的充压橡皮管或其他类型预留孔道的钢管并固定其位置,经钢筋验收通过后支侧模,检查保护层和钢筋位置无误时,开始浇筑混凝土,在混凝土浇筑的同时要对预留孔道的钢管连续转动,防止由于混凝土凝结硬化后与钢管粘结在一起,导致钢管不能抽出造成构件作废。等构件混凝土凝固后抽出钢管,养护使构件达到设计要求的强度后,穿预应力钢筋,采用机械或电张法使预应力钢筋达到规定的张拉应变后,用工作锚具锚固预应力钢筋,浆液通过压力从预留的灌浆孔灌浆,等灌浆砂浆凝结硬化后,构件制作完成,最后通过吊装设备吊装就位固定。

3. 设备

锚具、夹具、张拉机械,压力灌浆机、钢管或可充压的橡皮管、千斤顶、吊装用起重设备等。

4. 注意事项

(1) 混凝土振捣密实必须严格按规定要求进行;

(2) 孔道成型的钢管抽出时间和方法要正确得当;
(3) 张拉控制指标严格遵守设计要求;
(4) 养护混凝土要确保湿度、温度,以便混凝土强度充分发挥;
(5) 吊装时要用符合施工组织设计要求的专门吊装设备,通过专业操作人员对构件吊装施工,防止构件和已就位的其他构件刮擦和碰撞;
(6) 就位后要及时和其他相邻的构件有效拉结,确保构件和现场施工人员的安全。

5. 特点

(1) 与先张法相反,构件生产施工只能在施工现场进行,受施工现场条件和施工人员技能的影响,构件质量控制难度大;
(2) 锚具是随着构件一起工作的,不能重复使用,摊销进构件中的成本高,用钢量比先张法高。

6. 应用

不便于运输的大型构件,如屋架、桥梁等。

第三节 预应力混凝土材料

一、预应力钢筋

(一) 性能要求

预应力混凝土中预压应力的产生主要是由于预应力钢筋在很高的张拉力作用下,依靠平衡在构件上时很大的弹性回缩力,使截面上混凝土受到很大压力来完成的。构件投入工作后随着荷载的增加,预应力钢筋的应力还会持续增加。所以,从构件施工到构件投入使用,预应力钢筋一直是处在高应力状态。因此,预应力钢筋应具备如下特性:

1. 强度高

预应力形成过程中,各种不可克服的因素影响会造成预应力损失,导致预应力效果降低或施加预应力失败。为了使截面具有较高的预压应力,必须要求预应力钢筋提供较高的预拉应力,因此,一般强度等级的钢筋不具备高强度要求的力学性能。所以,在预应力混凝土结构中只能使用高强度钢筋。

2. 具有一定的塑性

预应力混凝土结构构件可能处在低温环境,吊车梁一类构件还可能承受冲击荷载作用,为了防止构件发生低温冷脆破坏,防止在冲击荷载作用下发生脆性破坏,一般要求预应力钢筋必须具备一定的塑性。但由于高强度钢筋通常都塑性较差,这就产生了矛盾。为此,《混凝土结构规范》要求,各类预应力钢筋在最大拉力下的总伸长率不得>3.5%,参见表2-11。

3. 良好的工作性能

良好的可焊性要求容易焊接,焊后不裂,不产生大的变形。自锁锚固的钢筋要求具有良好的可镦性能,钢筋端头镦粗时不发生脆裂或过大的塑性卷曲,同时力学性能不能发生明显变化。

4. 与混凝土之间具有良好的粘结力

如前所述，先张法构件中预应力的形成靠的是预应力钢筋和混凝土的粘结力，后张法构件中预应力在构件长度方向的均匀传递靠的也是钢筋和混凝土之间的粘结力，可以说粘结力是构件截面产生预压应力的基础性条件之一。在后张法构件中，预压力一大部分是通过构件端部的锚具对截面的挤压作用施加给构件的，另一部分还必须通过孔道灌浆硬结后通过预应力钢筋传给截面。钢筋和混凝土之间良好的粘结力无论在普通混凝土结构中，还是预应力混凝土结构中都是二者共同工作的前提。

（二）预应力钢筋的分类

常用的预应力钢筋分为中强度预应力钢丝、预应力螺纹钢筋、消除应力钢丝和钢绞线四种。

1. 中强度预应力钢丝

《混凝土结构规范》列入了中强度预应力钢丝，以补充中等强度预应力钢筋的空缺，这类预应力钢丝主要用于中小跨度的预应力构件，如预应力檩条、楼板、预应力楼（屋）面梁等构件。它分为光面和螺旋肋两类，公称直径有5mm、7mm、9mm等。它的极限强度标准值最高达到了1270MPa，抗拉设计强度最高达到了810MPa，抗压设计强度为410MPa。

2. 预应力螺纹钢筋

《混凝土结构设计规范》GB 50010—2010列入大直径的预应力螺纹钢筋（精轧螺纹钢筋），公称直径有18mm、25mm、32mm、40mm和50mm等。它的极限强度标准值最高达到了1230MPa，抗拉设计强度最高达到了900MPa，抗压设计强度为410MPa。这类预应力钢筋主要用于大跨度的预应力构件中。

3. 消除应力钢丝

消除应力钢丝有光面、螺旋肋两种，公称直径有5mm、7mm和9mm几种。它的极限强度标准值最高达到了1860MPa，抗拉设计强度最高达到了1320MPa，抗压设计强度为410MPa。在中小型构件中使用比较多。

4. 钢绞线

由三根或7根高强钢丝绞结而成，三股钢绞线的公称直径分为8.6mm、10.8mm和12.0mm三种，7股钢绞线的公称直径分为9.5mm、12.7mm、15.2mm、17.6mm和21.6mm五种，钢绞线强度高，使用方便。它的极限强度标准值最高达到了1960MPa，抗拉设计强度最高达到了1390MPa，抗压设计强度为390MPa。可在受力较大的大中型构件中使用。极限强度标准值最高达到了1960MPa，直径达21.6mm的钢绞线用作预应力钢筋时，应注意其锚具的匹配性，应经检验并确认锚具夹具合格以后方可在工程中使用。

二、预应力混凝土构件中的混凝土

根据预应力混凝土构件的受力变化特征，应选择具有以下性能要求的混凝土。

1. 强度高

由于预压应力很大混凝土强度不足时很容易在施加预应力过程中就发生挤压破坏，高强钢筋也不能发挥它应有的作用。因此，只有使用高强度混凝土才能很好地发挥高强钢筋的力学性能，才能达到节省材料，满足受力要求的目的。同时很强的粘结力也要求采用高强混凝土。

2. 收缩和徐变小

收缩和徐变是引起混凝土产生变形不可克服的特性，也是造成预应力损失的主要因素。为了有效降低预压力损失，防止预应力构件施工中由于徐变过大，造成预应力徐变损失太大、导致构件损毁，要求选用收缩和徐变小的混凝土。

3. 快硬、早强

这是从加快施工进度、提高设备周转率和提高工效的要求提出的。

《混凝土结构规范》规定，在预应力混凝土结构中采用的混凝土强度等级不宜低于C40级，且不应低于C30级。目前随着技术进步，高强度的混凝土在专业的混凝土搅拌站就可以配置完成，这就为预应力混凝土结构的普遍使用提供了重要保证。

第四节 张拉控制应力和预应力损失

一、张拉控制应力及其取值

1. 定义

张拉控制应力是指张拉预应力钢筋时控制使其达到的应力值。

2. 计算张拉控制应力按下式计算

$$\sigma_{\text{con}} = \frac{N}{A} \tag{10-1}$$

3. 取值

对某种预应力钢筋而言，σ_{con} 应尽可能高些，以便达到较好的预应力效果。但是也不能取得太高，因为 σ_{con} 太高就会离该钢筋的极限强度太近，一旦构件严重超载时，钢筋很可能被拉断而危及结构安全，在正常情况下也可能发生加大预应力损失的可能，降低构件的延性，引起钢丝束断丝等。所以，预应力钢筋的张拉控制应力不能取得太高，但也不能取得太低。具体的取值在规范中已有明确规定：

(1) 消除应力钢丝

$$\sigma_{\text{con}} \leqslant 0.75 f_{\text{ptk}} \tag{10-2}$$

(2) 中强度预应力钢丝

$$\sigma_{\text{con}} \leqslant 0.70 f_{\text{ptk}} \tag{10-3}$$

(3) 预应力螺纹钢筋

$$\sigma_{\text{con}} \leqslant 0.85 f_{\text{pyk}} \tag{10-4}$$

式中　f_{ptk}——预应力筋极限强度标准值；

f_{pyk}——预应力螺纹钢筋屈服强度标准值。

消除应力钢丝、钢绞线、中强度预应力钢丝的张拉控制应力不应小于 $0.4 f_{\text{ptk}}$；预应力螺纹钢筋的张拉控制应力不宜小于 $0.5 f_{\text{pyk}}$。

当符合下列条件之一时，上述张拉控制应力限值可相应提高 $0.05 f_{\text{ptk}}$ 或 $0.05 f_{\text{pyk}}$：

1) 要求提高构件在施工阶段的抗裂性能而在使用阶段受压区内设置的预应力筋；

2) 要求部分抵消由于应力松弛、摩擦、钢筋分批张拉以及预应力筋与张拉台座之间的温差等因素产生的预应力损失。

二、预应力损失

人们探索预应力混凝土最初源于19世纪末，当时总是达不到预期的效果。直到20世纪30年代，法国工程师弗列新涅（E·Freyssinet）在总结前人成功经验和失败教训的基础上，经多年研究取得突破，并逐步将预应力混凝土应用于工程实践。他发现早期预应力混凝土构件失败的主要原因，一是对预应力损失造成的危害认识不足，尤其是对混凝土收缩和徐变造成的损失缺乏应有的重视。二是当时混凝土出现只有几十年的时间，强度不高，预应力筋的张拉控制应力受到限制，所以预应力效果很差，预应力构件施工过程失败的事例比较多。可见预应力损失考虑是否周到、计算是否准确、对策是否得当对构件安全影响比较大。我国《混凝土结构规范》明确了六种主要的预应力损失，现分别讨论如下。

1. 张拉端锚具变形和预应力筋内缩引起的预应力损失值 σ_{l1}

（1）形成：在构件张拉预应力筋结束后需要卸去张拉设备，在固定锚具时由于预应力筋的弹性回缩力作用，锚具受到较大的挤压作用产生弹性回缩变形，由此引起预应力筋的张紧程度有所放松，拉应力下降，这就是所谓的预应力损失。

（2）取值：

1）先张法构件的预应力损失 σ_{l1}

先张法构件的锚具变形和预应力钢筋松动滑移引起的预应力损失 σ_{l1} 按式（10-5）计算。

$$\sigma_{l1} = \frac{a}{l} E_s \qquad (10-5)$$

式中　l——是张拉端和锚固端的长度（mm）；

　　　a——锚具变形值或预应力筋回缩值，可按表10-1中相应的锚具类型取值。

锚具变形和钢筋内缩值 a　　　　表10-1

锚具类型		a
支承式锚具（钢丝束镦头锚具）	螺母缝隙	1
	每块后加垫板的缝隙	1
夹片式锚具	有顶压时	5
	无顶压时	6～8

注：1. 表中的锚具变形和钢筋内缩值也可根据实测值确定；
　　2. 其他类型的锚具变形和钢筋内缩值应根据实测数据确定。

2）后张法构件的预应力损失 σ_{l1}

后张法构件曲线预应力筋或折线预应力筋由于锚具变形和预应力筋内缩引起的预应力损失 σ_{l1}，应根据曲线预应力筋与孔道壁之间反向摩擦影响长度范围内的预应力筋变形值和预应力筋内缩值的条件确定，反向摩擦系数见《混凝土结构规范》表10.2.4中数据。这类损失的计算见《混凝土结构规范》附录J，由于计算繁长，这里不再罗列。

（3）减少措施

减少该项预应力损失的措施有以下两方面：

1) 选择锚具变形小或预应力筋回缩小的夹具，尽量减少垫板的块数。
2) 先张法施工增加台座之间的距离。

2. 预应力筋摩擦引起的预应力损失 σ_{l2}

(1) 形成

这类损失包括后张法预应力混凝土结构构件中的预应力筋与孔道之间的摩擦损失，张拉端锚口摩擦造成的预应力损失，以及在构件内预应力筋的安装转向装置造成的损失三种。为了叙述方便，这里主要介绍孔道摩擦预应力筋造成的预应力损失。

在后张法预应力混凝土结构构件张拉预应力筋的时候，预应力筋和孔道之间由于构件被压缩，预应力筋和构件孔道内壁之间产生了相对运动，在轴心受拉构件中由于孔道内壁的粗糙和变形，弧形孔道和预应力钢筋之间都会产生摩擦力，这种孔道侧壁产生的摩擦作用，约束了预应力筋的伸长，平衡了一部分预应力钢筋受到的张拉力，测力设备（千斤顶）上显示的张拉力包含了这部分摩擦力，这就是摩擦损失（图10-5）。

(2) 取值

实测结果表明，自张拉端到计算截面的孔道长度 x 越大，预应力筋的应力降低越多，即预应力损失越大，原因是 x 值越大，沿长度累积也越大的缘故。决定孔道壁摩擦损失大小的因素包括钢筋对孔道壁之间的正压力和孔道壁的摩擦系数的大小，摩擦系数取决于孔道壁的光滑或粗糙程度。沿孔道壁摩擦阻力的内力分布如图 10-5 所示。计算公式为：

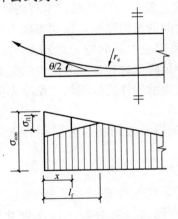

图 10-5　沿孔道壁摩擦阻力 σ_{l2} 的内力分布

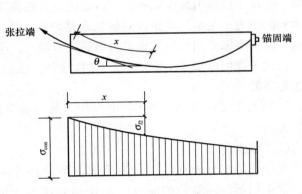

图 10-6　预应力钢筋的摩擦损失

$$\sigma_{l2} = \sigma_{con}\left(1 - \frac{1}{e^{kx+\mu\theta}}\right) \tag{10-6}$$

式中　μ——摩擦系数，见表 10-2；

　　　k——孔道偏差对摩擦力的影响系数，见表 10-2；

　　　x——自张拉端到计算截面的孔道长度值，可近似取水平投影的长度，单位为 m；

　　　θ——自张拉端到计算截面孔道切线的夹角（弧度＝57°18″）。

《混凝土结构规范》规定 $kx+\mu\theta \leqslant 0.3$ 的预应力混凝土构件，σ_{l2} 按下式计算：

$$\sigma_{l2} = \sigma_{con}(kx + \mu\theta) \tag{10-7}$$

摩擦系数 k 及 μ　　　　　　　　　　表 10-2

孔道成型方式	k	μ	
		钢绞线、钢丝束	预应力螺纹钢筋
预埋金属波纹管	0.0015	0.25	0.50
预埋塑料波纹管	0.0015	0.15	—
预埋钢管	0.0010	0.30	—
抽芯成型	0.0014	0.55	0.60
无粘结预应力筋	0.0040	0.09	—

注：摩擦系数也可以根据实测数据确定。

1) 采取两端张拉的方法

采用两段张拉工艺后，靠近锚固端一侧预应力筋的预应力损失就大为减少，预应力损失最大的截面就转移到构件中部。而且该截面的预应力筋应力要比一端张拉时锚固端预应力筋的应力高，因而使构件截面预压应力效果更加明显。

2) 超张拉工艺

超张拉工艺的全过程单线流程为：

$$0 \rightarrow 1.1\sigma_{con}（持续 2 \sim 3min） \rightarrow 0.85\sigma_{con} \rightarrow \sigma_{con}$$

第一步预应力筋的应力沿构件全长均比张拉到 σ_{con} 时高，但第二步放松至 $0.85\sigma_{con}$ 时，预应力筋的应力并不会降至 $0.85\sigma_{con}$，这是因为预应力筋应力降低时，本身将回缩，混凝土会由于压应力减少而伸长，造成预应力筋和孔道之间的反向摩擦，反向摩擦力使预应力筋的应力不是越远离张拉端越低而是增加，并最终使预应力筋的应力达到 $1.1\sigma_{con}$ 的程度，反向摩擦就相当也使预应力钢筋应力加大。这两步是降低这种预应力损失的关键步骤。因此，我们可知采用超张拉工艺时，预应力筋实际应力沿构件比较均匀，预应力损失也大为降低。

3. 混凝土采用蒸汽加热养护时预应力筋与承受拉力的设备之间的温差引起的预应力损失 σ_{l3}

（1）形成

在专业的混凝土制品厂，为了加快预制构件的生产，缩短生产周期，提高生产效率，常采用蒸汽高温养护的方法加快构件混凝土的凝结硬化。当混凝土尚未硬化时，通过给地下室内的构件生产车间通进蒸汽，预应力钢筋会随温度升高而受热伸长，预应力被放松下降。而台座由于和大地相连，可以认为温度基本没变，这样台座就基本没有发生变形。预应力钢筋应力下降后随时间推移混凝土硬化和钢筋粘结在一起，这种情况下建立在截面的预压应力就是下降以后钢筋较低的应力的弹性回缩引起的，故产生了预应力损失。

（2）取值

实际上，可以形象地把这种损失比作温度差引起的应力。单位温度变化产生的应力值暂且称为温度应变，即由于一般材料符合热胀冷缩的变化规律，温度上升 1℃ 或下降 1℃ 时构件截面产生的应力上升或下降值。所以温差为 Δt℃时，温度应力变化值也就是温差损失就为：

$$\sigma_{l3} = E_s\varepsilon_s = 2.0\times 10^5 \times 1\times 10^{-5}\Delta t = 2\Delta t \tag{10-8}$$

由式（10-8）可知，温差损失是一项非常大的损失，温度从常温 20℃升到 80℃时，温差损失就可高达 120N/mm²。

（3）减少措施

减小此项损失的方法有两阶段升温法和采用钢模生产法两种。

1) 两阶段升温法是指浇筑混凝土→在升温 20℃情况下（这一阶段会产生 σ_{l3}）→养护使混凝土达到 f_c=7.5N/mm²→升温至规定的养护温度（这一阶段不会产生 σ_{l3}）→$(0.7\sim 1.0)f_{cu}$。可见 σ_{l3} 只产生在第一阶段升温的情况下；第二阶段时混凝土已凝结硬化，温度升高时混凝土和预应力钢筋同时伸长，不会引起预应力损失 σ_{l3}，因而使温差损失大为降低。要彻底消除这种预应力损失，就必须让混凝土在常温下凝结硬化和预应力筋充分粘结在一起时，再升温到设计规定的温度。

2) 采用钢模板降低 σ_{l3} 的方法效果不很理想，一方面，构件侧模和底模不可能随着温度的变化自如地伸长或缩短，原因是底模上面混凝土和预应力筋的重量，使底模产生了与搁置它的地面之间的摩擦作用，阻碍了模板和它上面尚未硬化的混凝土自由伸长；另一方面，钢筋在温度变化时在没有凝结硬化的混凝土中可以自由伸缩，所以，这种方法对降低这种预应力损失效果并不理想。

4. 钢筋松弛引起的预应力损失 σ_{l4}

钢筋和混凝土一样实际上也存在徐变，只不过数量远远低于混凝土徐变的数量而已。在研究普通钢筋混凝土结构强度、裂缝开展和变形时忽略不计，不考虑钢筋徐变，不会明显影响结构受力和变形分析。而在预应力混凝土结构中忽略钢筋徐变带来的预应力损失，就可能导致构件施工的失败，甚至造成重大质量事故或安全事故。因为在预应力混凝土结构构件中，钢筋的徐变直接影响预应力钢筋的张拉应力和施加预应力的效果，当然也就影响预应力构件截面上混凝土的预应力状态，进而影响构件的裂缝开展和挠度变化。

（1）形成

钢筋的塑性变形包括钢筋徐变、松弛。所谓徐变指的是钢筋在不变的外力作用下，变形随时间的延长而增长的变形。松弛是指在维持钢筋长度不变，在高应力作用情况下，钢筋应力随时间延长而降低的现象。

（2）特点

1) 钢筋徐变、松弛最初发展快，随后减慢，最后稳定。试验表明，张拉锚固结束后一小时内，松弛损失可完成全部松弛损失的 50%，前两分钟可完成总量 50%中的绝大多数；24 小时后可达 80%左右。

2) 钢筋徐变、松弛损失与预应力钢筋的张拉控制应力成正比。

3) 钢筋徐变、松弛损失与钢种有关，软钢小，硬钢大。

4) 环境温度越高，松弛损失越大。

（3）取值

根据《混凝土结构规范》的规定，钢筋松弛引起的预应力损失 σ_{l4} 按以下公式计算：

1) 预应力钢丝、钢绞线

普通松弛：

$$\sigma_{l4} = 0.4\left(\frac{\sigma_{con}}{f_{ptk}} - 0.5\right)\sigma_{con} \tag{10-9}$$

低松弛时：

当 $\sigma_{con} \leqslant 0.7 f_{ptk}$ 时

$$\sigma_{l4} = 0.125\left(\frac{\sigma_{con}}{f_{ptk}} - 0.5\right)\sigma_{con} \tag{10-10}$$

当 $0.7 f_{ptk} < \sigma_{con} \leqslant 0.8 f_{ptk}$ 时

$$\sigma_{l4} = 0.2\left(\frac{\sigma_{con}}{f_{ptk}} - 0.575\right)\sigma_{con} \tag{10-11}$$

2）中强度预应力钢丝：$0.08\sigma_{con}$ (10-12)

预应力螺纹钢筋：$0.03\sigma_{con}$ (10-13)

（4）降低措施

采用超张拉工艺可以降低钢筋松弛损失，不同的施加预应力方法和不同种类的预应力筋超张拉工艺要求如下：

1）先张法

预应力螺纹钢筋：$0 \to 1.05\sigma_{con}$（持续 2~3min）$\to 0.9\sigma_{con} \to \sigma_{con}$

钢丝、钢绞线：$0 \to 1.05\sigma_{con}$（持续 2~3min）$\to 0 \to \sigma_{con}$

2）后张法

预应力螺纹钢筋、钢绞线：$0 \to 1.05\sigma_{con}$（持续 2~3min）$\to \sigma_{con}$

消除应力钢丝束：$0 \to 1.05\sigma_{con}$（持续 2~3min）$\to 0 \to \sigma_{con}$

5. 混凝土徐变引起的预应力损失 σ_{l5}（先张法、后张法均有）

（1）形成

混凝土的徐变导致构件缩短，相当于放松了钢筋的拉应力，因此就产生了预应力损失。收缩与徐变性质完全不同，但它们都是随时间的延长而变形不断加大的，总是相伴而生。故《混凝土结构规范》把它们合在一起一并考虑，合并计算它们的损失。

（2）特点

混凝土的徐变造成的预应力损失是所有损失中最大的一种。它们和这两种变形是同时出现并具有正向相关的特征。在直线预应力配筋构件中占 50% 左右，在曲线预应力配筋构件中占 30% 左右。

1）先张法构件

$$\sigma_{l5} = \frac{60 + 340\dfrac{\sigma_{pc}}{f_{cu}}}{1 + 15\rho} \tag{10-14}$$

$$\sigma'_{l5} = \frac{60 + 340\dfrac{\sigma'_{pc}}{f_{cu}}}{1 + 15\rho'} \tag{10-15}$$

2）后张法构件

$$\sigma_{l5} = \frac{55 + 300\dfrac{\sigma_{pc}}{f_{cu}}}{1 + 15\rho} \tag{10-16}$$

$$\sigma'_{l5} = \frac{55 + 300 \dfrac{\sigma'_{pc}}{f_{cu}}}{1 + 15\rho'} \tag{10-17}$$

式中 σ_{pc}、σ'_{pc}——在受拉区、受压区预应力钢筋合力点处的混凝土法向压应力；

f_{cu}——施加预应力时混凝土立方体强度；

ρ、ρ'——受拉区、受压区预应力钢筋和非预应力钢筋的配筋率。

先张法构件的配筋率为：

$$\rho = \frac{A_p + A_s}{A_0}; \quad \rho' = \frac{A'_p + A'_s}{A_0} \tag{10-18}$$

对于后张法构件的配筋率：

$$\rho = \frac{A_p + A_s}{A_n}; \quad \rho' = \frac{A'_p + A'_s}{A_n} \tag{10-19}$$

式中 A_p、A'_p——受拉区、受压区纵向预应力钢筋的截面面积；

A_s、A'_s——受拉区、受压区非预应力钢筋的截面面积；

A_0——换算截面面积，等于净截面面积与全部纵向预应力钢筋换算成混凝土后的全部截面面积；

A_n——净截面面积，即扣除孔道、凹槽等削弱部分以外的混凝土全部截面面积及纵向非预应力钢筋截面面积换算成混凝土的截面面积之和；对于不同等级的混凝土应根据弹性模量的大小关系换算成同一混凝土强度等级的面积。

(3) 减少措施

此项损失在全部预应力损失中占的比例高，对构件预应力的形成影响大，降低这项损失对减少预应力损失效果明显。采用减少混凝土徐变的相应措施，就可从根本上降低徐变引起的预应力损失，如采用强度等级高的混凝土、减少水泥用量、减低水灰比、选择合理的级配、加强混凝土振捣及养护等。

6. 环形构件采用螺旋形预应力钢筋时局部挤压引起的预应力损失 σ_{l6}

(1) 形成

螺旋形预应力钢筋对构件混凝土产生一种径向压力，由于混凝土在局部挤压下产生弹塑性变形而使预应力筋嵌入混凝土内。这一嵌入现象还会随时间而增长，这就使得预应力构件环形的直径减少，预应力筋中的拉应力就要降低，这就出现了第6种预应力损失 σ_{l6}。

(2) 取值

σ_{l6} 的取值取决于预应力筋对构件混凝土径向压力的大小，而径向压力的大小又与螺旋形预应力筋的张拉控制应力成正比，而与环形构件的外径成正比。由此可知，σ_{l6}、σ_{con} 和构件外径具有直接的关系。为了简化计算，《混凝土结构规范》规定只对 $d \leqslant 3m$ 的构件考虑此项损失，并认为与 σ_{con} 无关。取 $\sigma_{l6} = 30 N/mm^2$。

(3) 减少措施

做好级配、加强振捣、加强养护以提高混凝土的密实性。

规范给出预应力损失值参见表10-3。

预应力损失值 表 10-3

引起损失的因素		符号	先张法构件	后张法构件
张拉端锚具变形和预应力筋内缩		σ_{l1}	$\dfrac{a}{l}E_s$	按本书第十章第四节
预应力筋的摩擦	与孔道壁之间的摩擦	σ_{l2}	—	$\sigma_{con}\left(1-\dfrac{1}{e^{kx+\mu\theta}}\right)$
	张拉端锚口摩擦		按实测值或厂家提供的数据确定	
	在转向装置处的摩擦		按实际情况确定	
混凝土加热养护时,预应力筋与承受拉力的设备之间的温差		σ_{l3}	$2\Delta t$	—
预应力筋的应力松弛		σ_{l4}	消除应力钢丝、钢绞线普通松弛: $0.4\left(\dfrac{\sigma_{con}}{f_{ptk}}-0.5\right)\sigma_{con}$ 低松弛: 当 $\sigma_{con}\leqslant 0.7f_{ptk}$ 时 $0.215\left(\dfrac{\sigma_{con}}{f_{ptk}}-0.5\right)\sigma_{con}$ 当 $0.7f_{ptk}<\sigma_{con}\leqslant 0.8f_{ptk}$ 时 $0.2\left(\dfrac{\sigma_{con}}{f_{ptk}}-0.575\right)\sigma_{con}$ 中强度预应力钢丝: $0.08\sigma_{con}$ 预应力螺纹钢筋: $0.03\sigma_{con}$	
混凝土的收缩和徐变		σ_{l5}	按本书第十章第四节的规定	
用螺旋式预应力筋作配筋的环形构件,当直径 $d\leqslant 3m$ 时由于混凝土的局部挤压		σ_{l6}	—	30

注:1. 表中 Δt 为混凝土加热养护时,预应力筋与承受拉力的设备之间的温差(℃);
2. 当 $\dfrac{\sigma_{con}}{f_{ptk}}\leqslant 0.5$ 时,预应力筋的应力松弛损失值可取为零。

三、预应力损失的组合

上述六种预应力损失有些发生在先张法构件中,有些则发生在后张法构件中,有些两种不同施工工艺制作的构件中都有,有些发生在构件施加预压应力之前,有些发生在施加预压应力之后。为了分析问题的方便起见,把预压应力施加前作为第一个阶段,把预压应力施加后作为第二个阶段。《混凝土结构规范》规定,为简化计算,把这六种损失按照先张法和后张法两种施工工艺分为第一批预压应力施加之前的应力损失,和预应力施加之后的第二批预应力损失,见表 10-4。

各阶段预应力损失组合 表 10-4

预应力损失值的组合	先张法构件	后张法构件
混凝土预压前(第一批)的损失	$\sigma_{l1}+\sigma_{l2}+\sigma_{l3}+\sigma_{l4}$	$\sigma_{l1}+\sigma_{l2}$
混凝土预压后(第二批)的损失	σ_{l5}	$\sigma_{l4}+\sigma_{l5}+\sigma_{l6}$

注:先张法构件由于钢筋应力松弛引起的应力损失值 σ_{l4} 在第一批和第二批损失中所占的比例如何区分,可根据实际情况确定。

《混凝土结构规范》规定,当求得的预应力总损失值小于下列数值时,应按下列数值采用：

先张法构件　　100N/mm^2；

后张法构件　　80N/mm^2。

第五节　预应力混凝土轴心受拉构件

一、轴心受拉构件应力分析

预应力轴心受拉构件中，预应力筋从钢筋开始张拉到构件受力破坏的全过程都处在高应力状态。应对预应力轴心受拉构件进行施工阶段和使用阶段的验算，以确保施工阶段构件和使用阶段构件承载力满足要求，同时确保构件裂缝宽度及抗裂性能满足设计要求。本节内容以引导学生对预应力构件设计原理的概念性了解为目标。以下按先张法和后张法分别进行讨论。

（一）先张法

1. 施工阶段

（1）张拉并锚固预应力钢筋

张拉预应力钢筋使其达到张拉控制应力 σ_{con}，然后将张拉完毕的预应力筋锚固在台座上。此时由于锚具挤压和钢筋滑移已产生了第一种预应力损失 σ_{l1}，由于预应力筋尚未放松，构件内混凝土、非预应力筋的应力为零。预应力筋的应力已变为 $\sigma_{\text{con}}-\sigma_{l1}$。

（2）混凝土预压前

由于在构件内设置预应力筋的转向装置的摩擦作用出现了 σ_{l2}，采用混凝土加热养护时，预应力筋与承受拉力的设备之间的温差造成的损失 σ_{l3}，预应力钢筋张拉完毕就开始出现的钢筋松弛损失 σ_{l4}，在放松预应力筋给构件截面施加预压应力之前已经先后产生。在先张法构件中预压前出现的四种预应力损失称为第一批预应力损失，用 $\sigma_{l\text{I}}$ 表示。构件内混凝土、非预应力筋的应力为零。预应力筋的应力已变为 $\sigma_{\text{con}}-\sigma_{l\text{I}}$。

（3）混凝土预压

混凝土结硬后随着时间的推移强度不断升高，当其达到设计强度75%以上时，可以剪断预应力筋，依靠混凝土与预应力筋之间的粘结力将预应力筋的弹性回缩力平衡在构件截面，混凝土受压回缩，钢筋同时也弹性回缩。此时，构件内非预应力筋、预应力筋及混凝土的应力已变为 σ_{sI}、σ_{pI}、σ_{pcI}：

$$\sigma_{\text{sI}} = -\alpha_{\text{E}}\sigma_{\text{pcI}} \tag{10-20}$$

$$\sigma_{\text{pI}} = \sigma_{\text{con}} - \sigma_{l\text{I}} - \alpha_{\text{E}}\sigma_{\text{pcI}} \tag{10-21}$$

由截面内力平衡条件可得

$$\sigma_{\text{pI}}A_{\text{c}} + \sigma_{\text{sI}}A_{\text{s}} = (\sigma_{\text{con}} - \sigma_{l\text{I}} - \alpha_{\text{E}}\sigma_{\text{pcI}})A_{\text{p}}$$

整理后可得

$$\sigma_{\text{pcI}} = \frac{(\sigma_{\text{con}} - \sigma_{l\text{I}})A_{\text{p}}}{A_0} = \frac{N_{\text{pcI}}}{A_0} \tag{10-22}$$

式中　α_{E}——预应力钢筋、非预应力钢筋与混凝土弹性模量的比；

A_0——换算截面面积，$A_0 = A_{\text{c}} + \alpha_{\text{E}}A_{\text{s}} + \alpha_{\text{E}}A_{\text{p}}$。

式（10-22）可以理解为放松预应力筋时，预应力筋总拉力 N_{pcI} 作用在混凝土换算截

面上的压应力 σ_{pcI}。

（4）完成第二批预应力损失

构件在投入使用之前，第二批预应力损失全部产生，此时全部预应力损失为：$\sigma_l = \sigma_{lI} + \sigma_{lII}$，根据截面内力平衡条件可得

$$\sigma_{sII} = -(\alpha_E \sigma_{pcII} + \sigma_{l5}) \quad （压力） \tag{10-23}$$

$$\sigma_{pII} = \sigma_{con} - \sigma_l - \alpha_E \sigma_{pcII} \tag{10-24}$$

$$\sigma_{pcII} = \frac{(\sigma_{con} - \sigma_l)A_p}{A_0} \tag{10-25}$$

式中　σ_{pcII}——完成全部预应力损失后混凝土截面建立的预压应力，称为有效预应力。

2. 使用阶段

（1）混凝土消压

在构件投入使用阶段，随着轴向拉力的增加，构件伸长，混凝土预压应力被轴向力逐渐抵消，直到混凝土预压应力被完全抵消变为 0 的状态出现，此状态称为消压状态。此过程混凝土的应力增加了 σ_{pcII}，从 σ_{pcII} 变为 0，预应力筋和非预应力筋的应力增量为 $\alpha_E \sigma_{pcII}$，它们的应力分别变为：

$$\sigma_c = 0 \tag{10-26}$$

$$\sigma_s = \alpha_E \sigma_{pcII} \tag{10-27}$$

$$\sigma_{p0} = \sigma_{con} - \sigma_l \tag{10-28}$$

由截面内力平衡条件可得，消压状态下构件承受的轴向压力为

$$N_{p0} = \sigma_{p0} A_p + \sigma_s A_s = \sigma_{pcII} A_0 \tag{10-29}$$

（2）混凝土即将开裂

在混凝土消压状态的基础上，继续增加荷载，混凝土截面开始出现拉应力，直到混凝土截面的拉应力达到混凝土抗拉强度标准值 f_{tk} 时，混凝土即将开裂，此时截面上应力分布情况为：

$$\sigma_c = f_{tk} \tag{10-30}$$

$$\sigma_s = \alpha_E f_{tk} \tag{10-31}$$

$$\sigma_p = \sigma_{con} - \sigma_l + \alpha_E f_{tk} \tag{10-32}$$

由力的平衡条件可得轴心受拉构件的抗裂轴向力为

$$N_{cr} = f_{tk} A_c + \sigma_s A_s + \sigma_p A_p = (f_{tk} + \sigma_{pcII}) A_0 \tag{10-33}$$

由式（10-33）可以看到，预应力混凝土轴心受拉构件开裂前截面可以承受的拉应力从普通混凝土构件的 f_{tk} 上升为 $f_{tk} + \sigma_{pcII}$。可见有效预应力是反映预应力混凝土构件抗裂性能提高的主要指标。

（3）构件破坏

外荷载由截面继续增加，裂缝出现并将构件截面裂通，此时混凝土退出工作，全部外荷载由配置的钢筋承担，最终钢筋的应力达到其抗拉强度设计值。此时截面应力分布为：

$$\sigma_c = 0 \tag{10-34}$$

$$\sigma_s = f_y \tag{10-35}$$

$$\sigma_p = f_{py} \tag{10-36}$$

由平衡条件可得构件的受拉承载力为

$$N_u = f_{py}A_p + f_y A_s \tag{10-37}$$

由式（10-33）、式（10-37）可知，对构件施加预应力只能提高构件的抗裂度，并不能提高构件的承载力。

（二）后张法

1. 施工阶段

（1）浇筑混凝土预应力筋孔道成型

这一阶段是构件施加预应力的前期阶段，没有预应力的影响和截面应力的明显变化。

（2）张拉预应力筋并锚固

当混凝土达到设计强度75%以上时，可以开展预应力施工过程。张拉预应力筋使其达到控制应力σ_{con}，混凝土受到弹性压缩，预应力筋张拉完毕后加以锚固。在这个阶段先后出现了σ_{l2}和σ_{l1}，施加预压应力的过程结束，第一批预应力损失产生，其值为$\sigma_{l\text{I}}=\sigma_{l1}+\sigma_{l2}$。混凝土在施加预应力的过程受到挤压，弹性回缩产生，同时截面已建立了预压应力。此时，截面上应力分布为：

$$\sigma_{pc\text{I}} = \frac{N_{p\text{I}}}{A_n} = \frac{(\sigma_{con} - \sigma_{l\text{I}})A_p}{A_n} \tag{10-38}$$

$$\sigma_{p\text{I}} = \sigma_{con} - \sigma_{l\text{I}} \tag{10-39}$$

$$\sigma_{s\text{I}} = -\alpha_E \sigma_{pc\text{I}} \tag{10-40}$$

式中 A_n——构件净截面面积，它等于混凝土净截面面积与非预应力筋换算面积之和，即

$$A_n = A_c + \alpha_E A_s \tag{10-41}$$

（3）完成第二批预应力损失

构件在投入使用之前，完成混凝土收缩和徐变预应力损失σ_{l5}，即完成第二批预应力损失，此时截面应力分布为：

$$\sigma_{pc\text{II}} = \frac{(\sigma_{con} - \sigma_l)A_p}{A_n} \tag{10-42}$$

$$\sigma_{p\text{II}} = \sigma_{con} - \sigma_l \tag{10-43}$$

$$\sigma_{s\text{II}} = -\alpha_E \sigma_{pc\text{II}} \tag{10-44}$$

2. 使用阶段

（1）加载至消压

与先张法构件受力机理基本相同，外荷载增加，直到构件截面混凝土应力变为0。此时

$$\sigma_{pc} = 0 \tag{10-45}$$

$$\sigma_p = \sigma_{p\text{II}} + \alpha_E \sigma_{pc\text{II}} \tag{10-47}$$

$$\sigma_p = \sigma_{p\text{II}} + \alpha_E \sigma_{pc\text{II}} = \sigma_{con} - \sigma_l + \alpha_E \sigma_{pc\text{II}} \tag{10-48}$$

由平衡条件可得消压时轴向力为

$$N_{p0} = \sigma_p A_p + \sigma_s A_s = (\sigma_{con} - \sigma_l + \alpha_E \sigma_{pc\text{II}})A_p \tag{10-49}$$

式中 A_0——构件的换算截面面积，$A_0 = A_c + \alpha_E A_p$。

（2）加载至构件即将开裂

荷载加至混凝土拉应力达到f_{tk}时，构件即将开裂，此时

$$\sigma_{pc} = f_{tk} \tag{10-50}$$

$$\sigma_s = \alpha_E f_{tk} \tag{10-51}$$

$$\sigma_p = \sigma_{con} - \sigma_l + \alpha_E \sigma_{pcII} + \alpha_E f_{tk} \tag{10-52}$$

由平衡条件得抗裂承载力

$$N_{cr} = f_{tk}A_c + \sigma_p A_p = f_{tk}A_c + (\sigma_{con} - \sigma_l)A_p + \alpha_E(f_{tk} + \sigma_{pcII})A_p \tag{10-53}$$

（3）加载至破坏

此时，构件的极限承载力为

$$N_u = f_y A_p \tag{10-54}$$

二、预应力混凝土受拉构件的计算

预应力混凝土受拉构件的计算和验算包括：施工阶段的强度计算、后张法构件锚固区局部承压验算；使用阶段的承载力计算、抗裂验算。

1. 使用阶段的承载力计算

如前所述，构件破坏时全部荷载由预应力筋承担，其正截面上的承载力按下式计算：

$$\gamma_0 N \leqslant f_{py} A_p \tag{10-55}$$

式中　γ_0——结构重要性系数，按本书第三章中规定取值；

　　　N——轴向拉力设计值；

　　　f_{py}——预应力筋抗拉强度设计值；

　　　A_p——预应力筋的截面面积。

2. 开裂验算

预应力混凝土构件裂缝控制等级分为三级，它们的控制验算分别是：

（1）一级

在荷载标准组合下，受拉区边缘不允许出现拉应力，即

$$\sigma_{ck} - \sigma_{pc} \leqslant 0 \tag{10-56}$$

（2）二级

在荷载标准组合下，受拉区边缘的拉应力不允许超过混凝土轴心抗拉强度设计值，即

$$\sigma_{ck} - \sigma_{pc} \leqslant f_{tk} \tag{10-57}$$

（3）三级

构件最大裂缝宽度可按荷载准永久组合并考虑长期作用影响的效应计算，预应力混凝土的最大裂缝宽度可按荷载的标准组合并考虑长期作用影响的效应计算。最大裂缝宽度应符合下列规定：

$$w_{max} \leqslant w_{lim} \tag{10-58}$$

式中　w_{max}——按荷载的标准组合或准永久组合并考虑长期作用影响的最大裂缝宽度，按本书第九章的规定计算；

　　　w_{lim}——规范给定的裂缝宽度限值，按第九章的表 9-2 规定取用。

第六节　预应力混凝土构件的构造要求

和普通钢筋混凝土结构一样，构造设计是预应力混凝土结构设计重要的组成部分，对全面贯彻设计意图具有重要意义。本节简要介绍常用的预应力混凝土结构构造要求，更为

全面的内容可参考《混凝土结构规范》相关规定、有关设计手册和标准图集。

一、一般要求

1. 截面形式和尺寸

（1）截面形式

跨度较小的梁、板构件一般采用矩形截面；跨度或承受的荷载都较大时，为了降低梁的自重可以选用 T 形截面、I 字形或箱形截面。

（2）截面尺寸

一般预应力混凝土梁 $h=(1/20\sim1/14)l$；翼缘宽度 $b'_f=(1/3\sim1/2)h$；翼缘的厚度 $h'_f=(1/10\sim1/16)h$；腹板宽度 $b=(1/15\sim1/8)h$。

2. 预应力钢筋的布置

（1）直线形布置

一般适用于跨度较小，或荷载也较小的中小型构件；先张法的楼板，后张法屋架下弦等均可使用；施工简单，使用比较常见。

（2）曲线形布置

常见于跨度大、荷载大的受弯构件；后张法构件可用于工业厂房大吨位的吊车梁，屋面梁等构件；由孔道划分的截面上部分形状和梁的弯矩图相似，支座附近主拉应力作用可能产生斜裂，因此将一部分钢筋弯起满足斜截面受力要求。

（3）折线形布置

用于梁两端截面倾斜的梁，先张法构件使用居多，此时会产生在转向装置处的摩擦预应力损失。

（4）非预应力筋的配置

为了防止预应力混凝土构件在制作、穿束、堆放或吊装时，构件施工阶段之前的受拉区（预拉区）、工作阶段的受压区开裂，可沿着预拉区截面均匀配置直径不超过 14mm 的非预应力钢筋。

二、先张法构件的构造要求

1. 并筋配筋的等效直径

单根配置预应力筋不能满足要求时，采用同直径的钢筋并筋配筋的方式。对于双根并筋时的直径，取单根直径的 1.4 倍；对于三根并筋时的直径，取单根直径的 1.73 倍。计算并筋后的构件其保护层厚度、锚固长度、预应力传递长度以及构件挠度、裂缝等的验算均应按等效直径考虑。

当预应力钢绞线等预应力钢筋采用并筋方式时，应有可靠的构造措施。

2. 预应力筋的净距

和普通混凝土结构一样，先张法预应力钢筋之间也应根据混凝土浇筑、施加预应力及钢筋锚固等要求保持足够的净距。预应力钢筋之间的净距不应小于其公称直径的 2.5 倍和粗骨料最大粒径的 1.25 倍，且应符合下列规定：预应力钢丝，不应小于 15mm；三股钢绞线，不应小于 20mm；7 股钢绞线不小于 25mm。当混凝土振捣密实有可靠保证时，净间距可放宽到最大粗骨料粒径的 1.0 倍。

3. 构件端部加强措施

《混凝土结构规范》规定，对于先张法预应力混凝土构件，预应力筋端部周围的混凝土应采取以下加强措施：

(1) 单根配置的预应力筋，其端部宜设置螺旋筋。

(2) 分散布置的多根预应力筋，在构件端部 $10d$（d 为预应力钢筋的公称直径）且不小于 100mm 长度范围内，宜设置 3～5 片与预应力筋垂直的钢筋网片。

(3) 采用预应力钢丝配置的薄板，在板端 100mm 的长度范围内沿构件板面设置附加横向钢筋，其数量不应少于两根。

(4) 对槽形板类构件，应在构件端部 100mm 范围内沿构件板面设置附加横向钢筋，其数量不少于两根。

(5) 当有可靠经验并能保证混凝土浇筑质量时。预应力孔道可水平并列贴紧布置，但并排的数量不应超过 2 束。

(6) 对预应力钢筋在构件端部全部弯起的受弯构件或直线配筋的先张法构件，当构件端部与下部支承结构焊接时，应考虑混凝土收缩、徐变及温度变化所产生的不利影响，宜在构件端部可能产生裂缝的部位设置足够数量的非预应力纵向构造钢筋，以防止预应力构件端部预拉区出现裂缝。

三、后张法构件的构造要求

后张法预应力筋及预留孔道布置应符合下列规定：

（一）预应力筋的预留孔道

预应力筋的预留孔道布置时应考虑张拉设备的位置、锚具的尺寸及构件端部混凝土局部受压等因素：

(1) 预留的预应力筋孔道之间的净距不应小于 50mm，且不小于粗骨料粒径的 1.25 倍；孔道至构件边缘的净距不应小于 30mm，且不小于孔道直径的 50%。

(2) 孔道的直径应比预应力钢筋束外径及穿过孔道的连接器外径大 6～15mm。

(3) 从孔道外壁至构件边缘的净间距，梁底不宜小于 50mm，梁侧不宜小于 40mm，裂缝控制等级为三级的梁，梁底、梁侧不宜小于 60mm 和 50mm。

(4) 在构件两端及跨中设置灌浆孔或排气孔，其孔距不宜大于 12m。

(5) 凡制作时需要起拱的构件，预留孔道宜随构件同时起拱。

(6) 后张法预应力钢丝束、钢绞线束的预留孔道应符合下列要求：

1) 对预制构件，孔道之间的水平净距不宜小于 50mm，孔道至构件边缘的净距不宜小于 30mm，且不宜小于孔道的半径；

2) 在框架梁中，预留孔道在垂直方向的净距不宜小于孔道外径，水平方向的净距不应小于 1.5 倍的孔道外径；从孔道壁算起的混凝土保护层厚度，梁底不宜小于 50mm，梁侧不宜小于 40mm；

3) 预留孔道的内径应比预应力钢丝束或钢绞线束外径及需穿过孔道的连接器外径大 15～20mm 。

（二）孔道灌浆

孔道灌浆要求密实，水泥砂浆强度等级不宜低于 M20，其水灰比宜为 0.4～0.45；为减少收缩，宜掺入 0.01% 水泥用量的铝粉。

（三）构件端部构造

(1) 采用普通垫板时，应按规范的规定进行局部受压承载力计算，并配置间接钢筋，其体积配筋率不应小于0.5%，垫板的刚性扩散角应取为45°。

（2）局部承压承载力计算时，局部压力设计值对有粘结预应力混凝土构件取1.2倍的张拉控制应力，对无粘结预应力混凝土取1.2倍的张拉控制应力和（$f_{ptk}A_p$）中的较大值。

（3）当采用整体铸造垫板时，其局部受压区的设计应符合相关规定。

（4）对构件端部锚固区应按下列规定配置间接钢筋：在局部受压间接钢筋配置区以外，在构件端部长度$l \geqslant 3e$（e为截面重心线上部和下部预应力钢筋的合力点至其到构件最近边缘的距离）但不大于$1.2h$（h为构件端部的高度）、高度为$2e$的附加配筋区范围内，应均匀配置附加箍筋或网片，其体积配筋率不小于0.5%，如图10-7所示。

（5）对外露锚具应采取涂刷油漆或砂浆封闭等防锈措施。

（6）在预拉区和预压区中，应设置纵向非预应力构造钢筋，在预应力钢筋的弯折处，应加密箍筋或沿弯折处内侧设置钢筋网片。

（7）当构件在端部有局部凹进时，应增设折线构造钢筋，如图10-8所示，或其他有效的构造钢筋。

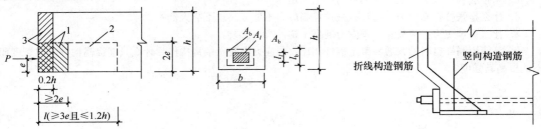

图10-7 防止沿端部裂缝的配筋范围　　图10-8 构件端部凹进处构造配筋

预应力混凝土结构构件，在通过对一部分纵向钢筋施加预应力已能满足裂缝控制要求时，承载力计算所需的其余纵向钢筋可采用非预应力钢筋。非预应力钢筋宜采用HRB400、HRBF400级钢筋。

本 章 小 结

1. 预应力混凝土构件是指在结构构件承受荷载之前，预先对外荷载作用下截面混凝土的受拉区施加预压力的构件。预应力混凝土构件和普通混凝土构件相比具有抗裂性能好，能充分利用高强材料的强度，提高构件的刚度，减少构件的变形。

2. 根据钢筋张拉和混凝土浇筑的先后顺序不同，施加预应力的方法分为两种。张拉钢筋在先，混凝土浇筑在后的方法叫做先张法。先张法构件适宜在预制厂大批量生产便于运输的中小型构件。混凝土浇筑在先，钢筋张拉在后的施工工艺叫做后张法。后张法工艺一般是在施工现场生产大型不便运输的大型构件。

3. 张拉控制应力是在预应力构件施工时控制预应力钢筋使其达到的预应力值。它与预应力钢筋的种类、施加预应力的方法等有关。张拉控制应力不能太高，太高安全储备小，施工过程容易发生事故。张拉控制应力太低，预应力效果差，钢筋强度利用不充分，造成材料浪费。

4. 预应力损失是构件施工过程中由于工艺或材料性能等原因造成的预应力下降。预应力损失太高会引起构件施工失败或使用时达不到设计要求，必须设法减少和降低。

5. 预应力轴心受拉构件是常用的预应力构件之一，它的施工和使用过程的截面应力分析，应按照《混凝土结构规范》和其他施工验收规范、规程等给定的公式进行。公式是依据弹性材料力学的公式转换而来的。

6.《混凝土结构规范》和规程等给定的构造要求是保证顺利实现设计意图的重要技术措施，是强制性的规定，必须认真执行。

复习思考题

一、名词解释

预应力混凝土结构　先张法工艺　后张法工艺　预应力损失　有效预应力　张拉控制应力

二、问答题

1. 什么是预应力混凝土结构？预应力混凝土结构和普通混凝土结构相比具有哪些优点？
2. 为什么普通混凝土结构不能使用高强材料，而预应力混凝土结构必须使用高强材料？
3. 先张法和后张法施工工艺的适用范围和用途各有什么不同？
4. 什么是张拉控制应力？为什么张拉控制应力不能太高也不能太低？
5. 什么是预应力损失？它对预应力混凝土构件有何影响？
6. 与使用同样材料的普通混凝土构件相比，预应力混凝土结构构件为什么只能提高构件的抗裂度而不能提高其强度？

第十一章 梁板结构

学习要求与目标：

1. 了解梁板结构的类型及其受力特点。
2. 理解连续梁板内力包络图的有关内容，会进行荷载的折算；理解塑性铰、内力重分布、弯矩调幅等概念。
3. 掌握单向板肋梁楼屋盖的主梁、次梁和板的内力计算，构件截面设计方法及配筋构造要求。
4. 了解双向板肋梁楼盖的弹性计算方法，理解塑性计算方法及配筋构造要求。
5. 熟悉钢筋混凝土梁式楼梯、板式楼梯的应用范围，掌握其计算方法和配筋构造要求。
6. 了解预制装配式楼屋盖的构成及特点，了解雨篷受力特点及配筋构造。

梁板结构是指由梁和板组合而成的共同承受施加于它的各种作用的结构体系。在工业和民用建筑中，现浇整体式肋形梁楼盖是梁结构的最主要形式之一。现浇整体式楼屋盖主要包

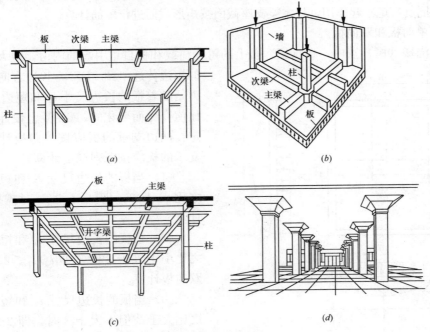

图 11-1 梁板结构示意

括如图 11-1（a）所示的肋梁楼屋盖、如图 11-1（b）所示的筏板式基础、如图 11-1（c）所示的井式楼盖、如图 11-1（d）所示的无梁楼盖等。此外，现浇整体式肋形梁楼盖还可以用于大型水厂蓄水池的顶盖和底板、挡土墙等。作为现浇结构，现浇整体式肋梁楼（屋）盖具有整体性好、耐久性、耐火性好、整体刚度大、防水性好的诸多优点；但耗费模板、施工周期长、质量控制难度大，冬期和雨期施工受气候条件限制等特点。由预制板和梁及墙等装配组成的楼盖称为装配式楼（屋）盖。装配式楼盖的抗震性能比现浇整体式肋梁楼（屋）盖要差，但装配式楼盖具有构件施工难度小、速度快、质量有保证等特点，所以，在工程实际中仍然广泛使用。本章主要讨论现浇单向板肋梁楼屋（盖）设计、双向板楼屋盖设计、装配式楼（屋）盖设计、钢筋混凝土现浇楼梯设计、雨篷设计等内容。

第一节 概 述

现浇向板肋梁楼盖由主梁、次梁和板三部分组成，板在最上部承受自重和楼（屋）面使用可变荷载作用，板的支座是次梁，板的受力方向为其短边方向，板的跨度是次梁的间距。次梁是中间过渡的构件，承受板传来的上部荷载和自重引起的弯矩和剪力。次梁的支座是主梁和两端支承的墙体，次梁的跨度是主梁间距或主梁到边墙的距离，次梁一般是在考虑了与板整体浇筑时，在跨中板所发挥肋的作用后按 T 字形截面梁计算配筋，在中间支座截面按矩形截面计算配筋面积，它承受弯矩作用和剪力的作用。主梁是肋梁楼（屋）盖中最重要的构件，主梁承受包括自重在内楼（屋）盖的全部荷载，是多跨连续梁。主梁的跨度是自身纵向轴线方向的柱距或柱到边墙（柱）支座的距离，主梁主要承受次梁传来的交点集中力的作用和自重均布荷载折算后的集中荷载作用，主梁跨中截面承载力计算时和次梁一样需要考虑整体浇筑的板发挥出翼缘的作用，按 T 形截面计算，支座处截面由于上部开裂，板面对支座截面抵抗负弯矩不起作用，故主梁支座截面按矩形截面进行配筋计算。

一、单向板和双向板

在现浇楼（屋）盖中，楼（屋）盖上的可变荷载和板自重引起的内力，绝大部分沿板的短边传递（图 11-2），长边方向传递的内力是随着板的长边尺寸 l_2 和短边尺寸 l_1 的比值变化而变化的。《混凝土设计规范》规定：两边支承的板应按单向板计算；四边支承的板应按下列规定计算。

(1) 当板的长边尺寸 l_2 和短边尺寸 l_1 之比大于 3，即 $l_2/l_1 > 3$ 时，按单向板计算。

(2) 当板的长边尺寸 l_2 和短边尺寸 l_1 之比小于等于 2 时，即 $l_2/l_1 \leqslant 2$ 时，应按双向板计算。

(3) 当板的长边尺寸 l_2 和短边尺寸 l_1 之比大于 2 但不大于 3 时，即 $2 < l_2/l_1 \leqslant 3$ 时，宜按双向板计算。

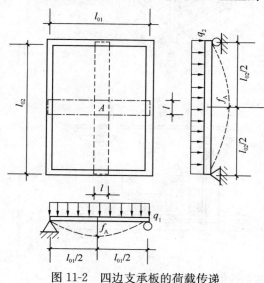

图 11-2 四边支承板的荷载传递

(4) 当按沿短边方向计算单向板内力时,应沿板长边方向布置足够数量的构造钢筋。

二、结构平面布置

结构平面布置是根据现场条件和房屋功能要求,选择相对合理的结构布置方案的过程。这个过程是对各种结构布置方案进行对比、分析、优化和选择的过程,也是充分展现设计者自身业务素养和实际工作技能的过程。

结构平面布置时应坚持的原则,包括三个方面:一是注意确保使所设计的房屋满足使用功能的要求。二是追求结构受力的可靠性合理性,同时兼顾综合造价相对较低的合理性。三是要使所设计的(楼)屋盖的梁格布置简单,规整统一,构件类型少,配筋合理,方便施工等。

根据各种方案受力性能比较和工料分析对照,得出如下几种综合性能比较合理的结构布置方案,如图11-3所示。梁板结构布置时应做到以下几个方面。

(1) 楼(屋)盖结构布置应力求简单、整齐、经济、适用,柱网尽量布置成方形或矩形。

(2) 当房屋的宽度在5~7m之间时,可只沿房屋宽度方向布置次梁,不需要布置主梁,如图11-3(a)所示。

(3) 同等条件下主梁应沿房屋横向布置,以便主梁与外纵墙或框架柱等支承构件形成较为牢固的横向抗侧力体系,增加房屋的横向抗侧移刚度,以提高房屋承受横向荷载作用和地震作用的能力,如图11-3(c)所示。

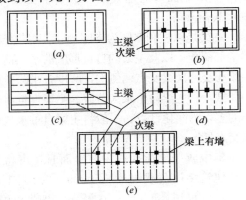

图11-3 肋形楼(屋)盖平面结构布置

(4) 内廊式砌体结构房屋可以不设主梁,用内纵墙代替主梁,只设置次梁和板,如图11-3(e)所示。

(5) 对于通风和采光要求高的房屋,楼面主梁应沿房屋横向布置。

(6) 对房屋净高有特殊要求时,当房屋横向柱距大于纵向柱距时,主梁应该沿着纵向布置,可减少主梁高度,提高房屋净空高度,如图11-3(d)所示

(7) 为了满足合理实用的要求,板的经济跨度是1.7~2.8m,次梁的合理跨度为4~6m,主梁的合理跨度是5~8m。

根据分析比较可知,楼(屋)盖结构中板消耗的混凝土量最大,而影响板混凝土用量直接因素为板的厚度,合理的板跨是确定合理板厚的前提。在楼屋面尺寸一定时,板跨小板厚就薄,次梁根数增加;板跨增大其厚度就增加,次梁的根数就会减少。但是,仅仅从混凝土用量这个因素考虑决定板厚是不科学的,板变薄混凝土用量少,受力钢筋量就会增加。同时,板的厚度过小挠度就会增大,超过规范对正常使用极限状态相关功能的限值就会影响结的正常使用,同时板太薄时也会给施工带来麻烦,导致施工质量无法保证。所以,现浇肋梁楼屋盖中的板的厚度应不小于表4-3的要求。

三、单向板肋梁楼(屋)盖计算简图与荷载计算

当板肋楼屋盖的结构布置方案和板、次梁、主梁跨度和截面尺寸决定后,为了进行板、次梁、主梁荷载计算、内力计算和配筋计算,首先需确定结构构件的计算简图。为了

简化计算，沿用材料力学的方法，将板和次梁、次梁与主梁、主梁与柱和墙的连接视为铰支座连接，将板、次梁和主梁均可视为支承在各自铰支座上的多跨连续受弯构件。对于整体浇筑的次梁对板、主梁对次梁、现浇钢筋混凝土柱对主梁等对受力产生的影响，在后面内力计算时将予以调整，对于计算跨度和跨数也根据内力分析的需要和结构实际情况进行适当的简化。

现浇单向板肋梁楼屋盖的计算简图如图 11-4 所示。

1. 计算单元、计算简图与荷载计算

板的计算简图是顺着板的长边方向取 1m 宽，沿板的跨度方向假想截开后作为分析对象，所建立的多跨连续受弯构件，承受的荷载包括楼面使用可变荷载和板的自重形成的永久荷载。

次梁的计算简图是以相邻次梁间距的一半为界，假想截开楼盖，取出板面和次梁所组成的 T 形截面多跨连续梁，次梁承受板传来的板面使用可变荷载、板的自重及次梁的自重永久荷载等。

主梁是以柱和墙体为支座的 T 形(跨中)或矩形(支座处)多跨连续梁。它主要承受次梁传来的全部荷载，以及主梁的自重形成的永久荷载。主梁的受荷面积是取相邻主梁间距的一半和与主梁相交的次梁交点两侧次梁跨度各半跨长度的乘积；主梁承受主、次梁交点处次梁传来的集中荷载，和主梁自重永久荷载。主梁自重荷载在主梁中引起的内力相对次梁传来的集中荷载要小的多，为简化计算，一般将主梁自重永久荷载等效后假想以集中力的方式作用到就近的主次梁交点处。

集中或局部荷载作用在楼面时，可将其换算成等效均布荷载进行计算，换算方法可参看《建筑结构荷载规范》50009—2012 附录 C 和附录 D。

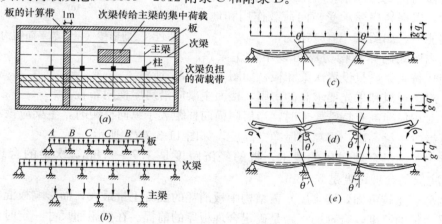

图 11-4 单向板肋形楼（屋）盖中板、次梁和主梁的计算简图

2. 荷载折算

（1）原因

如上所述，板与其支座次梁整体浇筑，次梁约束了板在荷载作用下的弹性弯曲变形，次梁与其支座主梁整体浇筑，主梁截面大具有一定的抗扭能力，有效约束了次梁的弯曲变形。因此，按力学假定的铰支座，分析现浇楼盖就会比较大的估计板和次梁的变形。为消除此误差，计算时必须对按铰支座计算的内力加以调整，即用调高永久荷载和对应降低可

变荷载的方法，消除支座实际受力和力学计算简图之间的误差。

(2) 思路

可变荷载是随时间不断发生变化的，设计时必须找出可变荷载最不利内力布置的方式，其中隔跨布置可变荷载方式是跨中最不利内力的布置方式。所以，在进行板的弯矩计算时，对梁的某跨让满跨布置的永久荷载量值在该跨适当放大，让隔跨布置的可变荷载适当降低，以此来降低该板跨中的弯矩、减少支座处板的转动，使其和实际受力变得比较接近，次梁亦然。

(3) 原则

荷载折算的原则是在原荷载作用的跨内折算前后可变荷载与永久荷载二者之和不变。即 $g+q=g'+q'$。

(4) 方法

对于板 $\qquad g'=g+\dfrac{q}{2}, \quad q'=\dfrac{q}{2}$

对于主梁 $\qquad g'=g+\dfrac{3q}{4}, \quad q'=\dfrac{q}{4}$

式中 g、g'——是折算前、后构件承受的永久荷载设计值；

q、q'——是折算前、后构件所承受的可变荷载设计值。

(5) 特例

需要指出的是，在肋形楼（屋）盖中，主梁和次梁垂直相交，按照结构力学交叉梁计算的方法，梁中弯矩分布与交叉的两个方向梁的线刚度之比有关。设计时一般认为主梁线刚度与次梁线刚度之比大于等于 8 时，可以认为主梁就是次梁的不动铰支座。此时，依然要考虑支座约束作用引起的误差，按折算后的荷载计算。同理，在楼盖中，主梁的支座如果是钢筋混凝土柱时，且主梁的线刚度 $\left(\dfrac{EI_b}{l_b}\right)$ 和柱的线刚度 $\left(\dfrac{EI_c}{l_c}\right)$ 之比小于 4，以及梁的边跨与中间跨的跨度差≥10%时，由于柱对主梁的转动和约束作用比较强，故不能按铰支座考虑，而应仿照框架梁计算其内力。

3. 跨数

由于梁、板的连续性，当荷载作用于梁上任何位置时，全梁各个截面都会受到内力影响，只是距荷载作用点越远产生的内力影响越小。根据连续多跨梁内力分析得知，跨数超过五跨时连续梁的中间各跨之间内力十分接近，所以当连续梁、板跨数超过五跨时，内力计算就取五跨。五跨以内的连续梁不具备这个特性，内力计算时取实际跨数。

4. 跨度

连续梁、板内力计算时的跨度简称计算跨度，也是指计算板、梁弯矩时所采用的跨度。计算跨度的取值与支座构造形式有关，与构件截面尺寸有关，还与构件内力计算方法有关，计算时可按表 11-1 取用。

5. 构件尺寸

确定板和梁的计算跨度 l_0 时，涉及截面宽度 b、截面高度 h 和支承长度 a 等，所以需要事先确定截面尺寸才能确定 l_0。

(1) 板厚 h 根据表 4-3 的要求，综合各种因素后确定。

(2) 次梁 $h=\left(\dfrac{1}{12}\sim\dfrac{1}{18}\right)l, \ b=\left(\dfrac{1}{2}\sim\dfrac{1}{3}\right)h$。

(3) 主梁 $h = \left(\frac{1}{8} \sim \frac{1}{14}\right)l$, $b = \left(\frac{1}{2} \sim \frac{1}{3}\right)h$。

连续梁的计算跨度　　　　　　　表 11-1

方法 \ 构件	连续板	连续梁
按弹性分析内力	当$a \leq 0.1l_c$时,$l_0 = l_c$ 当$a > 0.1l_c$时,$l_0 = 1.1l_n$ $l_0 = l_c$ $l_0 = l_n + \frac{h}{2} + \frac{b}{2}$	当$a \leq 0.05l_c$时,$l_0 = l_c$ 当$a > 0.05l_c$时,$l_0 = 1.05l_n$ $l_0 = l_c$ $l_0 = l_c \leq 1.025l_n + \frac{b}{2}$
按塑性分析内力	当$a \leq 0.1l_c$时,$l_0 = l_c$ 当$a > 0.1l_c$时,$l_0 = 1.1l_n$ $l_0 = l_n$ $l_0 = l_n + \frac{h}{2}$	当$a \leq 0.05l_c$时,$l_0 = l_c$ 当$a > 0.05l_c$时,$l_0 = 1.05l_n$ $l_0 = l_n$ $l_0 = \frac{a}{2} + l_n \leq 1.025l_n$

确定板、次梁和主梁截面尺寸时，还要参照楼面承受的荷载的大小以及构件对变形和裂缝宽度要求，荷载较小时取上述尺寸下限值；荷载正常时取上述尺寸中间值；荷载较大时取上述尺寸的上限值，其他要求比较严格时取较大值，没有特定要求时取中间值。

第二节　单向板肋梁楼盖按弹性理论的计算

按弹性理论计算是指依据材料力学原理，对多跨连续梁进行荷载分析、内力计算的方法。此时，计算结构构件弯矩通常按力矩分配法的思路及方法来进行，但用力矩分配法计算板和梁的内力比较麻烦。对于等跨且荷载规则的连续梁和板，可以查本书附录一相关内容。在本书附录一中找到和所分析的连续梁相同荷载类型、跨数相同的梁，利用与表格中对应的公式和系数就可以比较容易地求出连续板和梁的内力。

一、可变荷载最不利内力布置

以自重为主的永久荷载在结构正常使用期间，不随时间的推移发生大小和作用方向的改变；可变荷载却可以发生大小、作用方向、作用位置的改变，计算时需要考虑的因素多，也比较复杂。可变荷载的布置方式不同，在构件某个特定截面上产生的内力就不同。在各种可能出现的荷载布置方式中，找到使特定截面达到最大内力的布置方式，才能为后续的内力分析和截面设计提供前提条件。根据结构力学的基本知识得知，可变荷载最不利内力布置原则如下：

(1) 求某跨跨中最大弯矩时，首先在该跨布置可变荷载，然后每隔一跨布置可变荷载。例如，五跨连续梁，当求1、3、5跨最大弯矩时应在1、3、5跨布置可变荷载；要求出2跨和4跨的最大弯矩时，只要在2、4跨布置可变荷载即可。

(2) 求某支座截面最大负弯矩或该支座截面最大剪力时，首先在该支座相邻两跨布置可变荷载，接下来再隔跨继续布置可变荷载。例如，求边支座截面最大剪力时应该是在1、3、5跨布置可变荷载；求第一内支座最大负弯矩或支座边缘最大剪力时，在1、2、4跨布置可变荷载；求中间支座最大负弯矩或支座边缘最大剪力时为2、3、5跨布置可变荷载。

(3) 求某跨跨中最大负弯矩时，该跨不能布置可变荷载，先在该跨相邻的两跨布置可变荷载，在此基础上，再隔跨布置可变荷载。

在结构对称荷载也对称时，连续梁板上的弯矩对称，剪力反对称。即第1跨和第5跨跨中截面的弯矩相同，第2、第4跨跨中截面的弯矩值相同，B支座和D支座最大负弯矩相同。从两端看，两个边支座剪力量值相等，方向相反，两个第一内支座剪力值相等，方向相反。根据对称的梁在对称荷载作用下，梁内弯矩对称、剪力反对称的特性，在后面绘制弯矩图和剪力包络图时，只画出对称轴以左部分的图形就可以利用对称性的特点，弄清全梁的内力分布情况（表11-2）。

二、用查表法计算连续板、梁的内力

活荷载的最不利内力位置确定后，对于等跨（包括跨度差不大于10%）的连续梁或板，可直接应用查表的方法求得各个控制截面的内力。具体做法是：① 查本书附录一，查找跨数、荷载类型、荷载布置方式相同的梁，得出永久荷载弯矩系数 k_1 和剪力系数 k_3，可变荷载作用下弯矩系数 k_2 和剪力系数 k_4；② 代入相应的计算公式即可求出特定控制截面永久荷载作用下内力、可变荷载最不利内力以及它们的组合值。

1. 均布荷载作用时

$$M = k_1 g l_0^2 + k_2 q l_0^2 \tag{11-1}$$

$$V = k_3 g l_0 + k_4 q l_0 \tag{11-2}$$

2. 集中荷载作用时

$$M = k_1 G l_0 + k_2 P l_0 \tag{11-3}$$

$$V = k_3 G + k_4 P \tag{11-4}$$

式中　　g、q——永久荷载、可变荷载在连续梁、板上的线荷载设计值；

G、P——作用在主梁上的集中永久荷载、集中可变荷载;

k_1、k_2、k_3、k_4——内力系数,见本书附录一。

l_0——梁的计算跨度,按表 11-1 采用。

相邻两跨跨度不相等时(跨度差不超过 10%)时,在计算支座弯矩时取相邻两跨的平均值;在计算剪力和跨中弯矩时仍用本跨的计算跨度。

可变荷载的最不利组 表 11-2

可变荷载布置图	可变荷载最不利组合	最 大 值		剪力
		弯 矩		
		正	负	
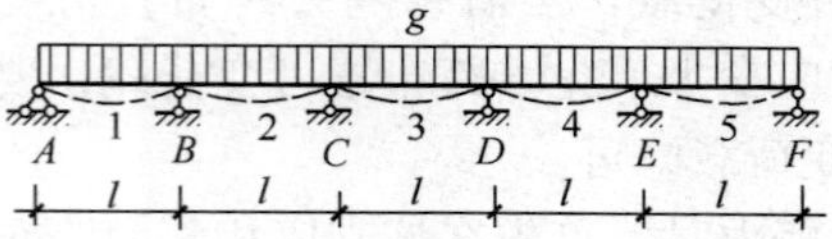	(永久载作用下,梁的弹性变形曲线)			
	(可变1作用下,梁的弹性变形曲线)			
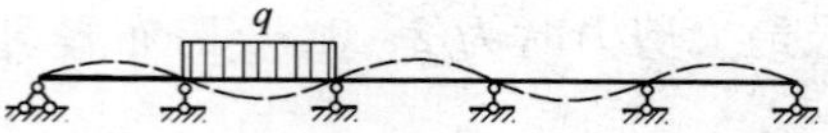	(可变2作用下,梁的弹性变形曲线)			
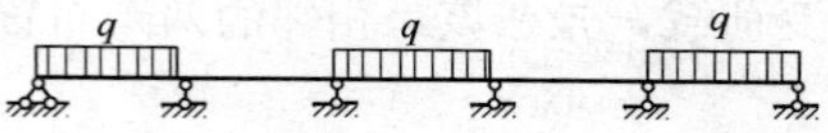	可变1+可变3+可变5	M_1、M_3、M_5	M_2、M_4	V_A、V_F
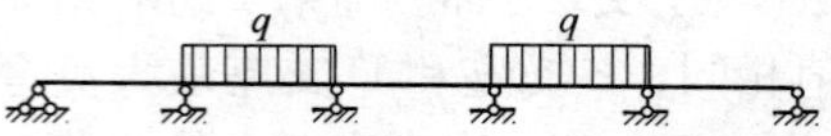	可变2+可变4	M_2、M_4	M_1、M_3、M_5	
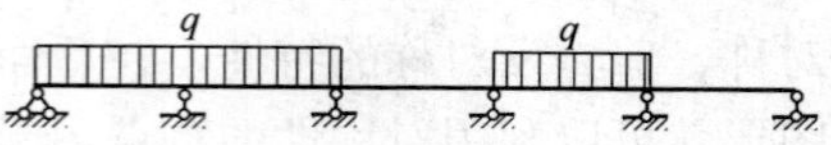	可变1+可变2+可变4		M_B	$V_{B左}$、$V_{B右}$
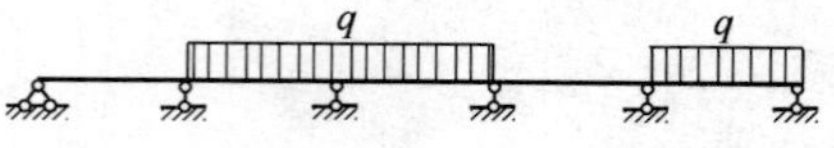	可变2+可变3+可变5		M_C	$V_{C左}$、$V_{C右}$
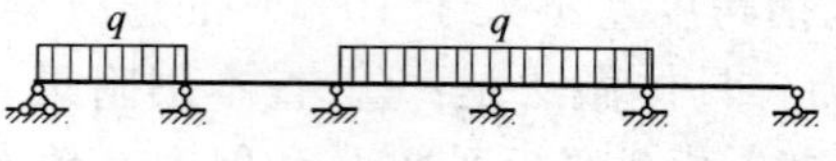	可变1+可变3+可变4		M_D	$V_{D左}$、$V_{D右}$
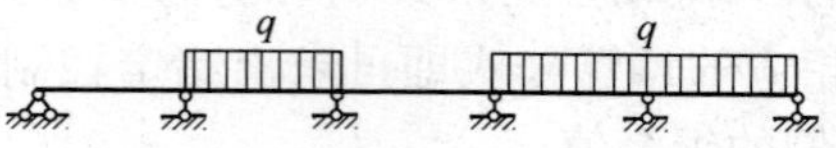	可变2+可变4+可变5		M_E	$V_{E左}$、$V_{E右}$

三、内力包络图

1. 定义

根据梁在可变荷载作用下梁控制截面某种内力(弯矩或剪力)最不利内力布置原则,逐一布置可变荷载,求得的在可变荷载作用下梁各控制截面最不利内力,分别与永久荷载在梁同一截面产生的同种内力相加,将各截面内力相加结果按同一比例在同一基线上分别绘出各个截面最不利内力组合下的图形,取其外包线所围成的图形就是该内力的包络图。

2. 绘制

(1) 查表计算出永久荷载设计值满跨均匀布置时多跨连续梁各控制截面上的内力;

(2) 根据可变荷载最不利内力布置原则,分别确定各截面可变荷载的最不利布置方式,查附表一并求出各自情况下梁各截面的最不利内力;

(3) 逐一将各截面在可变荷载作用下产生的最不利内力与永久荷载作用下的各截面同种内力进行叠加,然后以同一比例,在同一基线上分别绘出每种不同组合下梁各个截面的内力;

(4) 从全部绘制完毕的内力图上找出各控制截面最不利内力,水平轴以上部分取最上边的曲线连接起来,它显示的是各支座截面的最大负弯矩、或支座截面的最大剪力以及跨中截面最大负弯矩;水平轴以下部分将最下边面的曲线连接起来,它显示的是梁每跨跨中截面的最大弯矩、各支座截面的最大剪力。

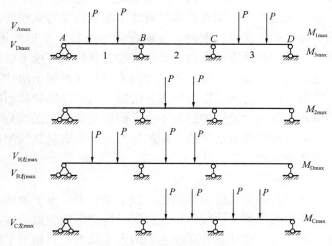

图 11-5 连续梁可变荷载最不利内力布置

3. 示例

以图 11-5 所示的三跨连续梁为例,说明弯矩包络图和剪力包络图的绘制方法。

(1) 弯矩包络图

根据结构对称、荷载对称、弯矩对称的特点,图 11-5 中四种组合可以求得边支座、第一内支座、第一跨跨中和中间跨中截面(对称以左部分)的最不利内力,图 11-6 是三跨连续梁对称截面以左部分弯矩包络图形状示意。

(2) 剪力包络图

连续梁的剪力包络图绘制方法与弯矩包络图绘制方法相似,上述三跨连续梁反对称轴以左部分的剪力包络形状示意如图 11-7 所示。

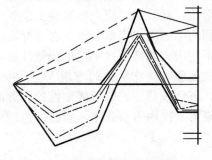

图 11-6 连续梁弯矩包络图示意

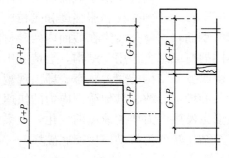

图 11-7 连续梁的剪力包络图

4. 应用

(1) 通过梁的内力包络图可以清楚看到梁截面最大内力发生的位置和量值。

(2) 据此可以为弹性设计连续梁配置纵向钢筋、横向钢筋打下可靠基础。

第三节 连续板、梁按考虑塑性内力重分布的计算

一、问题的提出

依据按弹性方法计算的连续梁、板的内力值，通过计算确定板和梁各截面的配筋，结果是安全的，但有以下几方面的不足：一是由于跨中及支座截面的最大弯矩不是发生在同一组荷载组合下，梁支座屈服时跨中配置的受弯纵筋的强度还没有得到充分发挥，或跨中纵向受拉钢筋受拉屈服时，支座配置的抵抗负弯矩的钢筋远没有屈服，造成不必要的浪费。二是按弹性方法在内力计算时没有条件和可能考虑材料的塑性性质；截面配筋计算是以适筋梁受力破坏试验的第三阶段末（截面混凝土塑性充分发挥，钢筋屈服，弹性性质很不明显）的状态为依据进行的，所以内力的计算和截面配筋计算存在较大差异，二者之间不协调。即内力计算的结果不符合构件截面受力的实际情况。为了平衡和协调这些矛盾，内力依然用弹性方法分析，配筋仍然充分考虑材料的塑性，在此情况下就提出了考虑塑性内力重分布的计算方法。

1. 塑性铰

在具有弹塑性性质的钢筋混凝土结构中，由于结构受力破坏过程经历了简短的弹性阶段和适中的弹塑性阶段，也经历了最后的塑性变形阶段，塑性变形的出现并不意味着构件的破坏，它只意味构件截面达到最大承载力，只相当于减少了构件的超静定次数。

(1) 定义：构件内部塑性变形集中出现的区域称为塑性铰。

(2) 特性：塑性铰是单向铰，弯矩反向作用后消失；塑性铰能够承担它形成时梁截面承受的弯矩 M_j；塑性铰是一个区域不是一点或一条直线。

(3) 应用：根据它能承受弯矩的特性，在塑性内力重分布的计算方法中，可以采用弯矩调幅的方法，将支座截面的弯矩合理适当地降低，当支座截面达到塑性铰弯矩时，外载的上升会引起梁跨中截面受力的上升。弯矩调幅后支座所配的钢筋减少，便于施工时混凝土的浇筑和振捣密实。

2. 塑性内力重分布

在钢筋混凝土构件中由于截面由两种性质截然不同的材料组成，在外荷载作用下由于截面混凝土首先达到受拉屈服强度和受拉应变极限值，在开裂时原来由混凝土承受的应力就转嫁给钢筋，这就是发生在截面内两种材料之间的第一次内力重分布。在超静定结构中由于不同的荷载组合作用于结构，会造成出现最不利内力的截面过早地形成塑性铰，塑性铰的产生改变了结构的受力状态，即出现塑性铰的截面维持它承受的弯矩 M_j 不再继续上升，荷载的增加导致了其他截面内力的快速上升，直到该截面屈服形成塑性铰，继而引起其他截面也发生内力增加速度的变化，在梁内出现第二次内力重分布，引起内力增加速度改变直至结构转变为机动体后彻底破坏。

(1) 定义

在钢筋混凝土结构中由于某些截面刚度的变化，引起结构内其他截面内力随着荷载增加的速度和增长的比例关系发生改变的现象，称为塑性内力重分布。

塑性铰出现的位置、次序、出现时截面能够承受的弯矩值、内力分布程度。这些可以

根据设计需要人为进行控制,这就为应用内力重分布的原理调和内力分析方法和配筋计算二者间矛盾提供了可能。

(2) 意义

考虑塑性内力重分布设计计算超静定钢筋混凝土结构,不仅可消除按弹性分析内力与充分考虑截面塑性特征的配筋计算之间的矛盾,而且可以合理计算和充分利用构件的承载能力,既符合工程实际,又节省材料,用于工程实际,经济济果良好。

(3) 应用

通常是通过弯矩调幅法控制和实现塑性内力重分布,并获得经济效果的。比如,在连续梁中,跨中按弹性分析方法计算得到的内力所配置的钢筋不改变,而适当地降低支座截面的弯矩和配筋值,梁的承载力并不会降低。这种适当减少按弹性方法计算所得的支座弯矩的方法就称为弯矩调幅法。

3. 弯矩调幅法

弯矩调幅法是大多数国家规范采用的钢筋混凝土连续梁计算的方法。我国《钢筋混凝土连续梁和框架梁考虑内力重分布设计规程》(CECS51:93) 也推荐用弯矩调幅法来计算钢筋混凝土连续梁、板和框架梁的内力。

(1) 可能性

如前所述,五跨连续梁的每个跨中控制截面和各个支座截面最不利内力的发生,是不同的可变荷载布置方式下产生的,跨中和支座截面不会在同一种可变荷载最不利内力布置下同时发生破坏。支座截面达到最大弯矩时跨中远没有达到最大弯矩,跨中达到屈服时,支座截面也远没有达到屈服。因此,根据塑性铰能承担它形成时所承担弯矩这一特别情形,把支座弯矩降低到先于跨中出现塑性铰的程度,并在支座形成塑性铰和跨中屈服之间留有充分余地,但也不能太大,也就是说调幅的幅度要适度,一般以不超过30%为限。

(2) 弯矩调幅系数 β

某支座截面按弹性理论计算的截面弯矩减去调幅后弯矩的差值,与调幅前按弹性理论计算的弯矩值的比值称为弯矩调幅系数 β,按式 (11-5) 确定。它反映了弯矩调幅截面弯矩下降的幅度的大小。当弯矩调幅系数确定后,该弯矩调幅截面调幅后的弯矩很容易得到。

$$\beta = \frac{M_e - M_p}{M_e} \tag{11-5}$$

式中 M_e——调幅前按弹性理论计算的截面的最大弯矩值;

M_p——调幅后按弯矩调幅法计算的截面的弯矩值。

(3) 调幅注意原则

对连续梁支座弯矩调幅后会引起跨内截面弯矩的加大,实际工程中要求调整支座截面弯矩后支座截面形成塑性铰时跨内最大正弯矩的值不宜超过按跨内可变荷载最不利内力布置时的截面弯矩值。综合考虑了各种因素后,规范提出了下列设计原则。

1) 弯矩调幅后引起结构内力图形的变化和正常使用状态的变化,应进行验算,或由构造措施加以保证。

受力钢筋宜采用 HRB335 级、HRB400 级、HRB500 级,混凝土强度等级宜在 C25～C45 范围;截面相对受压区高度 ξ 应满足 $0.1 \leq \xi \leq 0.35$。

2) 步骤：

①依据弹性理论的计算方法，计算永久荷载设计值在连续梁各控制截面产生的弯矩值；按照可变荷载最不利内力布置方式将各个控制截面取最不利内力时的可变荷载依次布置于梁相应的跨间，并求出各控制截面最不利弯矩值；根据内力组合的方式求出永久荷载作用下梁各截面弯矩和各种可变荷载最不利内力布置时的各截面弯矩并进行组合，即梁各截面的最不利内力 M_e。

②根据设计需要，确定需要调幅的支座截面位置和调幅的幅度，采用弯矩调幅系数确定调幅各支座截面的弯矩，即

$$M_p = (1-\beta)M_e$$

其中，β 值不宜超过0.2。

③梁跨内的弯矩值应取弹性分析所得的最不利弯矩值和调幅后按下列各式计算所得弯矩值中的较大值。

跨中承受一个集中力作用时，调幅后跨中截面的最大弯矩为：

$$M = 1.02M_0 - \frac{M^l + M^r}{2} \tag{11-6}$$

跨中承受两个等间距的集中力作用时，调幅后跨中截面最大弯矩为：

$$M = 1.02M_0 - \frac{2M^l}{3} \tag{11-7}$$

$$M = 1.02M_0 - \frac{2(M^l + M^r)}{3} \tag{11-8}$$

式中 M_0——是按永久荷载和可变荷载同时作用在梁计算的跨间对应位置时，按简支梁求得的跨中最大弯矩值；

M^l——梁左支座截面弯矩调幅后的弯矩设计值；

M^r——梁右支座截面弯矩调幅后的弯矩设计值。

④调幅后，支座截面和跨中截面的弯矩值 M 均应满足 $M \geqslant \frac{M_0}{3} = \frac{(g+q)\,l^2}{24}$。

⑤各控制截面的剪力设计值按荷载最不利布置和调幅后的支座弯矩由静力平衡条件计算确定。

4. 用调幅法计算连续板、梁的内力

(1) 等跨连续梁

1) 弯矩计算

承受均布荷载的等跨连续梁，各控制截面的弯矩按下式计算：

$$M = \alpha_m (g+q) l_0^2 \tag{11-9}$$

承受集中荷载的等跨连续梁，各控制截面的弯矩按下式计算：

$$M = \eta \alpha_m (G+P) l_0 \tag{11-10}$$

式中 α_m——连续梁考虑塑性内力重分布时的弯矩计算系数，详见表11-3；

g——沿梁跨度方向均布永久线荷载的设计值；

q——沿梁跨度方向均布可变线荷载的设计值；

G——梁上作用的永久集中荷载的设计值；

P——梁上作用的可变集中荷载的设计值；

η——集中荷载修正系数，详见表 11-4；

l_0——板、梁的计算跨度，详见表 11-1。

连续梁考虑塑性内力重分布时的弯矩计算系数 α_m　　　　表 11-3

支承情况		截 面 位 置					
		端支座	边跨跨中	第一内支座	第二跨跨中	中间支座	中间跨跨中
		A	1	B	2	C	3
梁、板搁置在墙上		0	1/11	两跨连续： $-1/10$ 三跨以上连续： $-1/11$	1/16	$-1/14$	1/16
板	与梁整体连接	$-1/16$	1/14				
梁		$-1/24$					
梁与柱整体连接		$-1/16$	1/14				

注：1. 表中系数适用于 $q/g > 0.3$ 的等跨连续梁和连续单向板。
　　2. 连续梁和连续板的各跨长度不等，但相邻两跨的长度之比值小于 1.1 时，仍可采用表中弯矩系数值。计算支座弯矩时应取相邻梁跨中的较长跨度值，计算跨中弯矩时应取本跨长度。

集中荷载修正系数 η　　　　表 11-4

荷 载 情 况	截　　面					
	A	1	B	2	C	3
当在跨中中点处作用一个集中荷载时	1.5	2.2	1.5	2.7	1.6	2.7
当在跨中三分点处作用两个集中荷载时	2.7	3.0	2.7	3.0	2.9	3.0
当在跨中四分点处作用三个集中荷载时	3.8	4.1	3.8	4.5	4.0	4.8

2) 剪力计算

梁上承受荷载时在梁的支座边缘处截面产生的剪力分别按下式计算。

均布荷载作用下：
$$V = \alpha_v (g+q) l_n \tag{11-11}$$

集中荷载作用下：
$$V = n\alpha_v (G+Q) \tag{11-12}$$

式中　α_v——考虑塑性内力重分布时的剪力计算系数，见表 11-5；

　　　l_n——梁的净跨；

　　　n——跨内集中荷载的个数。

考虑塑性内力重分布时的剪力计算系数 α_v　　　　表 11-5

支承情况	截 面 位 置				
	A 支座右截面	第一内支座		中间支座	
		左截面	右截面	左截面	右截面
搁置在墙上	0.45	0.6	0.55	0.55	0.55
与梁或柱整体连接	0.50	0.55			

（2）多跨连续板的控制截面弯矩计算

承受均布荷载作用的多跨连续单向板，各控制截面的弯矩按式（11-9）计算。

板内剪力相对较小，一般情况下能满足 $V \leqslant 0.7 f_t b h_0$ 条件，不需要作斜截面受剪承载力计算。

5. 考虑塑性内力重分布的计算法适用范围

考虑塑性内力重分布的计算方法，具有计算简单、结果更符合构件截面实际受力情况，节省材料，施工方便的特点。在实际使用中，条件允许时可以优先使用。但这种方法由于充分考虑了连续梁板的塑性变形，梁截面在受力过程中会形成塑性铰，在下列结构构件中是不允许使用的：

(1) 直接承受动力荷载和重复荷载的结构。

(2) 在使用过程中不允许开裂或对构件变形和裂缝宽度要求比较严格的结构构件。

(3) 处于重要部位，要求具有较大强度储备的结构。如现浇单向板肋形楼屋盖中的主梁是楼屋盖中最重要的结构构件，不允许按考虑塑性内力重分布的方法计算其内力。

6. 注意事项

考虑塑性内力重分布的计算方法适用于均布可变荷载与均布永久荷载且二者之比 $q/g=1/3\sim1/5$ 的等跨连续梁、板；梁的两端均支承在砌体上时，其计算跨度应取为 $1.05l_n$；当梁、板跨度差不大于10%时，计算跨内弯矩时，取各自的跨度，计算支座截面最大负弯矩时则取该支座相邻两跨中较大跨度。对于跨度差大于10%的连续梁、板，本方法不适用，应按工程力学给定的方法进行内力计算。

第四节 单向板肋梁楼盖中板的截面设计计算及构造要求

一、板的计算

如前所述，现浇单向板肋形楼盖中的板计算宽度为1m，如图11-4 (b) 所示，跨数少于5跨时按实际跨数简化为多跨连续梁，跨数为5跨及以上时按5跨连续梁考虑。多跨连续板一般是按考虑塑性内力重分布的弯矩调幅法进行截面弯矩计算的。

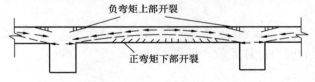

图11-8 四边与梁相连的板在荷载作用下的内拱卸荷作用

单向板由于整体浇筑，在板的表面荷载作用下支座截面承受负弯矩作用，跨中承受正弯矩作用，当荷载增加到一定值时支座截面上部、跨中截面下部先后开裂，形成犹如连续弧拱的形状，如图11-8所示。若板的周边有限制板水平位移的梁，在板上竖直方向荷载作用下，内力将沿着图11-8中类似拱的轴线方向传递并平衡于板边的梁内，相当于拱的卸荷作用，这种拱的卸荷作用对板的抗弯是有利的。四边与主梁和次梁相连的中间板块，跨中和支座截面，可将计算所得弯矩降低20%后的值作为截面配筋计算时的弯矩值。当板一边或两边与外墙相连时，该板跨中弯矩不降低；对于板支座截面负弯矩只降低中间支座（前述的C支座）截面负弯矩，边支座简支时为零，第一内支座弯矩不予降低。

二、板的构造要求

1. 板厚

在肋形楼盖中，板的混凝土用量占全部楼盖混凝土用量的一半以上，对楼盖自重和混凝土用量影响最大，所以，选择合理的板厚对提高楼盖经济效益具有明显的效果。一般情况下,板在满足刚度、施工要求的情况下,厚度尽可能小些,这样不仅节省混凝土,也可以由于自重的降低板的内力减少了板内配筋,使楼板的经济性能得以提高。实践证明板也不能太薄,太薄会使钢筋的用量加大,也会导致楼的经济性能下降。如前所述,板厚最小高度应满足表 4-3 的要求。

2. 板的支承长度

确定板的支承长度,一是为了满足其受力钢筋在支座内的锚固长度要求,二是确保在通常情况下支承的墙局部受压性能能够满足要求,三是当地震等剧烈振动发生后确保板在墙上有效地支承,防止板的脱落。为此,板在墙上的支承长度应大于等于钢筋在支座内的锚固长度 l_{as} 的要求,即满足不小于 $5d$ 且应大于等于 100mm 的要求。

3. 板中受力钢筋

(1) 板中受力钢筋

一般采用 HPB300、HRB335 和 HRB400 级钢筋,以确保在按考虑塑性内力重分布的方法进行弯矩调幅后计算板的截面弯矩时,支座截面具有足够的转动能力。受力钢筋的直径采用 8mm 以上,常用的为 8mm、10mm、12mm 和 14mm。为了防止支座负弯矩钢筋由于其他工种作业和施工人员踩踏改变位置后作用降低,支座截面设置的用以抵抗负弯矩的钢筋直径不小于 8mm,尽可能为 10mm 或 12mm;在板厚大于 120mm 时也可通过在板面均匀设置马凳筋来保证双层钢筋网中上部受力筋的位置。

(2) 板中受力钢筋的间距

最小间距 s_{min} 为 70mm;最大间距应满足当板厚 $h \leqslant 150mm$ 时,$s_{max} \leqslant 200mm$;当板厚 $h > 150mm$ 时,$s_{max} \leqslant 1.5h$,且 $\leqslant 250mm$;由板中伸入支座的下部钢筋,其间距不大于 400mm;其截面面积不应小于跨中受力钢筋面积的 1/3。

(3) 板中受力钢筋在支座内的锚固长度

简支板或连续板下部纵向受力钢筋伸入支座的锚固长度不应小于 $5d$(d 为下部纵向受力钢筋的直径)。当连续板内温度、收缩应力较大时,伸入支座内的锚固长度宜适当增加。

1) 为了便于施工和有效协调通入支座底部以及弯起后经由支座上部锚入相邻跨的负弯矩钢筋,各跨板的跨中钢筋和支座截面负弯矩钢筋间距应一致,根据受力不同可以采用不同的直径,但钢筋直径不宜多于两种。实际选用的钢筋面积不宜超过 10% 计算结果,尤其是支座截面,实际配筋面积超过计算结果太多时就会影响弯矩调幅的效果。

2) 受力钢筋的配筋形式:

①弯起式配筋。弯起式配筋是指用于支座截面抵抗负弯矩的钢筋,是由板跨中截面抵抗正弯矩的受力钢筋弯起后形成的配筋方式,如图 11-9 所示。

弯起式配筋可先按跨中正弯矩确定其受力钢筋的直径和间距,在支座附近按需要可弯起跨中受力钢筋的 1/3~1/2,一般为 1/2,这样做的原因是施工简单方便不易出错。弯起钢筋的弯起角不小于 30°;当板厚 $h > 120mm$ 时,可用 45°。

如果通过弯起钢筋抵抗支座负弯矩不满足要求时,可另行配置直钢筋补充。

板底配置的光圆钢筋采用半圆形弯钩,变形钢筋可不设弯钩。配置于支座上部的用于抵抗负弯矩的钢筋,为了确保其位置,端头可设置直钩抵顶于模板表面。

弯起式配筋的板整体性好,适用于承受振动荷载的板中,由于使用了跨中抵抗正弯矩

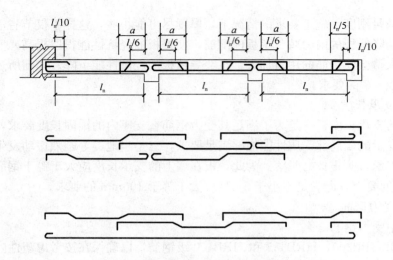

图 11-9 板的弯起式配筋

的钢筋在支座附近弯起后抵抗负弯矩，不需要全部另行配置负弯矩钢筋，所以，比较节省钢筋。但是钢筋加工麻烦，不便于施工。

②分离式配筋。分离式配筋是指板跨中承受正弯矩作用的钢筋和支座截面抵抗负弯矩的钢筋分别单独配置的配筋方式。如图 11-10 所示。

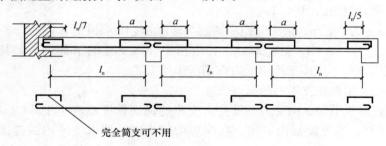

图 11-10 板的分离式配筋

采用分离式配筋的板，钢筋加工和绑扎简单、施工方便，在没有振动荷载作用时一般大多采用这种配筋方式。但分离式配筋的板的整体性差，相对于弯起式配筋的板，采用分离式配筋的板用钢量较大，经济性略差，所以，当板厚 $h \leqslant 120mm$，且所受荷载不大时，为方便施工一般采用这种配筋方式。

(4) 板中受力钢筋的弯起和截断

①板的弯起式配筋。在中间支座截面的弯起钢筋，它的上弯点距支座内皮为 $\dfrac{l_n}{6}$；边支座为砖墙时，弯起钢筋上弯点距支座内皮为 $\dfrac{l_n}{7}$；边支座为钢筋混凝土边梁时，弯起钢筋上弯点距支座内皮为 $\dfrac{l_n}{5}$。弯起钢筋通过支座后在跨内截断的位置应不小于图 11-9 中表示尺寸 a。

②板的分离式配筋。采用分离式配筋的板，独立配置的中间支座截面的负弯矩钢筋，从梁边算起两边伸入跨中的水平长度不小于图 11-10 中表示尺寸 a，且只要是负弯矩钢筋

为便于浇筑混凝土时的钢筋位置得到保证，端头需设置直角弯钩，钢筋的端头抵顶在模板上。边支座为砖墙时可沿墙边通常设置从墙边伸入板跨长度为 $\frac{l_n}{7}$ 的上部构造钢筋；边支座为钢筋混凝土边梁时，板上部构造钢筋，从边梁内侧算起伸入板跨内长度为板净跨的五分之一，即 $\frac{l_n}{5}$，如图 11-10 所示。

弯起式和分离式配筋的板中 a 的取值按下面的规定采用。

当 $q/g \leqslant 3$ 时，$\qquad a = \frac{l_n}{4} \qquad$ (11-13)

当 $q/g > 3$ 时，$\qquad a = \frac{l_n}{3} \qquad$ (11-14)

式中　g——作用在板上的永久荷载设计值；
　　　q——作用在板上的可变荷载设计值；
　　　l_n——板的净跨。

在确定板的受力和配筋时，如果板的跨度差大于 10% 或各跨荷载相差太大，就必须依据包络图去确定板中钢筋的弯起和截断位置。

4. 板的强度计算

板是受弯构件，截面除承受弯矩外同时还承受剪力。一般情况下，板的抗剪能力能够满足要求，所以板不进行受剪设计。板的受弯纵筋必须通过计算确定。

5. 板中的构造钢筋

参见本书第四章第二节梁、板的一般构造一节中的相关内容。

第五节　单向板肋梁楼盖中次梁与主梁的设计计算和构造要求

一、次梁计算和构造

1. 设计计算

在现浇单向板肋形楼盖中，由于板和次梁整体浇筑在一起，在次梁承受板传来的线荷载和自重引起的永久线荷载二者共同作用下发生弯曲变形时，板视同次梁的翼缘与次梁一起受弯，在进行次梁跨中正截面受弯计算时，板就是 T 形截面梁的翼缘，翼缘宽度按表 4-9 中的相关要求确定；承受弯负矩的支座截面，T 形截面梁翼缘包含在主梁高度范围内，处于顶部受拉区，由于混凝土第三阶段末受拉区开裂退出了工作，翼缘实际上对梁支座截面的抗弯不起作用，因此，支座截面的计算按宽度为 b、高度为 h 的矩形截面梁计算。

如前所述，次梁是按考虑塑性内力分布后弯矩调幅的方法计算的；次梁各支座截面的剪力计算依据公式（11-11）求得。次梁正截面配筋计算按照本书第四章的要求的进行，箍筋和弯起筋的计算按本书第五章的要求进行。

次梁调幅的中间支座截面的混凝土受压区相对高度 $\xi \leqslant 0.35$；在梁斜截面计算中，为避免出现剪切破坏而影响梁的塑性内力重分布，应将计算的钢筋数量加大 20%。箍筋数量增大的范围是：支座边缘至第一个集中荷载作用点之间的区段；当均布荷载作用时取支座边沿 $1.5h_0$ 的范围（h_0 为梁截面有效高度）。

2. 构造要求

次梁受力钢筋的弯起和截断，原则上讲应按弯矩包络图确定，为了方便计算，在误差允许的范围内，对于等跨或跨度差不大于20％或$\frac{q}{g}<3$时，为简化计算可按图11-11和图11-12所示设置钢筋。

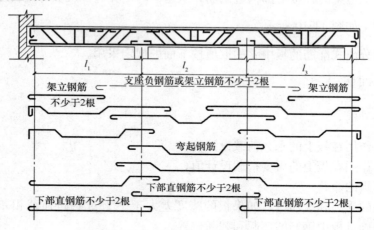

图11-11 次梁的钢筋组成及布置

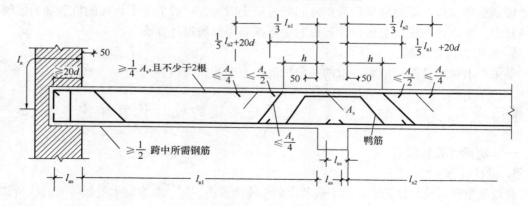

图11-12 次梁的配筋构造图

二、主梁计算和构造

1. 主梁计算

（1）概述

1) 主梁是肋形楼盖结构中最主要的构件，它承担着自重和次梁、板等全部楼屋盖承受的荷载，它的安全可靠程度决定了楼盖安全可靠度。所以，主梁需要具有较高的安全储备，并要求主梁在使用荷载下，挠度和裂缝开展宽度应满足《混凝土结构规范》规定的要求。因此，主梁只能按弹性方法设计。

2) 主梁除承受自重荷载外，还要承受由次梁传来的集中荷载，为计算方便，假想不考虑主梁和次梁的连续性，把主梁自重引起的永久荷载折算为作用在主次梁相交处的集中荷载。

3) 主梁跨中截面设计时可以视为T形截面，板厚就是翼缘厚度，翼缘宽度可以按翼缘宽度以表4-9的中的相关要求确定。主梁支座截面承受负弯矩的作用，上部受拉下部受压，板在主梁支座上部受力开裂时退出工作，实际受力部分为矩形截面，所以支座截面按矩形截面进行设计。

4) 在主、次梁相交处，由于板的受力钢筋是在截面的最上部，紧接着下面是次梁支座处的负弯矩钢筋，主梁的负弯矩钢筋在最下部，因此，主梁支座截面计算时，如果为单排配筋，梁截面有效高度 $h_0=h-(50\sim60)\mathrm{mm}$，若双排配筋 $h_0=h-(70\sim80)\mathrm{mm}$，如图11-13所示。

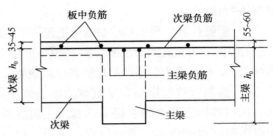

图11-13 主梁支座截面的有效高度

5) 按弹性理论分析主梁内力时，计算跨度是取支座中心线间的距离，查表计算所得的支座弯矩是支座中心处的弯矩，支座中心一般也是柱中心，由于柱和梁二者浇筑在一起，弯矩作用时支座中心绝对不是危险截面。虽然弯矩是从支座中心向跨中过渡过程中为连续下降的变化，但从支座中心（包含柱的截面高度参与工作提供的抗弯刚度）到支座边缘梁截面的刚度急剧减小，所以从梁截面弯矩较大而截面尺寸相同的角度看，支座边缘截面比跨内任何截面都容易屈服，所以是危险截面，详见图11-14。支座截面配筋计算就取最危险的边缘截面弯矩值按式（11-15）计算，支座边缘截面的弯矩为

$$M_\mathrm{b}=M-\frac{Vh}{2} \quad (11\text{-}15)$$

式中 M——为支座中心的按可变荷载最不利内力组合情况下求出的最大弯矩；

V——对应于支座中心最大弯矩值的内力组合下的支座中心的剪力值；

h——为柱（主梁支座）在沿主梁跨度方向横截面高度。

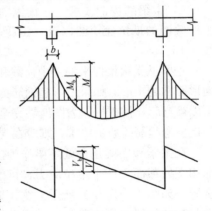

图11-14 支座边缘弯矩的计算

梁支座边缘的剪力设计值的计算公式为

$$V_\mathrm{b}=V-\frac{qh}{2} \quad (11\text{-}16)$$

式中 q——为支座按可变荷载最不利内力组合情况下支反力在支座截面的平均压应力。

（2）计算思路

1) 荷载计算。根据主梁的实际受力情况，计算由次梁传来的以集中力方式作用的可变荷载值和永久荷载值，将主梁自重引起永久荷载设计值按就近的原则简化到主梁的支座和次梁传力的位置，并将其与次梁传来的集中力合并。

2) 计算简图的确定。根据主梁的实际跨数将其简化为多跨连续梁。将永久荷载按实际作用情况满跨布置在主梁上，可变荷载按各控制截面最不利内力布置原则确定的方式布置在梁上，有几个控制截面至少也就有几种布置方式。

3) 内力计算。先查附表一，找出跨数、跨内集中荷载的个数相同的梁，分别查出在永久荷载设计值作用下各控制截面最不利内力布置时的内力系数；根据式（11-3）逐一求

出各个不同控制截面弯矩最不利的组合值；根据式（11-4）逐一求出各个不同控制截面（各个支座边缘）剪力最不利的组合值。

4）绘制内力包络图。弯矩包络图和剪力包络图的绘制步骤如同本章第二节所述，这里不再赘述。

5）配筋计算。根据已绘制的弯矩包络图给出的各控制截面的弯矩值，计算出各控制截面所需的纵向受力钢筋的横截面面积，查表配置各截面的钢筋，配筋时各截面要做到相互协调、相互配合。根据剪力包络图给出的各控制截面剪力值，经计算后配置箍筋、配置弯起筋。

6）绘制抵抗弯矩图和抵抗剪力图。依据梁中实际配筋情况，在满足《混凝土结构规范》规定和构造要求的前提下绘制出主梁的抵抗弯矩图和抵抗剪力图。在此基础上，确定梁内纵向钢筋的弯起、截断位置，从图上量出钢筋的实际长度。

7）绘制施工图。根据梁内钢筋的计算结果及构造要求，梁内纵向钢筋弯起和截断的位置，以及梁内箍筋配置情况，按合适的比例绘制主梁的配筋图。

8）作出钢筋明细表。根据施工图载明的板、次梁和主梁的配筋情况，计算各种不同序号钢筋的单根长度、画钢筋分离图、计算单根钢筋重量、计算各种钢筋数量及合计重量，汇总楼盖不同等级钢筋的总用量。

9）主梁的构造要求。主梁纵向受力钢筋和弯起钢筋的确定应根据在弯矩包络图基础上所绘制的抵抗弯矩图以及《混凝土结构规范》中给定的构造要求确定，详见图 5-14～图 5-16。

主梁承受次梁传来的集中荷载和自重折算后的集中荷载作用，剪力包络图是平行于梁纵向形心轴的矩形。如果用弯起钢筋抵抗梁截面的一部分剪力，则应保证跨内要有足够的钢筋可以被弯起，使抵抗剪力图能够完全覆盖剪力包络图。如跨中可供弯起的钢筋不能满足所需的抗剪弯起筋的数量要求，则应在支座处设置抗剪鸭筋，鸭筋构造要求可参照图 11-12。

在主梁和次梁相交处主梁作为次梁的支座，次梁承受的荷载将传至次梁底面与主梁下部相交处截面，产生主拉应力，可能导致主梁在次梁底部到主梁下边缘产生"八"字形斜裂缝，如图 11-15（a）所示。为了防止主梁下部被压坏，通过计算在次梁向主梁传递集中荷载的位置，以次梁的纵向形心轴为中心，在主梁内设置附加箍筋可以防止这种破坏的发生，如图 11-15（b）所示；在主、次梁相交部位次梁两侧主梁内，通过计算配置附加吊筋，也能有效防止次梁对主梁下部构成的潜在的危害，附加箍筋的设置区域为包括次梁宽度在内的 $3b+2h_1$ 的范围，如图 11-15（c）所示。

工程实践证明，在主次梁交接部位次梁两侧主梁内部设置附加箍筋的抗裂效果要优于设置吊筋的情况，因此，应优先采用附加箍筋来防止上述破坏。

次梁传来的集中荷载全部由附加箍筋承担时的计算式为

$$A_{sv} = \frac{F}{f_{yv}} \tag{11-17}$$

次梁传来的集中荷载全部由吊筋承受时的计算公式为

$$A_{sb} = \frac{F}{2f_{yb}\sin\alpha_{sb}} \tag{11-18}$$

求得吊筋的截面积后先选择吊筋直径，然后确定吊筋的根数即可。

如果为了平衡集中力 F，同时采用箍筋和弯起筋时，应满足下式的要求：

$$F \leqslant 2kA_{sb}f_y\sin\alpha_{sb} + mnA_{sv1}f_{yv} \tag{11-19}$$

式中 A_{sv1}——附加单肢箍筋的横截面面积；

f_{yv}——附加箍筋的抗拉强度设计值；

A_{sb}——承受集中荷载 F 所需的附加吊筋的截面面积；

F——作用在梁的下部或截面高度范围内的集中荷载设计值；

m——在附加箍筋加密区 s 范围内附加箍筋的个数；

n——同一截面内附加箍筋的肢数；

α——附加吊筋弯起部分和梁纵向形心轴之间的夹角，一般梁为 $45°$，当梁高 $h>800mm$ 时取 $60°$；

k——为附加吊筋的个数。

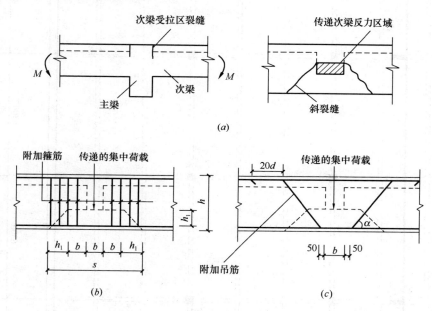

图 11-15 主次梁相交处吊筋和附加箍筋的设置

【例题 11-1】 单向板肋形楼盖设计实例：某图书馆书库楼面，平面布置如图 11-16 所示。材料选用：混凝土为 C25（$f_c=11.9N/mm^2$，$f_t=1.27N/mm^2$），梁中纵向钢筋 HRBF335 级（$f_y=300N/mm^2$，$\xi_b=0.550$），板内纵向钢筋和其他钢筋均采用 HPB300 级（$\xi_b=0.576$，$f_y=270N/mm^2$）。楼面构造为：面层为水磨石（底层为 20mm 厚的水泥砂浆），自重为 $0.65N/mm^2$；板底为 20mm 厚混合砂浆抹灰。楼面可变荷载标准值为 $6kN/mm^2$（可变荷载分项系数为 $\gamma_Q=1.3$）。试按下列要求设计此楼盖。

(1) 按考虑塑性内力重分布的弯矩调幅法计算板、次梁内力；确定其构造配筋，并画出用平面整体标注法表示的板和次梁配筋图。

(2) 按弹性理论计算主梁内力；画出弯矩和剪力包络图；配置主梁内纵筋和腹筋，并画出用平面整体标注法表示的主梁配筋图。

已知：$f_c=11.9N/mm^2$，$f_t=1.27N/mm^2$，$f_y=300N/mm^2$，$\xi_b=0.550$，$f_y=270N/mm^2$，$\xi_b=0.576$，$\gamma_Q=1.3$，$f_{yv}=270N/mm^2$，$q_k=6kN/m^2$

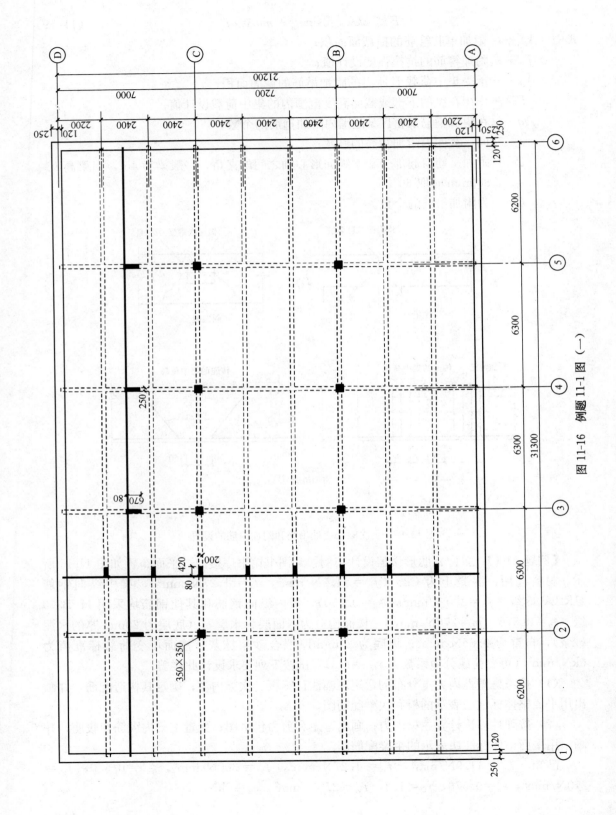

图 11-16 例题 11-1 图（一）

解：1. 板的设计

按考虑塑性内力重分布的方法计算

（1）板厚 $h=80\text{mm}>l/40=60\text{mm}$，取 1m 宽板带作为计算单元。

（2）荷载计算和内力计算

1）荷载计算

楼面面层	0.65kN/m^2
板自重	$25\times0.08=2.0\text{kN/m}^2$
板底抹底	$17\times0.02=0.34\text{kN/m}^2$
永久荷载	2.99kN/m^2
活荷载	6kN/m^2

总荷载设计值

$$q=1.2\times2.99\times1.0+1.3\times6\times1.0=11.40\text{kN/m}$$

2）内力计算简图（图 11-17）

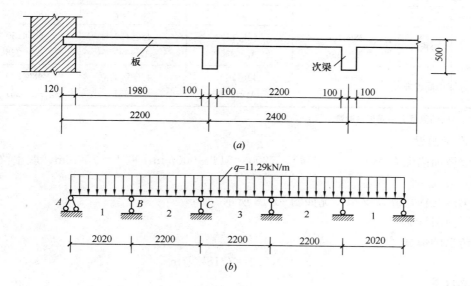

图 11-17 例题 11-1 图（二）

次梁截面高 $h=(1/8\sim1/12)\times6300\text{mm}=350\sim525\text{mm}$

可取 $h=500\text{mm}$，$b=(1/3\sim1/2)\times500\text{mm}=167\sim250\text{mm}$

取 $b=200\text{mm}$。

计算跨度：

中间跨

$$l_0=l_n=2400-200=2200\text{mm}$$

边跨

$$l_0=l_n+\frac{h}{2}=(2200-100-120)+80/2=2020\text{mm}$$

由于边跨与中间跨的跨度差 $(2200-2020)/2020=8.9\%<10\%$，故可按等跨连续板计算。

3) 弯矩计算

$$M_1 = -M_B = ql_0^2/11 = 1/11 \times 11.40 \times 2.02^2 = 4.23 \text{kN} \cdot \text{m}$$
$$M_C = ql_0^2/14 = 1/14 \times 11.40 \times 2.02^2 = 3.96 \text{kN} \cdot \text{m}$$
$$M_2 = M_3 = ql_0^2/16 = 1/16 \times 11.40 \times 2.02^2 = 3.45 \text{kN} \cdot \text{m}$$

(3) 配筋计算

板截面有效高度 $h_0 = 80 - 25 = 55 \text{mm}$。因中间板带①～②轴线间内区格板的四周与梁整体连接，故 M_2 和 M_C 值降低 20%。板的抗弯承载力计算过程见表 11-6，板的配筋图采用"平法"绘制，如图 11-18 所示。

板正截面受弯承载力计算 表 11-6

截面		1	B	2, 3	C
M (kN·m)		4.23	4.23	3.42 (2.74)	3.90 (3.12)
$\alpha_s = M/\alpha_1 f_c b h_0^2$		0.118	0.118	0.095 (0.076)	0.11 (0.088)
$\xi = 1 - \sqrt{1-2\alpha_s}$		0.126	0.126	0.10 (0.079)	0.12 (0.1)
$A_s = bh_0 \xi \alpha_1 f_c / f_y$		305	305	246 (197)	282 (225)
实配钢筋	边板带	$\phi 8@150$ $A_s=335$	$\phi 8@150$ $A_s=335$	$\phi 8@150$ $A_s=335$	$\phi 8@150$ $A_s=335$
	中间板带	$\phi 8@200$ $A_s=251$	$\phi 8@200$ $A_s=251$	$\phi 8@200$ $A_s=251$	$\phi 8@200$ $A_s=251$

注：括号内的数据为中间板带的数据。

2. 次梁的设计

主梁截面高度 $h = (1/16 \sim 1/14) \times 7200 = 514 \sim 900 \text{mm}$，取 $h = 750 \text{mm}$，取主梁宽度 $b = 250 \text{mm}$。

次梁的几何尺寸及支承情况如图 11-18 所示。

(1) 荷载计算

板传来的恒载

$$2.99 \times 2.4 = 7.18 \text{kN/m}$$

次梁自重

$$25 \times 0.2 \times (0.5 - 0.08) = 2.1 \text{kN/m}$$

次梁粉刷

$$17 \times 0.020 \times (0.5 - 0.08) \times 2 = 0.285 \text{kN/m}$$

永久荷载

$$9.56 \text{kN/m}$$

可变荷载

$$6 \times 2.4 = 14.4 \text{kN/m}$$

总荷载设计值

$$q = 1.2 \times 9.56 + 1.3 \times 14.4 = 30.19 \text{kN/m}$$

(2) 计算简图

次梁按考虑塑性内力重分布的方法计算内力，计算跨度：

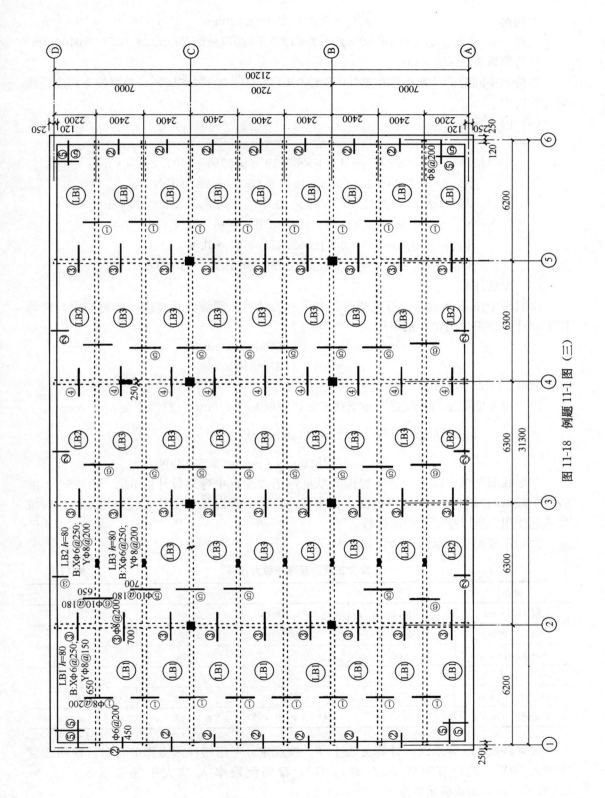

图 11-18 例题 11-1 图 (三)

中间跨　　　　　　　　$l_0 = l_n = 6300 - 250 = 6050$mm

边跨　$l_0 = l_n + a/2 = (6200 - 250/2 - 120) + 120/2 = 6075mm< 1.025 l_n = 6104$mm

故边跨取 $l_0 = 6075$mm。

边跨与中间跨的计算跨度相差 $(6075 - 6050)/6050 = 0.4\% < 10\%$，故可按等跨度连续梁计算内力。

（3）内力计算

弯矩：
$$M_1 = -M_B = q l_0^2 / 11 = 1/11 \times 30.19 \times 6.075^2 = 101.29 \text{kN} \cdot \text{m}$$
$$M_C = q l_0^2 / 14 = 1/14 \times 30.19 \times 6.05^2 = -78.93 \text{kN} \cdot \text{m}$$
$$M_2 = M_3 = q l_0^2 / 16 = 1/16 \times 30.19 \times 6.05^2 = 69.06 \text{kN} \cdot \text{m}$$

剪力：
$$V_{A右} = 0.45 q l_n = 0.45 \times 30.197 \times 5.955 = 80.90 \text{kN}$$
$$V_{B左} = 0.6 q l_n = 0.6 \times 30.19 \times 5.955 = 107.89 \text{kN}$$
$$V_{B右} = V_{C左} = V_{C右} = 0.55 q l_n = 0.55 \times 30.19 \times 6.05 = 100.45 \text{kN}$$

（4）配筋计算

次梁跨中按 T 形截面进行正截面受弯承载力计算。翼缘计算宽度，边跨与中间跨均按下面计算结果中的较小值采用。

$$b_f' = l_0 / 3 = 1/3 \times 6050 = 2017 \text{mm}$$
$$b_f' = s_n = 200 + 2200 = 2400 \text{mm}$$

故取 $b_f' = 2017$mm。

跨中及支座截面均按配置一排钢筋考虑，故取 $h_0 = 460$mm，翼缘厚度 $h_f' = 80$mm。

$$\alpha_1 f_c b_f' h_f' \left(h_0 - \frac{h_f'}{2} \right) = 1.0 \times 11.9 \times 2017 \times 80 \times \left(460 - \frac{80}{2} \right)$$
$$= 806480000 \text{N} \cdot \text{mm} = 806.48 \text{kN} \cdot \text{m}$$

T 形截面翼缘全部参与受压提供的抵抗弯矩大于跨中弯矩设计值 M_1、M_2、M_3，故各跨中截面均属于第一类 T 形截面，支座截面由于上部混凝土受拉开裂退出工作，对抗弯不起作用，所以按矩形截面计算。

次梁正截面受弯承载力计算见表 11-7。

次梁正截面受弯承载力计算　　　　表 11-7

截面	1	B	2, 3	C
M（kN·m）	101.29	-101.29	69.06	-78.93
b 或 b_f'（mm）	2017	200	2017	200
$\alpha_s = M / \alpha_1 f_c b h_0^2$	0.02	0.201	0.014	0.157
$\xi = 1 - \sqrt{1 - 2\alpha_s}$	0.020	0.1<0.227<0.35	0.014	0.172
$A_s = b h_0 \xi \alpha_1 f_c / f_y$	735	847	515	626
实配钢筋（mm²）	3⌀18（763）	2⌀18+1⌀22（889）	2⌀18（509）	2⌀18+1⌀14（663）

次梁斜截面受剪承载力计算见表 11-8。按规定，考虑塑性内力重分布时，箍筋数量应增大 20%，故计算时将 A_{sv}/s 乘以 1.2；箍筋配筋率 ρ_{sv} 应大于等于 $0.28 f_t / f_{yv} = 0.131\%$，各截面均满足要求。

次梁斜截面受剪承载力计算 表 11-8

截面	$A_{左}$	$B_{右}$	$B_{左}$、$C_{左}$、$C_{右}$
V (kN)	80.90	107.89	100.45
$0.25\beta f_c bh_0$ (kN)	273.7>V	273.7>V	273.7>V
$0.7 f_t bh_0$	81.79>V	81.79<V	81.79<V
箍筋数量计算值	0	0.21	0.15
实配箍筋的数量	2Φ6@200 (0.283)	2Φ6@200 (0.283)	2Φ6@200 (0.283)
配箍效率	0.283>0.00131	0.283>0.00131	0.283>0.00131

由于次梁 $q/g=18.72/11.47=1.63<3$，且跨度相差小于 20%，故可按图 11-12 所示的构造要求确定纵向受力钢筋的截断。次梁配筋如图 11-21 所示。

3. 主梁设计

主梁按弹性理论计算内力，设柱截面尺寸为 500mm×500mm，主梁几何尺寸与支承情况如图 11-19 所示。

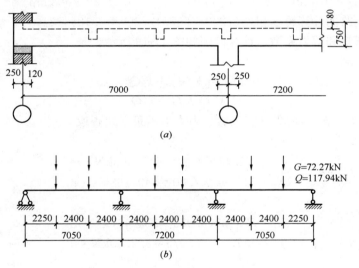

图 11-19 例题 11-1 图（四）

（1）荷载计算

为简化计算，主梁自重按集中荷载考虑。

次梁传来的恒载
$$9.56 \times 6.3 = 60.228 \text{kN}$$

主梁自重
$$25 \times 0.25 \times (0.75 - 0.08) \times 2.4 = 10.05 \text{kN}$$

主梁粉刷
$$17 \times 0.020 \times (0.75 - 0.08) \times 2 \times 2.4 = 1.11 \text{kN}$$

永久荷载标准值

$$60.23+10.5+1.11=71.19 \text{ kN}$$

可变荷载
$$14.4\times 6.3=90.72\text{kN}$$

永久载设计值
$$G=1.2\times 71.19=85.43\text{kN}$$

可变荷载设计值
$$Q=1.3\times 90.72=117.94\text{kN}$$

(2) 计算简图

由于主梁线刚度较下柱线刚度大很多，故中间支座按铰支考虑。主梁端部搁置在砖墙上，支承长度为370mm。计算跨度：

中间跨
$$l_0=7200\text{mm}$$

边跨
$$l_0 = l_n + a/2 + b/2 = (7000-120-500/2)+370/2+350/2 = 6975\text{mm}$$
$$l_0 = 1.025l_n + b/2 = 1.025\times(7000-120-500/2)+370/2 = 6975\text{mm}$$

故边跨取$l_0=6975$mm。平均跨度$l_0=(7200+6975)/2=7088$mm。

边跨与中间跨的计算跨度相差$(7200-6975)/7200=3.13\%<10\%$，故计算时可采用等跨连续梁的弯矩和剪力系数。计算简图如图11-19所示。

(3) 内力计算
$$M=k_1Gl_0+k_2Ql_0$$
$$V=k_3G+k_4Q$$

式中，k_1、k_2、k_3、k_4为内力计算系数，由本书附录一表查取。

中间跨
$$Gl_0=85.43\times 7.20=615.096\text{kN}\cdot\text{m}$$
$$Ql_0=117.94\times 7.20=849.168\text{kN}\cdot\text{m}$$

边跨
$$Gl_0=85.43\times 6.975=580.497\text{kN}\cdot\text{m}$$
$$Ql_0=117.94\times 6.975=822.63\text{kN}\cdot\text{m}$$

支座B
$$Gl_0=85.43\times 7.088=605.528\text{kN}\cdot\text{m}$$
$$Ql_0=117.94\times 7.088=835.96\text{kN}\cdot\text{m}$$

主梁的弯矩计算见表11-9，主梁的剪力计算见表11-10。

主梁弯矩计算　　　　　　　　　　表11-9

项次	荷载简图	$\dfrac{K}{M_1}$	$\dfrac{K}{M_B}\left(\dfrac{K}{M_C}\right)$	$\dfrac{K}{M_2}$
1	G G G G G G A▽B▽C▽D 1 2 3	$\dfrac{0.244}{141.64}$	$\dfrac{-0.267}{-161.68}$	$\dfrac{0.067}{41.21}$
2	Q Q　　Q Q ▽ ▽ ▽ ▽	$\dfrac{0.289}{237.74}$	$\dfrac{-0.133}{-111.18}$	$\dfrac{-0.133}{-112.94}$

续表

项　次	荷载简图	$\dfrac{K}{M_1}$	$\dfrac{K}{M_B}\left(\dfrac{K}{M_C}\right)$	$\dfrac{K}{M_2}$
3	(Q Q)	$\dfrac{-0.044}{-37.36}$	$\dfrac{-0.133}{-111.18}$	$\dfrac{0.200}{169.83}$
4	(Q Q Q Q)	$\dfrac{0.229}{188.38}$	$\dfrac{-0.311\,(-0.089)}{-259.98\,(-74.40)}$	$\dfrac{0.170}{144.41}$
M_{min}（kN·m）	组合项	①+③	①+④	①+②
	组合值	104.28	−421.66	−71.73
M_{max}（kN·m）	组合项	①+②		①+③
	组合值	369.52		211.04

主梁剪力计算　　　　　　　　　　　　　　　　　表 11-10

项　次	荷载简图	$\dfrac{K}{V_A}$	$\dfrac{K}{V_{B左}}$	$\dfrac{K}{V_{B右}}$
1	(G G G G G, A B C D)	$\dfrac{0.733}{62.62}$	$\dfrac{-1.267}{108.24}$	$\dfrac{1.00}{85.43}$
2	(Q Q　Q Q)	$\dfrac{0.866}{102.14}$	$\dfrac{-1.134}{-133.74}$	0
3	(Q Q Q Q)	$\dfrac{0.689}{81.26}$	$\dfrac{-1.311}{-154.62}$	$\dfrac{1.222}{144.12}$
V_{min}/kN	组合项	①+③	①+②	①+②
	组合值	143.88	−241.98	85.43
V_{max}/kN	组合项	①+②	①+③	①+③
	组合值	164.76	−262.86	229.55

（4）内力包络图

将各控制截面的组合弯矩和组合剪力绘于同一坐标标轴上，即得弯矩和剪力叠加后的各自内力图（图 11-20），其外包线即是各自的内力包络图。

（5）配筋计算

当主梁正截面在正弯矩作用下按 T 形截面梁计算，边跨及中间跨的翼缘宽度均按下列两者较小值取用。

故取 $b'_f = 2350\text{mm}$，并取跨中 $h_0 = 750 - 40 = 710\text{mm}$。

$\alpha_1 f_c b'_f \times h'_f \times (h_0 - h'_f/2) = 1.0 \times 9.6 \times 2350 \times 80 \times (710 - 80/2) = 1209.2\text{kN·m}$

此值大于 M_1 和 M_2，故属于第一类 T 形截面。

主梁支座截面及负弯矩作用下的跨中截面按矩形截面计算，设支座截面钢筋两排 $h_0 = 750 - 70 = 680\text{mm}$。

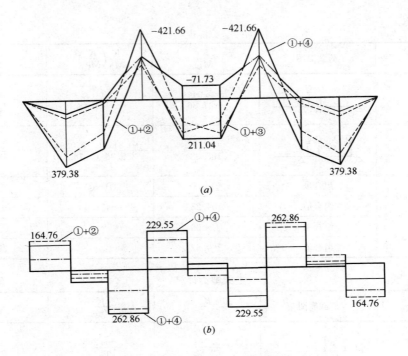

图 11-20 例题 11-1 图（五）

主梁正截面受弯承载力计算过程见表 11-11，主梁斜截面受剪承载力计算过程见表 11-12。

主梁正截面受弯承载力计算　　　　　　表 11-11

截　面	边跨跨中	支座 B	中间跨中	
M（kN·m）	379.38	−421.66	211.04	−71.73
$\alpha_s = M/\alpha_1 f_c b_f' h_0^2$	0.056	0.307	0.015	0.0051
$\gamma_s = (1+\sqrt{1-2\alpha_s})/2$	0.944	0.811	0.985	0.995
$A_s = M/f_y h_0 \gamma_s$	1887	2549	1006	338
实配钢筋（mm²）	4Φ25 (A_s=1964)	2Φ20+4Φ25 (A_s=2592)	2Φ25+2Φ16 (A_s=1383)	2Φ22 (A_s=760)

主梁斜截面受剪承载力验算　　　　　　表 11-12

截　面	边支座 A	B 支座左	B 支座右
V（kN）	164.76	262.86	229.55
$0.25\beta_c f_c b h_0$（kN）	520.63	505.75	505.75
$0.7 f_t b h_0$（kN）	155.58	151.13	151.13
箍筋选用	2Φ8@180	2Φ8@160	2Φ8@180
V_{cs}（kN）	258.19>V	266.57>V	253.74>V

由次梁传递给主梁的全部集中荷载设计值
$$F=1.2\times60.228+1.3\times90.72=190.21\text{kN}$$
所需的主、次梁相交部位主梁一侧附加横向钢筋面积
$$A_s=F/2f_y\sin\alpha=190210/2\times300\times\sin45°=449\text{mm}^2$$

选用 2 Φ 18（$A_{sb}=509\text{mm}^2$）吊筋。

在这里着重说明两点：

1）在主梁内力计算时，恒荷载的荷载分项系数统一取为 1.2 是不符合荷载组合原则的，应根据不同的计算目标选取相应的荷载分项系数（如求第二跨跨内最大正弯矩时，第一、第三跨恒荷载对结构计算有利，这种情况下，第一、第三跨恒荷载荷载分项系数应取 1.0），由于计算误差较小，又不方便利用现有计算表格，故恒荷载的荷载分项系数才统一取为 1.2。

2）主梁内支座上部纵向受力钢筋的截断位置应根据内力包络图和抵抗弯矩图严格按照本章第五章的要求确定。

第六节 双向板肋梁楼盖

当四边支承的板的两方向跨度 $\dfrac{l_2}{l_1}\leqslant2$，在板面荷载作用下板内沿两个方向传递弯矩，受力钢筋应沿两个方向布置。

一、双向板的计算

双向板的内力计算有两种方法：一种是按弹性方法计算，另一种是按塑性方法计算。

1. 弹性计算方法

弹性计算方法是以弹性薄板理论为依据对双向板内力进行计算的一种方法，这种方法计算双向板的内力比较复杂，一般是根据板的不同支承条件，查本书附录二中相应的表格，得到弯矩系数，根据相应的计算公式求解板的内力。根据双向板不同情况按下列两种不同的板进行内力分析。

（1）单跨双向板

单跨双向板按其四边不同的支承情况，其受力情况不同，计算简图也不同。在本书附录二中列出了常见的 7 种情况，给出了板在均布荷载作用下的弯矩系数。它们是：①四边简支；②一边固定三边简支；③两对边固定两对边简支；④两邻边固定、两邻边简支；⑤三边固定、一边简支；⑥三边固定、一边自由；⑦四边固定。双向板跨中弯矩或支座弯矩可按下式计算：

$$M = \text{表中弯矩系数}\times(g+q)l_0^2 \tag{11-20}$$

式中 M——跨中或支座单位板宽内的弯矩（kN·m/m）；

g、q——板上承受的永久荷载、可变荷载（kN/m²）；

l_0——取 l_x 和 l_y 中的较小者，见本书附录二中的插图。

（2）多跨连续双向板的实用计算方法

多跨连续双向板最大弯矩计算，应和多跨单向板肋梁楼盖中板的计算一样，考虑可变荷载的最不利内力布置的问题。实用设计中为了简化计算，当双向板的两个方向各为等跨

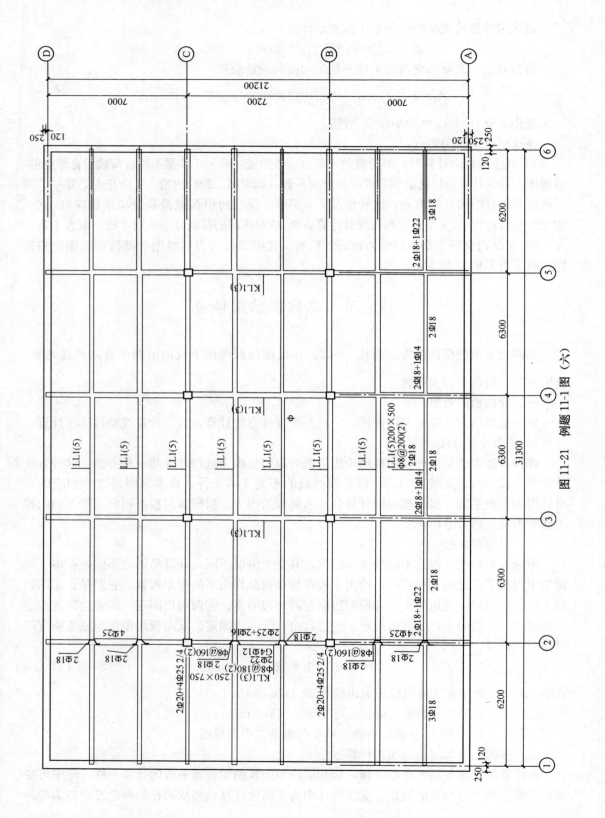

图 11-21 例题 11-1 图（六）

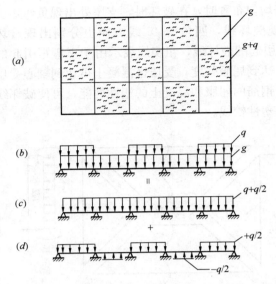

图 11-22 双向板跨中弯矩最不利可变荷载布置

或在同一方向区格的跨度差不超过 20% 的不等跨时，可采用下列的实用计算方法。

1) 求跨中最大弯矩

求双向板连续区格各跨跨中最大弯矩时，其可变荷载的最不利内力布置也应遵循：可变荷载"在本跨布置，然后隔跨布置"的思路，双向板与单向板的区别在于两个方向都是受力边，因此两个方向都应按"在本跨布置，然后隔跨布置"的思路布置可变荷载。可变荷载按图 11-22（a）棋盘式布置时可求得布置可变荷载的区格板跨中的最大弯矩值。

与单向板弯矩调幅的思路相仿，为了便于计算和消除简化后支座截面内力与实际受力之间的误差，可将可变荷载 q 和永久荷载 g 分为 $g+\dfrac{q}{2}$ 与 $\pm\dfrac{q}{2}$ 两部分，分别作用在相应的区格，如图 11-22（b）～（d）所示，按弹性限度内力的叠加原理，相应作用与直接作用 $g+q$ 的计算结果是相同的。

当双向板各区格作用有 $g+\dfrac{q}{2}$ 时 [图 11-22（c）]，由于板的各内支座上转动很小，可近似的假定其转角为 0。故支座内可近似的看作嵌固边，因而，所有中间区格板均可按四边固定的单跨双向板计算其跨中弯矩。如边支座为简支，则边区格为三边固定、一边简支；角区格则为两邻边固定、两邻边简支的情况。

当双向板各区格作用有 $\pm q$ 时 [图 11-22（d）]，板在中间支座处转角方向一致，大小相等接近于简支板的转角，即内支座处为板带的反弯点，弯矩为 0，因而所有区格内均可按四边简支的单跨双向板计算其跨中弯矩。

最后，将以上两种情况结果叠加，即可得到多跨连续双向板的最大跨中弯矩。

2) 支座最大弯矩

求支座最大负弯矩的可变荷载最不利内力布置的原则，与单向板相似，按照在"支座两侧布置，然后隔跨布置"的思路进行。但考虑到隔跨布置可变荷载与满跨布置可变荷载的差异很小，可近似地假定可变荷载布满所有区格时所求得的最大弯矩为计算所要的支座最大弯矩。这样对各区格即可按四边固定的单跨双向板计算其支座弯矩。至于边区格，可按板周边实际支承情况来计算其支座弯矩。

2. 塑性计算方法

(1) 基本假定

塑性计算方法是考虑了材料的塑性变形及产生内力重分布的一种计算方法。在混凝土双向板肋梁楼盖计算时通常采用极限平衡法计算板的弯矩，它比较符合混凝土板的实际受力情况，而且还可节约钢筋。极限平衡法的破坏荷载大于或等于真实的破坏荷载。试验证明，四边嵌固的矩形板，若跨中、支座钢筋均匀布置时，在破坏时，支座处出现负弯矩引起的四条破坏线。在平行长边的板中间出现破坏线，四角沿 45°线方向也分别出现破坏线，如图 11-23 所示。图中虚线表示负弯矩引起的破坏线，粗实线表示由于正弯矩引起的破坏线。与这些破坏线相交的受拉钢筋均可达到屈服强度，受压区混凝土可达到轴心受压强度设计值，因而能承受一定的弯矩。由于钢筋的屈服和混凝土的塑性性能，可使破坏线具有足够的变形能力，因此，这种破坏线为塑性铰线。

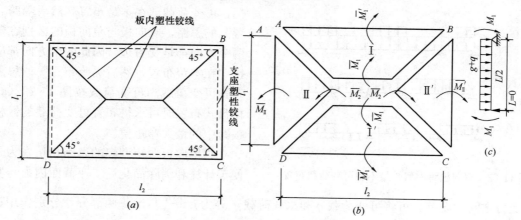

图 11-23　四边固定板的破坏图形及塑性铰线上的极限弯矩
(a) 四边固定矩形板的塑性铰线；(b) 边板块极限弯矩；(c) 板上作用荷载

（2）内力计算

为方便计算，假定结构进入极限状态时，被塑性铰线分割的各块板为绝对刚体，每个板块塑性铰线的极限弯矩与荷载产生的弯矩保持平衡，利用平衡条件，可得四周固定的双向板极限平衡的计算公式为：

$$2\overline{M}_1 + 2\overline{M}_2 + \overline{M}_\mathrm{I} + \overline{M}_\mathrm{II} + \overline{M}'_\mathrm{I} + \overline{M}'_\mathrm{II} \geqslant \frac{(g+q)l_1^2}{12}(3l_2 - l_1) \qquad (11\text{-}21)$$

式中　g——作用在板面上的永久荷载设计值；

q——作用在板面上的可变荷载设计值；

l_1、l_2——板的短边、长边方向计算跨度（对于中间区格取板的净跨；对于边区格，当其边支座为板与梁整体连接时，也取板的净跨；当边区格的边支座为简支座时，取板的净跨加板厚的一半）；

$\overline{M}_1$、$\overline{M}_2$——垂直于板跨 l_1、l_2 截面全部宽度上的极限弯矩；

$\overline{M}'_\mathrm{I}$、$\overline{M}_\mathrm{I}$——垂直于跨度 l_1 的板块Ⅰ、Ⅰ′支座截面全部宽度上的极限弯矩；

$\overline{M}'_\mathrm{II}$、$\overline{M}_\mathrm{II}$——垂直于跨度 l_2 的板块Ⅱ、Ⅱ′支座截面全部宽度上的极限弯矩。

其中，上述截面极限弯矩可分别用式（11-22）～式（11-27）表示：

$$\overline{M}_1 = \overline{A}_{s1} f_y \gamma_s h_{01} \qquad (11\text{-}22)$$

$$\overline{M}_2 = \overline{A}_{s2} f_y \gamma_s h_{02} \qquad (11\text{-}23)$$

$$\overline{M}_\mathrm{I} = \overline{A}_{s\mathrm{I}} f_y \gamma_s h_{0\mathrm{I}} \qquad (11\text{-}24)$$

$$\overline{M}'_{\mathrm{I}} = \overline{A'_{s\mathrm{I}}} f_y \gamma_s h_{0\mathrm{I}} \tag{11-25}$$

$$\overline{M}_{\mathrm{II}} = \overline{A_{s\mathrm{II}}} f_y \gamma_s h_{0\mathrm{II}} \tag{11-26}$$

$$\overline{M}'_{\mathrm{II}} = \overline{A'_{s\mathrm{II}}} f_y \gamma_s h_{0\mathrm{II}} \tag{11-27}$$

式中 f_y——受拉钢筋强度设计值；

γ_s——内力臂系数，一般取 $0.9h_0$；

h_{01}、h_{02}——沿 l_1、l_2 方向跨中截面的有效高度；

$h_{0\mathrm{I}}$、$h_{0\mathrm{II}}$——沿 l_1、l_2 方向支座截面的有效高度。

计算双向板各向跨中和支座截面所需钢筋时，可将上面式（11-22）～式（11-27）带入基本计算式（11-21）求解。但基本计算公式中未知数太多，无法正常求解。因此，需事先假定各向钢筋用量的比值，以及支座与跨中钢筋用量的比值。以便减少基本计算公式的未知数个数。

根据两向跨度 $\dfrac{l_2}{l_1}$ 比值对弯矩的影响，以及构造和经济方面的要求，在跨中单位长度内钢筋截面面积之比 $\dfrac{A_{s2}}{A_{s1}}$，可按表 11-13 选用；对于支座和跨中单位长度钢筋截面面积比 $\dfrac{A_{s\mathrm{I}}}{A_{s1}}$、$\dfrac{A'_{s\mathrm{I}}}{A_{s1}}$、$\dfrac{A_{s\mathrm{II}}}{A_{s2}}$、$\dfrac{A'_{s\mathrm{II}}}{A_{s2}}$ 一般取 1～1.25；对于中间区格，一般宜选用 2.5 的比值。

由 $\dfrac{l_2}{l_1}$ 决定 $\dfrac{A_{s2}}{A_{s1}}$ 比值　　　　表 11-13

$\dfrac{l_2}{l_1}$	1.2	1.1	1.2	1.3	1.4	1.5	1.6	1.7	1.8	1.9	2.0
$\dfrac{A_{s2}}{A_{s1}}$	1.0～0.8	0.9～0.7	0.8～0.6	0.7～0.5	0.6～0.4	0.5～0.35	0.5～0.3	0.45～0.25	0.4～0.2	0.35～0.2	0.3～0.15

钢筋截面面积的比值按表 11-13 确定后，对于楼板的任意区格（一般是先从中间区格开始计算），即可用某根钢筋截面面积来表示所有跨内及支座弯矩，并将这些弯矩带入式（11-21），求出该项钢筋截面面积，再按钢筋截面面积之间的相互比值，即可求得其他该项的钢筋截面面积。中间区格计算完毕，然后按类似方法计算其他相邻区格。此时，与中央区格相连的支座弯矩已属于已知。

应当注意，式（11-21）用于四周边支座均属固定的双向板。若板的支座有简支情况，则该支座的极限弯矩为 0，当四支座均属简支，则其支座弯矩皆为 0。则式（11-21）可简化为：

$$\overline{M}_1 + \overline{M}_2 \geqslant \dfrac{(g+q)l_1^2}{24}(3l_2 - l_1) \tag{11-28}$$

二、双向板的配筋计算

1. 板厚与弯矩折减系数

双向板的厚度不宜小于 80mm，通常很少大于 160mm，为了使板有足够的刚度，板的厚度应满足下述要求：

当板四边简支时：$h > \dfrac{l_0}{45}$

当板四边固定时：$h > \dfrac{l_0}{50}$

其中，l_0 为板的短向计算跨度。

在设计周边与梁整体连接的双向板时，应考虑极限状态下周边支承梁对板的推力的有利影响，截面的弯矩可以折减，折减系数按下列规定采用。角区格是指矩形楼面四角与外墙（或边梁）两边相连、两边与楼面梁相连的板格；边区板是指除角区格外靠四边墙的其他板格，中间区格是指处在板的中部四边与梁相连的板区格。

（1）对于连续板的跨中截面和中间支座截面，折减系数为 0.8；

（2）对于边区格的跨中截面和自楼板边缘算起的第二支座截面；当 $\dfrac{l_b}{l} < 1.5$ 时，折减系数为 0.8；当 $1.5 \leqslant \dfrac{l_b}{l} \leqslant 2$ 时，为 0.9。

其中，l_b 是边区格沿楼板边缘方向的跨度；l 为垂直于楼板边缘方向的跨度。

对于角区格的各截面，弯矩不应折减。

2. 钢筋的配置

双向板中钢筋配置的主要特点是受力钢筋应沿板两个方向布置，并且沿短向的受力钢筋放在沿长向配置的钢筋的外面。

按弹性理论分析时，由于板的跨中弯矩比板的周边弯矩大，因此，当 $l_1 \geqslant 250\text{mm}$ 时，配筋采取分带布置的方法，将板的两个方向都划分为三带，边带宽度均为 $\dfrac{L_1}{4}$，其余为中间带。在中间带均须按计算配筋，两边带内的配筋为各方向中间板带的 1/2，且每米不少于 3 根。支座截面抵抗负弯矩钢筋按计算配置，边带中不减少。当 $l_1 < 250\text{mm}$ 时，则不分板带，全部按计算配筋，如图 11-24 所示。

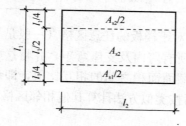
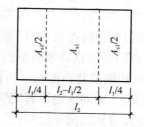

图 11-24 双向板钢筋分带布置示意图

布置双向板中的钢筋时，选择钢筋直径与间距应作全面考虑，既满足计算的要求，也应使板的两个方向上其跨中支座上的钢筋间距有规律地配合，以方便施工。

按塑性理论计算时，为了施工方便，跨中支座钢筋一般采用均匀配置而不分带。对于简支的双向板，考虑到支座实际上有部分嵌固作用，可将跨中钢筋弯起 1/3~1/2（上弯点距支座边缘为 $l/10$）；对于两端完全嵌固的双向板以及连续的双向板，可将跨中钢筋在距支座 $l_1/4$ 处弯起 1/3~1/2，以抵抗支座截面的负弯矩，不足时可再增设直钢筋，如图 11-25 所示。

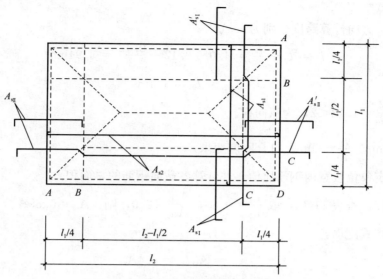

图 11-25 双向板中间区格配筋示意

【例题 11-2】

某双向板楼盖布置如图 11-26 所示，楼面可变荷载设计值 $q=8\text{kN/mm}^2$，永久荷载设计值为 $g=4\text{kN/mm}^2$，混凝土为 C25（$f_c=11.9\text{N/mm}^2$），钢筋采用 HPB300 级（$f_y=270\text{N/mm}^2$），板厚 $h=120\text{mm}$，采用塑性理论极限状态方法设计此板。当采用分离式配筋时，绘制板的施工图。

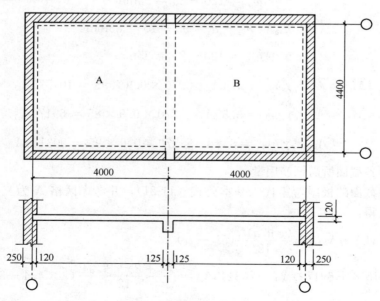

图 11-26 例题 11-2 图（一）

已知：$q=8\text{kN/mm}^2$，$g=4\text{kN/mm}^2$，$f_c=11.9\text{N/mm}^2$，$f_y=270\text{N/mm}^2$，$h=120\text{mm}$。

求：板内配筋并画配筋图。

解：（1）区格 A

板的计算跨度
板在两个方向计算跨度分别为:
$$l_1 = l_n + \frac{h}{2} = 4.0 - 0.12 + \frac{0.12}{2} = 3.94 \text{mm}$$
$$l_2 = l_0 = 4.4 \text{m}$$

$\frac{l_2}{l_1} = \frac{4.4}{3.94} = 1.12 < 2$,为双向板。

$h = 120\text{mm} > \frac{l_1}{45} = 80\text{m}$,符合刚度要求。

(2) 确定单位板宽内钢筋比值,并计算各截面钢筋的总面积。

$\frac{l_2}{l_1} = 1.15$,查表 11-13,取 $\frac{A_{s2}}{A_{s1}} = 0.85$,$\frac{A_{sI}}{A_{s1}} = 2.0$,则:$A_{s2} = 0.85 A_{s1}$,$A_{sI} = 2.0 A_{s1}$

采用分离式配筋:
$$\overline{A_{s1}} = A_{s1} l_2 = 4.4 A_{s1}$$
$$\overline{A_{s2}} = A_{s2} l_1 = 0.85 A_{s1} l_1 = 3.35 A_{s1}$$
$$\overline{A_{sI}} = 2 \overline{A_{s1}} = 8.8 A_{s1}$$

(3) 计算各截面的极限弯矩
截面有效高度:
$$h_{01} = 120 - 25 = 95 \text{mm}$$
$$h_{02} = h_{01} - d = 95 - 10 = 85 \text{mm}$$
$$h_{0I} = 120 - 25 = 85 \text{mm}$$

$$\overline{M_1} = \overline{A_{s1}} f_y \gamma_s h_{01} = 4.4 A_{s1} \times 270 \times 0.9 \times 95 = 101575 A_{s1}$$
$$\overline{M_2} = \overline{A_{s2}} f_y \gamma_s h_{02} = 3.35 A_{s1} \times 270 \times 0.9 \times 85 = 69179 A_{s1}$$
$$\overline{M_I} = \overline{A_{sI}} f_y \gamma_s h_{0I} = 8.8 A_{s1} \times 270 \times 0.9 \times 95 = 203143 A_{s1}$$

(4) 确定各截面所需钢筋用量

将求得各截面的极限弯矩代入基本公式 (11-21),并考虑区格 A 为三边简支,一边固定的情况,得:

$$2(\overline{M_1} + \overline{M_2}) + \overline{M_I} \geqslant \frac{(g+q)l_1^2}{12}(3l_2 - l_1)$$

$$= 2 \times (101574 + 69179) A_{s1} + 203143 A_{s1} = \frac{(4+8) \times 3.94^2}{12}(3 \times 4.4 - 3.94) \times 10^6$$

解得
$$A_{s1} = 264 \text{mm}^2,选用 \Phi 8@180 (A_{s1} = 279 \text{mm}^2)$$
$$A_{sI} = 2.0 A_{s1} = 558 \text{mm}^2,选配 \Phi 10@130 (A_{s1} = 604 \text{mm}^2)$$
$$A_{s2} = 0.85 A_{s1} = 224 \text{mm}^2,选配 \Phi 8@200,(A_{s1} = 251 \text{mm}^2)$$

(5) 区格 B

与区格 A 相同，计算从略。板的配筋图如图 11-27 所示。

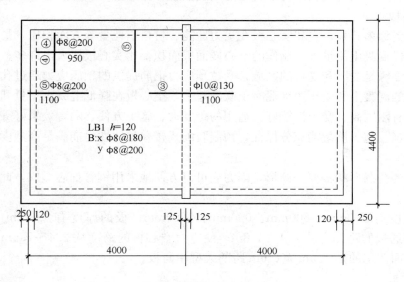

图 11-27　例题 11-2 图（二）

第七节　装配式楼盖

装配式楼盖是指由钢筋混凝土预制楼板直接安装到楼屋面梁或墙体上所形成的楼屋盖。装配式楼屋盖采用铺板式，通常采用预制楼板两端支承在砖墙、楼屋面梁或屋架的上弦杆上等形式。这种楼盖具有施工速度快，节省材料和生产效率高等优点，对实现建筑设计标准化、施工机械化也具有重要意义。所以装配式楼屋盖在大量的工业与民用建筑中工程中得到广泛的使用。

预制板的宽度根据安装时的起重条件、制造及运输设备以及楼盖尺寸等因素确定，预制板的跨度是根据建筑设计的要求尺寸决定的。除工业厂房的屋面板是全国通用标准构件外，各省、市都有自己的民用建筑的楼面板标准图，可用于指导各自省、市的预制楼板的设计和施工。

一、装配式楼盖的构件形式

装配式楼盖主要由楼面板和楼面梁组成。常用的楼面板有实心板、空心板、槽形板几种常用形式。

1. 实心板

实心板是工程中最简单的一种楼面板，它具有制作和构造简单、施工方便等优点；但它又有自重大、抗剪刚度小、材料消耗量大的缺点，正是这些缺点，在跨度较大时实心板的使用就受到限制。一般实心板适用于跨度为 1.2～2.7m，即便使用预应力混凝土实心板，其跨度也不会超过 3.0m；板厚一般在 50～80mm；板宽一般在 500～900mm。实心板作楼面用时，主要用在房屋中走廊板和跨度小的楼面中。

实心板横截面形状是梯形，上表面的宽度尺寸比板的标注尺寸小 20～30mm，下底面比标注尺寸小 10mm，这主要是考虑到板缝需要灌注混凝土，有抗震要求时板缝需要加设构造钢筋的需要，同时，也是为了施工时吸收偏差和保证施工工具能够正常使用的需要。

2. 空心板

空心板俗称多孔板，它和实心板在受力性能、材料消耗量等方面相比，是相对合理的截面，在同样混凝土用量下，制作的空心楼面板面积要比实心板要大出许多；从受力角度看，孔洞上下缘是受压和受拉的区域，受拉预应力钢筋提供的预压应力通过孔洞侧边竖肋与中间竖肋的混凝土和受压边缘混凝土联系起来，空心板在降低混凝土用量和构件自重的前提下，具有刚度高、受力性能好、适用的跨度大、施工方便、隔音效果好等优点。如果构造措施得当，施工质量能充分保证，预制装配式楼盖整体性也能满足高烈度区抗震性能的要求。

空心板的孔洞形状一般是圆形，因为它可以方便地采用钢管抽芯形成，此外也有方孔和椭圆孔等。

板的宽度有 500mm、600mm、900mm、1200mm；板的厚度有 120mm、180mm 和 240mm；普通板的跨度可从 2.4～4.8m，预应力空心板的跨度从 2.4～7.5m，一般单层工业厂房屋面使用的是 1.5m 宽、6m 跨的大型屋面板。

3. 槽形板

槽形板是指形状为沿板长向两侧设置纵肋，横向根据需要设置一定数量的横肋（为了增加板的刚度，通常在槽口内设置横肋）的板。从受力的角度看槽形板又是在空心板基础上进一步改进后得到的，同样的混凝土消耗量，槽形板覆盖面积远大于空心板的覆盖面积，它的槽底即面板厚度在 25mm 左右，所以，槽形板自重轻、刚度大。在民用建筑中板截面高度为 120mm 或 180mm；用于标准工业厂房楼面时，板厚为 180mm，肋宽 100mm 左右。

4. 其他板

除上述常用的楼面板外，在大跨或多层工业建筑楼面中还经常使用 T 形楼面板、双 T 板、多 T 板，此外还有双向板、双向密肋板和折叠式 V 形板等。

5. 预制梁

装配式楼盖中的预制梁，可以是矩形、L 形、花篮形和十字形截面。由于十字形和花篮形梁在满足刚度要求的前提下不增加梁截面高度，在保证房屋净高的条件下减少了房屋层高，所以在实际中使用较为广泛。预制楼屋面梁的截面高度、材料强度、截面配筋等都是根据设计时刚度、强度等条件决定。

二、装配式楼盖构件计算特点

装配式构件的计算，包括使用阶段的设计计算和施工阶段验算等两方面内容，为了保证构件和结构安全，两个方面的计算都必须满足要求。

装配式楼盖中板和梁在使用阶段的计算，一是要按承载能力极限状态下的安全性功能进行设计计算，二是按正常使用极限状态验算梁或板的挠度及裂缝宽度。当构件截面满足截面最小高度要求时可以不进行裂缝宽度验算。由于是预制装配式结构，支承处截面往往是铰接连接，所以板可以看作是单跨简支连接。

施工阶段的验算，应考虑施工顺序、楼面材料或构件的运输和堆放位置、预应力板或预应力梁吊装时可能在构件上产生的负弯矩的影响，因为，施工阶段验算的梁或板受力情况和使用阶段差异较大，所以要进行施工阶段的验算。

预制构件施工阶段的验算应注意下列要求：

(1) 计算简图应按运输、堆放的实际情况和吊点位置确定。

(2) 考虑运输和吊装时的动力特性，自重引起的永久荷载应乘1.5的动力系数。

(3) 确定结构的重要性系数 γ_0 时，施工阶段验算时构件的重要性等级按降低一级的原则取用，但最低不低于三级。

(4) 施工或检修集中荷载，对预制板、檩条、预制小梁、挑檐和雨篷，应按最不利位置上作用1kN的施工或检修集中荷载进行验算，但此集中荷载不与使用可变荷载同时考虑。

为便于吊装，预制构件设置吊环时，吊点位置对于一般预制板和梁应选在距构件端头为 $(0.1\sim0.2)l$ 处（l 为构件长度），为了防止吊环脆性断裂，一般吊环应该使用塑性较好的HPB300级钢筋，严禁使用脆性很大的高强度钢筋。吊环埋入深度不应小于 $30d$（d 为吊环钢筋直径），并应焊接或绑扎在钢筋骨架上。设计吊环时每个吊环按两个受力截面计算，计算公式为：

$$A_s = G/2m[\sigma_s] \tag{11-29}$$

式中　G——构件自重（不考虑动力系数）标准值；

　　　m——受力吊环数，当一个构件上设有四个吊环时，最多只能考虑三个发挥作用，取 $m=3$；

　　　$[\sigma_s]$——吊环钢筋的容许设计应力，按经验可取 $[\sigma_s]=50\text{N/mm}^2$（已将动力作用考虑在此容许应力中）。

三、构造要求

装配式楼盖的整体性差是制约它广泛使用的主要原因，尤其是破坏性很强的大地震或特大地震发生后，楼屋盖整体性的高低对房屋结构抗震性能影响很大。为了提高装配式楼盖的整体性，楼板板缝之间、楼板端头之间必须进行可靠的连接。此外，楼板在墙体和梁上的支承长度是否满足要求，也是影响楼盖能否可靠工作的重要条件。通常情况下，板面通过与相邻板之间在板的长边方向连接形成整体，当板上局部承受荷载作用时依靠多块板相互之间的连接形成的整体性共同受力，这种情况下板的刚度就高，楼盖在竖直方向的变形就会变小。楼盖作为平卧的刚度很大的水平受弯构件，可以将房屋水平方向的作用力按各墙体的水平抗剪刚度分配给支承它的各道墙体，楼板可以承受纵墙传来的墙面水平风荷载，起到外纵墙侧向水平支撑的作用，减少了纵墙计算高度，确保了纵墙的稳定性。楼板在墙体内支承截面处的连接及预制楼板和墙体之间的连接如图11-28所示。

1. 板与板的连接

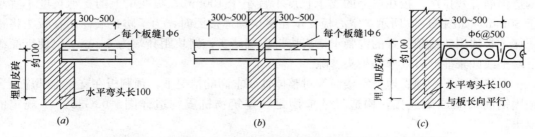

图11-28　楼板在墙体内支承截面处的连接及预制楼板和墙之间的连接

在同一开间内板的长边与板相邻的连接,主要通过板缝的良好连接来实现。为了使相邻的楼板有效地粘结在一起共同受力,板缝浇灌混凝土之前必须把可能影响粘结的异物、油污和板侧的泥土清理干净,板缝宽度应符合要求。如图 11-29 (a)、(b) 所示;板缝上口宽度不宜小于 30mm,板缝下端宽度不宜小于 10mm;如图 11-30 (c) 所示,当板缝宽度≥50mm 时,则应在板缝内下部配置按楼面荷载设计值计算的单根受力钢筋,此时,灌缝用混凝土强度等级要高出预制板的强度等级;当板缝宽度≥100mm 时,可在板缝上、下两侧配置钢筋,按楼面荷载设计值计算求得的上下各一根直径不小于 10mmHPB300 级钢筋,并用拉结钢筋有效拉结,板缝混凝土不低于楼板混凝土的强度等级。当缝宽低于 20mm 时灌缝用的细石混凝土的强度不宜低于 C20,当楼面宽度较大时,为了增加楼面整体性,可按《建筑物抗震构造详图》03G329—1 的规定设置沿纵向房屋纵墙内侧的钢筋混凝土现浇带,以增加楼板的整体性。

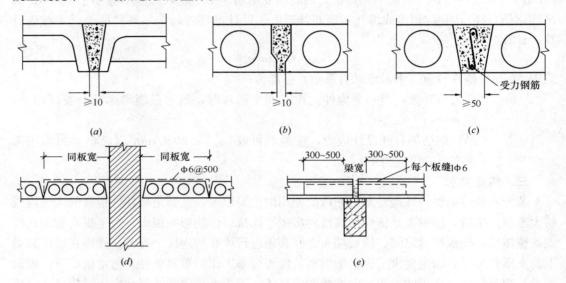

图 11-29 板缝的构造

2. 板与墙、板与梁的连接

墙体上和梁上铺板之前墙顶必须用水泥砂浆找平,即先浇湿然后水平铺设一层 15～20mm 厚强度不低于 M5 的水泥砂浆,然后将板平铺上去,一般相邻两开间的板端预应力钢筋(俗称胡子筋)要有效地拉结,必要时用沿着墙长方向配置的构造纵筋将两端对头的板有效地拉结在一起;地震高烈度区可以通过墙中心预埋的竖向带弯钩的钢筋和上述纵向构造钢筋有效拉结。板在墙上的支承长度不宜小于 100mm,板在梁上的支承长度不宜小于 80mm,如图 11-30 所示。空心板支承在多层砌体楼面时,为了防止墙体压在板头将板压坏,必须用砖或预制好的混凝土堵头块将板端堵实,堵块距孔端为 50mm,以便于灌缝混凝土或砂浆能够有效灌满板头缝隙。

在装配式平屋顶、地下室楼面等对整体性要求高的情况下,预制板在支座上部应设置锚固钢筋与墙或梁连接,构造尺寸应满足《建筑物抗震构造详图》03G329—1 规定的要求。

3. 梁与墙的连接

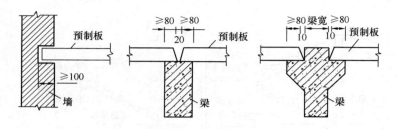

图 11-30 板与墙、板与梁的连接

梁在墙上的支承长度应满足梁内受力钢筋在支座内的锚固长度要求，和梁支座处砌体的局部受压要求。梁在墙上的支承长度不应小于 240mm，预制梁安装时梁端底部的墙顶应坐浆 10～20mm，以承受上部偏心力作用在梁端产生的水平拉力，在地震区为增加梁端与墙体的连接作用，预制梁端应设置水平方向的拉结钢筋和墙体砌筑成整体。

经过验算梁端下砌体局部抗压强度不足时，应设置混凝土或钢筋混凝土梁垫，以扩散梁端下部砌体较大的支反力。梁和垫块以及垫块和墙之间都要坐 10～20mm 厚的 M5 以上等级的水泥砂浆。

在地震高烈度区楼板与楼板、楼板和墙体、楼板和梁、以及梁与墙体之间的连接要满足国家和省、市抗震设计的有关规定及要求。

第八节 楼 梯

一、概述

楼梯在通常情况下是建筑物楼层间上下交通联系的竖向通道，在突发事件发生后起紧急疏散和逃生通道的作用。楼梯设计质量、施工质量对于楼梯功能可否正常发挥有直接的关系。由于在楼梯间处楼面的完整性受到影响，楼梯间开间尺寸相对于正常房间较小、楼梯间横墙的抗侧移刚度大，楼梯间吸收的地震能量大等原因，楼梯间震害通常较为严重。通常在结构重要性等级为三级以上的建筑中不宜使用装配式楼梯。钢筋混凝土现浇楼梯经济耐用，防火性能好，整体性好，因此，在绝大多数工业与民用建筑中普遍使用。楼梯按施工工艺分为现浇整体式和装配式两类，按梯段受力形式不同分为板式、梁式、折板悬挑式和螺旋式，如图 11-31 所示。本章只讨论现浇钢筋混凝土板式楼梯和梁式楼梯。

1. 板式楼梯的组成和各部分的功能

板式楼梯由梯段板、平台板和平台梁三部分组成。梯段板是斜向支撑于上下平台梁上的斜板，它由梯段斜板下部起受弯作用的斜板和表面的踏步两部分组成；它的作用是承受自重为主的永久荷载和作用在踏步上的可变荷载，并将承受的两部分荷载传给上下支座即上下平台梁。它是斜向受弯构件，和普通水平搁置的板一样受剪承载能力能够满足要求（$V < 0.7 f_t b h_0$），设计时只需进行正截面受弯承载力计算。斜板内的抗弯纵向受力钢筋布置在板的下部沿斜板长度方向，数量由计算确定，板内受力钢筋配置方式有弯起式和分离式两种。

板的构造钢筋布置在受力钢筋上侧，沿梯段宽度方向（垂直于受力钢筋）与受力钢筋绑扎或焊接成钢筋网，数量按构造要求每个踏步内设置一根直径 6mm 的 HPB300 级的钢

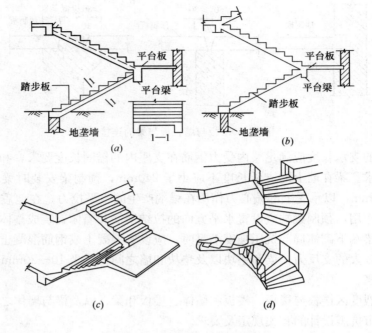

图 11-31 常用各种楼梯的外形图

筋。梯段斜板和平台梁连接处由于负弯矩的存在，需要设置位于连接部位上表面的构造钢筋，同时平台板内的构造钢筋也可从板表面伸入梯段板内在满足锚固长度要求的截面截断后锚固。平台梁承受梯段斜板、平台板传来的均布线荷载以及自重永久荷载，是简支于楼梯间横墙上的简支梁。平台板承受表面作用的可变荷载以及板的自重永久荷载；使用期间具有联系上下梯段和供使用人员休息的功能，它是支承于平台梁和外纵墙上的单向板。

2. 尺寸确定

板厚的确定应满足刚度要求，一般可取梯段水平投影长的 1/30 左右。踏步结构层和表面抹灰层，按建筑设计的踏步三角形的高和宽确定尺寸。板底抹灰层的厚度按建筑设计要求考虑。

3. 内力和配筋计算

(1) 梯段斜板

1) 荷载计算

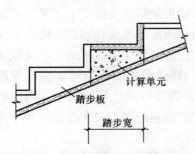

图 11-32 板式楼梯单个踏步斜板结构层详图

梯段斜板上作用的荷载由作用在踏步表面的使用可变荷载和梯段斜板自重产生的永久荷载组成。踏步表面使用可变荷载从《建筑结构荷载规范》GB 50009—2012 中查得，见本书第三章表 3-3。梯段自重形成的永久荷载由面层材料自重、踏步混凝土和板底抹灰三部分组成。为便于计算，以一个踏步宽为研究对象，如图 11-32 所示，折算前由表面 L 形的抹灰、踏步三角形钢筋混凝土、斜板部分的平行四边形钢筋混凝土以及长度为踏步三角形斜边长，厚度为图纸标明的板底抹灰组成。

踏步高为 c，宽度为 b，表面抹灰层厚度为 a，斜板厚度为 h，板底抹灰的厚度为 d。则一个踏步宽度范围内表面抹灰层的横截面积就为 $(b+c) \times a$。一个踏步范围内沿梯段宽度方向 1m，它的荷载计算如下：

楼梯表面抹灰自重产生的荷载设计值为

$$g_1 = \gamma_G (b+c) \times a \times \gamma_1$$

同理，踏步三角形自重永久荷载设计值就为

$$g_2 = \gamma_G bc \times \gamma_2 / 2$$

梯段斜板自重的永久荷载设计值就为

$$g_3 = \gamma_G \gamma_2 h \sqrt{b^2 + c^2}$$

梯段斜板板底抹灰自重引起的永久荷

$$g_4 = \gamma_G \gamma_3 d \sqrt{b^2 + c^2}$$

式中 γ_1——为楼梯表面抹灰层材料的重度；

γ_2——为楼梯结构层混凝土的重度；

γ_3——为楼梯板底抹灰层材料的重度。

1m 宽楼梯沿着梯段水平投影方向单位长的永久荷载设计值为

$$g = (g_1 + g_2 + g_3 + g_4) / \text{踏步宽度 } b(\text{m})$$

1m 宽楼梯沿着梯段水平投影方向单位长楼梯表面可变荷载设计值为

$$q = \gamma_Q \times 1\text{m} \times b \times q_k / b(\text{m}) = \gamma_Q \times 1\text{m} \times q_k$$

式中 γ_Q——为可变荷载分项系数；

q_k——为楼梯表面可变荷载标准值。

1m 宽楼梯沿着梯段水平投影方向单位长的荷载设计值为 $p = g + q$。

2) 内力计算

计算可知，简支斜板跨中的最大弯矩设计值和其水平投影跨中最大弯矩设计值相等。因此，在忽略平台梁对梯段斜板的嵌固作用后，梯段斜板按简支计算跨中最大正弯矩时的计算简图如图 11-33 所示。

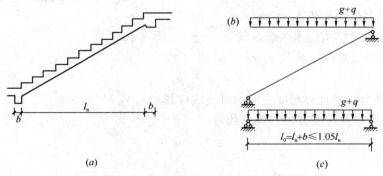

图 11-33 板式楼梯梯段斜板计算跨度的确定

$$M_{\text{斜max}} = M_{\text{水平max}} = pl_0^2/8 = (g+q)\,l_0^2/8 \tag{11-30}$$

3）配筋计算

由于梯段板和平台梁整体浇筑，考虑到平台梁对梯段梁的弹性约束作用，跨中最大弯矩计算时按下式进行。

$$M = \frac{(g+q)l_0^2}{10} \tag{11-31}$$

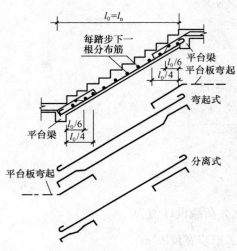

图11-34　板式楼梯梯段斜板配筋构造详图

根据式（11-32）的计算结果，代入单筋受弯构件正截面配筋计算公式求出梯段板跨中截面所需配置的钢筋面积，支座截面抵抗负弯矩的钢筋用量不再计算，一般取与跨中钢筋截面积相同。弯起式配筋时采用隔一弯一配置的方式，即一根伸入支座底部，另一根弯起后从截面上部伸入平台板后设置直角弯钩支撑在斜板表面。弯起钢筋起弯点位置到支座（平台梁）表皮的水平距离为梯段斜板净跨水平投影的六分之一即 $l_n/6$，从平台板中伸入斜板的负弯矩钢筋在斜板内的锚固点的位置水平投影为 $l_n/4$。梯段与上下平台梁的连接均应满足上述要求，详见图11-34所示。

（2）平台板

平台板与外纵墙的连接有两种情况，一是平台板简支于外纵墙的内部；另一种是平台板和设置在外墙中的边梁整体浇筑，这两种情况都属于两边支承的情况，所以都是单向板。这两种不同支承情况内力的计算稍有区别，简支在墙内的板受到墙体约束作用较弱跨中弯矩较大，平台板与设置在外纵墙内的边梁整体浇筑时，受到边梁的嵌固作用较大，跨中弯矩相对较小。

1）荷载计算

平台板永久荷载计算时沿楼梯间开间方向取1m宽作为计算单元，则沿平台板计算跨度方向的线荷载为：

a. 抹灰层永久线荷载 $g_1 = \gamma_G \times d_1 \times \gamma_1$

b. 钢筋混凝土结构层永久线荷载 $g_2 = \gamma_G \times d_2 \times \gamma_2$

c. 板底抹灰层永久线荷载 $g_3 = \gamma_G \times d_3 \times \gamma_3$

$$g = g_1 + g_2 + g_3$$

1m宽的平台板沿计算跨度方向的可变线荷载 $q = \gamma_Q \times 1m \times q_k$

则平台板沿计算跨度方向的线荷载为：

$$p = g + q$$

2）内力计算

平台板的受力方向为垂直平台梁的方向。沿平台板的受力方向顺着平台梁跨度方向取1m宽作为平台板的计算单元，按简支板计算平台板的跨中最大弯矩。

①平台板一边和平台梁整体相连一边简支在墙内时，计算跨度取值为 $l_n + h/2 + b/2$，

其中 h 为平台板的厚度，b 为平台梁的宽度；平台板跨中弯矩可近似按 $M_{max}=\dfrac{pl_0^2}{8}=\dfrac{(g+q)l_0^2}{8}$ 计算。

②平台板一边和平台梁相连另一边和压在外墙内的边梁相连，考虑到这种情况下两边支承梁对板弹性变形的约束作用，板的计算跨度取值为 l_n+b，跨中弯矩按 $M_{max}=\dfrac{pl_0^2}{10}=\dfrac{(g+q)l_0^2}{10}$ 计算。

3）配筋计算

平台板按单筋矩形截面计算跨中截面配筋；支座截面设置弯起钢筋时采用隔一弯一的配置方式，弯起钢筋可以从平台梁上部弯折后锚固在斜板内。分离式配筋时从平台梁上部伸入板内的钢筋长度不小于平台板跨度的 1/4；其他构造要求应与肋形板的构造要求相同，即在平行于外墙的板上侧配置伸入板跨内长度为 $l_0/7$、间距 200mm、直径 6mm 的 HPB300 级构造钢筋，平台梁和平台板连接的部位，无论采用分离式还是弯起式配筋，板内按每米不少于四根的要求配置直径 6mm 的构造钢筋。

(3) 平台梁

1）荷载计算

平台梁承受梯段斜板和平台板传来的线荷载，计算时平台板取其跨度的一半，梯段斜板取斜长的一半作为平台梁的荷载计算单元。为了方便计算，上下两个梯段间的间隙（梯井）不予扣除，拉通后按承受均布荷载的简支梁考虑。

①由梯段传至平台梁的线荷载设计值为 $p_1l_{01}/2$；

②由平台板传至平台梁的线荷载设计值为 $p_2l_{02}/2$。

其中，p_1 为梯段沿水平投影方向的总的线荷载设计值；l_{01} 为梯段跨度的水平投影长度；p_2 为平台板沿计算跨度方向的总线荷载设计值；l_{02} 为平台板的计算跨度。

③平台梁自重荷载设计值为

$$q=梁两侧抹灰、梁底抹灰和梁自重荷载的设计值$$

平台梁的线荷载　　$p=p_1l_{01}/2+p_2l_{02}/2+q$。

2）内力计算和配筋计算

两侧支承于楼梯间两侧的横墙上，所以为简支梁。截面高度 $h=(1/12\sim1/8)l_0$，截面宽度 $b=(1/3\sim1/2)h$。

①弯矩和剪力计算

跨中弯矩为

$$M_{max}=pl_0^2/8 \tag{11-32}$$

支座边缘的剪力为

$$V_{max}=pl_n\cos\alpha/2 \tag{11-33}$$

②配筋计算

受弯计算时不考虑平台板对抗弯的影响，原因是在平台板和两侧横墙连接处板在横墙内没有生根，一般情况下平台板的支承边是外纵墙和平台梁，在两道横墙内没有支承。在求得平台梁跨中截面最大正弯矩设计值后,然后按矩形截面简支梁计算正截面配筋。

根据已经求得的梁支座边缘的剪力设计值按一般简支梁计算斜截面所需的箍筋(必要时可以配置弯起筋)。

一般情况下,由于梯段一侧传来的荷载比平台板传来的荷载大,平台梁实际上会发生向梯段斜板方向的扭转,为了有效平衡此扭矩,可以适当增加抗扭箍筋。箍筋配置时可将抗剪箍筋和抗扭箍筋的数量合并后一起配置。

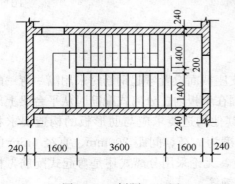

图 11-35 例题 11-3 图

【例题 11-3】 某办公楼的楼梯采用现浇整体式钢筋混凝土结构,平面布置如图 11-35 所示。平台板简支在外纵墙上,踏步高 0.154m,踏步宽 0.28m,斜板净跨上有 12 个踏步,两个平台梁之间的高度为 13 个踏步高即 2.02m。楼梯表面承受的可变荷载标准值 $q_k=2.5kN/m^2$;混凝土选用 C20($f_c=9.6N/mm^2$),钢筋直径 $d\leqslant 10mm$ 时,选用 HPB300 级,$d\geqslant 12mm$ 时选用 HRB335 级。试设计此板式楼梯。

解:1. 梯段板的计算

(1) 确定板厚

梯段板的厚度为:$\delta=l_n/30=3360/30=112mm$,取 $h=120mm$,$h_0=120-20=100mm$

(2) 荷载计算

一个踏步范围内沿梯段宽度方向取 1m 时的荷载为

楼梯表面抹灰自重产生的永久荷载设计值为

$$g_1=\gamma_G(b+c)\times a\times\gamma_1/b=1.2\times(0.154+0.28)\times 0.02\times 20/0.3=0.694kN/m$$

踏步三角形自重引起的永久荷载设计值为

$$g_2=\gamma_G bc\times\gamma_2/2b=1.2\times 0.154\times 0.28\times 25/2\times 0.3=2.156kN/m$$

梯段斜板自重引起的永久荷载设计值为

$$g_3=\gamma_G(b^2+c^2)^{1/2}h\times\gamma_2/b_2=1.2\times(0.154^2+0.28^2)^{1/2}\times 0.12\times 25/0.3=3.83kN/m$$

梯段斜板板底抹灰自重引起的永久荷载设计值为

$$g_4=\gamma_G(b_2+c_2)^{1/2}d\times\gamma_3/b^3=1.2\times(0.154^2+0.28^2)^{1/2}\times 0.02\times 17/0.3=0.434kN/m$$

1m 宽楼梯沿着梯段水平投影方向单位长的永久荷载设计值为

$$g=(g_1+g_2+g_3+g_4)=7.11kN/m$$

1m 宽楼梯沿着梯段水平投影方向单位长楼梯表面可变荷载设计值为

$$q=\gamma_Q\times 1\times b\times q_k/b=1.4\times 1\times 2.5=3.5kN/m$$

1m 宽楼梯沿着梯段水平投影方向单位长的荷载设计值为

$$p=g+q=10.61kN/m$$

(3) 梯段斜板跨中截面弯矩计算

$$l_0=l_n+a=3.6+0.2=3.8m$$

$$M_{max}=(g+q)l_0^2/10=15.32kN\cdot m$$

(4) 配筋计算

$$\alpha_s = M_{max}/\alpha_1 f_c h_0^2 = 15.32 \times 10^6/1 \times 9.6 \times 1000 \times 100^2 = 0.160$$
$$\xi = 1 - \sqrt{1-2\alpha_s} = 0.175 < \xi_b = 0.576$$
$$A_s = \xi \frac{\alpha_1 f_c}{f_y} bh_0 = 0.175 \times \frac{1.0 \times 9.6}{300} \times 1000 \times 100 = 560 \text{mm}^2$$

选配Φ10@130（$A_s=604\text{mm}^2$），如图11-36所示。

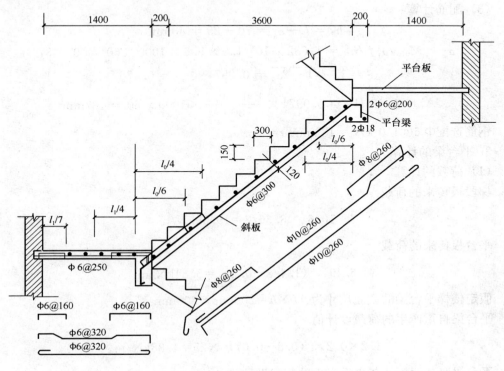

图11-36 例题11-3梯段配筋图

2. 平台板的设计

（1）荷载计算

取1m宽的板带作为计算单元

永久荷载

平台板的自重荷载（取$h=70\text{mm}$）设计值
$$1.2 \times 0.07 \times 1 \times 25 = 2.1 \text{kN/m}$$

20mm厚找平层自重荷载设计值
$$1.2 \times 0.02 \times 1 \times 20 = 0.48 \text{kN/m}$$

20mm厚板底抹灰自重荷载设计值
$$1.2 \times 0.02 \times 1 \times 17 = 0.41 \text{kN/m}$$

平台板自重荷载设计值
$$g = 2.99 \text{kN/m}$$

可变荷载设计值
$$q = 1.4 \times 2.5 = 3.5 \text{kN/m}$$

平台板承受的全部荷载设计值
$$p = g + q = 6.5 \text{kN/m}$$

（2）内力计算
计算跨度 $l_0 = l_n + h/2 = 1.44\text{m}$
$$M = (g+q)l_0^2/8 = 1.682 \text{kN} \cdot \text{m}$$

（3）配筋计算
$$h_0 = h - \alpha_s = 70 - 25 = 45 \text{mm}$$
$$\alpha_s = M_{max}/\alpha_1 f_c b h_0^2 = 1.682 \times 10^6 / 1.0 \times 9.6 \times 1000 \times 60^2 = 0.0487$$
$$\xi = 1 - \sqrt{1 - 2\alpha_s} = 0.0974 < \xi_b = 0.576$$
$$A_s = \xi \frac{\alpha_1 f_c}{f_y} b h_0 = 0.0974 \times \frac{1.0 \times 9.6}{300} \times 1000 \times 60 = 187 \text{mm}^2$$

钢筋选配 Φ6@150（$A_s = 189 \text{mm}^2$）

3. 平台梁的计算
（1）荷载的计算
梯段板传来的荷载
$$10.61 \times 3.36/2 = 19.09 \text{kN/m}$$

平台板传来的荷载
$$6.49 \times (1.4/2 + 0.2) = 5.84 \text{kN/m}$$

假定楼梯平台梁的截面尺寸为：$b \times h = 200 \text{mm} \times 300 \text{mm}$
平台梁自重产生的荷载设计值
$$1.2 \times 0.2 \times (0.3 - 0.07) \times 25 = 1.38 \text{kN/m}$$

平台梁底和两侧抹灰自重产生的荷载设计值
$$1.2 \times 0.02 \times (0.2 + 2 \times 0.23) \times 17 = 0.269 \text{kN/m}$$

平台梁的线荷载总设计值
$$p = g + q = 26.579 \text{kN/m}$$

（2）内力计算
计算跨度　$l_0 = l_n + a = 3.24\text{m}$，$1.05 l_n = 3.15\text{m}$，取二者较小值 $l_0 = 3.15\text{m}$
$$M_{max} = (g+q)l_0^2/8 = 32.966 \text{kN} \cdot \text{m}$$
$$V = q l_n / 2 = 39.869 \text{kN}$$

（3）配筋计算
按单排配筋考虑　$h_0 = 300 - 35 = 265 \text{mm}$
$$\alpha_s = M_{max}/\alpha_1 f_c b h_0^2 = 32.966 \times 10^6 / 1.0 \times 9.6 \times 200 \times 265^2 = 0.244$$
$$\xi = 1 - \sqrt{1 - 2\alpha_s} = 0.244 < \xi_b = 0.576$$
$$A_s = \xi \frac{\alpha_1 f_c}{f_y} b h_0 = 0.244 \times \frac{1.0 \times 9.6}{300} \times 200 \times 265 = 413 \text{mm}^2$$

钢筋选配 2Φ18（$A_s = 509 \text{mm}^2$）

（4）斜截面承载力计算

$$0.7f_tbh_0 = 0.7 \times 1.1 \times 200 \times 265 = 40.81 \text{kN} > V_{max} = 39.869 \text{kN}$$

不需要计算配置腹筋，根据前述构造要求，取箍筋的最大间距 $s_{max}=200\text{mm}$，取最小直径 $d_{sv}=6\text{mm}$，配筋图如图 11-37 所示。

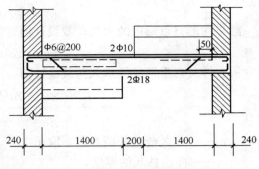

图 11-37　例题 11-3 中平台梁配筋图

二、梁式楼梯

梁式楼梯由踏步板、梯段斜梁、平台梁、平台板四部分组成。踏步板是承受楼梯表面使用可变荷载和自重引起的永久荷载的最上部构件，它以梯段斜梁为支座，是简支的受弯构件。梯段斜梁承受踏步板传来的均布线荷载和自重引起的永久荷载，是支承于上下平台梁的倒 L 形截面受弯构件。平台梁承受梯段斜梁传来的集中荷载、平台板传来的均布荷载和自重引起的均布线荷载，是支承于楼梯间横墙上的简支梁。平台板承受表面使用可变荷载和自重引起的永久荷载，在楼梯试用期间作为使用人员休息和改变行走方向的中间通道板，它是支承于楼梯平台梁和外墙上的单向板。

1. 尺寸确定

每个踏步板的受力情况基本相同，都是支承在斜梁上的单向简支板，计算以一个踏步为研究对象，它的截面形状为梯形，可按面积不变的原则折算为矩形截面，折算高度 $h_1=c/2+d/\cos\alpha$，计算宽度为一个踏步的实际宽度 b。由于梯段斜梁和踏步板整体浇筑在一起，当梯段斜梁弯曲时带动踏步板同时受弯，计算时可把踏步板看作是斜梁的翼缘，斜梁截面为倒 L 形截面。斜梁的高度 $h \geqslant l_0/20$（l_0 是梯段斜梁水平投影的计算跨度），斜梁的宽度 $b=(1/3 \sim 1/2)h$。平台梁承受斜梁传来的四个集中荷载和平台板传来的均布线荷载以及平台梁自重引起的均布荷载，是一般的简支梁，截面高度 $h=(1/12 \sim 1/8)l_0$（l_0 是楼梯平台梁的计算跨度），平台梁的宽度 $b=(1/3 \sim 1/2)h$。平台板的厚度确定和板式楼梯类似。

2. 内力和配筋计算

（1）踏步板

1）荷载计算

踏步板是支承在梯段斜梁上的简支板。假定踏步宽为 b，踏步高为 c，踏步斜板垂直于斜梁方向的厚度为 δ，计算时一般取一个踏步作为研究对象，如图 11-38 所示。将踏步三角形和底板组合的梯形等效为截面高度为 $(\delta/\cos\alpha+c/2)$、宽度为 b 计算跨度为梯段宽度的简支板。

由于踏步板跨度小，也未考虑踏步板按全部梯形截面参与工作，故其斜板部分可以做薄些，一般取 $\delta=30 \sim 40\text{mm}$。

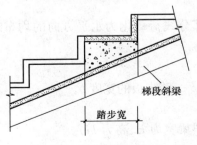

图 11-38　梁式楼梯踏步板结构层计算单元

踏步板跨度方向永久线荷载从上到下分三层，分别为

面层抹灰自重形成的永久荷载设计值
$$g_1 = \gamma_G(b+c)a\gamma_1$$
踏步梯形自重形成的永久荷载设计值
$$g_2 = \gamma_G(\delta/\cos\alpha + c/2)b\gamma_2$$
板底抹灰自重形成的永久荷载设计值
$$g_3 = \gamma_G(b^2+c^2)d^{1/2}$$
$$g = g_1 + g_2 + g_3$$

其中 γ_G——永久荷载分项系数，取 1.2；
　　a——面层抹灰的厚度；
　　γ_1——面层抹灰材料的重度；
　　b——踏步板宽度；
　　γ_2——踏步板结构层混凝土的重度；
　　d——板底抹灰的厚度；
　　γ_3——板底抹灰材料的重度。

踏步表面可变荷载：
踏步板跨度方向的使用可变线荷载设计值为
$$q = \gamma_Q q_k b$$

式中 γ_Q——变荷载分项系数，取 1.4；
　　q_k——楼梯表面可变荷载标准值，按表 3-3 取用。

踏步线荷载设计值为　　　　　$p = g + q$

2）内力计算

计算跨度 l_0 = 踏步板的净跨 + 支座宽（每侧各半个斜梁宽）

跨中最大弯矩 $M_{max} = pl_0^2/8$

3）配筋计算

按支承于斜梁上的简支板计算单筋截面的受力钢筋面积，最低每踏步不少于 2Φ6 的 HPB300 级钢筋。

（2）梯段斜梁

梯段斜梁承受由踏步板传来的均布线荷载和斜梁的自重引起的均布线荷载，上下两端支承于楼梯平台梁上。

1）荷载计算

为便于计算梯段斜梁水平投影 l_0 跨中弯矩，将两部分线荷载化为水平方向的均布线荷载。

①由踏步板传来的线荷载设计值

p_1 = 踏步板宽度的一半 × 踏步板的线荷载设计值 p ÷ 踏步板的宽度 b。

②梯段斜梁自身引起的线荷载设计值

$g = \gamma_G BH\gamma_2$（为便于和踏步板宽度 b 区分，令梯段斜梁宽为 B、高为 H）。

③梯段斜梁水平投影上的线荷载设计值
$$q = p_1 + g$$

2）内力计算

计算梯段斜梁首先要确定其计算跨度，然后根据前面荷载分析的结果方可进行内力计算，梯段斜梁的计算跨度如图 11-39 所示。

梯段斜梁承受的均布线荷载引起自身跨中弯矩最大值和支座边缘最大剪力值分别为：

$$M_{max} = pl_0^2/8$$
$$V_{max} = pl_0\cos\alpha/2$$

式中　$P = g + q$

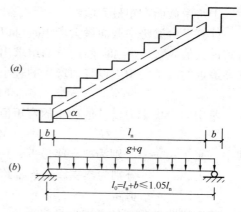

图 11-39　梁式楼梯梯段斜梁的计算跨度

3）配筋计算

由于梯段斜梁和踏步板整体浇筑在一起，当梯段斜梁在荷载作用下弯曲时，踏步斜板和斜梁共同工作产生弯曲变形，所以踏步板可以看作斜梁的翼缘，梯段斜梁可按倒 L 形截面计算。

翼缘宽度取 $b'_f = l_0/6$ 和 $b'_f = b + s_n$ 中的较小值，此处 s_n 为踏步板净跨。

①梯段斜梁受弯承载力计算

按 T 形截面的思路计算正截面配筋。

②梯段斜梁受剪承载力计算

抗剪计算时不考虑踏步板的影响，按矩形截面计算腹筋。

（3）平台板的计算

梁式楼梯的平台板计算同板式楼梯的平台板计算，这里不再赘述。

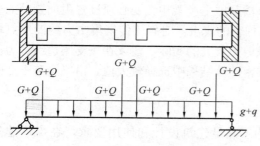

图 11-40　梁式楼梯平台梁荷载计算简图

（4）平台梁的计算

梁式楼梯承受由平台板和平台梁自重引起均布线荷载作用外，同时承受两个梯段传来的共四个集中荷载的作用，如图 11-40 所示。楼梯平台梁是支承于楼梯间横墙上的简支梁，计算过程如下：

1）荷载计算

①平台板传来的均布线荷载

$$p = p_2 l_{02}/2$$

②平台梁的自重引起的均布线荷载设计值

$$q = 1.2 b_1 h_1 \gamma_2 + 1.2[b + 2(h - h_b)] \times 0.02 \times \gamma_3$$

③平台梁承受的均布荷载设计值总和

$$P = p_2 l_{02}/2 + 1.2 bh\gamma_2 + 1.2[b + 2(h - h_b)] \times 0.02 \times \gamma_3$$

④梯段斜梁传来的集中力（每根斜梁相等即 $p_1 = p_2$）

半段斜梁的自重产生的永久荷载设计值

$$p_1 = \gamma_G b_2 h_2 l'_0 \gamma_2 / 2$$

式中　l'_0——为梯段斜梁的斜向跨度值。

2）内力计算

①跨中截面弯矩最大值

计算平台梁跨中截面最大弯矩时可以采用叠加法进行，先求出均布荷载作用下的跨中弯矩最大值 $M_x = pl_0^2/8$，然后分两组求出对称集中荷载作用下的梁截面弯矩值，即靠两侧支座最近的两个集中力设计值产生的较小的弯矩值为：

$$M_1 = p_1 a_1$$

跨中两个集中力设计值产生的弯矩值为：

$$M_2 = p_2 a_2$$

式中　p_1、p_2——分别为离支座最近、跨中梯段斜梁传至平台梁的集中荷载设计值；
　　　a_1、a_2——分别为离支座最近、跨中梯段斜梁传至平台梁的集中荷载距支座边缘的剪跨。

平台梁跨中截面的弯矩最大值为：

$$M_{max} = M_1 + M_2 + M_3$$

②支座边缘的剪力最大值

计算平台梁支座边缘剪力最大值时可以采用叠加法进行，先求出均布荷载作用下支座边缘剪力值 $V_1 = ql_n/2$，然后求出集中荷载作用下支座边缘的剪力值

$$V_2 = p_1 + p_2 = 2p_1$$

式中　p_1、p_2——分别为离支座最近、跨中梯段斜梁传至平台梁的集中荷载设计值。所以平台梁支座边缘剪力最大设计值为 $V_{max} = V_1 + V_2$。

3）配筋计算

①受弯计算。按一般简支梁确定跨中截面配筋 A_s 值，依照《混凝土结构规范》给定的构造要求配置纵向受力钢筋。

②由于平台梁承受四个集中荷载，按肋形楼盖中主次梁相交处必须设置附加箍筋的要求，对以集中荷载为中心 $3b+2h_1$ 范围内箍筋加密的要求，对斜梁传来集中力的四个点均应采取箍筋加密的构造措施。但根据支座边缘剪力最大的实际，建议在按支座边缘剪力值计算所需箍筋结果和按集中荷载作用下箍筋加密计算结果中选择较大值，沿梁全跨不变间距配置箍筋。

三、折线形楼梯

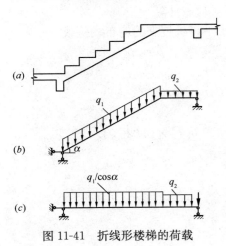

图 11-41　折线形楼梯的荷载

为了满足建筑设计和使用要求，在房屋建筑中有时需要采用折线形楼梯，它是将平台板和梯段连为一体，在平台和梯段连接处省去了一道平台梁，犹如将梯段折角后放平作为休息平台一样，所以称为折线形楼梯，如图 11-41 所示。

折线形楼梯根据梯段跨度和上部荷载的大小分为板式楼梯和梁式楼梯。它们各自的适用范围和普通钢筋混凝土楼梯是一致的。折线形楼梯梯段斜梁内力分析的思路和普通梁式和板式楼梯一样，一般是将斜梯段上的荷载化为沿水平长度分布的荷载，如图 11-41（b）、（c）所示。当折线形楼梯转化为简支梁时就能比较简单地求出跨内最

大弯矩 M_{max} 和支座边缘的最大剪力 V_{max} 的值。

折线形楼梯在梯段梁（板）转折处形成朝下的内折角，在平台板和梯段连接处配筋时如果连续配置，则此处钢筋受拉有在张力作用下拉紧的趋势，水平方向平台下支承梁和（平台板）与梯段内钢筋的合力，如图 11-42（a）所示，这个合力将使转角处内侧混凝土在拉力作用下开裂，致使混凝土保护层剥落，钢筋被绷出松动后失去受力的功能。为此，在折线形楼梯内折角处应该将钢筋分别配置，即斜梯段内的钢筋伸入水平梯段板内锚固，对应位置的水平梯段（平台）板内钢筋伸入斜梯段内锚固，由于该部位是受拉区，上述钢筋的锚固长度应为基本锚固长度的 1.2 倍，即从转角处算起各为 $1.2l_{ab}$，如图 11-42（b）所示。如果是梁式折线形楼梯，折梁在折角处箍筋应适当加密。

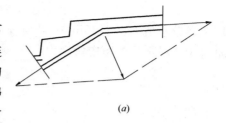
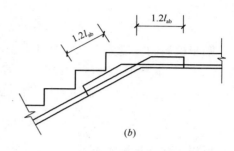

图 11-42 折线形楼梯在曲折处的配筋

【例题 11-4】 设计资料与［例题 11-3］基本相同，踏步高变改为 0.15m，按梁式楼梯设计此楼梯。

解：

1. 踏步板的设计计算

假定踏步板底板的厚度为 $\delta=40mm$，斜梁截面尺寸为 $b \times h = 250mm \times 150mm$。

（1）荷载计算

踏步三角形自重
$$1.2 \times 0.5 \times 0.3 \times 0.15 \times 25 = 0.676 kN/m$$

40mm 厚踏步斜板自重
$$1.2 \times 0.04 \times (\sqrt{0.15^2 + 0.3^2}) \times 25 = 0.402 kN/m$$

20mm 厚楼梯表面找平层自重
$$1.2 \times 0.02 \times (0.3 + 0.15) \times 20 = 0.216 kN/m$$

20mm 厚板底抹灰层自重
$$1.2 \times 0.02 \times (\sqrt{0.15^2 + 0.3^2}) \times 17 = 0.137 kN/m$$

永久荷载设计值
$$g = 1.431 kN/m$$

可变荷载设计值
$$q = 1.4 \times 2.5 \times 0.3 = 1.05 kN/m$$

总荷载
$$p = g + q = 2.481 kN/m$$

（2）内力计算

计算跨度

$$l_0 = l_n + a = 1.25\text{m}, 1.05l_n = 1.15\text{m}$$

取二者较小值 $l_0 = 1.15\text{m}$。

垂直于梯段斜板的跨中弯矩为

$$M_{max} = \frac{pl_0^2}{8} = \frac{(g+q)l_0^2}{8} = 2.481 \times 1.15^2/8 = 0.410\text{kN}\cdot\text{m}$$

（3）配筋计算

为了简化计算，板的有效厚度可近似取为 $c/2$（c 为斜板厚加踏步三角形斜边之高）即

$$h_0 = (40 + 150 \times 0.894) = 174.1\text{mm}$$

踏步板斜向宽度为 $\sqrt{0.3^2 + 0.15^2} = 0.335\text{m}$

$$\alpha_s = M_{max}/\alpha_1 f_c b h_0^2 = 0.410 \times 10^6 / 1.0 \times 9.6 \times 250 \times 144^2 = 0.0056$$

$$\xi = 1 - \sqrt{1-2\alpha_s} = 0.008 < \xi_b = 0.561$$

$$A_s = \xi \frac{\alpha_1 f_c}{f_y} b h_0 = 0.0056 \times \frac{1.0 \times 9.6}{300} \times 250 \times 174 = 8\text{mm}^2$$

所以，按构造要求配筋，

每踏步选配钢筋 2Φ8（$A_s = 101\text{mm}^2$），分布钢筋采用Φ6@250。

2. 楼梯斜梁的计算

（1）荷载计算（化为沿水平方向分布）

由踏步板传来的

$$2.481/0.3 \times 1.4/2 = 5.41\text{kN/m}$$

梯段斜梁的自重

$$1.2 \times 0.15 \times (0.25 - 0.04) \times 25 \times 1/0.894 = 1.06\text{kN/m}$$

梯段斜梁底面和侧面抹灰的自重

$$1.2 \times 0.02 \times (0.25 - 0.04 + 0.15) \times 17 \times 1/0.894 = 0.164\text{kN/m}$$

沿水平方向分布的荷载总计

$$5.41 + 1.06 + 0.164 = 6.644\text{kN/m}$$

（2）内力计算

计算跨度确定 $l_0 = l_n + a = 3.80\text{m}, l_0 = 1.05l_n = 3.78\text{m}$，取二者较小值 $l_0 = 3.78\text{m}$

$$M = (g+q)\cos\alpha\, l_0^2/8 = 6.634 \times 3.78^2 \times 1/8 = 11.85\text{kN}\cdot\text{m}$$

$$V_{max} = (ql_0\cos\alpha)/2 = 6.634 \times 3.78 \times 0.894 \times 1/2 = 11.21\text{kN}$$

（3）配筋计算（按倒L形截面计算）

翼缘宽度为

$$b_f' = b + \frac{s_0}{2} = 150 + \frac{1100}{2} = 70\text{mm}$$

$$b_f' = \frac{3.78/0.894}{6} = 705\text{mm}$$

取较小值 $b_f' = 700\text{mm}$

$$h_0 = 250 - 35 = 215\text{mm}$$

$$\alpha_s = \frac{M_{max}}{\alpha_1 f_c b h_0^2} = \frac{11.85 \times 10^6}{1.0 \times 9.6 \times 700 \times 215^2} = 0.038$$

$$\xi = 1-\sqrt{1-2\alpha_s} = 0.039 < \xi_b = 0.576$$

$$A_s = \xi \frac{\alpha_1 f_c}{f_y} bh_0 = 0.039 \times \frac{1.0 \times 9.6}{300} \times 200 \times 215 = 53 \text{mm}^2$$

$$< \rho_{\min} bh = 0.45 \frac{f_t}{f_y} bh = 86 \text{mm}^2$$

钢筋选配 2 Φ 14 ($A_s = 308 \text{mm}^2$)

配箍计算

$$0.7 f_t bh_0 = 0.7 \times 1.1 \times 150 \times 215 = 24.83 \text{kN} > V_{\max} = 11.294 \text{kN}$$

不需要计算配置腹筋，根据前述构造要求，取箍筋的最大间距 $s_{\max} = 200 \text{mm}$，取最小直径 $d_{sv} = 6 \text{mm}$，配筋图如图 11-43 所示。

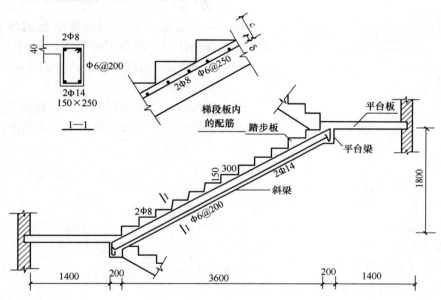

图 11-43 例题 11-4 梁式楼梯梯段配筋图

平台板和平台梁的计算类似于板式楼梯的计算，这里从略。

从例题 11-3、11-4 配筋计算结果对照可知，楼梯表面使用荷载小，梯段水平投影小时采用板式现浇钢筋混凝土楼梯是合适的。改用梁式楼梯后踏步板、斜梁等配筋明显偏低，显然不够合理。

第九节 雨篷、挑檐

雨篷是设在房屋外墙门洞上侧供人们出入时避雨的构件，它是常见的悬挑构件，对悬挑长度大的雨篷，一般都设有雨篷梁支承雨篷板。它是一种最简单的梁板结构，一般情况下雨篷是由雨篷板固定在雨篷梁上形成的，雨篷梁一般兼作门洞口上的过梁，雨篷梁不仅承受雨篷板传来的弯矩引起的扭矩，同时还受到上部墙体传来的荷载及自重形成的永久荷载产生的弯矩和剪力影响。

雨篷在荷载作用下可能发生以下三种破坏：①雨篷板的根部由于受弯承载力不足而破

坏；②雨篷梁在上部荷载引起的弯矩、剪力和扭矩作用下因承载力不足而破坏；③雨篷由于抗倾覆能力不足整体发生倾覆破坏。

因此，雨篷设计时根据安全性功能要求，不仅要进行板、梁承载力验算外，还要进行整体的抗倾覆验算。

一、雨篷板的设计

雨篷板是悬臂板，雨篷板根部厚取悬挑端净跨的 1/12，即 $l_n/12$。根据雨篷板悬挑长度不同，雨篷板根部厚度要求的最小值也不同。当 $l_n = 0.6 \sim 1m$ 时，雨篷板根部最小厚度通常大于等于 70mm；当 $l_n \geqslant 1.2m$ 时，雨篷板根部厚度 $\geqslant 80mm$。雨篷板端的最小厚度要求不小于 50mm。

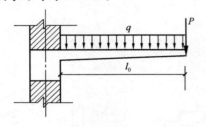

图 11-44 雨篷承受荷载简图

1. 荷载种类

雨篷板承受的荷载包括自重引起的均布永久荷载，以及板面作用的均布可变荷载，同时还包括沿板端作用的 1kN/m 均布线荷载，如图 11-44 所示。

2. 荷载计算

顺着板宽取 1m 作为计算单元。按构造做法的上下顺序，雨篷板的荷载设计值分别计算如下：

（1）永久荷载

标准值

d_1 厚水泥砂浆抹灰面层　　　　$g_1 = d_1 \times \gamma_1$

板的自重　　　　　　　　　　　$g_2 = 0.5 \times (h + h_d) \times \gamma_2$

板底抹灰　　　　　　　　　　　$g_3 = d_2 \times \gamma_3$

板面永久荷载标准值　　　　　　$g_k = g_1 + g_2 + g_3$

板面永久荷载设计值　　　　　　$g = \gamma_G g_k = 1.2 g_k$

式中　d_1——雨篷板表面水泥砂浆的厚度；

　　　γ_1——水泥砂浆的重度，取为 20kN/m³；

　　　h_d——雨篷板端部的厚度；

　　　γ_2——混凝土的重度，取为 25kN/m³；

　　　γ_3——雨篷板底混合砂浆抹灰材料的重度，取为 17kN/m³。

（2）可变荷载

板面作用的均布可变荷载标准值 q_k，由表 3-3 查用，板端施工检修荷载标准值 $p_k = 1kN/m$。

板面均布荷载设计值 $q = \gamma_Q q_k$，板端施工检修荷载设计值 $p = \gamma_Q p_k = 1.4kN/m$。

3. 内力计算

雨篷板上可能出现的两种可变荷载在同一时刻出现的可能性较小，通常内力计算分为两种情况，一是按永久荷载和可变荷载均布线荷载共同作用时一种情况，二是永久均布线荷载与作用在板的端部的施工检修荷载（1kN/m）组合这两种情况，设计时取这两种情况计算结果的较大值作为配筋计算的依据。

情况一　　$M = (g + q) l_0^2 / 2 = q' l_0^2 / 2$

情况二　　$M = g l_0^2 / 2 + p l_0$

4. 配筋计算

雨篷板是单筋受弯构件，求出 1m 宽的板带中的钢筋总面积，查表即可选配板内受力钢筋。为了便于施工过程钢筋位置受踩踏和其他因素影响后保持不变，受力钢筋直径不小于 8mm。受力筋在板的上表面，在板的端头带直角弯钩支承在板表面，在梁内留足锚固长度，确保不发生锚固破坏。在受力钢筋内侧配置直径 6mm、间距 250mm 的分布钢筋，以便形成钢筋网片，便于通过支撑垫块或马櫈筋，使受力筋的位置得到保证。

二、雨篷梁

1. 荷载

（1）板传至梁的荷载

雨篷板传给雨篷梁的荷载包括雨篷板的自重、板面的可变荷载以及板端施工检修荷载（1kN/m），这部分荷载按自重永久荷载＋加板面可变荷载，以及自重永久荷载＋板端 1kN/m 均布荷载两种组合中的较大值，这种荷载引起雨篷梁受扭。

（2）雨篷梁承受上部墙体的荷载

如前所示，雨篷梁兼作门洞处的过梁，根据《砌体结构设计规范》50003—2011 的规定，过梁上部荷载应按以下规定确定：对于砖砌体，当过梁上的墙体高度 $h_w < l_n/3$ 时（l_n 为过梁的净跨），应按梁上全部墙体均布荷载采用；当 $h_w \geq l_n/3$ 时，应按高度 $l_n/3$ 墙体的均布自重采用。

（3）对于小型砌块砌体，当过梁上的墙体高度 $h_w < l_n/2$ 时（l_n 为过梁的净跨），应按梁上全部墙体均布荷载采用；当 $h_w \geq l_n/2$ 时，应按高度 $l_n/2$ 墙体的均布自重采用。

（4）对于中型砌块砌体，当过梁上的墙体高度 $h_w < l_n$ 或 $h_w < 3h_b$ 时（h_b 为砌筑过梁的单个垫块的高度），应按梁上全部墙体均布荷载采用；当 $h_w \geq l_n$ 且 $h_w \geq 3h_b$ 时，应按高度 l_n 和 $3h_b$ 较大值的墙体均布自重采用。

过梁上部有楼板或梁压在过梁上部时，板或梁传至过梁的荷载按下列规定确定：

（1）对于砖和小型砌块砌体，当梁板下到过梁顶面的墙体高度 $h_w < l_n$ 时，可按梁板传来的荷载采用。当梁板下到过梁顶面的墙体高度 $h_w \geq l_n$ 时，可不考虑梁、板荷载。

（2）对于中型砌块砌体，当梁板下到过梁顶面的墙体高度 $h_w < l_n$ 或 $h_w < 3h_b$ 时（h_b 为砌筑过梁的单个垫块的高度），应按梁上全部墙体均布荷载采用；当梁板下到过梁顶面的墙体高度 $h_w \geq l_n$ 且 $h_w \geq 3h_b$ 时，可不考虑梁板自重。

2. 内力计算

雨篷梁上作用的全部荷载确定后，可计算雨篷梁承受的弯矩、剪力和板面荷载引起的扭矩。

（1）扭矩

雨篷板传至雨篷梁的荷载不是通过梁截面竖向形心轴，所以板根部的弯矩将由梁受扭平衡。

1）在板面可变荷载和板自重均布荷载作用下，均布荷载 $q' = g + q$ 绕梁的竖向形心轴产生的局部扭矩为 $m'_q = q'l_n[(l_n+b)/2]$。

2）板的均布自重荷载＋板端 1kN/m 均布荷载作用时，这是均布荷载不包括板面上可变均布荷载 q 的作用，此时 $m_{gq} = gl_n\left[\dfrac{(l_n+b)}{2}\right] + p(l_n+b)$。

从 m'_q 和 m_{gp} 中取较大值作为雨篷梁承受的均布扭矩,求出雨篷梁两端最大扭矩为 $T'_q = m'_q l_0/2$ 和 $T_{gp} = m_{gp} l_0/2$ 二者中,选择较大值作为雨篷梁支座部位承受的最大设计扭矩。

(2) 弯矩和剪力

引起梁产生弯矩和剪力的荷载包括梁的自重、上部墙体自重或板传来的荷载以及引起梁受扭的板线荷载在梁上引起的荷载值。

1) 梁的自重、上部墙体以及上部梁或板传来的荷载,这几项荷载相叠加,便可求出它们产生的跨中最大弯矩和支座边沿最大剪力值。

2) 由均布荷载引起的板根部的弯矩和剪力,前面在板的配筋计算时求得的1m宽的板带上沿板跨方向的线荷载,要化为沿雨篷梁跨度方向的线荷载就需要在它的基础上乘以板的净跨,即 $(g+q)l_n$。

3) 由板端均布施工和检修荷载引起的弯矩和剪力

由于这个荷载是沿板端均匀分布(1kN/m),它传至雨篷梁时产生弯矩和剪力的荷载值也是 1kN/m;它所产生的弯矩和剪力可以和1)和2)两种荷载产生一并计算,也就是说这三种荷载都是沿梁跨度方向的均布线荷载,三者叠加后可按一般简支梁计算。

3. 配筋计算

当上述三种内力计算结果得知后,就可按一般简支梁分别求出受弯纵筋、受剪箍筋以及受扭箍筋和纵筋。然后把受剪箍筋数量和受扭箍筋的数量相加后配置雨篷梁的箍筋,把受扭纵筋按照沿截面高度对称、均匀的原则等分后,最下面一排的面积和受弯纵筋的面积相加后,查表配置梁的纵筋。注意,配筋计算时一定要考虑剪、扭相关性和弯、剪、扭相关性对构件受力的影响。

4. 构造要求

雨篷板的上表面必须是水平的,排水坡度由面层水泥砂浆层找坡形成,落水管根据建筑设计要求设置并在混凝土浇筑前与板面钢筋牢靠焊接。雨篷梁的高可参照普通简支梁确定,但应符合单皮砖的整倍数。为防止雨水在雨篷板上滞留后渗入墙内,在雨篷梁和雨篷板的连接部位正上方沿雨篷梁跨度方形设置 60mm×60mm 的堵水凸条,如图11-45所示。

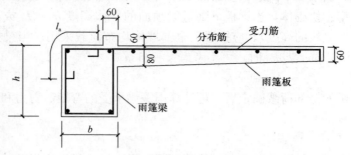

图 11-45 雨篷堵水凸块构造示意图

本 章 小 结

1. 整体式单向板肋梁楼盖按弹性理论方法计算时假定梁板为理想的匀质弹性体,其内力可按结构力学方法进行计算。连续梁板各跨计算跨度相差不超过10%时可按等跨计算。跨数超过五跨时，按五跨计算；跨数在五跨以内时按实际跨数计算。对于多跨连续梁板按弹性方法计算内力时，要考虑可变荷载最不利内力布置的问题，将各种最不利内力布置下的可变荷载产生的内力，与永久荷载作用下的各截面内力相叠加，用同一比例分别画在同一个图上，对于各个控制截面的内力用包络图的上、下边缘值来表示。

2. 连续梁板的配筋方式有弯起式和分离式两种。板和次梁不需通过内力包络图确定受力钢筋和构造钢筋，一般按构造要求确定受力钢筋弯起和截断的位置。主梁受力钢筋和构造钢筋可依据在内力包络图基础上所作的抵抗弯矩图以及构造要求确定。主、次梁相交处为了防止由于次梁传来的集中荷载将主梁下部压掉，需要通过计算设置附加箍筋或吊筋。

3. 塑性内力重分布的计算方法，是根据钢筋混凝土连续梁、板受力分析按材料力学中研究的理想弹性体的方法进行的，而配筋计算依据的是受弯构件受力破坏试验的第三阶段末的弹塑性受力状态，这就要求连续梁板内力分析时需要考虑塑性内力重分布的因素。对于超静定结构，某个截面的屈服并不意味着其他截面全部都达到承载力极限状态，随着屈服截面塑性铰的出现和荷载的增加，结构在外荷载持续作用下内力的分布将不再依照原来的规律进行，即出现了内力的重新分布，且这个特性可以被人们用来对连续梁进行截面内力的调控。利用塑性内力重分布的原理，可以人为调整连续梁支座和跨中的弯矩值，使支座弯矩的下降不致引起跨中截面弯矩增加太多而超过内力包络图上跨中的最大弯矩值，既确保了跨中和支座受力的安全可靠，也节省了钢筋，方便了支座处混凝土的浇筑。由于塑性铰的转动，连续梁板变形加大，裂缝宽度增加，对于重要的结构和不允许出现大的裂缝的结构不适宜采用考虑塑性内力重分布的方法进行设计。

4. 装配式楼盖整体性差，抗震性能差，在地震高烈度区的房屋或使用人数多且有大空间的房屋最好不要采用。

5. 常用的现浇楼梯有板式和梁式楼梯两类，跨度小、楼梯表面使用可变荷载较小的情况下可采用板式楼梯，反之，采用梁式楼梯。楼梯各组成部分的计算按一般受弯构件要求进行。

6. 雨篷板是悬挑板，要满足抗弯的要求；雨篷梁是受扭、受弯和抗剪构件，应按弯扭和剪扭构件计算。

复 习 思 考 题

一、名词解释

单向板　双向板　塑性铰　塑性内力重分布　梁的折算荷载　弯矩调幅　内力包络图　可变荷载最不利内力布置　板式楼梯　梁式楼梯

二、问答题

1. 怎样区分单向板和双向板？
2. 梁板结构选型时应注意哪些问题？
3. 肋形楼盖中板、次梁、主梁计算简图如何确定？
4. 什么是塑性铰？它有什么特性？
5. 什么是塑性内力重分布？工程中是怎样利用塑性内力重分布特性的？
6. 板、次梁、主梁中的构造钢筋各有哪些？它们的作用各是什么？对它们的要求各有哪些？
7. 梁式和板式楼梯荷载的计算简图和传递顺序是什么？
8. 雨篷梁的最大扭矩怎样计算？

三、计算题

1. 五跨连续板带,两端支承在240mm的砖墙上,中间支座为宽度为200mm的次梁,板中间跨的跨度为板跨2.4m,板边跨的计算跨度2.2m,经计算板面永久荷载标准值为 $g_k=3.0\text{kN/m}^2$,可变荷载标准值为 $q_k=5.5\text{kN/m}^2$。混凝土强度等级为C20,采用HPB300级钢筋,次梁截面尺寸 $b\times h=200\text{mm}\times 400\text{mm}$,板厚 $h=80\text{mm}$。按塑性理论计算板受力情况,并绘出配筋图。

2. 跨度都为6m的两跨连续主梁,在梁每跨的三分之一等分点处承受次梁传来的永久荷载设计值 $G=25\text{kN}$ 和可变荷设计值 $P=50\text{kN}$,试按弹性理论计算并画出此梁弯矩包络图和剪力包络图。若该梁截面尺寸 $b\times h=250\text{mm}\times 600\text{mm}$,混凝土采用C25,纵向受力钢筋采用HRBF335级,试绘出该梁的抵抗弯矩图。

3. 某仓库山墙檐口标高3.8m,屋脊标高6.8m,大门底部高度3.0m,大门净跨2.4m,雨篷梁每边伸入墙内240mm,雨篷板外挑宽度1.0m,如图11-46所示。雨篷所用材料:混凝土C20,钢筋为HPB300级。试设计该雨篷。

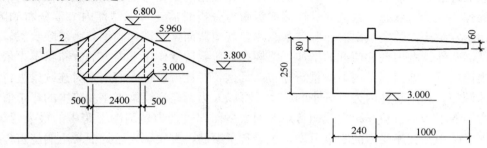

图 11-46 题 3 图

4. 图 11-47 所示为某双向板仓库楼盖布置,混凝土C30,板受弯钢筋为HPB300级,梁内钢筋为HRB400级。楼面可变荷载标准值为 $q_k=6.4\text{kN/m}^2$,板厚120mm,25mm厚水泥砂浆面层,25mm厚混合砂浆抹面作底层($\gamma=17\text{kN/m}^3$),采用分离式配筋。试设计此板,并绘制施工图。

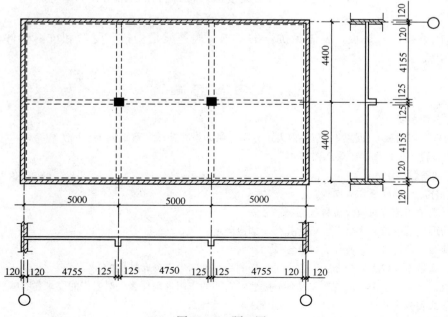

图 11-47 题 4 图

第十二章 单层工业厂房的基本知识

学习要求与目标:
1. 了解单层工业厂房的组成及受力特点,了解支撑的作用及其布置。
2. 了解单层工业厂房主要构件的常见类型。
3. 掌握等高铰接排架的计算方法。
4. 掌握排架柱的设计方法及相关构造。
5. 掌握柱下钢筋混凝土独立基础的设计方法。

单层工业厂房是所有工业厂房中使用最广泛、最常见的类型之一。单层工业厂房的横向承重结构通常分为排架结构和刚架结构两大类。单层厂房的排架结构按主要受力构件所用材料不同,可以分为混合结构和钢筋混凝土结构两大类。混合结构可以细分为钢筋混凝土砖排架以及钢和钢筋混凝土排架。

如图12-1(a)所示的为单跨厂房排架;图12-1(b)所示的为两跨等高排架厂房排架;图12-1(c)所示的为三跨不等高厂房排架;图12-1(d)为锯齿形多跨厂房。

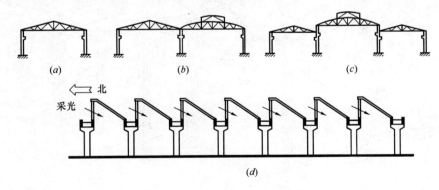

图12-1 钢筋混凝土单层厂房排架结构

钢筋混凝土砖排架是指由钢筋混凝土屋面板、砖柱和基础组成的排架体系。它承载和跨越空间的能力较小,宜用于跨度不大于15m,檐高不大于8m,吊车起重量不大于50kN的轻型工业厂房。

钢和钢筋混凝土排架是由钢屋架、钢筋混凝土柱和基础组成的排架体系。承载能力和跨越空间的能力都较大,宜用于跨度大于36m,吊车起重量在2500kN以上的重型工业厂房。

钢筋混凝土排架是由钢筋混凝土屋面梁或屋架、柱基础组成的排架体系。跨度在18~

36m之间，檐高在20m以内，吊车起重量在200kN以内的绝大部分工业厂房。

单层厂房刚架结构，因为它的梁与柱连接成整体，在荷载作用下，刚架转折处将产生较大的弯矩，容易开裂；刚架柱在横梁的水平推力的作用下，将产生相对位移，使厂房的跨度发生变化，此类结构的刚度较差，适用于屋盖较轻的无吊车或吊车起重量不超过100kN、跨度不超过18m的轻型屋架厂房或仓库。

综上所述，工业厂房中主要采用排架结构，刚架结构适用范围有限。在排架结构中钢筋混凝土结构排架是使用最为普遍的形式。

第一节　单层工业厂房排架结构的组成

一、单层工业厂房的组成

单层工业厂房的结构体系主要由屋盖结构、柱和基础三大部分组成。屋盖结构根据屋架上是否设置檩条可分为有檩体系和无檩体系两种。有檩体系房屋由于屋盖结构高度增加、构件类型增多、传力途径复杂、施工程序多、具有刚性和整体性差、抗震性能差等缺点，使用受到限制，仅适用于一般中小型厂房。无檩体系屋盖根据是否设置天窗分为有天窗排架结构和不设天窗的排架结构两类。设置天窗单跨单层工业厂房的结构组成如图12-2所示。

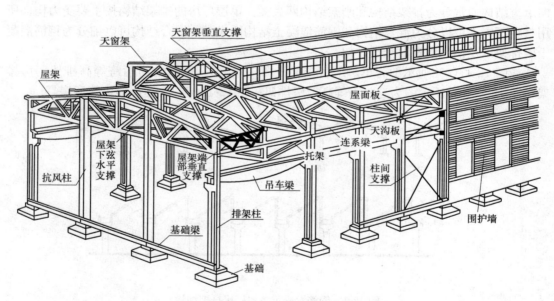

图12-2　单跨单层工业厂房结构组成

二、主要结构构件及选型

（一）屋盖结构

不设天窗的无檩体系房屋的屋盖结构主要由屋面板、屋架或屋面大梁，以及工艺要求需要取消某些排架柱时为了支承屋架并有效传递内力而设置的托架等组成，如图12-2左侧第一柱距内的情形。设天窗的无檩体系的房屋，由于天窗在厂房中部局部升高了屋面，所以比无檩体系的厂房多出了天窗屋面板、天窗架等结构构件。屋顶在建筑上具有围护作用,将室外空间和厂房内的空间有效分隔;在结构上具有承受自重以及屋面雪荷载、风荷载、积灰荷载以及施工和检修荷载的作用。

在屋顶结构中,屋面板用量最多,在屋盖结构的造价中所占的比例最高,因此,正确选用单层工业厂房屋面板对屋顶结构乃至厂房总造价影响比较明显。常用的屋面板包括如下几种,详见表12-1。

(1) 预应力混凝土屋面板(俗称大型屋面板)

它的标志尺寸为6000(9000)mm×1500mm×300mm,实际尺寸为5970(8970)mm×1490mm×240(300)mm;它的特点和适用条件为:1)适用于卷材防水和非卷材防水两种;2)屋面水平刚度好;3)适用于中、重型振动较大,对屋面要求较高的厂房;4)卷材防水时,屋面坡度最大为1/5,非卷材屋面防水时,坡度为1/4。

(2) 预应力混凝土F形板

它的标志尺寸为5400mm×500mm×200mm,实际尺寸为5370mm×1490mm×200mm。特点和适用条件为:1)屋面自防水,板的搭接缝沿房屋纵向,板头横缝和屋脊纵缝加盖瓦和脊瓦;2)屋面构造简单、节省材料、施工简单方便,但屋面水平刚度及防水效果较预应力混凝土屋面板差;3)适用于中、轻型不需要保温的厂房;对屋面刚度和防水要求较高的厂房不适用;4)屋面适用坡度1/4。

(3) 预应力混凝土单肋板

它的标志尺寸为4000(6000)mm×950(1200)mm×180(250)mm,实际尺寸为3980(5980)mm×935(1200)mm×180(250)mm。特点和适用条件为:1)屋面自防水,板沿纵向互相搭接,板端头的板缝加盖瓦,脊缝加盖脊瓦;2)屋面构造简单、节省材料、施工简单方便,但屋面水平刚度差;3)适用于中、轻型不需要保温的厂房,对屋面刚度和防水要求较高的厂房不适用;4)屋面适用坡度1/3~1/4。

其他类型的屋面板如钢丝网水泥波瓦、石棉水泥瓦不适于在常规的中大型工业厂房中使用,这里不再赘述。

屋面梁和屋架是屋盖结构中最主要的承重构件,种类较多,适用于不同的条件下,常用的屋面梁和屋架如下:

(1) 预应力混凝土单坡屋面梁

它是薄腹梁,跨度9m或12m;特点及适用条件是自重大,适应于跨度不大,有较大振动或有腐蚀性介质的厂房,屋面坡度为1/8~1/12。

(2) 预应力混凝土双坡屋面梁

属于薄腹梁范围,跨度12m、15m和18m;特点及适用条件和预应力单坡屋面梁相似。

工业厂房常用屋面板 表12-1

序号	构件名称	形 式	特点及适用条件
1	预应力混凝土屋面板	5970(8970) 1490 240(300)	1. 屋面有卷材防水及非卷材防水两种 2. 屋面水平刚度好 3. 适用于中、重型和振动较大、对屋面要求较高的厂房 4. 屋面坡度:卷材防水最大1/5,非卷材防水1/4

续表

序号	构件名称	形式	特点及适用条件
2	预应力混凝土F形屋面板	5370×1490, 200	1. 屋面自防水，板沿纵向互相搭接，横缝及脊缝加盖瓦和脊瓦 2. 屋面材料省，屋面水平刚度及防水效果较预应力混凝土屋面板差，如构造和施工不当，易飘雨、飘雪 3. 适用于中、轻型非保温厂房，不适用于对屋面刚度及防水要求高的厂房 4. 屋面坡度 1/4
3	预应力混凝土单肋板	3980(5980)×935(1200), 180(250)	1. 屋面自防水，板沿纵向互相搭接，横缝及脊缝加盖瓦和脊瓦，主肋只一个 2. 屋面材料省，但屋面刚度差 3. 适用于中、轻型非保温厂房，不适用于对屋面刚度及防水要求高的厂房 4. 屋面坡度 1/3～1/4
4	钢丝网水泥波形瓦	990×1700(2000)	1. 在纵、横向互相搭接，加脊瓦 2. 屋面材料省，施工方便，刚度较差，运输、安装不当，易损坏 3. 适用于轻型厂房，不适用于有腐蚀性气体、有较大振动、对屋面刚度及隔热要求高的厂房 4. 屋面坡度 1/3～1/5
5	石棉水泥瓦	994×1820～2800	1. 质量轻，耐火及防腐蚀性好，施工方便，刚度差，易损坏 2. 适用于轻型厂房、仓库 3. 屋面坡度 1/2.5～1/5

（3）钢筋混凝土两铰拱屋架

它的上弦为钢筋混凝土构件，下弦为角钢，顶节点为刚接。适用跨度 9m、12m 和 15m。它的特点是自重小、构造简单。适用于跨度不大的中、轻型工业厂房，卷材屋面坡度 1/5，非卷材屋面的坡度为 1/4。

（4）钢筋混凝土三铰拱屋架

它的上弦为先张法预应力钢筋混凝土构件，下弦为角钢。适用跨度 12m、15m 和 18m；它的特点是自重小、构造简单。适用于跨度不大的中、轻型工业厂房，卷材屋面坡度 1/5，非卷材屋面的坡度为 1/4。

（5）钢筋混凝土折线形屋架（卷材防水）

它是由钢筋混凝土材料制作而成的，适用跨度为 15m、18m；它的特点是外形合理，屋面坡度合适；适用于卷材防水屋面的中型厂房；屋面坡度 1/2～1/3。

（6）预应力混凝土折线形屋架（卷材防水）

它的下弦是预应力轴心受拉构件，上弦和腹杆是混凝土构件；适用跨度 18m、21m、24m、27m 和 30m；它的特点是外形合理，屋面坡度合适、自重轻；适用于卷材防水屋面的重型厂房；屋面坡度 1/5～1/15。

（7）预应力混凝土折线形屋架（非卷材防水）

它的下弦是预应力轴心受拉构件，上弦和腹杆是混凝土构件；适用跨度 18m、21m、24m、27m 和 30m；它的特点是外形合理，屋面坡度合适、自重轻；适用于非卷材防水屋面的中型厂房；屋面坡度 1/4。

工业厂房常用屋面梁和屋架类型详见表12-2。

工业厂房常用屋面梁和屋架类型　　　　　　　表12-2

序号	构件名称	形　式	跨度（m）	特点及适用条件
1	预应力混凝土单坡屋面梁		9 12	1. 自重较大 2. 适用于跨度不大、有较大振动或有腐蚀性介质的厂房 3. 屋面坡度 1/8～1/12
2	预应力混凝土双坡屋面梁		12 15 18	
3	钢筋混凝土两铰拱屋架		9 12 15	1. 上弦为钢筋混凝土构件，下弦为角钢，顶节点刚接，自重较轻，构造简单，应防止下弦受压 2. 适用于跨度不大的中、轻型厂房 3. 屋面坡度：卷材防水 1/5，非卷材防水 1/4
4	预应力混凝土三铰拱屋架		12 15 18	上弦为先张法预应力混凝土构件、下弦为角钢，其他同上
5	钢筋混凝土折线形屋架（卷材防水屋面）		15 18	1. 外形较合理，屋面坡度合适 2. 适用于卷材防水屋面的中型厂房 3. 屋面坡度 1/2～1/3
6	预应力混凝土折线形屋架（卷材防水屋面）		18 21 24 27 30	1. 外形较合理，屋面坡度合适，自重较轻 2. 适用于卷材防水屋面的重型厂房 3. 屋面坡度 1/5～1/15
7	预应力混凝土折线形屋架（非卷材防水屋面）		18 21 24 27 30	1. 外形较合理，屋面坡度合适，自重较轻 2. 适用于非卷材防水屋面的中型厂房 3. 屋面坡度 1/4

（二）吊车梁

吊车梁是支承在排架柱的牛腿上用以安装吊车轨道，确保吊车安全可靠地在厂房纵向和横向运行的梁，它承受吊车起重瞬间和运行时产生的动荷载，将纵向刹车制动力和横向刹车力有效传给厂房排架体系；在连接各榀排架确保厂房空间整体性方面也具有重要作用。吊车梁承受重复荷载作用，设计时疲劳验算和抗扭验算是其重要的验算内容之一，这也是区别于一般受弯构件的关键所在。常用的吊车梁如下：

1. 钢筋混凝土吊车梁

截面形式为T形，适用跨度6m；吊车适用起重量范围为：中级工作制 10～320kN；重级工作制时 50～200kN。

2. 先张法预应力混凝土等截面吊车梁

截面为上翼缘宽下翼缘窄的I字形截面，适用跨度6m；吊车适用起重量范围为：轻级工作制 50～1250kN；中级工作制 50～750kN；重级工作制时 50～500kN。

3. 后张法预应力混凝土吊车梁

截面为上翼缘宽下翼缘窄的I字形截面,适用跨度6m;吊车适用起重量范围为:中级工作制50～1000kN;重级工作制时50～500kN。

4. 后张法预应力混凝土鱼腹式吊车梁

截面为上翼缘宽下翼缘窄的I字形截面,适用跨度6m;吊车适用起重量范围为:中级工作制150～1250kN;重级工作制时100～1000kN。

5. 后张法预应力混凝土鱼腹式吊车梁

截面为上翼缘宽下翼缘窄的I字形截面,适用设有托架的部位,跨度12m;吊车适用起重量范围为:中级工作制50～2000kN;重级工作制时50～500kN。

(三) 柱

是厂房结构中主要的受力构件之一,承受屋盖结构、吊车梁、连系梁、圈梁、支撑体系和自重等传来的全部竖向荷载,并传至基础;在地震、大风等突发事件中起承受和传递内力的作用。

(四) 支撑

支撑体系中包括屋盖支撑及柱间支撑两大类。屋盖支撑的作用主要是保证施工阶段屋架就位后的安全,厂房结构投入使用后传递山墙风荷载、吊车纵向刹车制动力、传递地震作用引起的屋顶系统惯性力,增加厂房结构的整体性和空间刚度。柱间支撑的主要作用是平衡厂房纵向排架体系传来的水平力,并将这些作用力有效地传递到基础最终平衡于大地。

(五) 基础

基础不但承受柱传来的上部荷载,还承受压在杯口顶面上的基础梁传来的墙体荷载,并将这些荷载传至地基,最终扩散到大地。单层工业厂房基础常用的类型主要为柱下独立杯形基础和桩基础两类。

杯形基础适用于地基土质好,承载力高,厂房荷载不是很大的工业厂房;当上部荷载较大,地质土构造复杂,地耐力较低时适用桩基础。

(六) 围护结构

单层工业厂房的围护结构主要是指山墙、外纵墙、山墙抗风柱、连系梁和基础等。一般情况下山墙和外纵墙是自承重构件,当大风作用在墙面时,它可以承受并传递风荷载。抗风柱承受山墙传来的风荷载并传给山墙部位的屋架上弦和下弦,并通过屋盖纵向支撑系统传给柱间支撑和基础。连系梁在纵向将每榀排架拉结成整体,增加厂房空间刚度,在竖向承受墙体重量传给排架柱;基础梁承受墙体重量传给排架柱,图12-3为单层工业厂房常用的杯形基础图。

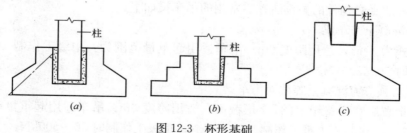

图12-3 杯形基础
(a) 锥形;(b) 阶梯形;(c) 高杯口形

第二节　单层工业厂房的受力特性

单层工业厂房的受力特点是由其结构受力体系的特点决定的。在房屋横向由屋架、排架柱和基础组成横向排架体系；在厂房纵向由每一榀屋架柱和柱间支撑、连系梁、吊车梁、墙体等组成纵向排架体系。结构设计时也是针对这两个方向的排架体系分别进行的。

一、横向排架

如图 12-4 所示，横向排架自上而下依次由天窗屋面板、天窗架、屋面板、屋架、屋架支撑排架柱、连系梁、基础梁和基础等组成。

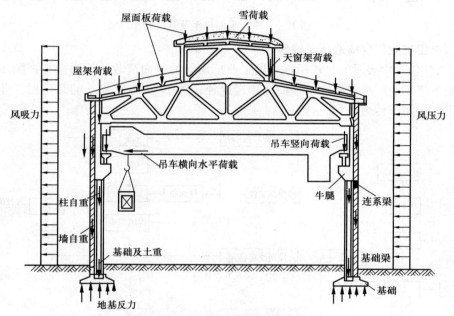

图 12-4　横向平面排架及其荷载

1. 屋盖结构

承受的永久荷载由结构构件和装饰构造部分的自重引起；可变荷载在屋面上可能出现在北方地区的雪荷载，燃煤动力车间周围的厂房屋面的积灰荷载，施工阶段的施工荷载、试用阶段的检修荷载，坡屋面的风荷载等。

2. 排架柱

承受屋架传来的屋盖结构的全部荷载，包括竖向压力和柱顶的水平推力；由吊车梁传来的竖向压力和横向水平推力，柱自重引起的永久荷载，连系梁、墙体和自重引起的永久荷载；迎风墙面和背风墙面的风压力和风吸力，地震等偶然事件发生后产生的横向地震作用等。横向平面排架及其荷载如图 12-4 所示。

二、纵向排架

纵向排架由厂房纵向柱列、柱间支撑、连系梁、吊车梁及基础组成。它主要承受山墙传来的大风荷载和吊车纵向运行中的刹车制动惯性作用；当地震发生后可以抵御纵向地震作用引发的破坏。纵向柱列中柱的数量多、厂房长度长，一般纵向排架刚度较大，受力性能要远好于横向排架，如图 12-5 所示。

厂房横向排架承担着厂房绝大部分荷载，由于跨度大，柱的数量少，因此，柱的内力较大，需要排架柱具有足够的强度和刚度才能满足要求。汶川"5·12"特大地震中许多单层工业厂房都是横向排架受力不足、连接不牢靠导致破坏的。所以单层工业厂房横向仍然是设计和施工时需要加强的主要受力方向。

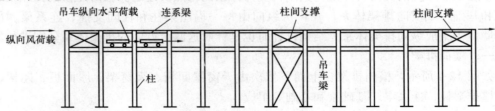

图 12-5　纵向平面排架及其荷载

三、单层工业厂房荷载传递线路

图12-6（a）中表示的是作用在单层工业厂房上的竖向荷载的传递途径；图12-6（b）表示的是单层工业厂房在横向水平荷载传递途径；图12-6（c）表示的是单层工业厂房在纵向水平力作用下传力途径。

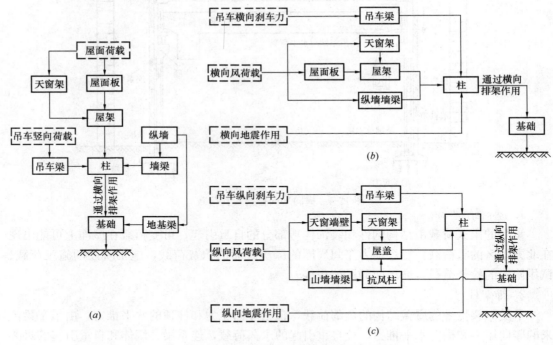

图 12-6　单层工业厂房荷载传递线路

第三节　厂房结构布置

厂房结构布置是在厂房建筑设计和工艺设计基础上进行的，结构布置方案的确定必须符合建筑设计和工艺设计的要求，厂房柱网布置是建筑设计决定的，结构设计时要围绕建筑设计和工艺设计的要求去工作，其中，最先需要了解的就是厂房柱网布置的基本要求。

厂房柱网布置中应满足的基本常识性要求，详见图 12-7。

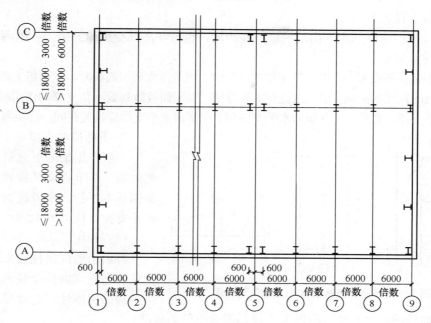

图 12-7 厂房柱网布置

一、结构构配件的作用

支撑的作用不仅在于传递厂房结构的内力，增加厂房整体性，而且在保证屋架安装时的稳定和安全方面也具有很重要的作用。支撑按所处的位置分为屋盖支撑和柱间支撑两类，按和水平面的夹角大小分为水平支撑和垂直支撑，按支撑的走向分为纵向支撑和横向支撑，按截面和组成分为支撑和系杆。对于设有天窗架的厂房，天窗架的支撑是屋面支撑的继续和升高，其作用和屋面支撑相似。

1. 上弦横向支撑

一般在屋架的上弦沿着相邻屋架每隔一个节点交叉设置，因大致和水平面平行，所以称为上弦横向水平支撑。上弦横向水平支撑的布置如图 12-8 所示。

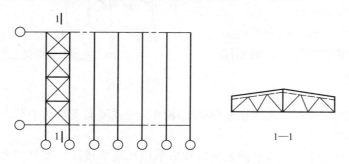

图 12-8 屋架上弦横向水平支撑布置

（1）作用

传递由山墙抗风柱传给屋架的纵向的水平风荷载到纵向排架柱列，提高屋盖结构的整体性，有效减少屋架上弦杆件平面外的计算长度（降低 λ_y），增加上弦杆平面外的稳定性。

(2) 设置位置

一般位于厂房两端离开山墙的第二柱距内,也可在离开变形缝的第二柱距内设置。

(3) 注意事项

在无檩体系不设屋架上弦水平支撑的厂房中,当采用大型屋面板时,屋面板上的预埋钢板和屋架上弦的预埋钢板至少应有三点要牢靠焊接,当屋面板能起到上弦支撑的作用时,可不设置上弦水平支撑。此外,上弦横向水平支撑和下弦横向水平支撑应设置在同一柱距内。

2. 下弦横向支撑

一般在屋架的下弦沿着相邻屋架每隔一个节点交叉设置,因和水平面基本平行,所以称为下弦横向水平支撑,详见图12-9。

(1) 作用

将由山墙抗风柱传来的水平风荷载传递到纵向排架柱列,提高屋盖结构的整体性,有效减少屋架下

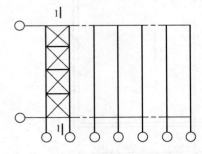
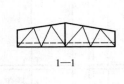

图12-9 屋架下弦横向水平支撑布置示意

弦杆件平面外的计算长度(降低 λ_y)降低屋架下弦的振动。

(2) 设置

设置位置与上弦横向水平支撑在同一柱距内。当厂房吊车起重量大,振动荷载大时,就应设置屋架下弦横向水平支撑。

(3) 注意事项

下弦横向水平支撑和上弦横向水平支撑应设置在同一柱距内。

3. 下弦纵向支撑

下弦纵向支撑因和水平面基本平行,所以称为下弦纵向水平支撑。如图12-10所示。

(1) 作用

提高屋盖结构的整体性、增加屋盖结构的刚度,保证房屋纵向受到的力在各个纵向排架中的分布,增加屋盖结构的工作性能。

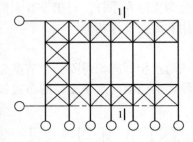
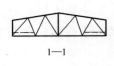

图12-10 屋架下弦纵向水平支撑

(2) 设置

一般在屋架的下弦沿着两侧靠近屋架支座的纵向或屋架下弦的中部纵向拉通布置。

(3) 注意事项

厂房由于工艺设计要求需要抽去某根柱后采用托架承接该处屋架传来的内力时,必须设置下弦纵向水平支撑;同时设置屋架下弦横向支撑和屋架下弦纵向水平支撑时,应尽可能使屋架的下弦横向支撑和下弦纵向水平支撑形成封闭的支撑体系。

4. 天窗架支撑

天窗实际上是厂房屋面局部升高后用于通风和采光的侧窗,它是屋盖结构的重要组成

部分。天窗架的稳定性和传力的可靠性也直接影响到支承它的屋架,所以它的支撑其实就是屋面支撑的延续。天窗架支撑包括天窗架上弦横向水平支撑和天窗架纵向水平支撑。

(1) 作用

将天窗端壁承受的水平风荷载传至屋架,并经由屋架纵向受力体系传至基础和地基;当地震发生后天窗架支撑可以有效地传递地震作用,增加天窗系统的整体刚度,保证天窗架上弦杆件平面外的稳定性。

(2) 设置

天窗两端的第一柱间应设置天窗架的上弦横向支撑和垂直支撑,天窗架支撑与屋架上弦支撑应尽可能设置在同一柱距内,如屋架支撑是设置在厂房两端离开山墙的第二柱距内,一般天窗架是从厂房第二柱距开始设置,所以正好设在天窗靠端壁的第一柱距内的天窗架支撑和屋架支撑是同一柱距,可以加强两端屋架的整体性。

(3) 注意事项

设有天窗的厂房均应设置天窗架支撑,屋架支撑和天窗架支撑且应设置在同一柱距内,否则,对屋架整体刚度会有影响。

5. 垂直支撑和水平系杆

垂直支撑和系杆设置在相邻两榀屋架之间,对于确保屋架施工阶段的安全和传递纵向水平力,提高屋顶结构整体性都有着直接作用,详见图 12-11。

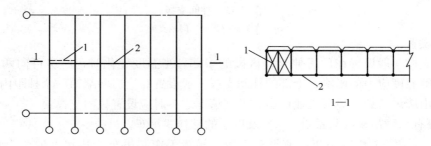

图 12-11 屋架垂直支撑与水平系杆
1—垂直支撑;2—水平系杆

(1) 作用

垂直支撑可保证屋架在安装和使用阶段的侧向稳定,防止屋架在安装阶段的倾覆;厂房投入使用后可增加厂房的整体刚度。上弦水平系杆可保证上弦的侧向稳定性,防止上弦杆件局部失稳;下弦水平系杆可防止由吊车或其他振动影响产生的下弦侧向颤动。

(2) 设置

1) 设有天窗时,应沿屋脊设置一道通常钢筋混凝土受压水平系杆。

2) 厂房宽度大于等于 18m 时,应在伸缩缝区段两端第一或第二柱间设一道跨中垂直支撑;当厂房跨度大于等于 30m 时,应设两道对称的垂直支撑。

3) 对梯形屋架或端部竖杆较高的折线形屋架,除按上面的要求设置垂直支撑和水平系杆外,还应在屋架的端部设置垂直支撑和水平系杆。

(3) 注意事项

垂直支撑应与上弦横向水平支撑设于同一柱距,而且应在相应的下弦节点处设通长水平系杆。

6. 柱间支撑

柱间支撑一般设置在房屋的纵向柱列之间，故称为柱间支撑。它分为上部柱间支撑和下部柱间支撑，上部柱间支撑设置在吊车梁的上部，下部柱间支撑设置在吊车梁以下。一般情况下柱间支撑为交叉钢拉杆组成（俗称剪刀撑），当由于通行等原因不能设置交叉剪刀撑时，可采用门式支撑。

(1) 作用

上部柱间支撑用以承受山墙水平风荷载的作用；下部柱间支撑用以承受上部屋架支撑传来的水平力和吊车纵向刹车时的制动力，并将这些水平力传至基础；柱间支撑还可以增加厂房纵向刚度，提高厂房纵向稳定性。常用柱间支撑如图12-12所示。

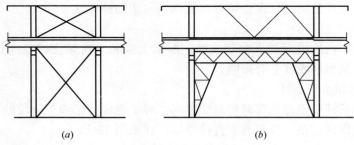

图12-12 柱间支撑
(a) 交叉支撑；(b) 门式支撑

(2) 设置

柱间支撑一般设置在厂房伸缩缝区段的中部，当温度变化时，厂房可向两端自由伸缩，以缓解温度应力的影响。上部的柱间支撑一般设置在厂房两端第一个柱距内，以便能直接传递山墙风荷载。单层工业厂房有下列情况之一时应设置柱间支撑：

1) 设有悬臂吊车或起重量30kN及以上的悬挂式吊车。

2) 设有重级工作制吊车，或设有中级、轻级工作制吊车，其起重量在100kN及以上时。

3) 厂房的跨度在18m及以上，或柱高在8m以上时。

4) 厂房柱列中柱的根数在7根以上时。

5) 露天吊车栈桥的柱列。

7. 抗风柱

(1) 作用

单层工业厂房山墙高度高，迎风面积大，受到的风荷载也大。为了有效传递山墙受到的风荷载，一般需要设置抗风柱将山墙分成几个区格，以便使墙面受到的风荷载一部分直接传给纵向柱列；另一部分则经抗风柱上端通过屋盖结构传给纵向柱列并经由柱间支撑传给基础。

(2) 设置

1) 当厂房高度和跨度均不大（如柱顶高度在8m以下，跨度为9～12m时），可采用砖柱和墙体一起砌筑作为抗风柱。

2) 当厂房高度和跨度均较大时，一般都采用设在山墙内侧的钢筋混凝土抗风柱。

（3）注意事项

抗风柱一般与基础刚接，与屋架上弦铰接，有时也可以根据情况与下弦铰接或同时与上、下弦铰接。抗风柱与屋架连接必须满足两个条件：1) 在水平方向必须与屋架有可靠地连接，以保证有效地传递风荷载；2) 在竖向应容许抗风柱和屋架之间可以产生一定的相对位移，以防止抗风柱和厂房沉降不同时产生的不利影响。因此，抗风柱和屋架一般采用竖向可移动，水平向又有较大刚度的弹簧板连接，如图12-13（a）所示。如厂房沉降较大时，则宜采用通过长圆孔螺栓进行连接，如图12-13（b）所示。

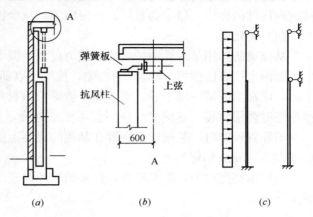

图 12-13 抗风柱和屋架上弦的连接

8. 圈梁、连系梁、过梁和基础梁

厂房的围护墙采用砖砌体时，通常要设置圈梁、连系梁、过梁和基础梁。

(1) 圈梁

1) 作用

圈梁在混合结构的墙体内封圈浇筑，它的作用将厂房的墙体和厂房柱箍在一起，以增加厂房的整体性和空间刚度，防止由于地基不均匀沉降或较大振动作用对厂房产生的不利影响。圈梁与柱通过钢筋拉结，圈梁是墙体的组成部分，不承受墙体荷载，柱上不设置支承圈梁的牛腿。

2) 设置

圈梁的布置与墙体高度、对厂房的刚度要求及地基情况有关。一般应按下列要求设置：

①对无桥式吊车的厂房，当砖墙厚 $h \leqslant 240mm$ 时，檐口标高 5~8m 时，应设圈梁一道；当檐口高大于 8m 时，宜适当增设圈梁。

②对无桥式吊车的厂房，当砌块或石砌墙体厚 $h \leqslant 240mm$ 时，檐口标高 4~5m 时，应设圈梁一道；当檐口高大于 8m 时，宜适当增设圈梁。

③对有桥式吊车或有较大振动设备的单层工业厂房，除在檐口或窗顶标高处设置圈梁外，尚宜在吊车梁标高处或其他适当位置增设。

3) 注意事项

圈梁应连续设置在墙体的同一平面上，并尽可能沿整个建筑物形成封闭状。当遇门窗洞口圈梁被门窗洞口隔断时，应在洞口设置一道截面和配筋与原圈梁一致的附加圈梁和原圈梁搭接，每侧搭接长度为圈梁和附加圈梁高度差的1.5倍。

(2) 连系梁

连系梁的作用是联系纵向柱列，以增强厂房的纵向刚度并将风荷载传给纵向柱列，此外，连系梁还承受其上墙体的自重。连系梁是预制的，两端搁置在牛腿上，用电焊或螺栓与牛腿连接。

（3）过梁

是承托门、窗洞口上部墙体重力荷载的梁。过梁的设计与民用建筑中的过梁相同。

在进行厂房结构布置时。应尽可能使圈梁、过梁、连系梁结合起来，使构件起到两种或三种构件的作用，以节约材料，方便施工，减少投资。

（4）基础梁

基础梁的作用是承受围护墙体的重力荷载，因支承在基础顶面所以叫做基础梁。基础梁底面距土层表面预留 100mm 的空隙，使梁可以随柱基础一起沉降。当基础梁下有冻胀土时，应在梁下铺一层干砂、碎砖或矿渣等松散材料，并留 50～150mm 的空隙，防止土壤冻胀时将梁顶裂。基础梁与柱一般不要求连接，直接搁置在杯口上，如图 12-14 所示。当基础埋置较深时，基础梁则搁置在基顶的混凝土垫块上。施工时，基础梁的顶面在室内地坪以下 50mm 的标高处。

当厂房高度较小，地基较好，柱基础又埋得较浅时，也可不设基础梁，可做砖石或混凝土基础。

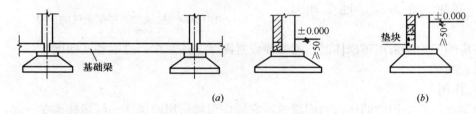

图 12-14 基础梁的布置

第四节 单层工业厂房排架内力计算

一、概述

单层工业厂房排架结构的特点如前所述，由于横向柱列中柱根数有限，跨度尺寸一般远小于厂房纵向长度。厂房横向抗侧性能远远低于纵向。因此，通常从厂房中部选择一榀横向排架作为研究基本单元，即假想将该排架从相邻柱距各 1/2 处切开，忽略构件之间的连接和相互影响，如图 12-15 所示的阴影部分作为单跨厂房横向排架结构内力分析的计算单元。

根据排架结构的组成特点可知，排架中梁（屋架）和柱顶的连接是不可以承受弯矩

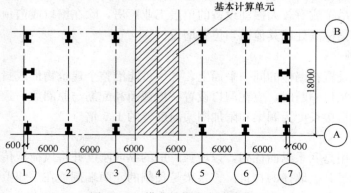

图 12-15 横向排架内力计算单元

的，故简化为铰接；但作为稳定结构体系，柱底部和基础顶面的连接应确保为固接连接；在排架内力分析时，主要对象是排架柱，因此，通常忽略排架梁（屋架）受到的纵向压力。

根据上面的简化及假定，很容易确定不变截面的排架结构内力计算简图。对于变截面排架柱，一般以牛腿顶面为界将柱划分为上柱和下柱。取上柱高度为 H_1，全柱高为 H_2，排架柱的计算简图如图 12-16 所示。

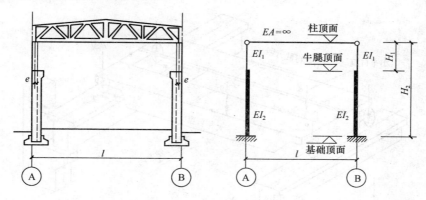

图 12-16　单跨排架计算简图

二、荷载计算

通常情况下排架柱顶承受屋盖系统传来的竖向作用，包括屋盖中各构件自重以及屋面承受的雪荷载、积灰荷载、施工检修荷载等，牛腿顶面承受吊车梁引起的偏心竖向作用，以及上柱和下柱自重，如图 12-17 所示。

大风和地震发生后，排架柱还要承受水平方向的风荷载和水平地震作用的影响，如图 12-18 所示。

工业厂房是组织生产工艺活动的场所，所以为了便于将材料、零件、部件或成品在生产工艺流水线上移动或装车等，需要设置适合车间生产性质与特点的吊车。吊车荷载是工业厂房区别于绝大多数民用房屋建筑的主要方面。厂房吊车分为梁式吊车和桥式吊车。此处，以桥式吊车的受力为研究对象，讨论吊车荷载的计算。

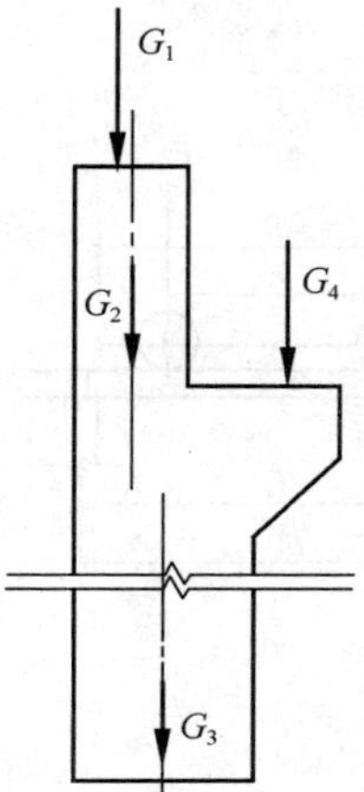

1. 水平方向的吊车荷载

吊车除沿厂房纵向运行时会产生纵向刹车惯性作用外，在桥架的轨道上运行的小车还会引起沿厂房横向的惯性力并通过吊车轨道传给吊车梁和横向排架。

2. 竖向吊车荷载

桥式吊车的四个行轮在吊车轨道顶面竖向给吊车梁施加压力，吊

图 12-17　牛腿柱承受的竖向荷载

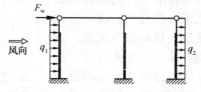

图 12-18　作用在排架上的风荷载

车梁将竖向荷载通过牛腿传到排架柱。由于吊车提起的重物重量可变，小车在桥架上的位置也可随时变化，对排架柱所施加的作用效应也就是可变的。排架柱设计时需要找出产生最不利内力的荷载布置方式作为计算依据。

由力学基本知识可知，当小车所吊重物为最大额定起重量，且运行到桥架一侧极限位置时，此时，小车靠近的一侧的每个桥架下的行轮为最大轮压，用 P_{max} 表示，与此对应小车离得最远的一侧另外两个行轮就为最小轮压，用 P_{min} 表示，如图 12-19 所示。

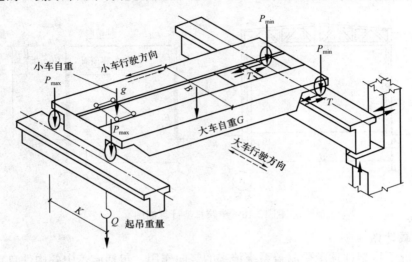

图 12-19 吊车轮压示意图

在具有吊车产品目录后，吊车的有关技术参数就可得到，吊车的最大最小轮压可按式 (12-1) 计算：

$$P_{min} = \frac{1}{2}(G + g + Q) - P_{max} \tag{12-1}$$

式中 Q——吊车的额定起重量；
G——大车自重；
g——小车自重；
P_{max}——吊车最大轮压。

排架结构内力分析时所谓的吊车荷载，是指吊车使用中通过吊车梁作用于牛腿顶面产生的最大或最小竖向荷载，分别用 D_{max} 和 D_{min} 表示。根据结构力学中力的影响线的知识，可知两台吊车靠近的一侧，其中一台吊车行轮处在牛腿顶面，这一侧也正好在最大轮压 P_{max} 的作用下，柱承受最大竖向吊车荷载，即 D_{max}，如图 12-20 所示。与此对应，最小轮压作用的一侧的排架柱上出现的荷载最小，为 D_{min}。

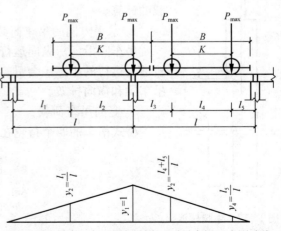

图 12-20 吊车运行至最不利位置时吊车梁反力影响线

厂房内有多台吊车时，最大吊车荷载和最小吊车荷载的计算公式分别为：

$$D_{max,k} = p_{max} \Sigma y_i \tag{12-2}$$

$$D_{min,k} = P_{min} \Sigma y_i = D_{max} \frac{P_{min}}{P_{max}} \tag{12-3}$$

式中　　Σy_i——吊车各轮下反力影响线坐标之和；

P_{max}、P_{min}——吊车最大、最小轮压；

$D_{max,k}$、$D_{min,k}$——吊车最大、最小竖向荷载标准值。

《建筑结构荷载规范》规定，考虑多台竖向荷载同时作用时，对一层吊车单跨厂房的每个排架，参与组合的吊车最多不宜多于 3 台；对一层吊车的多跨厂房的每个排架，不宜多于 4 台。

3. 吊车水平荷载

如前所述，桥架纵向运行的制动惯性力，以及在桥架上轨道中运行的小车横向刹车或启动、制动均会对排架产生纵向及横向作用。纵向吊车的惯性力标准值可取 $0.1P_{max}$。

横向吊车荷载每个行轮传给吊车轨道的水平力为：

$$F_{h1,k} = \frac{\alpha}{4}(Q+g) \tag{12-4}$$

式中　α——横向水平荷载系数，按以下规定取值，对软钩吊车：当 $Q \leqslant 100$kN 时，$\alpha=0.12$；当 $Q=160 \sim 500$kN 时，$\alpha=0.10$；当 $Q \geqslant 750$kN 时，$\alpha=0.008$。对于硬钩吊车：$\alpha=0.20$。

《建筑结构荷载规范》规定，考虑多台吊车水平荷载时，对单跨或多跨厂房的每个排架，参与组合的吊车台数最多不应多于两台。此时，排架受到的水平吊车荷载最大值为：

$$F_{h,k} = F_{h1,k} \Sigma y_i = F_{h1,k} \frac{D_{max,k}}{P_{min}} \tag{12-5}$$

计算排架时对于多台吊车的竖向荷载和水平荷载的标准值，应乘以表 12-3 中的折减系数。

多台吊车荷载折减系数　　　　　　　　　　　　　表 12-3

参与组合的吊车台数	吊车工作级别	
	A1～A5	A6～A8
2	0.90	0.95
3	0.85	0.90
4	0.80	0.85

注：对于多层的单跨或多跨厂房，计算排架时，参与组合的吊车台数及荷载折减系数，应该按实际情况考虑。

《建筑结构荷载规范》规定，厂房排架设计时，在荷载的准永久组合中不考虑吊车荷载。

三、排架内力计算

1. 等高排架内力计算

等高排架在水平荷载作用下，各柱顶的位移相等，在排架柱中内力的分配是根据柱的抗侧移刚度的大小按比例分配的。

(1) 在柱顶集中荷载作用下

在柱顶集中荷载作用下，各柱顶集中剪力按下式计算：

$$V_i = \frac{\dfrac{1}{\delta_i}}{\sum_{i=1}^{n}\dfrac{1}{\delta_i}} F = \eta_i F \tag{12-6}$$

式中 $\dfrac{1}{\delta_i}$ ——第 i 根柱的抗侧移刚度；

η_i ——第 i 根柱的剪力分配系数，它表示第 i 根柱的空间刚度与所有柱抗剪刚度之和的比；

δ_i ——第 i 根柱在柱顶单位力作用下产生的位移，可按下式计算：

$$\delta_i = \frac{H_2^3}{C_0 E I_2} \tag{12-7}$$

H_2 ——全柱高度；

I_2 ——下柱截面的惯性矩；

E ——柱混凝土弹性模量；

C_0 ——系数，按式（12-8）计算

$$C_0 = \frac{3}{1 + \lambda^3 \left(\dfrac{1}{n} - 1\right)} \tag{12-8}$$

λ ——上柱与全柱柱高的比，即 $\lambda = \dfrac{H_1}{H_2}$；

n ——上、下柱截面惯性矩之比，即 $n = \dfrac{I_1}{I_2}$。

(2) 在任意水平荷载作用下

任意水平荷载作用下等高排架内力计算，可按以下三步进行：

1) 在有荷载作用的排架柱顶假想加上不动铰支座，并分别求出各排架柱顶不动铰支座中的反力；

2) 将 1) 中求出的各柱顶不动铰支座中的反力之和反向施加于排架柱顶，按柱顶承受集中水平荷载的等高排架求出各排架柱的内力；

3) 将 1) 与 2) 计算结果叠加，即可得出排架柱顶的实际剪力。

上述步骤与砌体结构中求解弹性方案房屋排架柱内力的思路和方法相似。

2. 不等高排架内力计算

不等高排架在任意荷载作用下，各跨柱顶的位移不等，一般用力法求解其内力，如图 12-21 所示，这里从略。

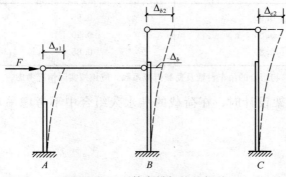

图 12-21 不等高排架柱的侧移

四、内力组合

厂房在试用期间一般同时承受几种可变荷载共同作用，为了确保柱的安全，仿照其他结构中最不利内力组合的思路，求出最不利内力值作为柱和基础设计的依据。

1. 控制截面

和其他结构构件一样，控制截面是指在特定荷载组合下出现最不利内力，对柱截面配筋计算起控制作用的截面。对于牛腿柱，上柱底部截面内力最大为其控制截面。对于下柱，牛腿顶面和柱底截面内力较大，是其控制截面，如图 12-22 所示。

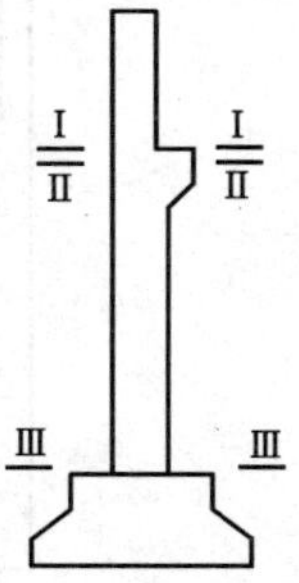

2. 荷载组合

荷载组合就是分析各种荷载同时出现的可能性，按荷载规范的规定根据结构计算或验算的内容要求，把有关荷载进行的组合。以便正确计算出各控制截面内力分析时所需的荷载值。

图 12-22 柱的控制截面

3. 内力组合

内力组合是在荷载组合的基础上，组合出各控制截面的最不利内力。承载能力极限状态计算时，应采用荷载效应基本组合；按正常使用极限状态验算时，应根据不同情况采用标准组合或准永久组合。

（1）内力组合的种类

绝大多数情况下，排架柱为偏心受压构件，应进行以下几种组合。

1) $+M_{max}$ 及相应的 N、V；
2) $-M_{max}$ 及相应的 N、V；
3) N_{max} 及相应的 M、V；
4) N_{min} 及相应的 M、V。

其中组合 1)、2) 及组合 4) 是为了防止大偏心受压破坏，组合 3) 是为了小偏心受压破坏。

（2）内力组合注意事项

由于永久荷载时时存在，所以必须参与各种组合。进行第 1) 种组合时，应以得到 $+M_{max}$ 为组合目标来分析荷载组合，然后计算出相应组合下的 M_{max} 及相应的 N、V。当以 N_{max}、N_{min} 为组合目标时，应使相应的 M 尽可能大。考虑吊车荷载时，要组合 F_h，则必须组合 D_{max}、D_{min}；反之，要组合 D_{max}（D_{min}），则不一定组合 F_h。风荷载和吊车水平荷载均有向左和向右两种情况，只能选择一种参与组合。

第五节 单层工业厂房排架柱设计

排架柱设计是排架结构设计的重要内容之一，包括：选择柱截面形式、截面尺寸、柱截面设计、牛腿设计、预埋件设计和绘制排架柱结构施工图等工作。

一、柱的截面形式

根据以往经验，柱的截面形式包括：单肢柱和双肢柱两类，单肢柱按截面不同分为矩形、工字形和管柱等几种。双肢柱根据截面构成的不同又可分为平腹杆、斜腹杆、斜腹杆管柱、平腹杆管柱，如图12-23所示。

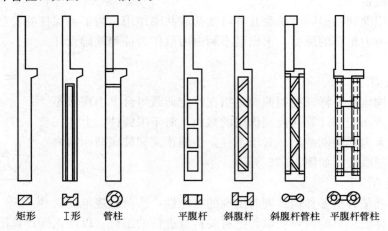

图12-23 柱的截面形式

对于柱距为6m的标准厂房，柱截面尺寸可参考表12-4、表12-5决定。

柱距为6m时矩形及工字形柱截面尺寸参考表　　　　　　　　　表12-4

项次	柱的类型	截面尺寸			
		截面宽度 b	截面高度 h		
			$Q \leqslant 100$kN	100kN$<Q<300$kN	300kN$\leqslant Q \leqslant 500$kN
1	有吊车厂房下柱	$\geqslant \dfrac{H_l}{25}$	$\geqslant \dfrac{H_l}{14}$	$\geqslant \dfrac{H_l}{12}$	$\geqslant \dfrac{H_l}{10}$
2	露天吊车柱	$\geqslant \dfrac{H_l}{25}$	$\geqslant \dfrac{H_l}{10}$	$\geqslant \dfrac{H_l}{8}$	$\geqslant \dfrac{H_l}{7}$
3	单跨及多跨无吊车厂房	$\geqslant \dfrac{H}{30}$	$\geqslant \dfrac{1.5H}{25}$（单跨）；$\geqslant \dfrac{1.25H}{25}$（多跨）		
4	山墙柱（仅受风荷载及柱自重）	$\geqslant \dfrac{H_b}{40}$	$\geqslant \dfrac{H_l}{25}$		
5	山墙柱（同时承由连系梁传来的墙重）	$\geqslant \dfrac{H_b}{30}$	$\geqslant \dfrac{H_l}{25}$		

注：H_l为从基础顶面至装配式吊车梁底面或现浇式吊车梁顶面的柱下部分的高度；H为从基础顶面算起的柱全高；H_b为山墙柱从基础顶面至柱平面外支承点距离。

吊车工作级为A4、A5时柱截面形式及尺寸参考表　　　　　　　　表12-5

吊车起重量（kN）	轨顶标高（m）	边柱（mm）		中柱（mm）	
		上柱	下柱	上柱	下柱
无吊车	4～5.4	□400×400（或350×400）		□400×500（或350×350）	
	6～8	I 400×600×100		I 400×600×100	
≤50	5～8	□400×400	I 400×600×100	□400×400	I 400×600×100
100	8	□400×400	I 400×700×100	□600×600	I 400×800×150
	10	□400×400	I 400×800×150	□400×600	I 400×800×150

续表

吊车起重量 (kN)	轨顶标高 (m)	边柱（mm）		中柱（mm）	
		上柱	下柱	上柱	下柱
150～200	8	□400×400	I 400×800×150	□400×600	I 400×800×150
	10	□400×400	I 400×900×150	□400×600	I 400×800×150
	12	□500×400	I 500×1000×200	□400×600	I 500×1200×200
300	8	□400×400	I 400×1000×150	□400×600	I 400×1000×150
	10	□400×500	I 400×1000×150	□500×600	I 500×1200×200
	12	□500×500	I 400×1000×150	□500×600	I 500×1200×200
	14	□600×500	I 500×1000×200	□600×600	I 600×1200×200
500	10	□500×550	I 600×1200×200	□500×700	I 500×1600×300
	12	□500×600	I 500×1400×200	□500×700	I 500×1600×300
	14	□600×600	I 600×1400×200	□600×700	I 600×1800×300

二、柱截面设计

柱截面设计步骤为：（1）确定柱的计算长度 l_0；（2）柱的配筋计算；（3）柱顶吊装验算。

1. 确定柱的计算长度

规范给定的柱计算长度取值见表 7-2。

2. 柱的配筋计算

柱承受的内力有 M、V 和 N，因此柱配筋计算时上柱和下柱都是偏心受压构件，并选取柱的三个控制截面的最不利内力。配筋计算过程从略。

3. 柱的吊装验算

单层工业厂房排架柱在施工和运输、吊装过程时所处的应力状态，和安装就位后受力情况截然不同，因此需要根据施工或运输过程可能的受力情况进行验算，防止柱在安装时可能发生的破坏。

一般柱的起吊，采用的是平吊或翻身吊，为了便于施工，应尽量采用平吊的施工方法。

但当采用平吊要较多地增加柱的配筋时，可以考虑采用翻身吊。排架柱吊装方法如图 12-24 所示。

翻身吊起吊的瞬间新增加的内力和柱内配筋一致，一般不会发生问题，通常可以不进行验算。平吊时吊点选择在牛腿的下缘处，内力计算时要考虑吊装时的动力系数 1.5，其内力应按图 12-24 所示外伸梁计算。

规范规定的柱吊装阶段验算，包括承载力验算和裂缝验算。吊装阶段的验算，结构的重要性系数可按降低一级采用，验算时取简化为外伸梁对跨中截面和支座处截面进行验算。裂缝宽度验算可参照第八章的内容加以控制。

三、牛腿设计

牛腿设计的主要内容包括：确定牛腿的尺寸，计算牛腿的配筋，验算局部受压承载力。

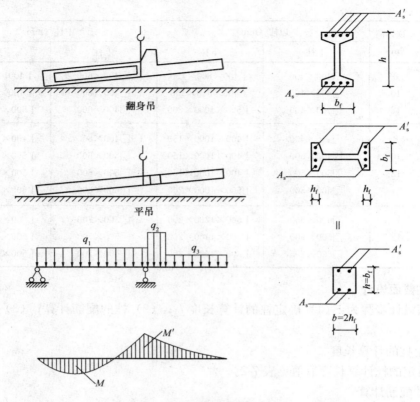

图 12-24 柱吊装验算计算简图及弯矩图

1. 牛腿尺寸的确定

牛腿的宽度与柱相同,高度可先假定,然后以使牛腿在正常使用时确保不开裂为目的,按式(12-9)验算以确定其截面高度:

$$F_{vk} = \beta\left(1 - 0.5\frac{F_{hk}}{F_{vk}}\right)\frac{f_{tk}bh_0}{0.5 + \dfrac{a}{h_0}} \tag{12-9}$$

式中 F_{vk}——作用在牛腿顶部按荷载效应标准组合计算的竖向力;

F_{hk}——作用于牛腿顶部按荷载效应标准组合计算的水平拉力;

β——裂缝控制系数,对支承吊车梁的牛腿,取 0.65;对其他牛腿取 0.8;

a——竖向力的作用点至下柱边缘的水平距离,此时应考虑安装偏差 20mm;当考虑 20mm 安装偏差后的竖向力作用点仍位于下柱截面以内时取 $a=0$;

b——牛腿宽度;

h_0——牛腿与下柱交接处的垂直截面有效高度 $h_0 = h_1 - a_s + c\tan\alpha$;当 $\alpha > 45°$ 时,取 $\alpha = 45°$;c 为下柱边缘到牛腿外边缘的水平长度。

牛腿的外边缘高度应符合图 12-25 的要求,即 h_1 不应小于 $h/3$,且不小于 200mm。

2. 牛腿的配筋

(1) 纵向受力钢筋

牛腿中纵向受力钢筋应沿牛腿顶部配置。其所需的截面面积应按下式计算:

$$A_s \geqslant \frac{F_v a}{0.85 f_y h_0} + 1.2 \frac{F_h}{f_y} \tag{12-10}$$

式中 F_v——作用在牛腿顶部的竖向力设计值；
F_h——作用在牛腿顶部的水平拉力设计值。

规范规定：当 $a<0.3h_0$ 时，取 $a=0.3h_0$。

(2) 水平箍筋与弯筋基本要求

牛腿应设置水平箍筋，箍筋直径 6~12mm，间距为 100~150mm；在上部 $2h_0/3$ 范围内的箍筋总截面积不宜小于承受竖向力的受力钢筋截面面积的 1/2。

纵向受力钢筋及弯起钢筋伸入上柱的锚固长度，当采用直线锚固时，不应小于规范规定的受拉锚固长度 l_a；当上柱尺寸不足时，钢筋的锚固应符合规范对梁上部钢筋在框架中间层节点中带 90°弯折的锚固规定。此时，锚固长度应从上柱内边算起。

3. 牛腿的局部受压承载力验算

规范规定：牛腿顶面上竖向压力 F_{vk} 所引起的局部压应力不应超过 $0.75 f_c$，即满足公式（12-11）的规定：

$$\frac{F_v}{A} \leqslant 0.75 f_c \tag{12-11}$$

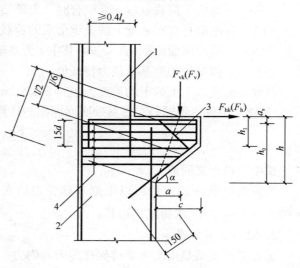

图 12-25 牛腿尺寸及纵筋配置

式中 A——局部受压面积，$A=ab$，其中 a 为垫板的长度，b 为垫板的宽度。

4. 牛腿的构造规定

(1) 沿牛腿顶面配置的纵向受力钢筋，宜采用 HRB400 级或 HRB500 级热轧带肋钢筋。全部纵向受力钢筋及弯起钢筋宜沿牛腿外边缘向下伸入下柱内 150mm 后截断，如图 12-25 所示。

(2) 承受竖向力所需的纵向受力钢筋的配筋率不应小于 0.2% 及 $0.45 \frac{f_t}{f_y}$，也不宜大于 0.6%，钢筋数量不宜少于 4 根直径 12mm 的钢筋。

(3) 当牛腿的剪跨比不小于 0.3 时，宜设置弯起钢筋。弯起钢筋宜采用 HRB400 级或 HRB500 级热轧带肋钢筋，并宜使其与集中荷载作用点到牛腿斜边下端点连线的交点位于牛腿上部 $l/6$~$l/2$ 之间的范围内（l 为该连线的长度），如图 12-25 所示。弯起钢筋截面面积不宜小于承受竖向力的受拉钢筋面积的 1/2，且不宜少于 2 根直径 12mm 的钢筋。纵向受力钢筋不得兼作弯起筋。

第六节 柱下钢筋混凝土独立基础

单层工业厂房柱下独立基础通常采用阶梯形基础或锥形基础两种。厂房柱下基础设计的内容包括：基础底面尺寸的确定，基础高度的确定及其板底配筋的计算等。

一、基础底面尺寸确定

1. 轴心受压柱下基础

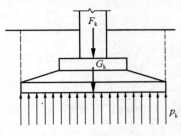

图 12-26 轴心受压基础底面压应力分布

轴心受压柱的基础底面一般均为双轴对称截面，所以，基础底面上承受的地基土的反力为均匀分布，如图 12-26 所示。

设计时要求基础底面的压应力标准值不超过修正后地基承载力特征值。

$$p_k = \frac{F_k + G_k}{A} \leqslant f_a \tag{12-12}$$

式中　p_k——对应于荷载效应基本组合时基础底面处的平均压应力；
　　　F_k——对应于荷载效应标准组合时，上部结构传至基础顶面的竖向荷载标准值；
　　　G_k——基础自重和基础上的土重形成的荷载标准值；
　　　A——基础底面面积，$A = lb$，其中 l 为基础底面长度；b 为基础底面宽度；
　　　f_a——修正后的地基承载力特征值。

若取基础及以上土的平均重度为 $\gamma_0 = 20\text{kN/m}^3$，基础埋深为 d，则 $G_k = \gamma_0 A d$，带入式 (12-12) 中可得到轴心受压基础底面面积的计算公式：

$$A \geqslant \frac{F_k}{f_a + \gamma_0 d} \tag{12-13}$$

式中字母含义同前。

当底面面积 A 确定后可以根据基础受力的实际选用矩形或正方形，对正方形基础，可按 $b = h = \sqrt{A}$，求得基础边长。

2. 偏心受压基础

偏心受压基础是由于上部排架柱传来的内力，除有竖向压力外还有偏心弯矩作用在基础底面上，两种内力的合力使得基础底面上压力分布不均匀，如图 12-27 所示。

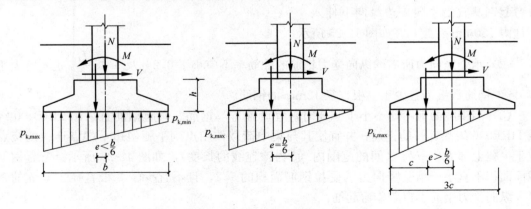

图 12-27 偏心受压基础底面压力分布

偏心受压基础底面积及其尺寸的确定，应按下列步骤进行：

（1）按轴心受压基础确定基础底面积的式（12-13）确定基础底面积，并暂定为 A_z；

(2) 取偏心受压基础基底估算面积为 $A=(1.2\sim1.4)A_z$；

(3) 取基础 $l/b\leqslant2$，一般取 1.5，确定 b 和 l；

(4) 按下列公式进行基底压应力验算，并应使基础边缘最大压应力标准值满足式（12-14）与式（12-16）的要求，不满足时调整基础底面尺寸，直到满足为止。

$$p_{k,\max}=\frac{F_k+G_k}{A}+\frac{M_k}{W}\leqslant 1.2f_a \qquad (12\text{-}14)$$

$$p_k=\frac{P_{k,\max}+P_{k,\min}}{2}\leqslant f_a \qquad (12\text{-}15)$$

$$p_{k,\min}=\frac{F_k+G_k}{A}-\frac{M_k}{W} \qquad (12\text{-}16)$$

式中 M_k——对应于荷载效应标准组合时，作用于基础底面的偏心力矩；

W——基础底面绕短边形心轴的截面抵抗矩；

$P_{k,\max}$——对应于荷载效应标准组合时，基础底面边缘最大压力值；

$P_{k,\min}$——对应于荷载效应标准组合时，基础底面边缘最小压力值。

二、基础高度

确定基础高度 H_0 时，应满足冲切承载力、受剪承载力及相关的构造规定。通常基础高度 H_0 由冲切承载力控制，是按经验和构造规定假定 H_0，然后根据冲切力承载力验算，当不满足公式（12-17）时，调整 H_0，直到满足要求。

现行国家标准《建筑地基基础设计规范》GB 50007—2011 规定：对矩形截面柱的矩形基础，应验算柱与基础交接处以及基础变阶处的抗冲切力，如图 12-28 所示。

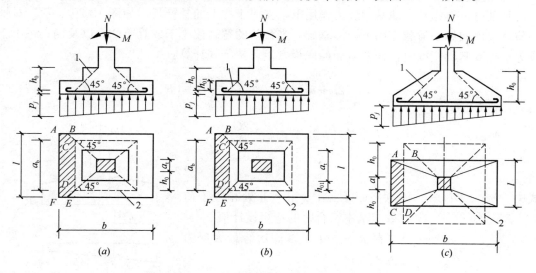

图 12-28 基础受冲切承载力截面位置

$$F_l\leqslant 0.7\beta_{hp}f_t a_m h_0 \qquad (12\text{-}17)$$

$$a_m=\frac{a_t+a_b}{2} \qquad (12\text{-}18)$$

$$F_l=p_j A_l \qquad (12\text{-}19)$$

式中 F_l——对应于荷载效应基本组合时，作用在 A_l 上的地基土净反力设计值；

β_{hp}——受冲切承载力截面高度影响系数，当 $h \leqslant 800$mm 时，$\beta_{hp}=1.0$；当 $h \geqslant 200$ mm，$\beta_{hp}=0.9$；其间按线性内插法取值；

a_m——冲切破坏锥体最不利一侧计算长度；

f_t——混凝土轴心抗拉强度设计值；

h_0——基础冲切破坏锥体的有效高度；

a_t——冲切破坏锥体最不利一侧斜截面的上边长，当计算于基础交接处的受冲切承载力时，取柱宽；当计算基础变阶处的受冲切承载力时，取上阶宽度；

a_b——冲切破坏锥体最不利一侧斜截面在基础底面积范围内的下边长，当冲切破坏锥体的底面落在基础底面以内 [图 12-28 (b)]，计算柱与基础交接处的受冲切承载力时，取柱宽加两倍的基础有效高度；当计算基础变阶处的受冲切承载力时，取上阶宽加两倍该处的基础有效高度；当冲切破坏锥体底面在 l 方向落在基础底面以外，即 $a+2h_0 \geqslant l$ 时 [图 12-28 (c)]，$a_b=l$；

p_j——扣除基础自重及以上土重后，对应于荷载效应基本组合时的地基土单位面积净反力，对轴心受压基础，取 $p_j = \dfrac{F_k}{l \times b}$；对偏心受压基础，可取基础边缘处最大地基土单位面积净反力；

A_l——冲切验算时取用的部分基底面积 [图 12-28 (a)、(b) 中的阴影面积 ABC-DEF，或图 12-28 (c) 中的阴影面积（ABCD）]。

三、基础底板配筋

1. 底板弯矩计算

基础可以看作是在地基净反力作用下，支撑于柱上的悬臂板，如图 12-29 所示。对轴心荷载或单向偏心荷载作用下矩形基础，当台阶的宽高比小于或等于 2.5 以及偏心距小于或等于 1/6 基础宽度时，任意截面的底板弯矩可按下式计算：

$$M_{\mathrm{I}} = \frac{1}{12}a_1^2 \left[(2l+a')\left(p_{\max}+p-\frac{2G}{A}\right) + (P_{\max}-P) \right] \quad (12\text{-}20)$$

$$M_{\mathrm{II}} = \frac{1}{48}(l-a')(2b+b')\left(p_{\max}+p_{\min}-\frac{2G}{A}\right) \quad (12\text{-}21)$$

式中 M_{I}、M_{II}——任意截面 Ⅰ—Ⅰ、Ⅱ—Ⅱ 处相应于荷载效应基本组合时的弯矩设计值；

a_1——任意截面 Ⅰ—Ⅰ 至基底边缘最大反力处的距离；

l、b——基础底面的长边、短边尺寸；

$p_{\max}$、$p_{\min}$——相应于荷载效应基本组合时的基础底面边缘最大、最小地基反力设计值；

P——相应于荷载效应基本组合在任意截面 Ⅰ—Ⅰ 处基础底面地基反力设计值；

G——考虑荷载分项系数的基础自重及其上

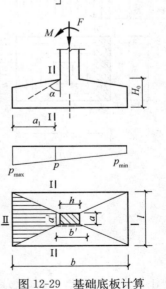

图 12-29 基础底板计算

的土重，当组合值由永久荷载控制时，$G=1.35G_k$（G_k 为基础及其上土的自重荷载标准值）。

2. 底板配筋计算

在弯矩 M_I 作用下，基础底板受力钢筋应沿板边长 b 方向设置，其所需的截面积按下式计算：

$$A_{sI} = \frac{M_I}{0.9f_y h_0} \tag{12-22}$$

式中 h_0——Ⅰ—Ⅰ 截面处底板有效高度。

同理，在弯矩 M_{II} 作用下，基础底板受力钢筋应沿底板边长 l 方向设置。一般情况下，沿短边方向配置的钢筋应放在沿长边方向配置的钢筋上面。因此，其所需的钢筋截面面积按式（12-23）计算：

$$A_{sII} = \frac{M_{II}}{0.9f_y(h_0-d)} \tag{12-23}$$

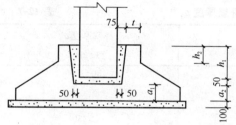

图 12-30 杯口基础的构造

四、基础的构造要求

现行国家标准《建筑地基基础设计规范》GB 50007—2011 规定，对柱下钢筋混凝土独立基础，应符合下列构造规定：

（1）混凝土强度等级不应低于 C20，常用 C20～C40。

（2）锥形基础边缘的厚度不小于 200mm；阶形基础的每阶高度一般为 300～500mm，如图 12-30 所示。

（3）基础底板受力钢筋的最小直径不宜小于 10mm，间距不宜大于 200mm，也不宜小于 100mm；当有垫层时，钢筋保护层的厚度不宜小于 40mm，当无垫层时不应小于 70mm。

（4）基础底部设置垫层时，垫层厚度不小于 100mm；垫层混凝土强度等级应为 C15。

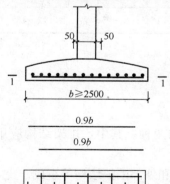

（5）当基础边长大于等于 2.5m 时，底板双向的钢筋长度均可取对应边边长的 0.9 倍，并应交错布置，如图 12-31 所示。

（6）对于现浇柱的基础，其插筋的数量、直径和钢筋的种类应与柱内纵向钢筋相同，其下端宜做成直角弯钩固定在基础底板钢筋网上。

（7）预制钢筋混凝土柱与杯形基础的连接，应符合下列要求，如图 12-32 所示。

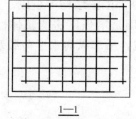

图 12-31 基础底板受力钢筋布置

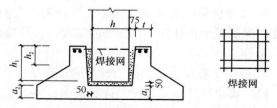

图 12-32 预制混凝土柱与独立基础的连接

(8) 柱插入杯口基础的深度 h_1 可按表 12-6 选用，并应满足柱内钢筋在柱内的锚固长度及吊装时柱的稳定性的要求。

柱插入杯口的深度 h_1（mm） 表 12-6

矩形或工字形柱				双肢柱
$h<500$	$500\leqslant h<800$	$800\leqslant h\leqslant 1000$	$h>1000$	
$1\sim 1.2h$	h	$0.9h$，且$\geqslant 800$	$0.8h$，且$\geqslant 1000$	$(1/3\sim 1/2)\ h_a$，$(1.5\sim 1.8)\ h_b$

注：1. h 为柱截面长边尺寸；h_a 为双肢柱全截面长边尺寸，h_b 为双肢柱全截面短边尺寸；
    2. 轴心受压或小偏心受压时 h_1 可以适当减少，偏心距大于 $2h$ 时，h_1 应适当加大。

(9) 基础杯底厚度 a_1 和杯壁厚度 a_2 可按表 12-7 选用。

基础的杯底厚度 a_1 和杯壁厚度 a_2 表 12-7

柱截面长边尺寸 （mm）	杯底厚度 a_1 （mm）	杯壁厚度 a_2 （mm）
$h<500$	$\geqslant 150$	$150\sim 200$
$500\leqslant h<800$	$\geqslant 200$	$\geqslant 200$
$800\leqslant h<1000$	$\geqslant 200$	$\geqslant 300$
$1000\leqslant h<1500$	$\geqslant 250$	$\geqslant 350$
$1500\leqslant h<2000$	$\geqslant 300$	$\geqslant 400$

注：1. 当有基础梁时，基础梁下的杯壁厚度，应满足其支承宽度的要求；
    2. 柱插入杯口的部分表面应凿毛，柱与杯口之间的空隙，应用比基础混凝土强度等级高一级的细石混凝土充填密实，当达到材料设计强度 70% 以上时，方能进行上部吊装；
    3. 当柱为轴心受压或小偏心受压且 $t/h_2\geqslant 0.65$ 时，或大偏心受压且 $t/h_2\geqslant 0.75$ 时，杯壁可不配筋；当柱为轴心受压或小偏心受压且 $0.5\leqslant t/h_2<0.65$ 时，杯壁可按表 12-8 配置构造钢筋；其他情况下，应按计算配筋。

杯壁构造钢筋 表 12-8

柱截面（mm）	$h<1000$	$1000\leqslant h<1500$	$1500\leqslant h\leqslant 2000$
钢筋直径（mm）	$8\sim 10$	$10\sim 12$	$12\sim 16$

注：表中钢筋置于杯口顶部，每边两根（图 12-32）。

本 章 小 结

1. 单层工业厂房的结构形式有排架结构和刚架结构两种。其中，排架结构应用较普遍。排架的特点是柱顶与横梁铰接，柱与基础刚接。

2. 单层工业厂房由屋盖、吊车梁、柱、支撑、基础和外部围护结构等组成。

3. 支撑包括屋盖支撑及柱间支撑两类，它们的主要作用是增强厂房的整体性及空间刚度，保证屋架各杆件平在面外的稳定性，传递纵向风荷载，吊车纵向水平荷载及水平地震作用等。

4. 单层工业厂房排架内力计算的步骤是：

（1）确定计算单元及排架计算简图；

（2）计算排架上的各种荷载；

（3）分别计算各种荷载作用下的排架内力；

（4）确定排架控制截面，并考虑同时出现的荷载，对每一控制截面进行内力组合，确定最不利内力，作为柱和基础设计的依据。

5. 单层工业厂房排架设计的步骤是：

（1）确定柱的形式及截面尺寸；

（2）确定柱的计算长度，计算柱内配筋并进行吊装验算；

（3）进行牛腿设计，包括确定牛腿尺寸，计算牛腿配筋，验算局部受压承载力；

（4）牛腿柱上所有预埋件设计；

（5）整理结构计算书并绘制排架柱的施工图。

6. 柱下独立钢筋混凝土基础常采用杯形基础，杯形基础分为阶形基础和锥形基础两种。

杯形基础的设计步骤是：

（1）确定基础底面尺寸，轴心受压基础底面一般采用正方形；偏心受压基础常取 $b = (1.5 \sim 2.0)l$。

（2）确定基础高度，基础高度通常由冲切承载力控制。

（3）计算基础底板配筋，一般短边方向的受力钢筋放在长边方向受力钢筋的上边。当底板边长≥2.5m时，板底受力钢筋的长度可取 $0.9b$（或 $0.9l$），并宜交错布置。

（4）绘制基础施工图。

复 习 思 考 题

一、名词解释

等高排架　不等高排架　厂房屋盖结构　山墙抗风柱　轻级工作制吊车　中级工作制吊车　重级工作制吊车　排架柱承载力验算时的控制截面

二、问答题

1. 单层工业厂房的常用结构形式有哪两种？各自的特点有哪些？
2. 单层工业钢筋混凝土排架厂房由哪些结构构件组成？各构件的主要作用是什么？
3. 单层厂房结构的支撑分几类？它们各自的作用是什么？
4. 单层工业厂房的荷载有哪些？如何计算排架柱上的荷载？
5. 排架柱内力组合时应注意哪些问题？
6. 单层工业厂房排架柱（不含牛腿）的设计内容包括哪些方面？
7. 怎样进行牛腿设计？
8. 简述柱下钢筋混凝土杯形基础设计的思路和内容。

第十三章 多层钢筋混凝土框架房屋

学习要求与目标：
1. 掌握框架结构的布置、计算简图和内力组合。
2. 掌握框架结构在竖向荷载和水平荷载作用下的内力计算和侧移计算。
3. 掌握框架结构的基本构造。

第一节 概　　述

多层建筑和高层建筑的划分，在不同地域不同的时期是不同的，随着经济社会发展和科技的进步，高层建筑的高度不断增加、层数也不断增多。在我国现阶段进行的城镇化发展过程中，中小城镇的建筑中 8 层房子就可能被认为是高层建筑，在大城市 8 层建筑就属于多层建筑；改革开放初期一段时间里人习惯把超过 8 层的建筑叫做高层建筑。《高层建筑混凝土结构技术规程》JGJ 3—2010 将 10 层及以上或高度超过 28m 的建筑定义为高层建筑，因此，在大中城市 2~9 层建筑就属于多层建筑。

从建筑全寿命期内所消耗的社会资源总量看，高层建筑对土地使用的效率最高，但施工阶段资源的消耗量很大，投入使用后消耗的能源和资源总量远远大于小高层和多层建筑，除非在特大城市土地资源非常珍贵，以及公众对房屋需求很大的情况下，一般不宜建设高层特别是超高层建筑。小高层建筑相对于多层和低层建筑具有土地使用率高，比高层建筑节约建筑成本和使用维护成本等特点，在大城市具有很好的建房效果。多层建筑具有使用功能完备、结构受力性能好、耐久性好、耐火性高、抗震性能好及使用成本低廉的优点，但具有房屋建筑容积率低、建房面积少的缺点，所以，在大城市使用就受到限值。但是，工业厂房和民用建筑中的一般公共建筑却比较多的选用多层混凝土框架结构。

第二节 多层框架结构的分类和布局

一、框架结构的分类

钢筋混凝土框架结构按施工工艺不同分为全现浇框架、半现浇框架、装配整体式框架和全装配式框架四类。

1. 全现浇框架

（1）定义

全现浇框架是指作为框架结构的板、梁和柱整体浇筑成为整体的框架结构。

（2）特点

整体性好，抗震性能好，建筑平面布置灵活，能比较好地满足使用功能要求；但由于施工工序多，质量难以控制，工期长，需要的模板量大，建筑成本高，在北方地区冬期施工成本高，质量较难控制。

（3）工序

绑扎柱内钢筋；经检验合格后支柱模板并浇筑混凝土；支楼面梁和板的模板；绑扎楼面梁和板的钢筋，经检验合格后浇筑梁板的混凝土，并养护；逐层类推完成主体框架施工。

2. 半现浇框架

（1）定义

半现浇框架是指①梁、柱现浇板预制；②柱现浇、预制叠合梁、预制板；③现浇梁、预制梁、预制板等形式组装成型的框架结构。

（2）特点

节点构造简单、整体性好；比全现浇框架结构节约模板，比装配式框架整体性好，经济性能较好。

（3）工序

以①为例，先绑扎柱钢筋、经检验合格后支模；绑扎框架承重梁和连系梁的钢筋，经检验和合格后支模板，然后浇筑混凝土；等现浇梁、柱混凝土达到设计规定强度后，铺设预应力混凝土预制板，并按构造要求灌缝，做好细部处理工作。

3. 装配整体式框架

（1）定义

在装配式框架或半现浇框架的基础上，为了提高原框架的整体性，对楼（屋）面采用后浇叠合层，使之形成整体，以达到提高房屋整体性的框架结构形式。

（2）特点

具有装配式框架施工进度快，也具有现浇框架整体性好的双重优点，在地震低烈度区应用较为广泛。

（3）工序

在现场吊装柱、梁，浇筑节点混凝土形成框架，或现场现浇混凝土框架柱、梁，在混凝土达到设计规定的强度值后，开始铺设预应力混凝土空心板，然后在楼（屋）面浇筑钢筋混凝土整体面层。

4. 装配式框架

（1）定义

指框架结构中的梁、板、柱均为预制构件，通过施工现场吊装、就位、支撑、焊接钢筋，后浇节点混凝土所形成的拼装框架结构。

（2）特点

构件设计定型化、生产工厂化，施工机械化程度高，与全现浇框架相比节约模板、施工进度快、节约劳动力、成本相对较低。但整体性较差、接头多、预埋件多、焊接节点多，耗钢量大，层数多、高度大的结构吊装难度和费用都会增加，由于其整体性差的缺点在地震高烈度区大多数情况下已不再使用。

二、框架结构的布置

在结构选型后,结构布置对实现设计意图,赋予框架结构安全性、适用性和耐久性功能具有很大的影响。

1. 框架结构布置原则

(1) 结构的平面和立面布置宜简单、规则、整齐,使结构在平面和立面上刚度中心和质量重心重合;防止在房屋高度方向形成多个薄弱层。

(2) 尽量统一开间和进深尺寸,统一层高,减少构件类型,简化设计,方便施工。

(3) 限制结构高宽比,提高结构整体抗侧能力和整体稳定性,确保在特大地震发生后房屋具有很高的抗倒塌能力。

(4) 充分注重温度应力、混凝土收缩、地基不均匀沉降对框架结构造成的不良影响。规范规定的混凝土结构伸缩缝最大间距见表13-1。

混凝土结构伸缩缝最大间距(m)　　　　表13-1

结构类别		室内或土中	露天
排架结构	装配式	100	70
框架结构	整体式	75	50
	现浇式	55	35
剪力墙结构	装配式	65	40
	现浇式	45	30
挡土墙、地下室墙壁等类结构	装配式	40	30
	现浇式	30	20

注:1. 装配整体式结构伸缩缝的间距,可根据结构的具体情况取表中装配式结构与现浇结构之间的数值;
  2. 框架—剪力墙结构或框架—核心筒结构房屋的收缩缝间距,可根据结构的具体情况取表中框架结构与剪力墙结构之间的数值;
  3. 当屋面无保温或隔热措施时,框架结构、剪力墙结构的伸缩缝间距宜按表中露天栏的数值取用;
  4. 现浇挑檐、雨罩等外露结构的伸缩缝间距不宜大于12m。

(5) 在同一建筑中,由于基础类型、埋深不一致,或土层构成变化较大,以及房屋不同区域层数、荷载相差悬殊时,故应设沉降缝将相邻部分从基础到上部结构完全分开。沉降缝应从基础底面将房屋彻底分开,宽度不应大于100mm。如果设计要求设置伸缩缝、抗震缝,要做到"三缝合一",且应以宽度要求最大的抗震缝的要求确定缝宽。

2. 柱网

框架结构的柱网尺寸,决定了房屋的进深和开间尺寸,在民用建筑中它是由使用功能决定的;在工业建筑中它主要是由生产工艺要求决定的。柱网布置要力求做到平面简单规则,符合模数要求;有利于建筑工业发展的"三化"。根据房屋的类别及使用要求,民用建筑框架和工业建筑框架柱网尺寸应分别满足下列要求:

(1) 民用建筑

民用建筑涉及国民经济的各行各业,建筑种类繁多,功能要求各异,柱网和层高各有不同。一般柱网以300mm为基本模数,柱距和开间可根据建筑设计的要求确定,同时也要顾及梁柱受力合理、经济可靠等因素。房屋的进深(即横向承重框架的跨度)可为4.2m、4.8m、5.1m、5.4m、5.7m、6.0m等。房屋的开间尺寸可为3.0m、3.3m、

3.6m、3.9m、4.2m、6.0m 等。

（2）工业建筑

多层钢筋混凝土框架结构工业厂房的柱网和层高是根据生产工艺的要求决定的，厂房布置为跨度组合式和中间过道式（内廊式）两类。内廊过道式的跨度一般为 2.4m、2.7m、3.0m、3.3m 和 3.6m 五种，车间的跨度一般为 6.0m、6.6m、6.9m 三种；柱距一般有 4.5m、5.1m、5.4m 和 6.0m 等。

跨度组合式厂房的跨度尺寸通常为：6.0m、7.5m、9.0m、12.0m 等；纵向柱距一般为 6.0m；多层工业厂房的层高一般为 3.6m、3.9m、4.2m、4.5m、4.8m、5.4m。

3. 框架结构承重方案

框架结构承重体系是指由梁、板、柱和基础等组成的受力共同体，在结构平面定位后形成的空间整体布置方案。框架结构常用的布置方案如图 13-1 所示。

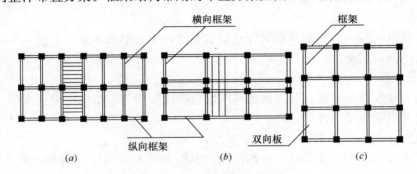

图 13-1 常用的承重框架结构体系
(a) 横向框架承重体系；(b) 纵向框架承重体系；(c) 纵横向框架承重体系

（1）横向框架承重方案

1) 组成

横向框架承重体系是由横向承重梁、柱及基础组成；板、横向框架承重梁及纵向连系梁整体浇筑在一起，或预制混凝土板沿房屋纵向布置，两端支承于横向框架梁上。在房屋纵向各个框架由纵向连系梁拉结形成空间受力体系，如图 13-1(a) 所示。

2) 内力分析

在竖向荷载作用下，横向框架按多层刚架进行内力分析；纵向各层连系梁一般按多跨连续梁进行分析，而不考虑它与柱的刚性连接。

在水平风荷载作用下，一般仅对横向框架进行内力分析；纵向由于房屋长度较长，柱列中柱的根数多，纵向抗侧性能好，一般不会先于横向发生破坏，故纵向可不必进行承载力和变形验算。

对结构进行地震作用验算时，一般纵横向均应按抗震规范的要求进行抗震承载力和变形验算。通常情况下，地震作用不与风荷载同时考虑。

3) 特点

由于承重梁在横向布置，房屋结构横向抗侧刚度增加，提高了房屋横向抗震性能。同时，由于截面高度大的承重梁沿房屋横向布置，室内的采光和通风效果良好。

（2）纵向框架承重方案

1) 组成

纵向承重框架受力体系是由纵向承重梁、柱及基础组成；板、纵向框架承重梁及横向连系梁整体浇筑在一起，或预制混凝土板沿房屋横向布置，两端支承于纵向框架梁上。在房屋横向各个框架由横向连系梁拉结形成空间受力体系，如图13-1（b）所示。

2) 内力分析

在竖向荷载作用下，纵向框架按多层刚架进行内力分析；横向各层仍应按多层刚架进行承载力和变形验算。

3) 特点

由于承重梁在纵向布置，房屋结构横向可以让管道穿行；可以利用截面尺寸较大的纵梁调节纵向发生的地基不均匀沉降带来的影响；楼层净高比横向承重方案的框架要高。

（3）纵横向框架承重方案

1) 组成

由沿房屋纵、横向布置的承重梁和柱组成纵横向承重框架体系，承担房屋楼（屋）面及水平方向的荷载影响。

2) 内力分析

楼面框架梁在双向布置，双向抗侧移刚度分布比较均匀；结构接近正方形，便于充分发挥两方向承重梁的受力性能。

3) 特点

房屋结构双向共同承受荷载及地震作用，纵横向受力，刚度在两方向相差不太悬殊；纵横向均有较好的抗震性能。

三、框架梁、柱截面尺寸和材料强度

1. 框架梁

（1）截面形状

框架梁通常情况下以承受竖向荷载为主，截面在荷载作用下受到的内力主要是弯矩和剪力。在不对称的垂直荷载、水平风荷载或地震作用影响下，梁截面还会产生压力。框架结构类型不同，框架梁的截面形状就不同。在全现浇框架中，梁、板、柱三者整体浇筑在一起，梁在荷载作用下发生弯曲变形时，板作为梁的翼缘随梁一起受弯，框架梁实际受力为T形截面或倒L形截面在承担弯矩和剪力。在半现浇框架和装配式框架承重方案中，由于楼（屋）面板是后铺于框架梁上的，板与梁不可能整体受力，板不会担当梁翼缘的角色。所以，梁截面一般为矩形、T形、花篮形和十字形。框架连系梁的截面形状，一般有矩形、倒L形、T形和倒T形几种。

（2）截面尺寸

根据框架结构中梁的承载力和刚度要求，框架梁的截面尺寸可按下列公式计算：

$$h = \left(\frac{1}{8} \sim \frac{1}{14}\right)l_0 \tag{13-1}$$

（3）材料强度

框架梁的混凝土强度等级不低于C25，一般应在C25～C40之间；预制梁可采用C30～C50。框架梁内纵向受力钢筋应采用HRBF335、HRB400、HRBF400、HRB500、HRBF500级钢筋。箍筋宜采用HPB300、HRBF335、HRB400、HRBF400级钢筋。

2. 框架柱

(1) 截面形状

框架柱一般多采用矩形，特殊情况下也可用T形、L形、十字形等异形截面。

(2) 框架柱截面尺寸

框架柱截面尺寸可根据柱承受的竖向荷载预估值N，按下式计算：

$$\frac{N}{f_c A_c} \leqslant 0.9 \tag{13-2}$$

式中 N——根据经验和初步计算的柱轴向压力设计值；

f_c——混凝土抗压强度设计值；

A_c——待正式确定的柱截面面积，$A_c = b \times h$。

通常取柱宽$b = (0.5 \sim 1.0)h$，结合A_c便可确定柱截面尺寸。

框架柱截面尺寸应满足下列要求：

1) 柱截面高度不小于600mm；截面宽度不小于400mm；

2) 柱截面尺寸以50mm为模数递增或递减；

3) 柱的净高H_n与柱截面长边h之比不宜小于4；

4) 圆柱的直径不宜小于350mm。

(3) 材料强度

柱内混凝土强度等级不宜低于C25，一般使用C30～C50级。纵向受力钢筋宜采用HRBF335、HRB400、HRBF400、HRB500、HRBF500级钢筋。箍筋宜采用HPB300、HRBF335、HRB400级钢筋。

第三节 多层框架结构承受的荷载和计算简图

多层框架结构房屋在施工和使用阶段承受的作用，包括以荷载为主的直接作用，以及由于温度变化引起的温度应力、地基不均匀沉降施加给框架的间接应力，地震区房屋不可避免会受到地震作用的影响在结构内产生应力和变形。为了讨论问题的方便起见，本节只探讨直接作用对框架结构的影响。

一、竖向荷载

1. 永久荷载

框架结构建筑及装饰部分自重、管道及固定设备自重共同组成了房屋结构的永久荷载。框架结构中使用的建筑材料的重度是计算永久荷载的基础，可从《建筑结构荷载规范》GB 50009—2012中查用。

2. 屋面可变荷载

施工检修荷载，上人屋面的人群荷载，我国北方地区屋面的积雪荷载，以及有些工业厂房屋面的积灰荷载都属于屋面可变荷载。荷载规范规定：不上人屋面的屋面施工检修可变荷载按$0.5kN/m^2$计算，但当施工荷载较大时按实际情况取用；上人屋面按$2.0kN/m^2$计算。但当屋面兼作其他用途时，应根据所兼作的用途，取相应的可变荷载。若屋面作屋顶花园时取$4.0kN/m^2$。

在荷载规范载明的我国降雪量较大的地区，在设计不上人屋面时，应将雪荷载与规范给定的不上人屋面 0.5kN/m² 施工检修荷载相比较,在进行结构内力分析时取二者的较大值。

3. 楼面可变荷载

按工业建筑和民用建筑的不同,按照荷载规范规定分别确定各类不同楼(屋)面使用可变荷载。

(1)民用建筑楼面均布可变荷载标准值按荷载规范的规定取值,并在设计楼(屋)面梁、墙、柱和基础时,可变荷载按楼层的折减系数按表 2-5 取用。在设计楼(屋)面梁、墙、柱和基础时对楼面可变荷载折减的原因是,楼面负荷面积越大或房屋结构负荷层数越多,楼面可变荷载在全部负荷面积上同时到达其标准值的概率越低。

一般民用建筑楼面可变荷载较小,在楼面承受的总的竖向荷载中所占比例偏低,为简化计算,在设计时往往不考虑折减的问题,偏于安全地取其满载分布计算。

(2)工业建筑楼面均布可变荷载,是在生产及设备安装或检修过程由设备、运输车辆和人群荷载引起的。对它们均应按设计时具体情况考虑,可采用等效均布荷载计算其值。

二、水平风荷载

沿水平方向作用于墙面的风荷载,在高层建筑受力分析时所起的作用较大,在多层建筑设计时,根据房屋结构所处的地域及周边环境情况、风荷载标准值的大小等因素,确定是否考虑风荷载对结构受力变形的影响。一般情况下的多层建筑风荷载不与水平地震作用进行组合,所以当风压较小时可以不予考虑。确需考虑风荷载时,按荷载规范的有关规定确定其值。

三、计算简图

1. 计算单元的确定

框架结构是由横向框架和纵向框架构建形成的。理论分析证明,纵、横向框架相互之间的拉结作用都比较弱,根据这一特性,分析横向框架在荷载作用下内力及变形时,不考虑纵向框架与横向框架之间的空间拉结作用,而是按平面体系对横向框架的内力进行计算。同理,在分析纵向框架内力和变形时,也不考虑横向框架的框架拉结作用,也按平面框架计算。

横向框架结构内力及变形分析时,所取的计算单元是从框架结构中部选一榀框架作为研究对象,假想从该框架相邻开间二分之一处切开,以该框架为主体作为独立的计算单

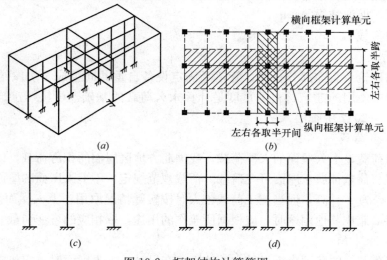

图 13-2 框架结构计算简图

元。同理，纵向框架结构内力及变形分析时，也是按图 13-2 中所示范围，仿照横向框架计算单元确定的方法选取计算单元。

如图 13-3（a）所示，整体式现浇混凝土框架基础和柱的支座连接方式为固定支座连接。图 13-3（b）所示为装配式混凝土框架结构杯口基础和钢筋混凝土预制柱的连接，用细石混凝土浇筑灌实杯口时由于支座刚性很大，通常按固定支座考虑。图 13-3（c）所示为杯口基础用沥青麻丝嵌缝时，由于刚性不足通常按铰支座考虑。

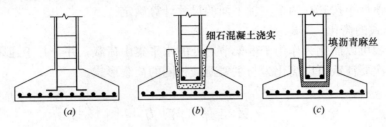

图 13-3　框架柱与基础的连接

2. 跨度与层高的确定

框架梁的跨度取决于支承该梁的柱距大小，随着房屋层数增多和高度增加，到一定值，柱横截面缩减尺寸，通常以柱尺寸缩减后的形心作为梁跨度 l 取值的依据。框架柱的计算高度，根据表 7-3 决定。

对于倾斜的或折线形横梁，当坡度<1/8 时，可简化为水平直杆。对于不等跨框架跨度差不大于 10% 时，可按等跨计算，简化后的跨度取原来各跨跨度的平均值。

3. 框架梁、柱的惯性矩

如前所述，不同的框架形式其梁与板连接的整体性具有较大差异，整体性不同，框架的梁柱共同工作的程度就不同，受力时梁提供的抗弯抵抗矩也就不同。整体性最好的是全现浇框架，接下来依次是半现浇框架、装配整体式框架和装配式框架。各类框架的框架梁惯性矩的取值为：

（1）现浇框架

中间框架梁跨中截面（T 形截面）

$$I_b = 2I_0 \tag{13-3}$$

边框架梁跨中截面（倒 L 形截面）

$$I_b = 1.5I_0 \tag{13-4}$$

支座截面均按矩形截面考虑，理由很简单，上部截面在负弯矩作用下开裂，翼缘（板）部分对支座截面的抗弯不起作用，截面实际受弯部分为矩形截面。

（2）装配整体式框架

对中间框架梁跨中截面

$$I_b = 1.5I_0 \tag{13-5}$$

边框架梁跨中截面（倒 L 形截面）

$$I_b = 1.2I_0 \tag{13-6}$$

式中　I_b——框架梁截面惯性矩；
　　　I_0——按矩形截面计算的梁截面惯性矩。

(3) 装配式框架

装配式框架梁与板的连接整体性差，计算时不考虑二者共同工作的特性，其跨中和支座截面的惯性矩按实际截面确定。

(4) 框架柱

框架柱的惯性矩按其在两个主轴平面的尺寸计算确定。

4. 荷载图式的简化

水平风荷载可以简化为作用于框架节点处的水平集中荷载，并合并于迎风面一侧；作用于框架上的次要荷载可以简化为与主要荷载相同的荷载形式。

第四节　多层框架的内力和侧移计算

多层框架结构内力和侧移的计算方法包括电算法和手算法两类。电算法是借助编制好的框架结构计算机程序分析框架内力和变形的方法。手算法是依据力学原理和简化的模型所作的近似计算的方法。本节只讨论几种常用手算法。

一、竖向荷载作用下框架内力计算的分层法

多层框架房屋在水平荷载作用下侧移较小，且各层梁上的荷载相互之间的影响也比较小，为了方便计算，在用分层法计算框架竖向荷载作用下的内力时需要作如下假定。

1. 基本假定

(1) 框架在竖向荷载作用下侧移很小，对内力分析影响很小，可以忽略不计。

(2) 每层梁上的荷载对其他层梁的影响较小，可以忽略这种影响。

2. 定义

为了分析多层框架在竖向荷载作用下的内力，假想从每层柱的中部将框架分解为开口小框架，逐层分析每个开口小框架上的内力，依次逐步叠加已经求出内力的开口小框架的内力，就得到了全框架的内力图。这种计算方法称为分层法。

3. 步骤

(1) 将多层框架以每层柱高度的中间为界假想截断，形成多个开口小框架，同时假定开口小框架远端为固端。

(2) 用力矩分配法计算每个开口小框架的内力。

(3) 在分析每个开口小框架内力时，前述假定柱的远端为固端，但实际上并不完全是固端，节点具有弹性杆件在外力作用下在节点上会产生转角。为了消除这种误差，可认为除底层柱外，其他每层柱的线刚度均乘以0.9的折减系数（底部为0.75），相应的弯矩系数就变为1/3，底层柱弯矩传递系数为1/2。

(4) 分层法计算得到的梁端弯矩即为最后弯矩，每根柱属于相邻上下两层开口小框架的组成部分，所以，柱端弯矩要叠加。叠加后的弯矩可能不平衡，但误差较小，可不再分配。

(5) 横梁的最后弯矩即为分层计算所得的弯矩。

(6) 柱的最后弯矩为上、下两相邻开口小框架柱的弯矩叠加。确有必要时可对节点不

平衡弯矩，在本节点内的几个杆件间可再作一次分配（仅节点分配，不需传递）。

经分析比较，分层法计算所得结果，梁的弯矩误差较小，柱的弯矩误差较大。柱端弯矩较大时其误差较小，柱端弯矩较小时误差较大。结构对称以及荷载对称时，误差较小，反之，误差就较大。

二、水平荷载作用下框架内力近似计算方法——反弯点法

多层框架在水平风荷载或地震作用下，为了简化计算，一般都简化为节点水平集中力。由力学原理得知，节点集中力作用下框架梁和柱的弯矩图呈直线形，弯矩为0的柱截面是柱的反弯点，如图13-4所示。框架中各柱和水平刚度很大平卧在柱顶的楼盖形成空间体，共同抵抗水平力的作用，同层内各柱顶的水平位移相同。当梁柱线刚度之比大于等于3时，梁柱节点处的转角就很小，可忽略不计。这时，只要求出一榀框架各柱的抗侧移刚度（$12i_c/h^2$）（$i_c=E_cI_c/h$），各柱提供的侧移刚度值之和 $\sum \frac{12i_c}{h^2}$ 就可得知。由于同层柱高 h 相同，所以同层内，每个框架柱承受的水平剪切力的大小就是按其线刚度与同各层柱总的线刚度比值即 $i_c/\sum i_c$ 关系分担楼层水平剪力的。求得柱反弯点截面受到的水平剪切力后，在反弯点高度已知情况下，便可求得各柱端的弯矩。由此可知，求解多层框架在水平荷载作用下内力的近似值，一是要确定各柱间的剪力分配比；二是要确定各柱的反弯点的位置。

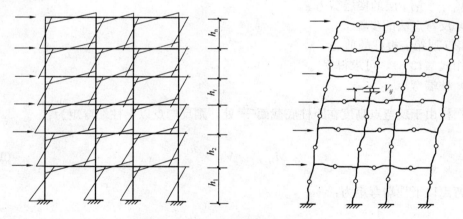

图13-4 多层框架反弯点法计算示意图

1. 基本假定

（1）将水平方向的荷载化为节点集中荷载。

（2）框架底层各柱的反弯点在距柱底部为2/3柱高处，其余各层柱的反弯点在距柱底1/2柱高处。

（3）不考虑框架横梁的压缩变形，不考虑梁柱节点的转角，认为梁柱线刚度为无穷大。

（4）楼板在水平面内的刚度无穷大，同层柱顶端的位移均相同。

2. 计算方法

（1）概述

根据上述假定（3）得：同层柱的侧移相等，则各柱的剪力与柱的抗侧移刚度 $12i_c/h^2$

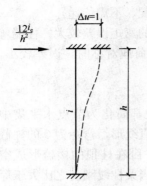

成正比。柱的抗侧移刚度 $12i_c/h^2$ 表示当柱顶产生单位水平位移时（$\Delta u=1$），在柱顶需要施加的水平力的大小，如图 13-5 所示。

根据结构力学知识可知，第 i 层第 j 根柱的抗侧移刚度为：

$$\frac{12E_c I_{cij}}{h_{ij}} = \frac{12i_{cij}}{h_{ij}^2} \tag{13-7}$$

式中 i_c——第 i 层第 j 根柱的线刚度，$i_{cij} = \dfrac{E_c I_{cij}}{h_{ij}}$。

则第 i 层第 j 根柱的剪力为：

图 13-5 柱的抗侧移刚度

$$V_{ij} = \frac{i_{cij}}{\sum_{j=1}^{n} i_{cij}} V_i \tag{13-8}$$

其中 V_i 为第 i 层的楼层剪力，为：

$$V_i = \sum_{j=i}^{n} F_j \quad (j = i, i+1, \cdots, n) \tag{13-9}$$

式中 F_j——作用于第 j 层顶点的水平集中荷载；
V_i——第 i 层的楼层剪力。

(2) 反弯点法的步骤

求第 i 层第 j 根柱的剪力

利用式 (13-8)，可求得 V_{ij}。

(3) 柱端弯矩

底层柱由于反弯点高度在距柱底截面 $\dfrac{2h_1}{3}$ 处，则反弯点以上柱端弯矩为：

$$M_{1j,\text{上}} = V_{1j} \times \frac{h_1}{3} \tag{13-10}$$

反弯点以下柱端弯矩为：

$$M_{1j,\text{下}} = V_{1j} \times \frac{2h_1}{3} \tag{13-11}$$

其他楼层反弯点高度在柱的 1/2 处，则

$$M_{ij,\text{上}} = M_{ij,\text{下}} = V_{ij} \times \frac{h_1}{2} \tag{13-12}$$

如图 13-16 所示，则边节点弯矩的平衡关系为：

$$M_{\text{右}} = M_{\text{上}} + M_{\text{下}} \tag{13-13}$$

中间节点弯矩的平衡关系为：

$$M_{\text{左}} = \frac{(M_{\text{上}} + M_{\text{下}})i_{\text{左}}}{i_{\text{左}} + i_{\text{右}}} \tag{13-14}$$

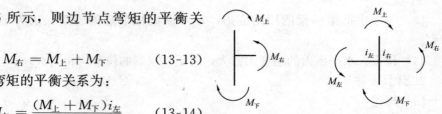

图 13-6 框架节点弯矩平衡

$$M_{右} = \frac{(M_{上} + M_{下})i_{右}}{i_{左} + i_{右}} \tag{13-15}$$

反弯点法适用于梁柱线刚度之比大于3，楼层层高和各层柱的线刚度沿房屋总高度方向分布均匀的规则框架。否则，对于不规则框架计算所得的结果误差会较大，以至于计算结果不能用于结构设计。

三、水平荷载作用下框架内力近似计算的 D 值法（修正的反弯点法）

1. 问题的提出

不规则的框架结构是指沿房屋的总高度方向楼层的高度变化较多，相邻的上下层之间柱的总抗侧刚度值相差太大，框架梁与柱的线刚度之比小于3等。对于不规则框架需要按采用 D 值法计算内力和侧移。D 值法是由日本武藤清教授于1963年提出来的。他指出：柱的抗侧移刚度不仅与柱的线刚度和框架层高有关，而且还与梁的线刚度有关；柱的反弯点高度不是一个定值，它与同一个节点上梁柱线刚度比以及与同一根柱相连的上下层梁的刚度之比，上下层层高的关系、房屋结构的总层数、该柱所在的楼层位置等多种因素有关，同时还与荷载的形式有关。考虑到上述各种因素的影响，在计算多层框架内力时，对柱的抗侧移刚度需要加以修正，修正后的柱抗侧移刚度用 $D = \alpha \dfrac{12i_{cij}}{h_{ij}^2}$ 表示，所以这种求解不规则框架内力的方法称为 D 值法，又称为修正的反弯点法。至于反弯点的位置则需要通过计算确定。

2. 修正后的侧移刚度 D

在反弯点法中，假定梁的线刚度为无穷大，柱的上、下端均为固端且无转动（只有侧移）。当框架在水平荷载作用下，节点有转动时，对抗侧移刚度须加以修正。由结构力学知识得知，当柱两端均转动 θ 角时，柱顶产生单位侧移时，柱顶的剪力（即抗侧移刚度 D）如图13-7所示。

柱的转动刚度计算公式为：

$$D_{ij} = \alpha_c \frac{12i_{cij}}{h_{ij}^2} \tag{13-16}$$

式中　α_c——考虑梁柱线刚度比例对柱抗侧移刚度的修正系数，见表13-2。

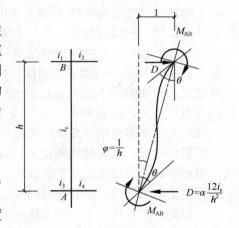

图13-7　框架节点转角位移

梁柱线刚度之比 K 和对柱侧移刚度修正系数 α　　　表13-2

层别	边柱	中柱	α_c
一般层	$K = \dfrac{i_1 + i_3}{2i_c}$	$K = \dfrac{i_1 + i_2 + i_3 + i_4}{2i_c}$	$\alpha_c = \dfrac{K}{2+K}$

续表

层别	边柱	中柱	α_c
底层	$K = \dfrac{i_6}{i_c}$	$K = \dfrac{i_5 + i_6}{i_c}$	$\alpha_c = \dfrac{0.5 + K}{2 + K}$

当得到柱的抗侧移刚度修正值 D 之后，与反弯点法相似，同层各柱的剪力为：

$$V_{ij} = \frac{D_{ij}}{\sum_{j=1}^{m} D_{ij}} V_i \tag{13-17}$$

式中　V_{ij}——第 i 层第 j 根柱承受的剪力；

D_{ij}——第 i 层第 j 根柱的抗侧移刚度值；

$\sum_{j=1}^{m} D_{ij}$——第 i 层所有柱的抗侧移刚度值总和；

V_i——第 i 层柱承受的剪力值和，$V_i = \sum_{i}^{n} F_i$。

3. 修正后的柱反弯点高度

影响柱的反弯点高度比 y 的主要因素有以下几点：柱所在的楼层位置；框架的总层数及计算层梁、柱线刚度比；上、下梁的相对刚度比；上、下层的层高变化情况等。

（1）楼层位置的影响及标准反弯点高度比 y_0

y_0 是假定框架各层梁的线刚度、柱的线刚度和各层的层高都相同时，计算出的反弯点高度比。y_0 的取值与结构总层数 n、该柱所在的层数 i、梁柱线刚度比以及水平荷载的形式等因素有关，y_0 由附录三的附表 3-1 和附表 3-2 查用。

（2）上、下梁线刚度变化时的反弯点高度比修正值 y_1

某层柱的上、下梁的线刚度不同时，则该柱的反弯点就会在标准反弯点附近上下移动，因此，必须对反弯点位置加以修正，y_1 由附录三附表 3-3 查用。

（3）上、下层的层高变化时的反弯点高度比修正系数 y_2、y_3

当讨论的某层柱位于层高变化的楼层中，则柱的反弯点高度比就不是标准反弯点高度比。当上层较高时，反弯点上移 $y_2 h$，下层柱较高时，反弯点向下移动 $y_3 h$（此时 y_3 为负值）。

y_2、y_3 的值由附录三附表 3-4 查用。

框架柱各层柱修正后的反弯点高度比由式（13-18）确定，反弯点距柱底截面的高度由式（13-19）确定。

$$y = y_0 + y_1 + y_2 + y_3 \tag{13-18}$$

$$y' = yh = (y_0 + y_1 + y_2 + y_3)h \tag{13-19}$$

柱的反弯点修正值示意图如图 13-8 所示。

4. 计算步骤

多层多跨框架在节点水平力作用影响下，内力计算步骤如下：

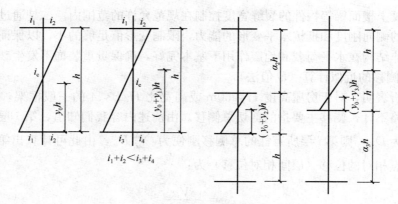

图 13-8　柱的反弯点修正值示意图

（1）柱的侧移刚度 D_i

根据式（13-16）求解。

$$D_{ij} = \alpha \frac{12 i_{cij}}{h_{ij}^2}$$

（2）求每层各柱承担的水平剪力

根据式（13-17）可得

$$V_{ij} = \frac{D_{ij}}{\sum_{j=1}^{m} D_{ij}} V_i = \frac{D_{ij}}{\sum_{j=1}^{m} D_{ij}} \sum_{i}^{n} F_i$$

（3）求柱的反弯点高度

根据表 13-2 计算得到的 α、$\overline{K}$ 值，查附录三的附表 3-1～附表 3-4，求出 y_0、y_1、y_2、y_3。根据式（13-18）和式（13-19）求得 y、y'。

（4）求柱端弯矩

柱端弯矩可由柱反弯点截面的剪力和反弯点高度求得：

$$M_{ij,上} = V_{ij}(h - y') = V_{ij}h(1 - y') \tag{13-20}$$

$$M_{ij,下} = V_{ij}y' = V_{ij}yh \tag{13-21}$$

（5）任意一节点处，梁端弯矩可由节点平衡条件求得，并按梁的线刚度比例关系分配到各梁端，与反弯点法计算公式完全一致，即通过式（13-2）～式（13-15）求解。

四、水平荷载作用下框架侧移的近似计算

1. 框架侧移的组成

框架在水平荷载作用下的侧移由两部分组成，即总体剪切侧移和总体弯曲侧移。总体剪切侧移是由梁、柱弯曲变形（梁、柱自身的剪切变形甚微，工程实际中可以忽略）所导致的框架侧移。由于楼层间剪力分布呈现楼层越靠下，剪力越大的特性，所以楼层间侧移同样具有越靠下越大的特点。因此，可以把整个框架假想为竖向悬臂构件，在水平荷载作用下一侧（柱）受压缩短，一侧（柱）受拉伸长引起的侧移。

2. 框架侧移验算的目的

为了保证建筑结构具有必要的刚度，需要对其层间位移加以限制。这样做的目的有两点，一是保证主体结构基本处于弹性受力状态，对钢筋混凝土构件主要是避免柱出现裂

缝；或将混凝土楼面梁等构件的裂缝宽度控制在规范允许的范围内。二是通过验算保证结构具有足够的侧向刚度和抵抗水平变形的能力，限制变形值足够的小，以保证填充墙、隔墙和幕墙等非结构在水平荷载和地震作用下基本完好，确保贵重装饰不发生破坏。

3. 框架侧移的近似计算（D 值法）

理论分析表明，对于房屋高度 $H<50m$ 或高宽比 $H/B<4$ 的一般框架，弯曲侧移很小，可以忽略不计，侧移主要指的剪切总侧移。由前述内容我们知道，第 i 层第 j 根柱的抗侧移刚度为 D_{ij}，则第 i 层所有柱的总侧移刚便为 $\sum D_{ij}$，由此可计算出第 i 层第 j 根柱上、下节点相对的位移（层间相对位移）为：

$$\Delta_i = \frac{V_i}{\sum_{j=1}^{m} D_{ij}} \tag{13-22}$$

框架顶点总侧移应该是各层层间相对位移的和，即

$$\Delta_n = \sum_{i=1}^{n} \Delta_i \tag{13-23}$$

式中　m——第 i 层框架柱的总根数；
　　　n——框架的总层数。

4. 框架结构层间位移的限值

框架结构楼层层间位移 Δ_i，应满足

$$\frac{\Delta_i}{h_i} \leqslant \left[\frac{\Delta_i}{h_i}\right] \tag{13-24}$$

式中　Δ_i——按弹性方法计算的楼层最大层间位移；
　　　h_i——第 i 层的层高；
　　　$\left[\dfrac{\Delta_i}{h_i}\right]$——楼层间最大侧移与层高之比的限值，对高度不大于 50m 的框架结构取 1/550。

第五节　框架结构的内力组合和杆件设计

一、控制截面及最不利内力

和其他结构一样，框架结构梁、柱的配筋计算是根据控制截面的最不利内力计算确定的。

1. 控制截面及最不利内力的种类

控制截面通常是指内力最大，对构件设计起控制作用的截面。梁的支座和跨中截面是梁的内力最大的截面，也就是梁的控制截面；柱的上、下端截面内力最大，所以柱的控制截面在柱的上、下端截面。

需要说明的是，结构受力分析时得到的内力一般都是支座中心处的内力（梁的最大弯矩和剪力都是在柱的截面以内），支座中心往往截面尺寸较大（梁受力时柱截面参与受

力），一般破坏不发生在内力最大的截面，而是在内力相对跨内其他梁截面较大的支座边缘，这时，框架梁支座截面的受剪和受弯验算的控制截面就是支座边缘截面。按照式（11-16）和式（11-17）计算控制截面内力。

2. 最不利内力

梁、柱控制截面上的内力有弯矩 M、剪力 V 和轴力 N。在不同的内力组合下控制截面的配筋是不一样的，对梁、柱进行不利内力组合就是要寻求使得各个控制截面配筋最合理的一组或几组内力组合值的过程。

（1）梁的最不利内力

对于梁，通常只组合支座边沿截面的 M_{max} 和 V_{max}，以及跨中截面的 M_{max}，这些截面是梁受力最大、最容易出现破坏的截面，也是配筋最多的截面。

（2）柱的最不利内力

对于框架柱，大偏心受压时，偏心距越大（M 越大，N 越小）时截面配筋越大；小偏心受压时，纵向压力 N 越大，截面配筋越多。

对于最常用的矩形截面柱的每一控制截面则必须进行下列几种组合：①$+M_{max}$ 及相应的 N，V；②$-M_{max}$ 及相应的 N，V；③N_{max} 及相应的 M，V；④N_{min} 及相应的 M，V；⑤$|M|$ 比较大但不是绝对最大，而它的 N 比较小或比较大（但不是绝对最大也不是绝对最小）。

考虑到框架柱一般都采用对称配筋，上述组合中，①、②两种组合可合并为 M_{max} 及相应的 N 和 V。组合①、②、④是以构件可有出现大偏心受压破坏进行的内力组合；组合③是从构件可能出现的小偏心受压破坏进行的组合。一般情况下，前四种组合可以满足工程设计的需要，但在某种特殊情况下，也许它们四种都不是最不利的情况。如在大偏心受压时 M 虽然比最大值略小，而它对应的 N 若减少很多，这种内力组合下求出的截面配筋量反而会更大一些。为此，必须注意组合⑤可能成为最不利内力组合。

为了验算柱斜截面抗剪强度，柱也要组合 V_{max} 及相应的 N。这是因为 V 越大，斜截面破坏的可能性就越大，轴向力 N 越小，柱的抗剪能力也越低的原因。

3. 可变荷载的布置

作用于结构的永久荷载其大小、作用位置和作用方向是固定不变的，对结构的影响也是不变的。可变荷载的大小、方向和作用位置都是可变的，为此，在结构设计时就必须找出可变荷载以哪种布置方式作用于结构时，将使讨论的特定截面内力最大，然后按照这种具有规律性的思路找出各个控制截面可变荷载最不利内力的布置方式，从而求得各个控制截面最不利内力。

4. 可变荷载最不利内力计算的简化方法

为了计算框架在可变荷载作用下的最不利内力，常利用以下三种方法求可变荷载最不利内力。

（1）分跨计算组合法

这种方法是将可变荷载逐层逐跨单独作用于结构上，分别计算结构内力，然后再针对各计算截面去叠加其可能出现的最不利内力。这种方法思路清晰，但计算工作量大，用于手算时可近似用分层法计算，如图 13-9 所示。

（2）最不利荷载布置法

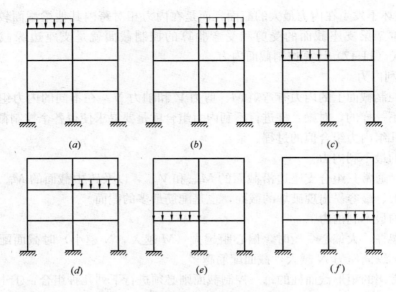

图 13-9 用逐层逐跨加荷法时可变荷载的布置

对于某些特定截面的最不利内力,可根据影响线直接确定产生最不利内力时的可变荷载布置,然后根据这种荷载布置求解框架内力。这种方法与肋梁楼盖设计中确定梁、板最不利内力的方法一致。求解框架中间某层指定跨的跨中最大正弯矩时,可变荷载布置方法为:本层从该跨开始布置,然后隔跨布置;在上下相邻楼层避开本跨后隔跨布置。

(3) 满布荷载法

上述(1)、(2)两种方法不管采用哪种方法都需要计算多种荷载作用下的框架内力。

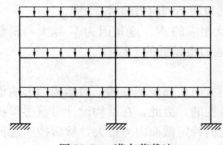

图 13-10 满布荷载法

采用手算时工作量很大。根据设计经验,对于一般单跨框架及楼面可变荷载不大于 $5.0kN/m^2$ 的一般多层框架,可不考虑可变荷载最大不利内力布置,而是把可变荷载与永久荷载同时作用于框架所有的梁上进行内力分析,这样求得的内力与考虑可变荷载最不利内力布置时求得的内力非常接近,但框架梁的跨中弯矩却比可变荷载最不利内力布置时求出的弯矩略微减小。因此,实际工程设计时根据结构受力及承受荷载的特点,依据经验把满跨布置时求得的弯矩放大 10%～20%,即乘以 1.1～1.2 提高系数作为截面配筋的依据,如图 13-10 所示。

二、框架杆件设计

1. 节点弯矩调幅

根据理论分析可知,框架结构在荷载作用下允许梁出现一定数量的塑性铰,即结构超静定次数在可控制的前提下允许降低。为了使梁跨内和支座截面受力比较协调,要对支座弯矩进行调幅,通常的做法是适当降低支座弯矩。由于支座弯矩降低,计算得到的支座负弯矩钢筋也就随之下降,一是节省了钢筋用量;二是方便了支座处的钢筋绑扎和混凝土浇筑。

支座弯矩调幅后,考虑塑性内力重分布的影响,梁跨中弯矩应按平衡条件相应增加,且调幅后的跨中正弯矩至少应取按简支梁计算的跨中弯矩的一半。

框架梁端支座弯矩调幅的方法是对竖向荷载作用下的支座负弯矩乘以小于1的弯矩调幅系数。

对于现浇框架,支座梁端弯矩调幅系数采用0.8~0.9。

对于装配整体式框架,由于钢筋焊接、锚固、接缝不密实等原因,框架节点很难做到绝对刚性,即受力后梁与柱间产生一定的相对转角,由此引起的梁端弯矩降低约为10%,考虑到梁端先出现塑性铰,根据经验,装配整体式框架梁端弯矩调幅系数为0.7~0.8。

需要特别强调的是,在计算时竖向荷载作用下的梁端弯矩可以调幅,水平荷载作用下的梁端弯矩不能调幅。因此,必须先将竖向荷载作用下的梁端弯矩调幅后,再与水平荷载产生的梁端弯矩进行组合。

2. 荷载效应组合

在进行框架结构设计时,首先要计算出各种荷载单独作用下的内力,然后根据荷载的性质、在结构上出现的频率及对结构产生的不同影响,再依据荷载规范的规定进行组合。荷载规范给出了各种情况下荷载效应组合的方法。

对于非地震区的多层民用房屋,按承载能力极限状态验算时,常用的荷载组合有以下两种:

$$S_d = 1.2 S_{Gk} + 1.4 S_{Qk} + 0.6 S_{Wk} \tag{13-25}$$

$$S_d = 1.35 S_{Gk} + 1.4 \times 0.7 S_{Qk} \tag{13-26}$$

式中 S_d——非地震区多层民用建筑,按承载力极限状态计算时荷载效应组合值;

S_{Gk}——作用于可计算结构的永久荷载效应标准值;

S_{Qk}——作用于楼(屋)面的可变荷载效应标准值;

S_{Wk}——参与组合的风荷载效应标准值;

0.6——风荷载组合系数;

0.7——作用于楼(屋)面的可变荷载效应的组合系数。

3. 框架梁设计

框架结构设计主要包括框架梁、框架柱和框架梁柱节点设计三部分。框架梁主要承受弯矩和剪力作用,按受弯构件设计。框架梁设计时应注意以下几点:

(1)对于框架梁正截面抗弯和斜截面受剪承载力验算,应根据规范的约定进行计算,配置足够的抗弯纵筋和抗剪腹筋。

(2)对于框架梁正常使用极限状态的验算,必须满足裂缝宽度和挠度要求。

(3)注意执行规范提出的构造要求。

4. 柱的设计

框架柱是受压构件,边柱一般是偏心受压,在房屋采用等跨的跨度组合式时,中柱为轴心受压构件;中间过道式房屋的边柱和中柱都是偏心受压柱。框架结构设计时,考虑到承受的水平风荷载和水平地震作用是随机作用,大小方向随时可以变化的特点,一般都采用对称配筋。柱的计算长度 l_0 取值按表7-3取用。非地震区的框架柱计算按偏心受压或轴心受压构件设计,设计时应注意以下几点:

(1)确定截面类型,柱截面一般采用矩形、T形、十字形、倒L形等。

(2) 明确柱是单向偏心还是双向偏心受压。

(3) 进行框架柱正截面承载力计算。

(4) 进行框架柱斜截面承载力计算。

(5) 大偏心受压时,框架柱 $e_0 > \xi_b h_0$ 时,应进行裂缝宽度验算。

(6) 满足框架柱的其他构造要求。

5. 构造措施

框架节点是框架梁与柱有效连接形成框架结构很重要的组成部分。节点的设计应确保框架结构的安全可靠、经济合理及便于施工。

(1) 节点的构造

1) 楼层节点的构造

在进行平面框架内力分析时,现浇框架的节点上梁柱纵筋相互穿插,拉结的很牢靠,节点刚度很大,计算时可视为刚节点。装配式框架梁柱节点处为后焊或搭接连接,然后浇灌节点混凝土,其刚性较差可按铰接点对待。图 13-11 是顶层端节点梁、柱纵向钢筋在节点内的锚固与搭接;图 13-12 是现浇框架梁顶层纵向钢筋在中间节点内的锚固;图 13-13 是现浇框架梁上部纵向钢筋在中间层端节点内的锚固;图 13-14 为梁下部纵向钢筋在中间节点或中间支座范围的锚固与搭接。

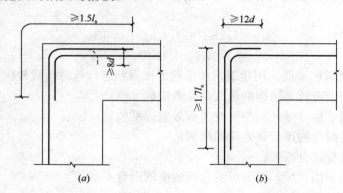

图 13-11 顶层端节点梁、柱纵向钢筋在节点内的锚固与搭接
(a) 对接接头沿顶层端节点外侧及梁端顶部布置;(b) 搭接接头沿节点外侧布置

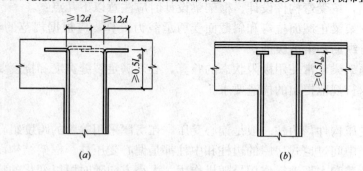

图 13-12 现浇框架中柱顶层和梁的连接节点
(a) 柱纵向钢筋 90°弯折锚固;(b) 柱纵向钢筋端头加锚板锚固

2) 框架柱截面处节点构造

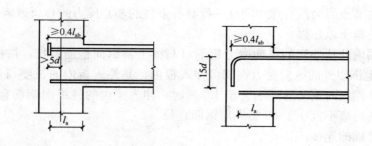

图 13-13　现浇框架梁上部纵向钢筋在中间层端节点内的锚固

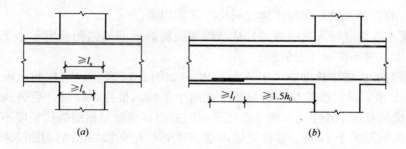

图 13-14　梁下部纵向钢筋在中间节点或中间支座范围的锚固与搭接
(a)下部纵向钢筋在节点中直线锚固；(b)下部纵向钢筋在节点或支座范围外的搭接

当上下柱截面发生变化时，变截面处的纵筋构造如图 13-15 所示。

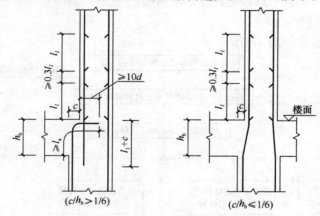

图 13-15　框架柱变截面处纵筋的构造

①中间节点

顶层中间节点，要考虑柱内纵向钢筋的锚固，要求柱内纵向钢筋伸入节点内的锚固长度不小于 l_a；当在节点内垂直锚固长度不够时应沿柱顶在梁的上部梁纵向受力筋下侧向同侧弯折。

梁内纵向受力钢筋在框架顶层中间节点的锚固长度与楼层中间节点内的锚固长度相同。

②边节点

框架顶层边节点因为没有像中间柱一样具有上柱的轴心压力的有利影响,因此,应采取有效地锚固措施予以加强。

在梁宽范围内的柱外侧的纵向受力钢筋可与梁上部纵向钢筋搭接,搭接长度不小于 $1.5l_a$;在梁跨范围以外的纵向受力钢筋可伸入板内,其伸入板内的长度与伸入梁内的长度相同。当柱外侧纵向钢筋的配率大于 1.2% 时,伸入梁内的柱纵向钢筋宜分两批截断,其截断点之间的距离不宜小于 20 倍纵向钢筋直径。

(2) 柱与基础的连接

现浇框架柱与基础的连接应保证固接。由基础内预留的插筋与柱内纵筋搭接时应注意以下几点:

1) 插筋的直径、数量和间距均应同柱内纵筋相同。

2) 插筋一般均应伸入基础底,且从基础顶面算起插筋的锚固长度不小于 l_a,基础内需按构造要求设置不少于 3 道箍筋。

3) 柱筋与插筋搭接长度应大于等于 $1.2l_a$,如图 3-15 所示。当柱截面内每边纵筋多于 4 根(5~8 根)时,插筋与柱内纵筋应在两个平面内搭接,即错开后分两批搭接。每个平面内搭接的长度不小于 l_l,两个搭接平面间的距离应满足钢筋搭接长度不在同一搭接区的要求,即间距大于 $1.3l_l$。在搭接区内箍筋间距不大于 100mm 的构造要求。

(3) 节点箍筋的设置

不考虑抗震设防的框架,虽然节点承受的水平剪切力较小,但仍应在框架的核心区设置水平箍筋,箍筋直径、肢数以及间距与柱中相同,间距不宜大于 250mm。对四边有梁与节点相连的节点,可仅节点周围设置矩形箍筋。

6. 框架结构的设计步骤

框架结构设计步骤如图 13-16 所示。

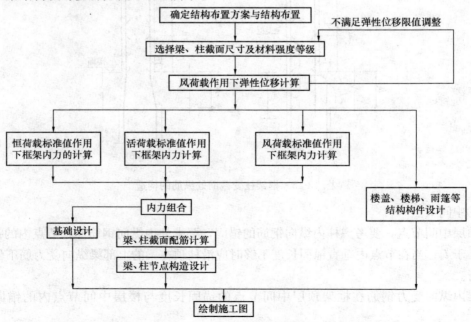

图 13-16 框架结构设计步骤

本 章 小 结

1. 框架结构按施工方法不同分为现浇式、装配整体式、半现浇式及现浇整体式框架，其中现浇框架应用最为广泛。

2. 框架在竖向荷载作用下，其内力计算方法有分层法、弯矩二次分配法和迭代法；在水平荷载作用下，根据适用条件不同可以采用反弯点法和 D 值法。

3. 现浇钢筋混凝土框架结构的设计步骤。

(1) 确定结构布置方案和结构布置、初步选定梁、柱截面尺寸及材料强度等级。

(2) 风荷载作用下的弹性位移验算。

(3) 风荷载、永久荷载和可变荷载单独作用下框架的内力计算。

(4) 内力组合。

(5) 柱、梁、楼盖、基础的配筋计算，柱、梁节点相关构造设计。

复 习 思 考 题

一、名词解释

框架结构　全现浇框架　半现浇框架　装配整体式框架　装配式框架　反弯点法　D 值法　分层法　弯矩二次分配法　柱的侧移刚度　杆件的线刚度　节点转动刚度

二、问答题

1. 按施工方法不同，框架结构分为哪几类？各有什么优缺点？
2. 框架结构布置应注意哪些问题？
3. 框架的设计简图是如何确定的？
4. 用分层法计算框架在竖向荷载作用下内力时采用了哪些基本假定？分层法的步骤有哪些？
5. 多层框架结构在水平荷载作用下内力计算的 D 值法和反弯点法各自的适用范围是什么？步骤有哪些？
6. 框架结构梁、柱的控制截面在何处？
7. 竖向荷载作用下梁端弯矩调幅的理由是什么？

三、计算题

1. 用反弯点求图 13-17 所示的框架在水平荷载作用下的内力，并绘制弯矩图。其中梁的截面尺寸为 $b \times h = 250 \text{mm} \times 550 \text{mm}$，采用 C25 混凝土；柱截面尺寸为 $500 \text{mm} \times 500 \text{mm}$，采用 C30 混凝土，各楼层承受的水平荷载如图 13-17 所示。

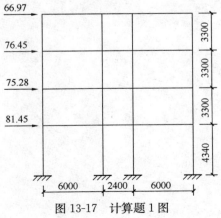

图 13-17　计算题 1 图

2. 某教学楼为5层现浇钢筋混凝土框架结构，采用跨度组合式（6.8m+3.0m+6.8m），开间尺寸3.6m，层高为3.9m。屋盖做法为100mm厚现浇钢筋混凝土板，30mm厚水泥砂浆找平层，保温层为150mm珍珠岩。上铺20mm厚找平层，二毡三油防水层，绿豆砂防护层，20mm厚板底粉刷为混合砂浆。楼盖的作用：板底20mm厚混合砂浆抹底100mm厚现浇钢筋混凝土板，30mm厚水泥砂浆找平层。所有墙体均为240mm厚黏土砖砌体，横向承重框架。框架边梁$b \times h = 250mm \times 600mm$，中跨度$b \times h = 250mm \times 500mm$，框架柱截面尺寸$b \times h = 450mm \times 500mm$，经计算得知作用在框架各节点上的水平荷载分别为$F_1 = 6.81kN$，$F_2 = 6.62kN$，$F_3 = 6.62kN$，$F_4 = 6.76kN$，$F_5 = 3.76kN$，试①根据前述内容画出该框架结构立面内力计算简图；②计算该教学楼横向框架在风荷载作用下的弯矩图。

第十四章 钢筋混凝土结构施工图的识读

学习要求与目标：
1. 理解结构施工图的基本概念，掌握结构施工图的内容和绘制规则。
2. 掌握识读结构施工图的方法，并能熟练地识读结构施工图。
3. 熟悉梁、板、柱平法施工图的表示方法及相关规定。
4. 运用平法制图规则能够理解和读懂国家有关平法标准图。

第一节 概　　述

一、结构施工图在建筑工程中的作用

建筑工程项目从其开始筹划到交付使用全过程，一般要经历项目前期准备阶段，这一阶段包括项目选址、项目构思、市场调研、项目初步可研（项目建议书）、项目可研、评估、规划设计及审批等内容；进入项目实施阶段后包括场地勘察、设计和施工等内容，项目后期的竣工验收及交付使用等阶段。可以说项目前期阶段是项目各种功能孕育的阶段，它赋予项目许多根本性的特征和功能，它是项目建设最重要的阶段，项目的投资合理与否、项目的功能、项目的经济性能都在这一阶段基本定型。设计阶段是实现项目投资人投资意图赋予项目更加具体客观、更加实际的特性和功能的很重要阶段，这一阶段通过设计人员、项目投资人或业主的配合、联系、交流、沟通和协作，设计人员通过其智力活动过程实现设计任务书规定的设计任务，把项目投资人和业主的意图通过一整套设计图纸和文字资料，完整、准确、翔实、科学地表达出来，为项目审批、施工提供信息完备、准确、可行的基础性和根本性的资料，确保施工的建筑产品符合国家政策规定、规范、规程的规定，符合投资人和项目业主的要求。房屋建设施工全套图纸包括建筑施工图、结构施工图、水暖电照施工图、特殊情况下还包括设备安装施工图。结构施工图是表示房屋承受各种作用的受力体系中各个构件之间相互关系、构件自身信息的设计文件，它包括下部结构的地基基础施工图、上部主体结构中承受作用的墙体、柱、板、梁或屋架等的施工图纸。这些图纸反映了组成结构的各个构件之间的位置关系、各构件的形状、尺寸、所用的建筑材料、构造要求及它们之间的相互关系，同时也反映了和其他专业的配合以及其他专业如建筑、给水排水、暖通和电照等对结构设计施工的要求。结构施工图是围绕建筑施工图进行的，它在充分理解建筑设计意图的前提下配合建筑设计、赋予建筑设计安全性、适用性、耐久性和经济性功能。结构施工图对指导结构施工具有非常重要的意义，比如，对施工放线、基槽或基桩开挖、支模、绑扎钢筋、设置预埋件和预留孔洞、浇筑混凝土，安装

梁、板、柱等构件，以及编制施工组织设计文件和施工图预算都具有基础性的作用。

二、结构施工图的内容

房屋建筑结构施工图设计，必须符合现行国家标准《房屋建筑制图标准》GB/T 50001和《建筑结构制图标准》GB/T 50105以及国家现行的有关标准、规范、规程的要求。做到设计计算依据可靠、设计计算过程准确无误、设计构造合理，符合国家有关规范和规程的规定。图纸说明清楚、完备、简洁、易懂，避免含混不清的表达；图纸设计符合规范要求明确，信息全面准确，布图紧凑，前后交代关系明确，明了易懂。

结构施工图包括结构设计说明、结构平面图以及结构详图，它们是结构图整体中联系紧密、相互补充、相互关联、相辅相成的三部分。

1. 结构设计总说明

结构设计总说明是对结构设计文件全面、概括性的文字说明，包括结构设计依据，适用的规范、规程、标准图集等，结构重要性等级、抗震设防烈度、场地土的类别及工程特性、基础类型、结构类型、选用的主要工程材料、施工注意事项等。

2. 结构平面布置图

结构平面布置图是表示房屋结构中各种结构构件总体平面布置的图样，包括以下三种：

（1）基础平面图

基础平面图反映基础在建设场地上的布置，标高、基坑和桩孔尺寸、地下管沟的走向、坡度、出口，地基处理和基础细部设计，以及地基和上部结构的衔接关系等。如果是工业建筑，还应包括设备基础图。

（2）楼层结构布置图

包括底层、标准层结构布置图，主要内容包括各楼层结构构件的组成、连接关系、材料选型、配筋、构造做法，特殊情况下还有施工工艺及顺序等要求的说明等。对于工业厂房，还应包括纵向柱列、横向柱列的确定、吊车梁、连系梁、必要时设置的圈梁，柱间支撑，山墙抗风柱等的设置。

（3）屋顶结构布置图

包括屋面梁、板、挑檐、圈梁等的设置，材料选用、配筋及构造要求；工业建筑包括屋架、屋面板、屋面支撑系统、天沟板、天窗架、天窗屋面板、天窗支撑系统的选型、布置和细部构造要求。

3. 细部构造详图

一般构造详图是和平面结构布置图一起绘制和编排的。主要反映基础、梁、板、柱、楼梯、屋架、支撑等的细部构造做法和适用的材料，特殊情况下包括施工工艺和施工环境条件要求等内容。

三、常用构件代号

在全套的结构施工图中，构件种类繁多，同一类构件也许会有多个不同的型号，布置位置也各不相同，这就给施工带来了许多麻烦。为了使图纸表示简单明了，方便施工，工程实际中常规的做法是用代号表示构件，构件代号使用各自名称的汉语拼音字母缩写表示的。如屋面板可用WB代表，楼面梁用L表示，过梁用GL表示，楼梯梁用TL表示。如果同一类构件中有不同型号可根据常用程度分别用小写的阿拉伯数字加以区分，如梁1和梁 2 写为 L1 和 L2、过梁 1 和过梁 2 写为 GL1 及 GL2。对于预应力混凝土构件的代号前加上 Y 的字样，如预应力吊车梁可写为 Y-DL。为了便于汇总、制表和查阅，一般各类构件要按一定的分类方法（构件所在位置或构建类型）编号排列，见表 14-1。

常用构件代号　　　　　　　　表 14-1

序号	名称	代号	序号	名称	代号	序号	名称	代号
1	板	B	15	圈梁	QL	29	设备基础	SJ
2	屋面板	WB	16	过梁	GL	30	桩	ZH
3	空心板	KB	17	连系梁	LL	31	柱间支撑	ZC
4	槽形板	CB	18	基础梁	JL	32	垂直支撑	CC
5	折板	ZB	19	楼梯梁	TL	33	水平支撑	SC
6	密肋板	MB	20	檩条	LT	34	梯	T
7	楼梯板	TB	21	屋架	WJ	35	雨篷	YP
8	盖板或地沟盖板	GB	22	托架	TJ	36	阳台	YT
9	吊车安全走道板	DB	23	天窗架	CJ	37	梁垫	LD
10	墙板	QB	24	框架	KJ	38	预埋件	M
11	天沟板	TGB	25	刚架	GJ	39	天窗端壁	TD
12	梁	L	26	支架	ZJ	40	钢筋网	W
13	屋面梁	WL	27	柱	Z	41	钢筋骨架	G
14	吊车梁	DL	28	基础	J			

注：预应力混凝土构件的代号，应在上列构件代号前面加注"Y-"，如用 Y-DL 表示预应力钢筋混凝土吊车梁。

四、钢筋混凝土结构施工图平面整体表示法

1. 钢筋混凝土结构施工图平面整体表示法的产生

传统的结构施工图虽然具有翔实、逼真和细致的特点，但是设计者重复劳动，图纸绘制工作量大，易于产生疏漏，读识图的工作量大，费工费时，具有人力资源和物质资源消耗量大，不经济不科学的特点，也不符合国际上大多数国家工程设计成果的表示方法。陈青来教授及其工作团队会同中国建筑标准设计研究院的专家，经过多年探讨研究，在我国首先提出并制定出既与国际接轨，又符合国家相关设计规范规定的钢筋混凝土结构施工图平面整体表示法（以下简称平法），并编制了用平法表示的系列结构施工图集，经进一步完善已经在工程实践中得到普及使用，大大降低了设计者重复劳动所花费无效益的时间，使施工图设计工作焕然一新。平法的普及也极大方便了施工技术人员的工作，通过明了、简洁、易懂的图纸使原来易出错、易产生漏洞、含混不清的环节得以补救，提高了施工质量和效益。同时，平法标准图集的问世在推动建筑行业规范化、标准化方面起到了积极的示范和带头作用。在减轻设计者劳动强度，提高设计质量，节约能源和资源方面有着非常重要的意义。

2. 钢筋混凝土结构施工图平法的基本概念

（1）定义

钢筋混凝土结构施工图平法概括地讲，就是把结构构件的尺寸和配筋，按照平面整体表示方法制图规则，整体直接表达在各类构件的结构平面布置图上，再与标准构造详图相配合，使之构成一套新型完整的结构施工图，这种表示方法简称为平法。

(2) 特点

1) 标准化程度高，直观性强；

2) 降低设计者的劳动强度，提高工作效率；

3) 减少出图量，节约图纸量，与传统设计法相比在60%~80%，符合环保和可持续发展模式的要求；

4) 减少了错、漏、碰、缺现象，校对方便、出错易改；

5) 易于读识，方便施工，提高了工效。

(3) 图纸构成

平法施工图一般是由各类构件的平法施工图和标准构造图两部分组成。复杂的结构还需要增加模板、预埋件、开洞等的平面图；在特别特殊的情况下才需要增加剖面配筋图。

(4) 表示方法

在平法施工图中，将所有结构构件进行了编号，编号分为类型代号和序号等。类型代号主要作用是指明所选用的标准构造详图。在标准构造详图上，已经按其所属构件类型注明代号，已明确该图与平法施工图中相同构件的互补关系，使二者结合构成完整的结构设计图。

第二节 有梁楼盖中板的平法施工图

一、有梁楼盖板的平法施工图表达方式

有梁楼盖顾名思义就是有梁有板的楼盖，即板支承在梁上，梁为板的支座的楼盖，用平法表示它的施工图是在板面布置图上，用注写的方式表达楼板的尺寸及配筋的方法。

为了方便设计和施工识图，规定结构平面的坐标方向为：当轴网正交布置时，图面的左右方向为 X 方向，图面的上下方向为 Y 方向；当轴网转折时，局部坐标方向顺轴网转折方向作相应转折；当轴网向心布置时，切向为 X 向，径向为 Y 向。平面布置复杂的区域，如转折交界处向心布置的核心区域等，平面坐标方向一般由设计者另行规定并在图上表示清楚。

板平面注写的方式有两种，即板块集中标注和支座原位标注。以下分别予以介绍。

1. 板块集中标注

(1) 定义

就是将板的编号、厚度、X 和 Y 两个方向的配筋等信息在板中央集中表示的方法。

(2) 标注内容

板块编号、板厚、双向贯通筋及板顶面高差。

(3) 板块划分

对于普通楼（屋）面，看作为两向均以一跨作为一个板块；对于密肋楼（屋）面板，两方向主梁（框架梁）均以一跨作为一个板块（非主梁的密肋次梁不视为一跨）。

(4) 板块编号

需要注明板的类型代号和序号（见表14-2），例如楼面板4，标注时写为LB4；屋面板2，标注时写为WB2；延伸悬挑板1，标注时写为YXB1；纯悬挑板6，标注时写为

XB6 等。构造上应注意延伸悬挑板的上部受力钢筋应与相邻跨内板的上部纵向钢筋连通配置。

板 块 编 号 表 14-2

板类型	代 号	序 号	板类型	代 号	序 号
楼面板	LB	××	延伸悬挑板	YXB	××
屋面板	WB	××	纯悬挑板	XB	××

注：延伸悬挑板的上部受力钢筋应与相邻跨内板的上部纵筋连通配置。

所有板块按受力特征分类后按顺序编号，如肋形楼屋盖中的角部板编同一号，边区板中长边与边支座相连的板编同一个号，短边与边支座相连的板编同一个号；中心区四边与主梁和次梁相连的板编同一个号；当板不同的标高变化也须标注清楚。同一标号的板只需在其中一块板内集中标注板厚和两个方向的钢筋，其他同编号的板只需在板上括号内注写板的序号即可。

(5) 板厚

板厚用 $h=×××$ 表示，单位为 mm，一般省略不写；当悬挑板端和板根部厚度不一致时，注写时在等号后先写根部厚度，加注斜线后写板端的厚度，即 $h=×××/×××$。如图中已经明确了板厚可以不予标注。

(6) 贯通纵筋

贯通纵筋按板块的下部和上部分别标注，板块上部没有贯通筋时可不标注。板的下部贯通筋用 B 表示，上部贯通筋用 T 表示，B&T 代表下部与上部均配有同一类型的贯通筋；X 方向的贯通筋用 X 打头，Y 方向的贯通筋用 Y 打头，双向均设贯通筋时用 X&Y 打头。

单向板中垂直于受力方向的贯通的分布钢筋设计中一般不标注，在图中统一标注即可。对于延伸悬挑板（YXB）或纯悬挑板（XB）下部配置的构造钢筋，则 X 向用 X_c，Y 向用 Y_c 打头注写。

(7) 板面标高高差

板面标高高差是指相对于结构层楼面标高的高差，楼板结构层有高差时需要标注清楚，并将其写在括号内。

同一编号板块的板类型、厚度和贯通筋可以相同，同一编号的板面标高、跨度、平面形状及支座上部非贯通筋也可不同。图 14-1 为板平法施工图集中标注方式。

在图 14-1 中，①～②轴和Ⓐ～Ⓑ轴线间的板块，序号为 1，板厚 100mm，板的下部沿 X 方向贯通筋和沿 Y 中方向的贯通筋配筋值均为 ϕ8@130mm，钢筋为 HPB300 级。

②～③轴线间悬挑在Ⓐ轴以外的为延伸悬挑板，板序号为 2，板根部厚度 150mm，板端部厚度 100mm，X 和 Y 方向板下部贯通筋配筋值为 ϕ10@180mm，钢筋为的 HPB300 级钢筋。沿 Y 轴方向的上部贯通筋配筋值也为 ϕ10@180mm，钢筋也为 HPB300 级。

2. 板支座处原位标注

板支座原位标注的内容主要包括板支座上部非贯通纵筋和纯悬挑板上部受力钢筋。

板支座原位标注的钢筋一般标注在配置相同钢筋的第一跨内，当在两悬挑部位单独配置时就在两跨的原位分别标注。在配置相同钢筋的第一跨或悬挑部位，用垂直于板支座一

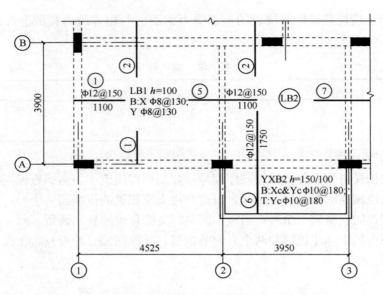

图 14-1 板平法施工图集中标注方式

段适宜长度的中粗实线表示,当该钢筋通常设置在悬挑板上部或短跨上部时,该中粗实线应通至对边或贯通短跨;用上述中粗实线代表支座上部非贯通筋,并在线段上方注写钢筋编号、配筋值,括号内注写横向联续布置的跨数(××),如果只有一跨可不注写;(××A)代表该支座上部横向贯通筋在横向贯通的跨数和一段布置到了梁的悬挑端;(××B)代表该横向贯通的跨数和两端布置到了梁的悬挑端。图 14-2 为板支座平法原位标注施工图的示意图。

图 14-1 中的①号钢筋为未贯通的筋,配筋值为 φ12@150mm,钢筋为 HPB300 级。从Ⓐ～Ⓑ轴跨内①轴线的板支座上侧向跨内以及从①～②轴线间Ⓐ轴的板支座中心向跨内延伸长度为 1100mm(不包含板端为了施工定位所设的支撑在板上的直角弯钩长度),钢筋为 HPB300 级。横跨了一个跨间,所以在表示该钢筋的中粗线上最后没有出现括号。同理,⑤号筋从Ⓐ～Ⓑ轴跨内②轴线的板支座上侧向两侧跨内延伸的配筋值为 φ12@150mm,钢筋为 HPB300 级。从支座中心算起向两边延伸长度为 1100mm(不包含板端为了施工定位所设的支撑在板上的直角弯钩长度)。②～③轴线间Ⓐ轴的⑥号筋为一侧通至延伸悬挑板的端部,另一端延伸至Ⓐ～Ⓑ轴线间的非贯通钢筋,它的配筋值为 φ12@150mm,从支座中心算起向ⒶⒷ跨内延伸长度为 1750mm(不包含板端为了施工定位所设的支撑在板上的直角弯钩长度),钢筋为 HPB300 级。因为只横跨一个跨间,所以配筋值的数字后面没有括号。根据平法表示规则,类似于图上线段通至对边贯通全悬挑长度上部通常纵筋,贯通全跨或延伸至全悬挑一侧的钢筋长度值不标注,只标注未贯通的另一侧的钢筋延伸长度。

图 14-2 中⑦号钢筋配筋值为 φ10@100,钢筋为 HPB300 级。后面括号内的数字表示⑦号筋布置在③～④轴线间的 B 和 C 支座上,同样⑦号筋也在④～⑤轴线间的 B 和 C 支座上布置。板支座上部非贯通筋自支座中心线算起延伸到跨内的水平段长度,注写在表示该钢筋的中粗线的下方,这一长度为 1800mm(不包含板端为了施工定位所设的支撑在板上的直角弯钩长度)。

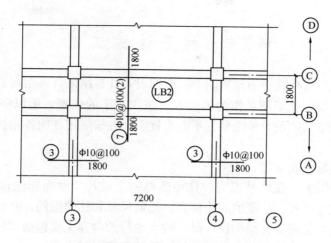

图 14-2 板支座平法原位标注施工图的示意图

板支座上部非贯通钢筋伸入左右两侧跨内长度相同时只在一侧表示该钢筋的中粗线的下方标写伸入长度即可，如果伸入两侧长度不同则要分别标写。

板的上部非贯通钢筋和纯悬挑板上部的受力钢筋一般仅在一个部位注写，对于其他相同的非贯通钢筋，则仅在代表钢筋的线段上部注写编号及横向连续布置的跨数即可。

对于弧形支座上部配置的放射状的非贯通筋，设计时应标明配筋间距的度量位置并加注"放射分布"字样，如图 14-3 所示。

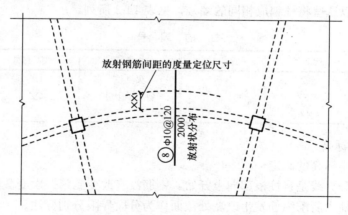

图 14-3 放射钢筋注示意图

当板的上部已经配置有贯通纵筋，但是增配板支座上部非贯通筋时，二者之间的直径、间距要相互协调，采取隔一布一的方式配置。

二、楼板相关的构造制图规则

楼板相关构造的平法施工图设计是在板平面施工图上用直接引注方式表达的。包括 13 项常用的构造，它们主要包括纵筋加强带、后浇带、柱帽 ZMx 的引注、局部升降板 SJB 的引注、板加腋 JY 引注、板开洞 BD 的引注、板翻边 FB 的引注、挑檐板 TY 引注，以及抗冲切箍筋 Rh 引注等。具体引注方法可查阅国标图集 04G102-4。

第三节 柱平法施工图

柱平法施工图是指在柱平面布置图上，根据设计计算结果，采用列表注写或截面注写方式表达柱截面配筋的施工图，作为施工人员组织施工的依据，所以俗称柱的平法施工图。设计时，采用适当比例单独绘制柱平面布置图，并按规定注明各结构层的标高及相应的结构层号。

一、柱列表注写方式

在柱平面布置图上，在编号相同的柱中选择一个或几个截面标注该柱的几何参数代号；在柱列表中注写柱号、柱段的起止标高、几何尺寸和柱的配筋，并配以箍筋类型图的方式来表示柱平法施工图。在结构设计时，柱表注写的内容主要包括：柱编号、柱的起止标高、柱几何尺寸和对轴线的偏心、柱纵筋、柱箍筋等主要内容。

1. 柱编号

柱的编号有类型代号和序号两方面组成，类型代号表示的是柱的类型，例如框架柱类型代号为 KZ，框支柱类型代号为 KZZ，芯柱的类型代号为 XZ，梁上柱类型代号为 LZ，剪力墙上柱类型代号为 QZ。由此可见柱的类型代号也是其名称汉语拼音第一个字母的大写。序号是设计者依据自己习惯或设计顺序给每类柱所编的排序号，一般用小写阿拉伯数字表示编号时，当柱的总高、分段截面尺寸和配筋都对应相同，但是柱分段截面与轴线的关系不同时，可以这些将柱编成相同的编号，见表 14-3 所列。

柱 的 编 号　　　　　　　　　　　　　表 14-3

柱类型	代号	序号	柱类型	代号	序号
框架柱	KZ	××	梁上柱	LZ	××
框支柱	KZZ	××	剪力墙上柱	QZ	××
芯柱	XZ	××			

2. 柱的起止标高

(1) 各段起止标高的确定

各个柱段的分界线是自柱根部向上开始，钢筋没有改变到第一次变截面处的位置，或从该段底部算起柱内所配纵筋发生改变处截面作为分段界限分别标注。

(2) 柱根部标高

框架柱（KZ）和框支柱（KZZ）的根部标高为基础顶面标高；芯柱（XZ）的根部标高是指根据实际需要确定的起始位置标高；梁上柱（LZ）的根部标高为梁的顶面标高；剪力墙上柱（QZ）的根部标高分两种情况：一是当柱纵筋锚固在墙顶时，柱根部标高为剪力墙顶面标高；当柱与剪力墙重叠一起时，柱根部标高为剪力墙顶面往下一层的结构楼面标高。

3. 柱几何尺寸和对轴线的偏心

(1) 矩形柱

矩形柱的注写截面尺寸 $b \times h$ 及与轴线的几何参数代号 b_1、b_2 和 h_1、h_2 的具体数值，一般对应于各段柱分别标注。其中 $b=b_1+b_2$，$h=h_1+h_2$。当柱截面的某一侧收缩至与柱轴线重合时，对应的几何参数 b_1、b_2 和 h_1、h_2 对应的值就为 0；当其中某一侧收缩到柱轴线另一侧时，该对应的参数变为负值。

（2）圆柱

柱表中 $b\times h$ 改为用在圆柱直径数字之前加 d 表示。设计中为了使表达的更简单，圆柱截面与轴线的关系用 b_1、b_2 和 h_1、h_2 表示，即 $d=b_1+b_2=h_1+h_2$。

4. 柱内纵筋

当柱纵筋直径相同、各边根数也相同时，将纵筋注写在"全部纵筋"一栏中，除此之外纵筋分为角筋、截面 b 边中部筋和 h 边中部钢筋三类要分别注写。对于对称配筋截面柱只需要注写一侧的中部筋，对称边可以省略。

5. 柱箍筋类型号

对于箍筋宜采用列表注写法，在柱表中按图选择相应的柱截面形状及箍筋类型号，并注写在表中，见表 14-4 所示。

柱列表注写方式　　　　　　　　表 14-4

柱号	标高	$b\times h$	b_1	b_2	h_1	h_2	全部纵筋	角筋	b边一侧中部筋	h边一侧中部筋	箍筋类型号	箍筋	备注
KZ1	-0.30~8.7	500×500	250	250	200	300	12Φ20	4Φ20	2Φ20	2Φ20	1(4×4)	Φ8@100	
KZ1a	-0.30~8.7	500×500	200	300	200	300	12Φ20	4Φ20	2Φ20	2Φ20	1(4×4)	Φ8@100	
KZ4	-0.30~8.7	400×400	150(250)	250(150)	250(150)	150(250)	8Φ20	4Φ20	1Φ20	1Φ20	2(2×2)	Φ8@100	
KZ5	-0.30~8.7	400×400	200	200	200	200	8Φ20	4Φ20	1Φ20	1Φ20	2(2×2)	Φ8@100	
KZ5a	-0.30~8.7	400×400	200	200	150	250	8Φ20	4Φ20	1Φ20	1Φ20	2(2×2)	Φ8@100	
KZ6	-0.30~5.6	d=500	250	250	250	250	10Φ20				6	Φ8@100	$d=b_1+b_2$ $=h_1+h_2$

6. 柱箍筋

包括箍筋的级别、直径和间距。在具有抗震设防的柱上下端箍筋加密区与柱中部非加密区长度范围内箍筋的不同间距，在注写时用斜线符号"/"加以区分，斜线前是加密区的箍筋间距，斜线后为非加密区箍筋的间距。箍筋沿柱高间距不变时不需要斜线。例如，某柱箍筋注写为 φ10@100/200，表示箍筋采用的是 HPB300 级钢筋，箍筋直径为 10mm，柱端加密区箍筋间距 100mm，非加密区箍筋间距为 200mm。

又如，某柱箍筋注写为 φ10@100，表示箍筋采用的是 HPB300 级钢筋，箍筋直径为 10mm，箍筋间距 100mm，沿柱全高箍筋加密。

当柱截面为圆形时，采用螺旋箍筋时，在钢筋前加"L"。例如，某柱箍筋标注为 LΦ10@100/200，表示该柱采用螺旋箍筋，箍筋为 HPB300 级钢筋，为 Φ10mm，加密区间距 100mm，非加密区间距为 200mm。抗震设防时的柱端钢筋加密区的长度根据《建筑抗震设计规范》GB 50011—2010 的规定，参照标准构造详图，在几种不同要求的长度中取最大值。

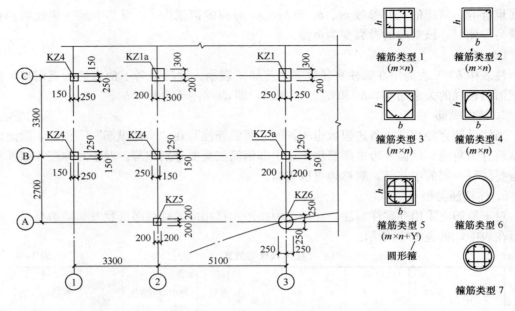

图 14-4　柱平面定位图

二、柱截面注写方式

1. 柱截面注写方式的概念

在施工图设计时，在各标准层绘制的柱平面布置图的柱截面上，分别在相同编号的柱中选择一个截面，将截面尺寸和配筋数值直接标注在选定的截面上的方式，称为柱截面注写方式，如图 14-5 所示。

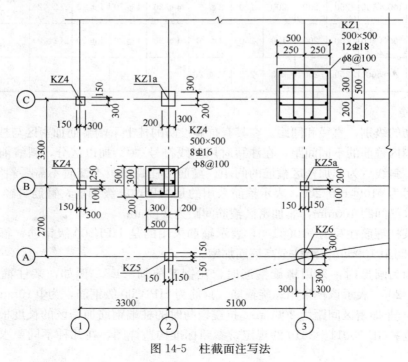

图 14-5　柱截面注写法

2. 绘制施工图时的注意事项

（1）当柱的分段截面尺寸和配筋均相同，仅分段截面与轴线的关系即柱偏心情况不同时，这些柱采用相同的编号。但需要在未画配筋的截面上注写该柱截面与轴线关系的具体尺寸。

（2）按平法绘制施工图时，从相同编号的柱中选择一个截面，按需要的比例原位放大绘制柱截面配筋图，并在各配筋图上柱编号的后面注写截面尺寸 $b\times h$、全部纵筋（全部纵筋为同一直径）、角筋、箍筋的具体数值，另外，在柱截面配筋图上标注柱截面与轴线关系 b_1、b_2、h_1、h_2 的具体数值。

（3）当柱纵筋采用两种直径时，将截面各边中部纵筋的具体数值注写在截面的侧边；当矩形截面柱采用对称配筋时，仅在柱截面一侧注写中部纵筋，对称边则不注写。

第四节 梁平法施工图

在梁平面布置图上采用平面注写方式和截面注写方式表达梁结构设计成果的方法，称为梁结构施工图的平面标注方法，简称梁的平法。绘制梁的平法施工图时，分不同结构层（标准层）将全部梁和与其相关的柱、墙和板一起，采用适当的比例绘制成梁的平面布置图，在此平面图上按照梁的平法标注想要标注梁的所有必须标注的信息。

一、梁平面注写方法

1. 概念

梁平面注写方式是指在梁平面布置图上，分别在不同编号的梁中各选一根，将截面尺寸和配筋的具体数值标注在该梁上，以此来表达梁平面的整体配筋的方法，如图 14-6 所示。

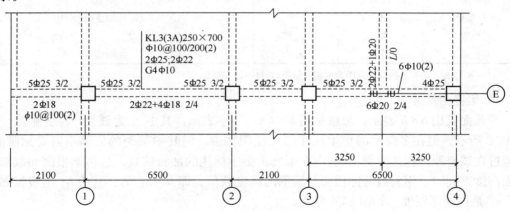

图 14-6 梁平面注写方式

图 14-6 中梁集中标注各符号代表的含义如下（图 14-7）：

2. 两种标注法

平面注写方式包括集中标注和原位标注两种方式。

（1）梁的集中标注

梁的集中标注表达梁的通用数值，它包括 5 项必注值和一项选注值。必注值包括梁的

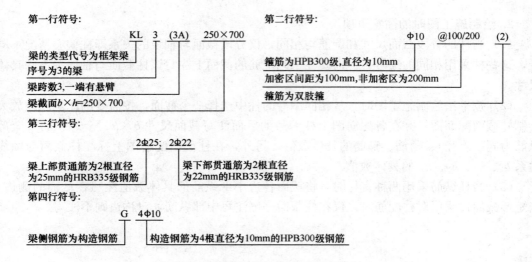

图 14-7 梁集中标注各符号代表的含义

编号、梁的截面尺寸、梁箍筋、梁上部通长筋或架立筋、梁侧面纵向构造钢筋或受扭钢筋的配置;选注值为梁顶面标高高差。

1) 梁编号

梁编号由梁类型、代号、序号、跨数及有无悬挑几项组成,并应符合表 14-5 的规定。

梁编号　　　　　　　　表 14-5

梁类型	代号	序号	跨数及是否带有悬挑
楼层框架梁	KL	××	(××)、(××A)或(××B)
屋面框架梁	WKL	××	(××)、(××A)或(××B)
框支梁	KZL	××	(××)、(××A)或(××B)
非框架梁	L	××	(××)、(××A)或(××B)
悬挑梁	XL	××	(××)、(××A)或(××B)
井字梁	JZL	××	(××)、(××A)或(××B)

注:(××A)为一端有悬挑,(××B)为两端有悬挑,悬挑不计入跨数。

2) 梁截面尺寸

等截面梁用 $b \times h$ 表示;加腋梁用 $b \times h Y c_1 \times c_2$ 表示,其中 c_1 为腋长,c_2 为腋高,如图 14-8 所示。但在多跨梁的集中标注已经注明加腋,但其中某跨的根部不需要加腋时,则通过在该跨原位标注等截面的 $b \times h$ 来修正集中标注的加腋信息。悬挑梁根部和端部的截面高度不同时,用斜线分隔根部与端部的高度数值,即 $b \times h_1/h_2$,其中 h_1 是板根部厚度,h_2 是板端部厚度。如图 14-9 所示。

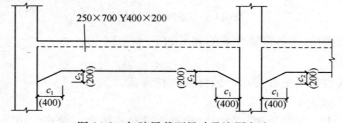

图 14-8 加腋梁截面尺寸及注写方法

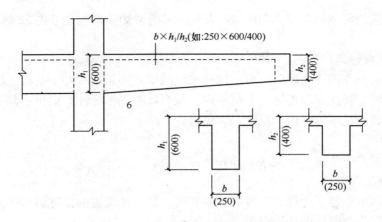

图 14-9 悬挑梁不等高截面尺寸注写方法

3）梁箍筋

梁箍筋需标注包括钢筋级别、直径、加密区与非加密区间距及箍筋肢数，箍筋肢数写在标注数值最后的括号内。梁箍筋加密区与非加密区的不同间距及肢数用斜线"/"分隔，写在斜线前面的数值是加密区箍筋的间距，写在斜线后面的数值是非加密区箍筋的间距。梁内箍筋间距没有变化时不用斜线分隔。当加密区箍筋肢数相同时，则将箍筋肢数注写一次，如图 14-6 所示。

4）梁上通长筋或架立筋

梁上通长钢筋是根据梁受力以及构造要求配置的，架立筋是根据箍筋肢数和构造要求配置的。当同排纵筋中既有通长筋也有架立筋时用"+"将通常筋和架立筋相连，注写时将角部纵筋写在加号前，架立筋写在加号后面的括号内，以此来区别不同直径的架立筋和通长筋，如果梁上部钢筋均为架立筋时，则写入括号内。

当大多数跨配筋相同时，梁上部和下部纵筋均为通长筋时，在标注梁上部钢筋时同时标写下部钢筋，但要在上部和下部钢筋之间加"；"用其将梁上部和下部通长纵筋的配筋值分开。

例如，某梁上部钢筋标注为 2Φ20，表示用于双肢箍；若标注为"2Φ20(2Φ12)"，则表示用于四肢箍，其中 2Φ20 为通长筋，2Φ12 为架立筋。

某梁上部钢筋标注为"2Φ25；2Φ20"，表示该梁上部配置的通长筋为 2Φ25，梁下部配置的通长筋为 2Φ20。

5）梁侧面纵向构造筋或受扭钢筋

《混凝土结构规范》规定，当梁的腹板高度 $h_w \geqslant 450mm$ 时，在梁的两个侧面高度方向配置纵向构造钢筋，标写时第一字符应为构造钢筋汉语拼音第一个字母的大写 G，其后注写设置在梁两侧的总配筋值，并对称配置。

例如，某梁侧向钢筋标注 G6Φ14，表示该梁两侧分别对称配置纵向构造钢筋 3Φ14，共 6Φ14。

当梁承受扭矩作用需要设置沿梁截面高度方向均匀对称配置的抗扭纵筋时，标注时第一个字符为扭转的扭字汉语拼音的第一个字母的大写 N，其后标写配置在梁两侧的抗扭纵筋的总配筋值，并对称配置。

例如，某梁侧向钢筋标注 N6Φ22，表示该梁的两侧分别配置 3Φ22 纵向受扭箍筋，共配置 6Φ22。

6）梁顶顶面标高高差

梁顶面标高不在同一高度时，对于结构夹层的梁，则是指相对于结构夹层楼面标高的高差。有高差时，将此项高差标注在括号内，没有高差则不标注，梁顶面高于结构层的楼面标高，则标高的高差为正值，反之，为负值。

（2）梁原位标注

这种标注方法主要用于梁支座上部和下部纵筋。

1）梁支座上部纵筋

梁支座上部纵筋包括用通长配置的纵筋和梁上部单独配置的抵抗负弯矩的纵筋，以及为截面抗剪设置的弯起筋的水平段等。

①当梁的上部纵筋多于一排时，用斜线"/"将各排纵筋自上而下隔开，斜线前表示上排钢筋，斜线后表示下排钢筋。例如，图 14-6 中 KL3 在①轴支座处，计算要求梁上部布置 5Φ25 纵筋，按构造要求钢筋需要配置成上下两排，原位标注为 5Φ25 3/2，表示上一排纵筋为 3Φ25 的 HRB335 级钢筋，下一排为 2Φ25 的 HRB335 级钢筋。

②当梁的上部和下部同排纵筋直径在两种以上时，在注写时用"＋"将两种及以上钢筋连在一起，角部钢筋写在前边。例如，图 14-6 中 L10 在Ⓔ轴支座处，梁上部纵筋注写为 2Φ22＋1Φ20，表示此支座处梁上部有 3 根纵筋，其中角部纵筋为 2Φ22，中间一根为 1Φ20。

③当梁中间支座两边的上部纵筋不同时，须在支座两边分别标注；梁支座两边配筋相同时，可仅在支座一边标注配筋即可。

④当梁上部纵筋跨越短跨时，仅将配筋值标注在短跨梁上部中间位置。例如图 14-6 中 KL3 在②轴与③轴间梁上部注写 5Φ25 3/2，表示②轴和③轴支座梁上部纵筋贯穿该跨。

2）梁支座下部纵筋

①当梁的下部纵筋多于一排时，用斜线"/"将各排纵筋自上而下隔开，斜线前表示上排钢筋，斜线后表示下排钢筋。例如，图 14-6 中 KL3 在③轴和④轴间梁的下部，计算需要配置 6Φ20 的纵筋，按构造要求需要配置成两排，故原位标注为 6Φ20 2/4，表示上一排纵筋为 2Φ20 的 HRB335 级钢筋，下一排为 4Φ20 的 HRB335 级钢筋。

②当梁的下部同排纵筋有两种直径以上时，在注写时用"＋"将两种及以上钢筋连在一起，角部钢筋写在前边。例如，图 14-6 中 L3 在①轴和②轴间梁下部，据算需要配置 2Φ22＋4Φ18 纵筋，表示此梁下部共有 6 根钢筋，其中上排筋为 2Φ18，下排角部纵筋 2Φ22，中部钢筋为 2Φ18。

③当梁下部纵筋不全部伸入支座时，将梁支座下部纵筋减少的数量写在括号内。例如某根梁的下部纵筋标注为 2Φ22＋2Φ18 (-2)/5Φ22，表示上排纵筋为 2Φ22 和 2Φ18，其中 2Φ18 不伸入支座；下一排纵筋为 5Φ22，且全部深入支座。

④当梁的集中标注中已按规定分别标写了梁上部和下部均为通长的纵筋时，则不需要在梁下部重复作原位标注。

3）附加箍筋和吊筋

当主次梁相交时由次梁传给主梁的荷载有可能引起主梁下部被压坏时，在设计时在主次梁相交处一般设置有附加箍筋或吊筋，可将附加箍筋或吊筋直接画在主梁上，用细实线引注总配筋值。例如图 14-6 中的 L10 在③轴和④轴间跨中 6Φ10（2），表示在轴支座处需配置 6 根附加箍筋（双肢箍），L10 的两侧各 3 根，箍筋间距按标准构造取用，一般为 50mm。在一份图纸上，绝大多数附加箍筋和吊筋相同时，可在两平法施工图上统一注明，少数与统一注明值不同时，再进行原位标注。

4) 例外情况

当梁上集中标注的内容不适于某跨或某悬挑部分时，则将其不同数值原位标注在该跨或悬挑部分，施工时按原位标注的数值取用。其中梁上集中标注的内容一般包括梁截面尺寸、箍筋、上部通长筋或架立筋、梁两侧纵向构造筋或受扭纵筋以及梁顶面标高高差中的某一项或几项数值。例如，图 14-6 中①轴左侧梁悬挑部分，上部注写的 5Φ25 表示悬挑部分上部纵筋与①轴支座右侧梁上部纵筋相同；下部注写 2Φ18 表示悬挑部分下部纵筋为 2Φ18 的 HRB335 级钢筋。Φ10@100(2)表示悬挑部分的箍筋通长为直径 10mm、间距 100mm 的双肢箍。

二、梁截面注写方式

梁截面注写方式是指在分标准层绘制的梁平面布置图上，分别在不同编号的梁中各选一根梁用剖面符号引出配筋图，并在其上注写截面尺寸和配筋具体数值的表示方式，如图 14-10 所示。

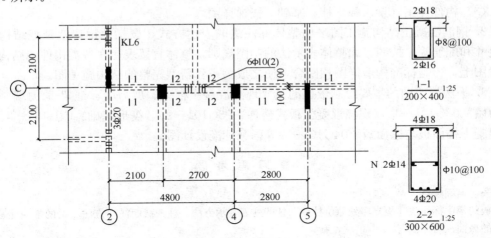

图 14-10 梁截面注写法

梁施工图绘制的几点规定：

(1) 梁按前述方法规定的编号，从相同编号的梁中选择一根梁，先将单边截面号（如 1|、2|、3|等）标注在该梁上，再将截面配筋图画在本图或其他图中。

(2) 当梁的顶面标高与结构层的楼面标高不同时，在梁编号后注写梁顶面标高高差，注写规定同梁平面注写方式。

(3) 在截面配筋详图上注写截面尺寸、上部钢筋、下部钢筋、侧面构造钢筋、侧面受扭钢筋及箍筋的具体数值，表达方式同前述几种钢筋的注写方式。

(4) 梁截面注写方式也可与平面注写方式结合使用。假如在梁平法施工图的平面布置中,当局部区域梁间距太小,梁布置过于密集时,为使梁的图面表示得更加清晰,经常采用平面注写方式来表示。用截面注写方式标注异形截面梁时效果更好。

平法是在长期工程设计和施工过程中不断摸索、积累、深化、完善得到的,它是结构设计中具有重大改革意义的成果,用国家标准的方式推广应用,具有其重要的意义。它不仅使设计制图工作量大大减少,把结构设计者从繁重的绘图工作中解放了出来,节约了许多设计资源,符合节能、环保、可持续发展的思路;而且也使施工技术人员可以比较清楚明了地读识结构施工图,降低差错率,提高了生产效益。便于和国际接轨,是我国建筑业走向世界、参与世界更大的市场竞争的基本技术要求之一。因此,在未来的绝大多数施工图设计中平法将承担主要角色,掌握平法的全部内容是对未来的工程建设者最基本的素质要求,只要我们熟练掌握结构设计原理和基本计算方法,了解混凝土结构中各构件的作用、受力特征、基本构造等知识,不断熟悉平法的各种标准图集,掌握平法施工图绘制的原理,并将其用于工程实践,平法的应用就是一件简单愉快和非常有趣事情。

本 章 小 结

1. 完整的结构施工图主要包括:
(1) 结构设计总说明。
(2) 结构平面布置图(基础平面图、楼层结构布置图、屋面结构布置图等)。
(3) 构件详图(梁、板、柱、基础、楼梯详图)。
2. 钢筋混凝土结构施工图平面整体标注法的表达方式,概括地说,就是把结构构件的尺寸和配筋等,按照平面整体表示法的制图规则,整体直接表达在各类构件的结构平面布置图上,再与标准构造详图相配合,使之成为一套新型完整的结构施工图。
3. 平法施工图的主要绘制依据的是《现浇混凝土框架、剪力墙、框架-剪力墙、框支剪力墙》03G101—1、《现浇混凝土板式楼梯》03G101—2、《筏形基础》04G101—3、《现浇混凝土楼面板与屋面板》04G101—4 等国家标准设计图集。

复 习 思 考 题

一、名词解释

板的集中标注法　　板支座处原位柱注　　柱的列表表示方法　　柱的截面注写方法　　梁的平面注写方法　　梁的截面注写方法

二、问答题

1. 什么是结构施工图的平法表达方式?
2. 有梁楼盖板平法施工图的标注方法有几种?它们各有什么不同?
3. 柱表的注写内容主要有哪几项?
4. 梁的上部纵筋多于一排时,应该如何表示?
5. 解释 2Φ25+2Φ20(—2)/5Φ22 表示的意义。

第二篇 砌 体 结 构

第十五章 砌体材料及其力学性能

学习要求与目标：
1. 了解块材、砂浆和砌体的分类以及力学性能指标。
2. 掌握砌体受力破坏过程及受力特性。
3. 掌握砌体各种力学指标的查用方法。

砌体结构是指在房屋建筑中用各种块材（砖、砌块、石材等）通过砂浆砌筑的构件组合在一起，作为房屋主要承重体系的结构。砌体结构是房屋建筑结构形式之一，目前及今后较长时间内它仍然是我国最常用的结构类型。学习并掌握砌体材料的力学性能，是学习和掌握砌体构件及砌体结构房屋设计、施工的重要基础。

砌体材料包括块材和砂浆两部分。块材和硬化后的砂浆所形成的灰缝均为脆性材料，抗压强度较高，抗拉强度较低。砌体构件在房屋结构中主要用于轴心受压和偏心受压的情况下，也有用于受拉、受剪、受弯的状态。本章主要讨论块材和砂浆的类型、砌体受压的强度和变形性能，以及影响砌体抗压强度的因素。

第一节 砌 体 材 料

砌体是由块材和砂浆砌筑形成的整体。根据砌体内部是否配置钢筋，砌体分为配筋砌体和无筋砌体。无筋砌体根据所用的块材不同可分为砖砌体、砌块砌体、石材砌体等，配筋砌体分为横向配筋砌体、纵向配筋砌体两类。

一、块材

块材是组成砌体的主要部分，砌体的强度主要来自于砌块。现阶段工程结构中常用的块材有砖、砌块和各种石材。

1. 烧结普通砖

烧结普通砖是由黏土、页岩、煤矸石或粉煤灰为主要原料，经过粉碎掺水拌合制坯和对其焙烧而成的实心砖或空洞率不大于15%的砖，称为烧结普通转。实心黏土砖是我国砌体结构中最主要的和最常见的块材，其生产工艺简单，砌筑时便于操作，强度较高，价格较低廉，所以使用量很大。但是由于生产黏土砖消耗黏土的量大，毁坏农田与农业争地的矛盾突出，焙烧时造成的大气污染等对国家可持续发展构成负面影响，黏土砖除在广大农村和小城镇大量使用以外，在大中城市房屋建筑中，国家已不允许建设保温隔热性能差的实心砖砌体房屋。

（1）烧结普通砖

烧结黏土砖的尺寸为240mm×115mm×53mm。为了符合砖的规格，砖砌体的厚度通常组砌为240mm、370mm、490mm、620mm、740mm等尺寸。

（2）黏土空心砖

根据国家标准的规定，黏土空心砖可分为以下三种型号：

KM1 尺寸为 190mm×190mm×190mm；

KP1 尺寸为 240mm×115mm×90mm；

KP2 尺寸为 240mm×180mm×115mm。

其中，K为空心两字的汉语拼音缩写第一个字母的大写，M表示模数的，P表示普通，即KM1为模数1空心砖；KP1为空心普通砖1；KP2为空心普通砖2。空心砖相对于实心砖具有强度不降低，重量轻，制坯时消耗的黏土量少，可有效节约农田，节约烧制用的燃料，施工劳动强度低、生产效率高、在墙体中使用隔热保温性能良好等特点，所以，它是实心黏土砖最好的替代品。各地生产的空心黏土砖的孔洞率在10%~40%之间，孔型各不相同。

（3）砖的强度等级

砖的强度等级是根据标准试验方法（半砖叠砌）测得的破坏时的抗压强度确定，同时考虑这类砖的厚度较小，在砌体中易受弯、受剪后易折断，《砌体结构规范》GB 50003—2011同时规定某种强度的砖同时还要满足对应的抗折强度要求，《砌体结构规范》规定普通黏土砖和黏土空心砖的强度共有MU30、MU25、MU20、MU15、MU10五个等级。

烧结空心砖的强度确定和实心砖一样是根据规定的试验方法测得的破坏压应力（N/mm^2）折算到受压毛截面积上后得到的。烧结空心砖如图15-1所示。

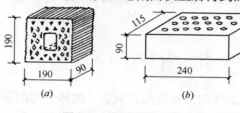

图15-1 烧结多孔砖的规格

2. 非烧结硅酸盐砖

这类砖是用硅酸盐类材料或工业废料粉煤灰为主要原料生产的，具有节省黏土少损毁农田、有利于工业废料再利用、减少工业废料对环境污染的作用，同时可取代黏土砖生产，从而可有效降低黏土砖生产过程中环境污染问题，符合环保、节能和可持续发展的思路。这类砖常用的有蒸压灰砂砖、粉煤灰砖两类。

（1）蒸压灰砂砖：它是以石英砂和石灰为主要原料，加入着色料和掺合料，经过坯料制备、压制成型、高压釜养护而成的。

（2）粉煤灰砖：它是以大型工业企业的动力车间燃煤生产过程中排放的粉煤灰为主要原料，掺合石灰或适量掺入石灰膏和其他集料，经过坯料制备、压制成型、高压釜养护而成的。

蒸压灰砂砖和粉煤灰砖的规格尺寸与实心黏土砖相同，能基本满足一般建筑的使用要求，但这类砖强度较低，耐久性稍差，在多层建筑中不用为宜。在高温环境下也不具备良好的工作性能，不宜用这类砖砌筑壁炉和烟囱。由于蒸压灰砂砖和粉煤灰砖自重小，用作框架和框架-抗震墙结构的填充墙不失为一种较好的墙体材料。

蒸压灰砂砖的强度等级，与烧结普通砖一样，由抗压强度和抗折强度综合评定。在确定粉煤灰砖强度等级时，要考虑自然碳化影响，对试验室实测的值除以碳化系数1.15。它们的强度等级分为MU25、MU20、MU15和MU10四个等级。

3. 砌块

砌块体积可达标准砖的60倍，因为其尺寸大，称为砌块。砌体结构中常用的砌块为混凝土空心砌块，原料为普通混凝土或轻骨料混凝土。它的特点是尺寸大、砌筑效率高、同样体积的砌体可减少砌筑次数，降低劳动强度。砌块分为实心砌块和空心砌块两类，空心砌块的空洞率在25%～50%之间。通常，把高度小于380mm的砌块称为小型砌块，高度在380～900mm的称为中型砌块。

混凝土砌块的强度等级是根据单块受压毛截面积试验时的破坏荷载折算到毛截面积上后确定的。其强度等级分为MU20、MU15、MU10、MU7.5和MU5五个等级。

混凝土小型空心砌块常用的规格如图15-2所示。

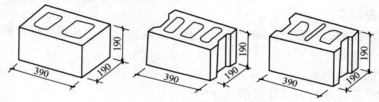

图15-2 混凝土小型空心砌块

4. 天然石材

承重结构中常用的石材应选用无明显风化的天然石材，常用的有重力密度大的花岗石、石灰石、砂岩及轻质天然石。重力密度大的重质天然石材强度高、耐久，抗冻性能好。一般用于石材生产区的基础砌体或挡土墙中，也可用于砌筑承重墙，但其热阻小、导热系数大，不宜用于北方需要采暖地区。

石材按其加工后的外形规整的程度可分为料石和毛料石。料石多用于墙体，毛石多用于地下结构和基础。

料石按加工粗细程度不同分为细料石、半细料石、粗料石和毛料石四种。料石截面高度和宽度尺寸不宜小于200mm，且不小于长度的1/4。毛石外形不规整，但要求中部厚度不应小于200mm。

石材通常用3个70mm的立方体试块抗压强度的平均值确定，当试件为非标准立方体时，应对实验结果乘以表15-1所列的换算系数。

石材强度等级换算系数 表15-1

立方体边长（mm）	200	150	100	70	50
换算系数	1.43	1.28	1.14	1.00	0.86

石材抗压强度等级有MU100、MU80、MU60、MU50、MU40、MU30、MU20七个等级。

5. 砂浆

砂浆是由胶凝材料水泥和石灰、细骨料砂子加水拌合而成的，特殊情况下根据需要掺入塑性掺合料和外加剂，按照一定的比例混合后搅拌而成。砂浆的作用是将砌体中的块材粘结成整体共同工作；同时，砂浆平整地填充在块材表面，能使块材和整个砌体受力均匀；由于砂浆填满块材间的缝隙，也同时提高了砌体的隔热、保温、隔声、防潮和防冻性能。

砂浆按其组成成分可分为以下几种。

(1) 水泥砂浆

水泥砂浆是指砂浆中凝胶材料为水泥，骨料为砂子，不掺加任何其他塑性掺合料的砂浆。其强度高，耐久性好，适用于强度要求较高、潮湿环境的砌体。但和易性及保水性差，在强度等级相同的情况下，用同样块材砌筑而成的砌体强度比流动性好的混合砂浆砌筑的砌体要低。

(2) 混合砂浆

混合砂浆是指在水泥砂浆的基本组成成分中加入塑性掺合料（石灰膏、黏土膏）拌制而成的砂浆。它强度较高、耐久性较好、和易性和保水性好，施工灰缝容易做到饱满平整，便于施工。一般墙体多用混合砂浆，在潮湿环境不适宜用混合砂浆。

(3) 非水泥砂浆

它是不含水泥的石灰砂浆、黏土砂浆、石膏砂浆的统称。其强度低、耐久性差，通常用于地上简易的建筑。

砂浆强度的影响因素：

(1) 流动性和保水性对砂浆性能的影响

砌筑用砂浆除满足强度要求外，还应具有足够的流动性和保水性等性能要求，在砌筑过程中应使砌块之间均匀密实的连接在一起，这就要求砂浆容易而且能够均匀地铺开，要有合适的稠度，以保证砂浆有一定的流动性。砂浆在存放运输过程中保持水分的能力叫做保水性。保水性差的砂浆在砌筑过程中水分流失严重，一部分被砌块吸收，一部分析出后流失，砂浆的稠度就会增加，灰缝就难以铺平和均匀，砂浆就会过早硬化，这是导致砌筑质量下降的主要因素之一。在砂浆中掺加塑性掺合料后，砂浆的流动性和保水性增加，节约了水泥，改善了砂浆的性能，提高了砌体的砌筑质量。纯水泥砂浆的流动性和保水性比同强度等级的混合砂浆低，所以，条件相同的情况下，强度等级相同的混合砂浆砌筑的砌体比纯水泥砂浆砌筑的砌体强度要高。

(2) 砂浆强度的确定

砂浆强度等级是以70.7mm的标准立方体试块，在标准状况下养护28d，进行抗压实验测得的极限抗压强度确定的。《砌体结构设计规范》GB 50003—2011规定砌筑砂浆的强度分为M15、M10、M7.5、M5、M2.5五个等级。此外，在验算新砌筑的砌体中由于砂浆尚未凝结，强度没有充分发挥出来时的砂浆强度按0考虑。

二、块材和砂浆的选择

砌体材料的选用，应首先考虑使用功能要求，做到满足强度和耐久性两个方面的要求，在北方严寒地区为了保证砌体的耐久性，还要考虑砌块和砂浆抗冻性的要求。

块材选择时，应本着因地制宜、就地取材的原则，依据建筑物使用要求，安全性和耐久性要求，建筑物的层高和层数，受力特点以及使用环境综合考虑，《砌体结构设计规范》规定：对于5层及5层以上房屋的墙体，以及承受振动或层高大于6m的墙、柱所用的材料最低强度等级应符合下列要求：砖MU10，砌块MU7.5，石材MU30，砂浆M5。

对于地面以下或防潮层以下的砌体，潮湿房间的墙体，应根据潮湿程度等因素选用材料,所用材料强度最低等级应符合表15-2的规定。表中的严寒地区(冬季平均气温在零下10℃以下)和一般地区是依据冬季室外计算温度划分的。严寒地区为了保证砌体结构的耐久性,砌块还必须满足抗冻性要求,以保证经过冻融循环后块体不致逐层剥落。有抗震要求时尚需满足现行《建筑抗震设计规范》50011—2010的相关要求。

地面以下或防潮层以下的砌体、潮湿房间墙所用材料最低强度等级　　　表 15-2

基土的潮湿程度	烧结普通砖、蒸压灰砂砖		混凝土砌块	石 材	水泥砂浆
	严寒地区	一般地区			
稍潮湿的	MU10	MU10	MU7.5	MU30	M5
很潮湿的	MU15	MU10	MU7.5	MU30	M7.5
含水饱和的	MU20	MU15	MU10	MU40	M10

注:1. 在冻胀地区,地面以下或防潮层以下的砌体,不宜采用多孔砖;如采用时,其孔洞应用水泥砂浆灌实。当采用混凝土砌块砌体时,其孔洞应采用强度等级不低于C20的混凝土灌实;
2. 对安全等级为一级或设计使用年限大于50年的房屋,表中材料强度等级应至少提高一级。

第二节　砌体的种类

由于砌体是由块材和砂浆砌筑而成的整体,所以砌块的组砌方式对砌体自身强度影响很大,为了确保砌体均匀受压并能有效形成为一个整体,确保砌体具有良好的隔热、保温和隔声的要求,灰缝饱满和灰缝均匀布置十分重要。常用的砌体分为无筋砌体和配筋砌体,国外也有少数国家开始使用预应力砌体。本节只讨论前两种类型的砌体。

一、无筋砌体

在我国无筋砌体通常包括砖砌体、砌块砌体和石材砌体。

1. 砖砌体

在房屋建筑中,砖砌体被广泛用于条形基础、承重墙、柱、维护墙及隔墙。其厚度一般根据建筑物所在地的冬季极端气温、承载力及高厚比等方面的要求确定的。随着外墙保温技术的不断推广和普及,用增加墙厚的方法提高室内温度、降低采暖费用、提高夏季房屋的隔热性能的方法将成为历史。绝大多数情况下,砖砌体采用的是实心截面,抗震性能和整体性较差的空斗墙已在永久性建筑中很少使用。根据规范规定,砖柱应该实砌。

常见的砖墙120mm半砖厚、240mm厚和370mm厚,其中120mm厚的砖墙属于自承重墙,可以用于房间、卫生间、厨房等处的隔墙。后面两种厚度的墙体是工程中常见的内墙或外墙厚度,既可以是只起分隔围护作用的自承重墙,也可用于承重墙。图15-3(a)所示为一顺一丁组砌方式砌筑的砖墙;图15-3(b)为梅花丁组砌方式砌筑的砖墙;图15-3(c)所示为三顺一丁组砌方式砌筑的砖墙。

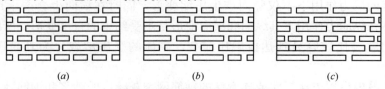

图 15-3　实心砖砌体组砌方式

2. 砌块砌体

砌块一般多用于定型设计的民用建筑以及工业厂房的墙体中。目前我国使用最多的是混凝土小型空心砌块砌体，以及其他硅酸盐砌块，在工业与民用建筑的围护墙中使用较广，在房屋结构中一般不用它砌筑承重墙体。

3. 石材砌体

石材砌体是由石材和砂浆砌筑而成的整体。其中料石砌体可作为一般民用建筑的承重墙、柱和基础，毛石砌体因块体只有一个面平整，可用于挡土墙、基础等。

石材砌体的类型如图 15-4 所示。

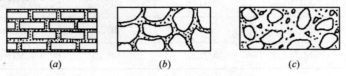

图 15-4　石材砌体

二、配筋砌体

在砌体构件截面受建筑设计限定不能加大，构件截面有限承载力不足时，可以通过在砌体内部配置受力钢筋形成配筋砌体。常用的配筋砌体有配置网状钢筋的砖砌体、组合砖砌体、组合砖墙和配筋砌块砌体等。

1. 配置网状钢筋的砖砌体

这种配筋砖砌体是在砖柱或砖墙内的水平灰缝内配置网状钢筋所形成的配筋砖砌体。如图 15-5（a）所示为方格网配筋砖柱；图 15-5（b）所示为连弯钢筋网；图 15-5（c）所示为方格网配筋砖墙。

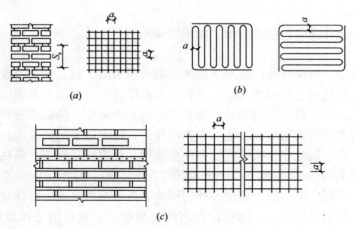

图 15-5　网状配筋砖柱砌体

砌体在竖向压力作用下不仅竖向产生压缩变形，同时在横向也会产生尺寸增大的变形，无筋砌体在纵向力作用下其纵向和横向变形是不受约束的自由变形，所以在荷载作用下纵向和横向就会比较容易到达极限压应变，砌体的受压承载力为其受压破坏时的正常值。

如果在灰缝内设置方格网状或连弯状的钢筋网，灰缝内的砂浆和钢筋网与砌块粘结成整体，在纵向压力作用下砌体就会产生纵向压缩和横向截面增大的变形，这时由于钢筋网的存在，构件横向变形时出现的拉力被钢筋网中的钢筋所平衡，横向应变和变形的增加受到钢筋网的约束，横向变形的速度就会显著变慢。每隔一定层数的砌块高度在灰缝内配置的钢筋网，就如同钢筋混凝土柱中的箍筋一样，有效约束墙体横向变形，使砌体处在三向受力的状态，横向箍筋使柱压坏时到达极限应变的荷载提高，墙体内的钢筋网也同样会使配筋砌体到达极限压应变时的受压承载力大大提高，这就是配筋砌体提高砌体承载力的基本原理。

配筋砖砌体的设计计算可参照砌体结构设计规范的有关规定进行。

2. 组合砖砌体

在非地震区或低烈度区中小城镇中建设的临街商铺，大多采用底层框架或内框架结构，二层及以上各层为混合结构正常开间的房屋，以便在底层形成可供商用的大空间，上部各层用于居住或办公的房屋。当楼面在内框架大梁的竖向偏心力作用下，柱或墙体便成为大偏心受压构件，为了有效抵抗竖向大偏心的作用力对柱或墙产生的不利影响，在柱或墙两侧配置延性和承载力都很好的钢筋混凝土层，犹如钢筋混凝土柱中在偏心力作用方向配置受力钢筋一样，可以有效发挥偏心力作用下抗压和抗拉性能好的作用，从而大大提高了墙体的承载力。组合砖砌体中的水平拉结筋在墙体砌筑时就配置了，墙体砌筑完成后分层设置竖向纵筋和箍筋，待墙体达到设计强度后支侧模浇筑混凝土，使墙体与后浇带形成受力整体。组合砖砌体的计算可参照规范的有关规定进行。图 15-6、图 15-7 为组合砖柱的几种常用形式。

(1) 组合砖墙

组合砖墙是由砖砌体和钢筋混凝土构造柱组成的，如图 15-8 所示在荷载作用下，由于砖墙的刚度小于钢筋混凝土构造柱，在竖向力作用下墙体内会产生内力重分布，构造柱可以分担墙体承受的一部分竖向荷载。构造柱和圈梁整体浇筑形成弱框架，在上下和左右方向约束了砌体的变形，提高了砌体的整体稳定性和承载能力，砖砌体和构造柱组合砖墙面。

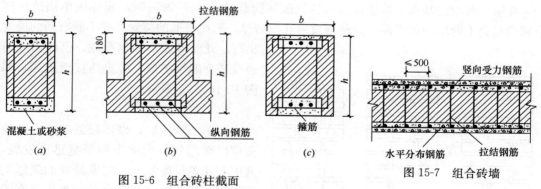

图 15-6　组合砖柱截面　　　　图 15-7　组合砖墙

构造柱和圈梁对墙体承载力提高作用一般都看作为一种安全贮备，在承载力计算时不予考虑，只有抗震验算时才考虑构造柱对墙体抗震产生的有利影响。

(2) 配筋砌块砌体

在砌块砌体的水平灰缝或灌浆孔中配置钢筋，构成配筋砌块砌体。它的原理类似于配筋砖砌体，如图 15-9 所示。因使用不多，这里不再赘述。

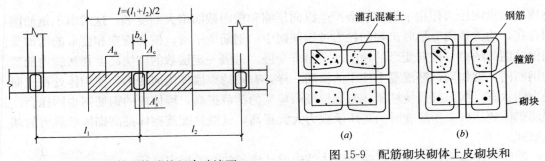

图 15-8 砖砌体和构造柱组合砖墙面

图 15-9 配筋砌块砌体上皮砌块和下皮砌块截面示意图

第三节 砌体的力学性能

一、砌体的受压性能

砌体在整体上看是均匀的,但是其内部却具有严重的不均匀性,这种内部的不均匀性造成块材强度不能得到充分发挥,因此,砌体强度一般低于单块砖的强度。为了能够说明这一点,这里先研究砖砌体在轴心压力作用下受力破坏的全过程。

1. 砖砌体受压破坏过程

试验表明,砖砌体在轴心受压破坏经历了三个明显的阶段。

(1) 第一阶段

开始加压时砌体尚处在弹性阶段,受力和变形都比较小,随着加载的持续,有缺陷的砖或灰缝不饱满的部位竖向灰缝的缺陷逐步显现,弹塑性性质开始表现出来。大约加载到破坏荷载的 50%~70% 时,出现第一批细小裂缝,这时如不增加荷载,这些细小裂缝也不发展,处在相对静止平衡状态,如图 15-10 (a) 所示。

(2) 第二阶段

在第一阶段的基础上继续加载,达到破坏荷载的 80%~90% 时,砌体中单块砖内部个别裂缝会不断增加和扩展,并逐渐贯通几皮砖厚,形成贯通的裂缝,并不断有新的裂缝出现。此时即使不增加荷载,已经出现的裂缝还会继续扩展,砖砌体接近破坏,如图 15-10 (b) 所示。

(3) 第三阶段

到第二阶段后,砌体接近破坏,试验荷载继续增加,砌体中的裂缝迅速发展,其中有几条长度最长、宽度最宽的裂缝上下贯通,把砖砌体分割为若干个半砖宽的小棱柱体,随着压力的加大,小柱体失稳或压碎,砌体宣告破坏,如图 15-10 (c) 所示。

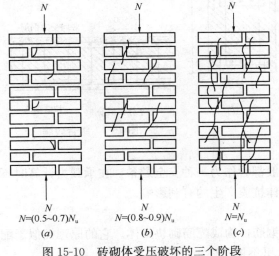

图 15-10 砖砌体受压破坏的三个阶段

2. 单块砖在砌体内的受力状态

试验结果还表明,砌体的抗压强度明

显低于单块砖的抗压强度，其原因可从单块砖在砌体内的受力变形机理来说明。

（1）砌体内灰缝厚度具有不均匀性和饱满度的不一致性，单块砖在砌体内并不是均匀受压的，而是处在既不均匀且比较复杂的受力状态。灰缝不饱满或砖外形不规整，单块砖不仅受压，同时还要受到弯矩、剪力的影响，如图15-11所示为单块砖在砌体中的受力状态。单块砖的厚度有限、抗弯刚度较小，加之砖是脆性材料，抗弯、抗剪的能力较差，在上述弯矩、剪力作用下很快就出现裂缝。可以判定第一批裂缝的出现是由于单块砖本身受弯及受剪强度不足引起的。

（2）构件在纵向压力作用下，长度减少的同时横向尺寸就会增加，砖砌体也是如此。在压力作用下，砌体侧向产生拉应变，由于砂浆硬结后的弹性模量低于块材，在竖向压应力作用下灰缝和块材的侧向应变不一致，灰缝的侧向应变大于块材侧向应变，这种应变的差异，使得砖受到灰缝通过粘结力传来的拉应力，导致砖体内受拉出现裂缝，加剧了单块砖在砌体内的破坏，图15-12所示砖砌体中砂浆对砖的作用。

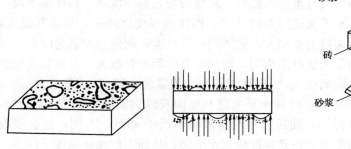 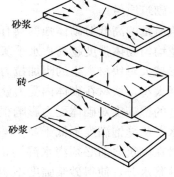

图15-11　单块砖在砌体中的受力状态　　　图15-12　砖砌体中砂浆对砖的作用

（3）砖平铺在灰缝内的砂浆上，可以形象地把灰缝内的砂浆看作弹性地基梁，砂浆的弹性模量越小，砖的弯曲变形越大，弯曲应力和剪切应力越高。这个因素也加剧了单块砖在砌体内的破坏。

（4）竖向灰缝的不饱满造成砌体的不连续性，位于竖向灰缝上面的单块整砖中产生拉应力和应力集中，加快了单块砖的开裂，也将引起砌体抗压强度的降低。

由以上几点可以看到，砌体内的单块砖实际上是处在受压、受弯、受剪、受拉和局部受压等的复杂应力状态下，脆性很大的块材其抗弯、抗剪及抗拉强度远低于其抗压强度，以至于在砌体内的单块砖的抗压强度还没有充分发挥的情况下就因剪切、弯曲和受拉等原因破坏了，所以，砖砌体的抗压强度总是比单块砖的抗压强度低。

3. 影响砌体抗压强度的主要因素

影响砖砌体强度因素包括以下几个方面：

（1）块材和砂浆的强度

块材和砂浆的强度是构成砌体强度的基本因素，也是影响砌体强度的重要因素。块材强度越高，砌体内块材在受到弯曲应力、剪应力和水平拉应力作用时受力性能就越高，自身的破坏也就越迟，砌体就越不易破坏，所以强度就会明显提高。砂浆强度越高弹性模量越大，在竖向压力作用下横向变形就越小，施加给块材的横向拉力就越小，块材也就不易破坏，砌体强度也就越高。由此可见，砌体强度和块材与砂浆的强度呈正向相关关系。

(2) 块材的外形和尺寸

块材的外形越规整，它在砌体内和灰缝的粘结面积就越大，受到的前述弯曲、剪切、拉力的影响就越小，就越不易破坏。块材的尺寸越大，墙体中的竖向和水平灰缝就越少，灰缝的不饱满和灰缝施加于块材接触面的拉力对砌体强度不利影响就会越少；同时，块材尺寸的增加其自身刚度也相应增加，抵抗弯曲、剪切、拉力的能力就越大，对砌体的强度也就越有利。因此，块材尺寸越大、块材外形越规整，同等条件下所砌筑的砌体抗压强度越高。

(3) 砂浆的和易性和保水性

用和易性良好的砂浆砌筑的砌体，灰缝内的砂浆均匀密实，可以降低和减少单块砖内承受的复杂应力，使砌体的强度提高。灰缝内的砂浆保水性好，灰缝中的水分不易散失或被块材吸收，砂浆内的水泥颗粒水化充分，灰缝强度就高，砌体的强度也就随之提高。

(4) 砌筑质量

砌筑质量的高低对砌体强度具有重要的影响。灰缝的均匀饱满度高，砌体强度高；灰缝铺设越均匀砌体强度越高；水平灰缝的厚度适中，砌体的强度就越高；如果灰缝太厚，灰缝变形越大对块材产生的附加拉力就越大，砌体的变形也大，砌体强度就会降低；同样灰缝厚度太小，块材在砌体内受力就越不均匀，附加应力的影响就越大，砌体强度也会下降。灰缝的饱满度对砌体受力影响很大，《砌体工程施工质量验收规范》GB 50203—2011规定，水平灰缝饱满度不低于80%，砖柱水平灰缝和竖向灰缝饱满度不低于90%；砖和其他块材在砌筑之前必须浇水湿润，使砖的相对含水率不低于40%，否则，砖会吸收灰缝中的砂浆水分，使得砂浆强度不能正常发挥使强度下降，从而引起砌体强度下降。

此外，砌体的组砌方式、块材的形状和完整程度、砌体的垂直度等都是影响砌体强度的因素。

二、砌体抗压强度设计值

影响砌体抗压强度的因素很多，建立一个完善准确的砌体抗压强度计算公式较为困难，根据大量试验结果分析，规范给出了表达砌体抗压强度平均值的计算式。根据《工程结构可靠度设计统一标准》GB 50153—2008 关于材料强度标准值、设计值与平均值之间的关系，就可以确定砌体抗压强度的标准值和设计值。各类砌体抗压强度的设计值见表15-2~表15-8。

烧结普通砖和烧结多孔砖砌体的抗压强度设计值（N/mm^2）　　　　表15-3

砖强度等级	砂浆强度等级					砂浆强度
	M15	M10	M7.5	M5	M2.5	0
MU30	3.94	3.27	2.93	2.59	2.26	1.15
MU25	3.60	2.98	2.68	2.37	2.06	1.05
MU20	3.22	2.67	2.39	2.12	1.84	0.94
MU15	2.79	2.31	2.07	1.83	1.60	0.82
MU10		1.89	1.69	1.50	1.30	0.67

蒸压灰砂砖和粉煤灰砖砌体的抗压强度设计值（N/mm²）　　表 15-4

砖强度等级	砂浆强度等级				砂浆强度
	M15	M10	M7.5	M5	0
MU25	3.60	2.98	2.68	2.37	1.05
MU20	3.22	2.67	2.39	2.12	0.94
MU15	2.79	2.31	2.07	1.83	0.82
MU10	—	1.89	1.69	1.50	0.67

单排孔混凝土和轻骨料混凝土砌块砌体抗压强度设计值（N/mm²）　　表 15-5

砌块强度等级	砂浆强度等级				砂浆强度
	Mb15	Mb10	Mb7.5	Mb5	0
MU20	5.68	4.95	4.44	3.94	2.33
MU15	4.61	4.02	3.61	3.20	1.89
MU10	—	2.79	2.50	2.22	1.31
MU7.5	—	—	1.93	1.71	1.01
MU5	—	—	—	1.19	0.70

注：1. 对错孔砌筑的砌体，应按表中数值乘以 0.8；
2. 对独立柱或厚度为双排组砌的砌块砌体，应按表中数值乘以 0.7；
3. 对 T 形截面砌体，应按表中数值乘以 0.85；
4. 表中轻骨料混凝土砌块为煤矸石和水泥煤渣混凝土砌块。

轻骨料混凝土砌体的抗压强度设计值（N/mm²）　　表 15-6

砌块强度等级	砂浆强度等级				砂浆强度
	Mb15	Mb10	Mb7.5	Mb5	0
MU20	5.68	4.95	4.44	3.94	2.33
MU15	4.61	4.02	3.61	3.20	1.89
MU10	—	2.79	2.50	2.22	1.31
MU7.5	—	—	1.93	1.71	1.01
MU5	—	—	—	1.19	0.70

注：1. 对错孔砌筑的砌体，应按表中数值乘以 0.8；
2. 对独立柱或厚度为双排组砌的砌块砌体，应按表中数值乘以 0.7；
3. 对 T 形截面砌体，应按表中数值乘以 0.85；
4. 表中轻骨料混凝土砌块为煤矸石和水泥煤渣混凝土砌块。

毛料石砌体的抗压强度设计值（N/mm²）　　　　　　　　　　　　　　表 15-7

毛料石强度等级	砂浆强度等级			砂浆强度
	M7.5	M5	M2.5	0
MU100	5.42	4.80	4.18	2.13
MU80	4.85	4.29	3.73	1.91
MU60	4.20	3.71	3.23	1.65
MU50	3.83	3.39	2.95	1.51
MU40	3.43	3.04	2.64	1.35
MU30	2.97	2.63	2.29	1.17
MU20	2.42	2.15	1.87	0.95

注：对下列各类料石砌体，应按表中数值分别乘以系数：细料石砌体1.5，半细料石砌体1.3，粗料石砌体1.2，干砌勾缝石砌体0.8。

毛石砌体的抗压强度设计值（N/mm²）　　　　　　　　　　　　　　表 15-8

毛石强度等级	砂浆强度等级			砂浆强度
	M7.5	M5	M2.5	0
MU100	1.27	1.12	0.98	0.34
MU80	1.13	1.00	0.87	0.30
MU60	0.98	0.87	0.76	0.26
MU50	0.90	0.80	0.69	0.23
MU40	0.80	0.71	0.62	0.21
MU30	0.69	0.61	0.53	0.18
MU20	0.56	0.51	0.44	0.15

各类砌体的轴心抗拉、弯曲抗拉和抗剪强度设计值，当施工质量控制等级为B级时可从表15-9中取用。

沿砌体灰缝截面破坏时砌体的轴心抗拉强度设计值、弯曲抗拉强度设计值和抗剪强度设计值（MPa）　　　表 15-9

强度类别	破坏特征与砌体种类		砂浆强度等级			
			≥M10	M7.5	M5	M2.5
轴心抗拉	沿齿缝	烧结普通砖、烧结多孔砖	0.19	0.16	0.13	0.09
		蒸压灰砂砖、蒸压粉煤灰砖	0.12	0.10	0.08	0.06
		混凝土砌块	0.09	0.08	0.07	—
		毛石	0.08	0.07	0.06	0.04

续表

强度类别	破坏特征与砌体种类		砂浆强度等级			
			≥M10	M7.5	M5	M2.5
弯曲抗拉	沿齿缝	烧结普通砖、烧结多孔砖 蒸压灰砂砖、蒸压粉煤灰砖 混凝土砌块 毛石	0.33 0.24 0.11 0.13	0.29 0.20 0.09 0.11	0.23 0.16 0.08 0.09	0.17 0.12 — 0.07
	沿通缝	烧结普通砖、烧结多孔砖 蒸压灰砂砖、蒸压粉煤灰砖 混凝土砌块	0.17 0.12 0.08	0.14 0.10 0.06	0.11 0.08 0.05	0.08 0.06 —
抗剪	烧结普通砖、烧结多孔砖 蒸压灰砂砖、蒸压粉煤灰砖 混凝土砌块 毛石		0.17 0.12 0.09 0.22	0.14 0.10 0.08 0.19	0.11 0.08 0.06 0.16	0.08 0.06 — 0.11

注：1. 对于用形状规则的块体砌筑的砌体，当搭接长度与块体高度的比值小于1时，其轴心抗拉强度设计值 f_t 和弯曲抗拉强度设计值 f_{tm} 应按表中数值乘以搭接长度与块体高度比值后采用；
2. 对孔洞率不大于35%的双排孔或多排孔轻骨料混凝土砌块砌体的抗剪强度设计值，可按表中混凝土砌块砌体抗剪强度设计值乘以1.1；
3. 对蒸压灰砂砖、蒸压粉煤灰砖砌体，当有可靠的试验数据时，表中强度设计值，允许作适当调整；
4. 对烧结页岩砖、烧结煤矸石砖、烧结粉煤灰砖砌体，当有可靠的试验数据时，表中强度设计值，允许作适当调整。

《砌体结构设计规范》GB 50003—2011明确规定，凡遇表15-10列情况之一时对砌体构件的受压承载力需要折减。

砌体强度设计值调整系数　　表15-10

使 用 情 况		γ_a
有吊车房屋砌体、跨度≥9m的梁下烧结普通砖砌体、跨度≥7.5m的梁下烧结多孔砖、蒸压灰砂砖、蒸压粉煤灰砖砌体、混凝土和轻骨料混凝土砌块砌体		0.9
构件截面面积 $A<0.3m^2$ 的无筋砌体		0.7+A
构件截面面积 $A<0.2m^2$ 的配筋砌体		0.8+A
采用水泥砂浆砌筑的砌体（若为配筋砌体，仅对其强度设计值调整）	对表15-3～表15-8中的数值	0.9
	对表15-9中的数值	0.8
施工质量控制等级为C级时		0.89
验算施工中房屋的构件时		1.1

注：表中构件截面面积以平方米（m²）计。

三、砌体的轴心受拉、受弯和受剪性能

1. 轴心受拉

与砌体轴心受压强度相比,砌体的轴心抗拉强度很低,但是在房屋结构和构筑物中有时不可避免地存在着砌体轴心受拉的情况,如图 15-13 所示。

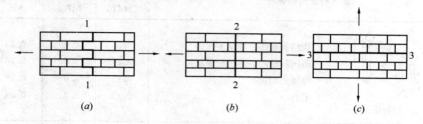

图 15-13 砌体的轴心受拉破坏

轴心拉力与砌体水平灰缝平行可能发生下面三种破坏:

(1) 在垂直于外力方向,由于灰缝强度太低,在拉力作用下砌体构件将沿着齿缝截面被拉坏,如图 15-13 (a) 所示。

(2) 在垂直于外力方向,由于块材强度较低,砂浆强度较高,在拉力作用下砌体将会沿着直缝被拉断,如图 15-13 (b) 所示。

(3) 当外力作用方向与水平灰缝方向垂直时,在外力作用下砌体有可能沿着水平灰缝被拉裂,如图 15-13 (c) 所示。

上述 3 种破坏形式中,(1)、(3) 两种主要取决于砂浆和砌体的粘结,即灰缝砂浆的强度的高低。破坏形式 (2) 主要由块材的强度所决定。在实际设计中往往不好明显区分和判断发生的是哪种破坏,就需要计算时按两种情况分别验算,哪种承载力小就极有可能发生哪种破坏。砌体沿灰缝截面破坏时的轴心抗拉强度设计值见表 15-9。

2. 砌体的弯曲受拉

用块材砌筑的挡土墙或砖过梁等砌体构件,在弯矩作用下,因受拉而破坏。砌体弯曲受拉破坏有三种:

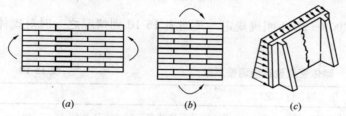

图 15-14 砌体的弯曲受拉破坏

(1) 在弯矩作用下砌体沿齿缝截面受拉开裂破坏,如图 15-14 (a) 所示。

(2) 沿块体直缝弯曲受拉破坏,如图 15-14 (b) 所示。

(3) 沿着通缝截面弯曲受拉破坏,如图 15-14 (c) 所示。

3. 砌体受剪

砌体砌筑的挡土墙在墙后土体的水平压力作用下,如果强度不足可能会发生沿水平通缝的破坏,如图 15-15 (a) 所示。当墙体基础发生不均匀沉降后墙体将发生竖向齿缝的破坏,如图 15-15 (b) 所示。作为门窗过梁支座截面也有可能在支座边缘剪切力作用下发生沿水平灰缝截面或踏步形截面的受剪破坏,如图 15-15 (c) 所示。

四、砌体的变形模量、线膨胀系数和摩擦系数

1. 砌体的变形模量

砌体受压的应力—应变关系和其他脆性材料相似。因为砌体不是理想的弹性材料,受力开始阶段具有明显的弹性性质,随着外力的上升表现出明显的塑性特征,这个过程一直

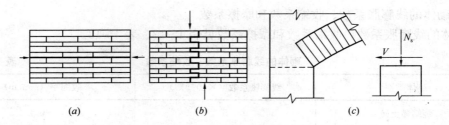

图 15-15 砌体的受剪破坏

持续到应力—应变曲线的顶点后开始下降,直到最后达到受压极限应变后破坏。

砌体的变形模量是根据砌体受压时的应力—应变关系曲线确定的。

(1) 原点弹性模量

当砌体的应力—应变曲线确定后可以作过坐标原点的切线,该切线与水平轴的夹角的正切值称为砌体的原点弹性模量。

$$E_0 = \tan\alpha_0 \tag{15-1}$$

式中 α_0——过砌体应力—应变曲线坐标原点所作的切线与水平坐标的夹角。

(2) 割线模量

过砌体应力—应变曲线坐标原点作过应力-应变曲线上任意一点作割线,割线与水平坐标轴夹角的正切称为砌体的割线模量

$$E_1 = \tan\alpha_1 \tag{15-2}$$

式中 α_1——过砌体应力—应变曲线坐标原点所作的割线与水平坐标的夹角。

(3) 切线模量

过砌体应力应变曲线上任意一点作切线,切线与水平坐标轴夹角的正切称为砌体的切线模量

$$E = \tan\alpha \tag{15-3}$$

式中 α——过砌体应力应变曲线上任意一点作切线与横坐标之间的夹角。

砌体属于非理想的弹性材料,其割线模量与切线模量随砌体受到的压应力增加而不断降低,因此,规范规定,砌体的弹性模量取应力与应变曲线上应力为 $0.43f_m$ 点的割线模量。

2. 砌体的剪变模量

根据材料力学公式推导的结果,砌体的变形模量见表 15-11。

$$G = 0.4E \tag{15-4}$$

砌体的变形模量(MPa) 表 15-11

砌 体 种 类	砂浆强度等级			
	≥M10	M7.5	M5	M2.5
烧结普通砖、烧结多孔砖砌体	1600f	1600f	1600f	1390f
蒸压灰砂砖、蒸压粉煤灰砖砌体	1060f	1060f	1060f	960f
混凝土砌块砌体	1700f	1600f	1500f	—
粗料石、毛料石、毛石砌体	7300	5650	4000	2250
细料石、半细料石砌体	22000	17000	12000	6750

注:1. 轻骨料混凝土砌块砌体的弹性模量,可按表中混凝土砌块砌体的弹性模量采用;
2. f 为砌体抗压强度设计值。

3. 砌体的线膨胀系数、收缩系数和摩擦系数

砌体的线膨胀系数、收缩系数和摩擦系数见表15-12、表15-13。

砌体的线膨胀系数、收缩系数 表15-12

砌体类别	线膨胀系数（$\times 10^{-6}$℃）	收缩率（mm/m）
烧结黏土砖	5	—0.1
蒸养灰砂砖、蒸养粉煤灰砌块	8	—0.2
混凝土砌块砌体	10	—0.2
轻骨料混凝土砌块砌体	10	—0.3
料石和毛料石砌体	8	—

砌体的摩擦系数 表15-13

材料类别	摩擦面情况	
	干燥的	潮湿的
砌体沿砌体或混凝土滑动	0.70	0.60
木材沿砌体滑动	0.60	0.50
钢沿砌体滑动	0.45	0.35
砌体沿砂或卵石滑动	0.60	0.50
砌体沿粉土滑动	0.55	0.40
砌体沿黏性土滑动	0.50	0.30

本 章 小 结

1. 块体材料抗压强度高、抗拉强度低，是脆性材料；砂浆是弹塑性材料。块材的抗压强度、与抗拉强度和抗弯强度差异很大。块材和砂浆的变形有较大的差异，块体变形较小，砂浆变形较大，尤其是在竖向压力作用下的横向变形差别更大。

影响砌体抗压强度的主要因素是块材和砂浆的强度指标。其次是砂浆的类型、组砌的方式、灰缝的饱满程度等都是影响砌体抗压强度的因素。

2. 砌体的强度指标包括抗压强度设计值、轴心抗拉强度设计值、弯曲抗拉强度设计值和抗剪强度设计值。

3. 砌体是块材通过砂浆铺缝粘结成的整体，由于组成砌体的块材和砂浆强度都不高，因而反映出砌体的抗压强度远远低于块材的抗压强度。原因是灰缝不饱满、不均匀造成受压后块材和砂浆横向变形的差异。由于砌体抗压强度远远高于其他几种强度，所以砌体主要用于轴心受压和偏心距不大的偏心受压构件。

复 习 思 考 题

一、名词解释

砌体结构　无筋砌体　配筋砌体　砌体强度设计值调整系数

二、问答题

1. 块材和砂浆各分几类？它们的强度等级是怎样划分的？
2. 砌体结构块材和砂浆选择时应注意哪些事项？
3. 砌体分为几类？各有什么特性？
4. 为什么砌体的抗压强度远低于块材的抗压强度？
5. 某一强度等级的块材用同强度等级的水泥砂浆和混合砂浆砌筑，用哪种砂浆砌筑的砌体强度高？为什么？
6. 砌体强度设计值调整系数是怎样取值的？

第十六章 无筋砌体构件的承载力计算

学习要求与目标：
1. 熟练掌握无筋砌体受压构件承载力的计算。
2. 熟练掌握梁端下砌体的局部抗压承载力验算的主要内容。
3. 了解无筋砌体构件的受拉、受弯和受剪承载力的计算。

无筋砌体通常用于混合结构房屋的墙体、柱和基础中，一般处于轴心受压和偏心受压状态。此外，在工程中还有部分砌体处在局部受压的状态。无筋砌体构件的承载能力验算是砌体房屋设计的重要组成内容。

第一节 受压构件承载力计算

一、受压构件截面应力变化

砌体是弹塑性的材料，在压应力不大时处在弹性工作阶段，随着截面承受的压应力不断增加，弹塑性性质越来越明显。直到应力和应变达到砌体的最大应力和最大应变时构件宣告破坏。

轴心受压构件截面应力分布均匀，在外力作用下截面达到最大应力和应变时构件破坏，如图16-1（a）所示。小偏心受压构件截面应力分布不均匀，靠近轴向力的一侧偏心压应力大，远离轴向力一侧应力小，在外荷载作用下构件应力较大的一侧最先达到最大应力和应变后引起构件破坏，如图16-1（b）所示。在较大偏心力作用下，远离轴向力一侧出现受拉区，轴向力的近侧压应力较大，随着荷载的不断增加，当压应力和压应变达到最大值后构件破坏，如图16-1（c）、（d）所示。

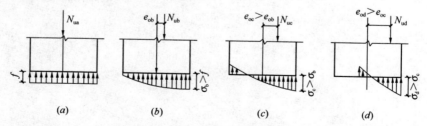

图16-1 轴向压力在不同偏心距作用下砌体的受力状态

由此可知，偏心受压构件无论构件受到的轴向力偏心距的大小，构件截面压应力的分布都呈现曲线分布。同时随着偏心距的不断加大，破坏时构件截面轴向力近侧压应变和压应力将会持续增加。

二、受压构件承载力计算

1. 短柱（$\beta \leqslant 3$）承载力计算

试验证明，短柱的受压承载力随其偏心距的增大而减小，对于轴心受压和偏心受压短柱的，承载能力均按下式计算：

$$N = \varphi_1 f A \tag{16-1}$$

式中 N——轴向力设计值；

f——砌体抗压强度设计值；

A——受压构件截面面积；

φ_1——偏心受压与轴心受压构件承载力的比值，称为偏心距影响系数。对于具有对称轴的截面用公式（16-2），对于矩形截面用公式（16-3）计算。

$$\varphi_1 = \frac{1}{1 + \left(\dfrac{e}{i}\right)^2} \tag{16-2}$$

$$\varphi_1 = \frac{1}{1 + 12\left(\dfrac{e}{h}\right)^2} \tag{16-3}$$

式中 e——按设计荷载计算的轴向力偏心距；

i——截面沿偏心方向的回转半径；

h——轴心受压时上式中将 h 换为 b；偏心受压时为沿偏心力方向的偏心距；T形截面可用折算高度 $h_T = 3.5i$ 代替 h。

从式（16-2）、（16-3）可知，当为轴心受压构件时，$e=0$，则 $\varphi_1 = \varphi_0 = 1.0$。

2. 受压长柱（$\beta > 3$）承载力计算

对于高厚比较大的细长柱，在轴向力对准轴心作用的情况下，由于砌体本身的不均匀的原因，荷载也会偏离截面形心形成着一定的初始偏心，也会导致构件产生侧向挠度。对于偏心受压构件，侧向挠度的影响将会产生附加偏心距 e_i，导致荷载的偏心从初始偏心距 e 增加到 $e+e_i$，当考虑附加偏心距时，细长柱的极限承载力可用下式计算：

$$N \leqslant \varphi f A \tag{16-4}$$

式中 φ——高厚比和纵向压力偏心距对受压构件承载力的影响系数。φ 可按式（16-5）计算求得，也可查表 16-2、16-3、16-4 得知。

$$\varphi = \frac{1}{1 + 12\left(\dfrac{e+e_i}{h}\right)^2} \tag{16-5}$$

附加偏心距可用下列边界条件求得：

对于轴心受压长柱，$e_0 = 0$ 时，$\varphi = \varphi_0$，我们称它为轴心受压构件的稳定系数，则式（16-6）可简化为

$$\varphi = \varphi_0 = \frac{1}{1 + 12\left(\dfrac{e_i}{h}\right)^2} \tag{16-6}$$

整理式（16-6），可得 e_i 与 φ_0 的关系：

$$e_i = \frac{h}{\frac{1}{\sqrt{12}}\sqrt{\frac{1}{\varphi_0}-1}} \tag{16-7}$$

将式（16-7）代入式（16-5），整理后可得

$$\varphi = \frac{1}{1+12\left\{\frac{e}{h}+\sqrt{\frac{1}{12}\left(\frac{1}{\varphi_0}-1\right)\left[1+6\frac{e}{h}\left(\frac{e}{h}-0.2\right)\right]}\right\}^2} \tag{16-8}$$

则轴心受压构件稳定系数

$$\varphi_0 = \frac{1}{1+\alpha\beta^2} \tag{16-9}$$

式中　α——砂浆强度等级有关的系数，当砂浆强度等级大于或等于 M5 时，$\alpha=0.0015$；当砂浆强度等级为 M2.5 时，$\alpha=0.002$；当砂浆强度等级为 $f_2=0$ 时，$\alpha=0.009$；

β——构件的高厚比。对矩形截面 $\beta=\frac{H_0}{b}$，对于 T 形截面 $\beta=\frac{H_0}{h_T}$；

H_0——受压构件的计算高度，应根据房屋类别和构件支承条件按表 16-1 采用；

φ——验算受压构件的高厚比和轴向力偏心距 e 对受压构件承载力的影响系数，可按式（16-8）计算，也可由表 16-2、表 16-3、表 16-4 查用。

受压构件的计算长度 H_0　　表 16-1

房屋类别			柱		带壁柱墙或周边拉结的墙		
			排架方向	垂直排架方向	$S>2H$	$2H\geqslant S>H$	$S\leqslant H$
有吊车的单层房屋	变截面柱上段	弹性方案	$2.5H_u$	$1.25H_u$	$2.5H_u$		
		刚性、刚弹性方案	$2.0H_u$	$1.25H_u$	$2.0H_u$		
	变截面柱下段		$1.0H_l$	$0.8H_l$	$1.0H_l$		
无吊车的单层和多层房屋	单跨	弹性方案	$1.5H$	$1.0H$	$1.5H$		
		刚弹性方案	$1.2H$	$1.0H$	$1.2H$		
	多跨	弹性方案	$1.25H$	$1.0H$	$1.25H$		
		刚弹性方案	$1.10H$	$1.0H$	$1.1H$		
	刚性方案		$1.0H$	$1.0H$	$1.0H$	$0.4S+0.2H$	$0.6S$

注：1. 表中 H_u 为变截面柱的上段高度；H_l 为变截面柱的下段高度；
　　2. 对于上端为自由端的构件，$H_0=2H$；
　　3. 独立砖柱，当无柱间支撑时，柱在垂直排架方向的 H_0 应按表中数值乘以 1.25 后采用；
　　4. S 为房屋横墙间距；
　　5. 自承重墙的计算高度应根据周边支撑或拉接条件确定。

表中构件的高度 H 应按下列规定采用：

（1）在房屋底层，为楼板顶面到构件下端支点的距离。下部支点的位置，可取在基础顶面。当基础埋设较深且有刚性地坪时，可取室外地面下 500mm 处。

（2）在房屋其他层时，为楼板或其他水平支点间的距离。

（3）对于无壁柱的山墙，可取层高加山墙顶点高度的 1/2；对于带壁柱的山墙可取壁

柱处的山墙高度。

（4）对有吊车的房屋，当荷载组合不考虑吊车作用时，变截面柱上段的计算高度可按表 16-1 采用；变截面柱下段的计算高度可按下列规定采用：当 $H_u/H \leqslant 1/3$ 时，取无吊车房屋的 H_0；当 $1/3 < H_u/H < 1/2$ 时，取无吊车房屋的 H_0 乘以修正系数 μ，且 $\mu = 1.3 - 0.3 I_u/I_1$，I_u 为变截面柱上段的惯性矩，I_1 为变截面柱下段的惯性矩；当 $H_u/H \geqslant 1/2$ 时，取无吊车房屋的 H_0，但在确定 β 值时，应采用下柱截面。

在运用式（16-6）时，计算过于复杂，为了使用方便，可将 φ 和 β、$\dfrac{e}{h}\left(\dfrac{e}{h_T}\right)$ 之间的对应关系列表，以方便查用，详见表 16-2、表 16-3、表 16-4。

3. 受压构件承载力验算公式的应用

根据上述分析，不论是长柱或短柱、轴心受压构件还是偏心受压构件，它们的承载力都可以用式（16-4）验算。

（1）多层房屋，当有门窗洞口时，可取窗间墙的宽度；当无窗间墙时，每侧翼墙宽度可取壁柱高度的 1/3。

（2）单层房屋，可取壁柱宽加 2/3 墙高，但不大于窗间墙宽度和相邻壁柱间的距离。

（3）计算带壁柱的条形基础时，可取相邻壁柱间的距离。

需要引起注意的是：

（1）砌体的类型对构件的承载力的影响

在确定 φ 时应先根据《砌体结构设计规范》的规定对构件高厚比根据构件类型乘以修正系数 γ_β，γ_β 的取值如表 16-5 所列。

影响系数 φ（砂浆强度等级 $\geqslant$ M5）　　　　　表 16-2

β	$\dfrac{e}{h}$ 或 $\dfrac{e}{h_T}$						
	0	0.025	0.05	0.075	0.1	0.125	0.15
$\leqslant 3$	1	0.99	0.97	0.94	0.89	0.84	0.79
4	0.98	0.95	0.90	0.85	0.80	0.74	0.69
6	0.95	0.91	0.86	0.81	0.75	0.69	0.64
8	0.91	0.86	0.81	0.76	0.70	0.64	0.59
10	0.87	0.82	0.76	0.71	0.65	0.60	0.55
12	0.845	0.77	0.71	0.66	0.60	0.55	0.51
14	0.795	0.72	0.66	0.61	0.56	0.51	0.47
16	0.72	0.67	0.61	0.56	0.52	0.47	0.44
18	0.67	0.62	0.57	0.52	0.48	0.44	0.40
20	0.62	0.595	0.53	0.48	0.44	0.40	0.37
22	0.58	0.53	0.49	0.45	0.41	0.38	0.35
24	0.54	0.49	0.45	0.41	0.38	0.35	0.32
26	0.50	0.46	0.42	0.38	0.35	0.33	0.30
28	0.46	0.42	0.39	0.36	0.33	0.30	0.28
30	0.42	0.39	0.36	0.33	0.31	0.28	0.26

续表

β	$\dfrac{e}{h}$ 或 $\dfrac{e}{h_T}$					
	0.175	0.2	0.225	0.25	0.275	0.3
≤3	0.73	0.68	0.62	0.57	0.52	0.48
4	0.64	0.58	0.53	0.49	0.45	0.41
6	0.59	0.54	0.49	0.45	0.42	0.38
8	0.54	0.50	0.46	0.42	0.39	0.36
10	0.50	0.46	0.42	0.39	0.36	0.33
12	0.49	0.43	0.39	0.36	0.33	0.31
14	0.43	0.40	0.36	0.34	0.31	0.29
16	0.40	0.37	0.34	0.31	0.29	0.27
18	0.37	0.34	0.31	0.29	0.27	0.25
20	0.34	0.32	0.29	0.27	0.25	0.23
22	0.32	0.30	0.27	0.25	0.24	0.22
24	0.30	0.28	0.26	0.24	0.22	0.21
26	0.28	0.26	0.24	0.22	0.21	0.19
28	0.26	0.24	0.22	0.21	0.19	0.18
30	0.24	0.22	0.21	0.20	0.18	0.17

影响系数 φ（砂浆强度等级等于 M2.5） 表 16-3

β	$\dfrac{e}{h}$ 或 $\dfrac{e}{h_T}$					
	0	0.025	0.05	0.075	0.1	0.125	0.15
≤3	1	0.99	0.97	0.94	0.89	0.84	0.79
4	0.97	0.94	0.89	0.84	0.78	0.73	0.67
6	0.93	0.89	0.84	0.78	0.73	0.67	0.62
8	0.89	0.84	0.78	0.72	0.67	0.62	0.57
10	0.83	0.78	0.72	0.67	0.61	0.56	0.52
12	0.78	0.72	0.67	0.61	0.56	0.52	0.47
14	0.72	0.66	0.61	0.56	0.51	0.47	0.43
16	0.66	0.61	0.56	0.51	0.47	0.43	0.40
18	0.61	0.56	0.51	0.47	0.43	0.40	0.36
20	0.56	0.51	0.47	0.43	0.39	0.36	0.33
22	0.51	0.47	0.43	0.39	0.36	0.33	0.31
24	0.46	0.43	0.39	0.36	0.33	0.31	0.28
26	0.42	0.39	0.36	0.33	0.31	0.28	0.26
28	0.39	0.36	0.33	0.30	0.28	0.26	0.24
30	0.36	0.33	0.30	0.28	0.26	0.24	0.22

续表

β	$\dfrac{e}{h}$ 或 $\dfrac{e}{h_T}$					
	0.175	0.2	0.225	0.25	0.275	0.3
≤3	0.73	0.68	0.62	0.57	0.52	0.48
4	0.62	0.57	0.52	0.48	0.44	0.40
6	0.57	0.52	0.48	0.44	0.40	0.37
8	0.52	0.48	0.44	0.40	0.37	0.34
10	0.47	0.43	0.40	0.37	0.34	0.31
12	0.43	0.40	0.37	0.34	0.31	0.29
14	0.40	0.36	0.34	0.31	0.29	0.27
16	0.36	0.34	0.31	0.29	0.26	0.25
18	0.33	0.31	0.29	0.26	0.24	0.23
20	0.31	0.28	0.26	0.24	0.23	0.21
22	0.28	0.26	0.24	0.23	0.21	0.20
24	0.26	0.24	0.23	0.21	0.20	0.18
26	0.24	0.22	0.21	0.20	0.18	0.17
28	0.22	0.21	0.20	0.18	0.17	0.16
30	0.21	0.20	0.18	0.17	0.16	0.15

影响系数 φ（砂浆强度等级为 0） 表 16-4

β	$\dfrac{e}{h}$ 或 $\dfrac{e}{h_T}$					
	0	0.025	0.05	0.075	0.1	0.125	0.15
≤3	1	0.99	0.97	0.94	0.89	0.84	0.79
4	0.87	0.82	0.77	0.71	0.66	0.60	0.55
6	0.76	0.70	0.65	0.59	0.64	0.50	0.46
8	0.63	0.58	0.54	0.49	0.45	0.41	0.38
10	0.53	0.48	0.44	0.41	0.37	0.34	0.32
12	0.44	0.40	0.37	0.34	0.31	0.29	0.27
14	0.36	0.33	0.31	0.28	0.26	0.24	0.23
16	0.30	0.28	0.26	0.24	0.22	0.21	0.19
18	0.26	0.24	0.22	0.21	0.19	0.18	0.17
20	0.22	0.20	0.19	0.18	0.17	0.16	0.15
22	0.19	0.18	0.16	0.15	0.14	0.14	0.13
24	0.16	0.15	0.14	0.13	0.13	0.12	0.11
26	0.14	0.13	0.13	0.12	0.11	0.11	0.10
28	0.12	0.12	0.11	0.11	0.10	0.10	0.09
30	0.11	0.10	0.10	0.09	0.09	0.09	0.08

续表

β	$\dfrac{e}{h}$ 或 $\dfrac{e}{h_T}$					
	0.175	0.2	0.225	0.25	0.275	0.3
≤3	0.73	0.68	0.62	0.57	0.52	0.48
4	0.51	0.46	0.43	0.39	0.36	0.33
6	0.42	0.39	0.36	0.33	0.30	0.28
8	0.35	0.32	0.30	0.28	0.25	0.24
10	0.29	0.27	0.25	0.23	0.22	0.20
12	0.25	0.23	0.21	0.20	0.19	0.17
14	0.21	0.20	0.18	0.17	0.16	0.15
16	0.18	0.17	0.16	0.15	0.14	0.13
18	0.16	0.15	0.14	0.13	0.12	0.12
20	0.14	0.13	0.12	0.12	0.11	0.11
22	0.12	0.12	0.11	0.10	0.10	0.09
24	0.11	0.10	0.10	0.09	0.09	0.08
26	0.10	0.09	0.09	0.08	0.08	0.07
28	0.09	0.08	0.08	0.08	0.07	0.07
30	0.08	0.07	0.07	0.07	0.07	0.06

砌体类型的高厚比修正系数　　　　　　表 16-5

砌 体 类 型	γ_β
烧结黏土砖和烧结多孔砖	1.0
混凝土及轻骨料混凝土砌块	1.1
蒸压灰砂砖，蒸压粉煤灰砖，细料石半细料石砌体	1.2
粗料石和毛料石	1.5

（2）构件短边方向承载力的验算

对于矩形截面，当轴向力偏心方向的尺寸大于另一垂直方向截面尺寸较多时，除对长边方向验算偏心受压承载力以外，也要对构件的短边方向按轴心受压验算其承载能力。

（3）轴向力偏心距的限制

荷载较大和偏心距较大的构件，随着偏心距增大，受压区明显减小，在使用阶段砌体受拉边缘已经产生较宽的裂缝，构件刚度降低，纵向弯曲对构件承载力的影响加大，承载力明显下降。规范规定，按荷载设计值计算的轴向力的偏心距 e 应符合下式的限制要求：

$$e \leqslant 0.6y \tag{16-10}$$

式中　y——截面重心至轴向力所在偏心方向的截面边缘的距离。

【例题 16-1】 已知：某轴心受压砖柱截面尺寸为 $b \times h = 370\text{mm} \times 490\text{mm}$，采用砖的强度等级 MU10，纯水泥砂浆强度等级 M5 砌筑，柱的计算高度 $H_0 = 4.5\text{m}$，柱顶承受的轴向力设计值为 $N_s = 120\text{kN}$。

求：验算柱底截面的受压承载力。

解：(1) 柱自重设计值

查《建筑结构荷载规范》GB 50009—2012 附表得知，砂浆砌筑的普通砖的砌体的重度为 18kN/m³，则柱的自重设计值为：

$$N_G = \gamma_G bhH\gamma = 1.2 \times 0.37 \times 0.49 \times 4.5 \times 18 = 17.62 \text{kN}$$

柱底截面的轴向力设计值

$$N = N_G + N_s = 17.62 + 120 = 137.62 \text{kN}$$

(2) 砖柱高厚比

$$\beta = H_0/b = 4.5/0.37 = 12.16$$

查表 16-2，得 $\varphi = 0.816$。

(3) 构件抗力调整系数

查表 15-9 得，

纯水泥砂浆的调整系数 $\gamma_{a1} = 0.9$

因为构件截面面积 $A = 0.37 \times 0.49 = 0.1813 \text{m}^2 < 0.3 \text{m}^2$，所以截面尺寸的调整系数

$$\gamma_{a2} = 0.7 + A = 0.7 + 0.37 \times 0.49 = 0.8813$$

构件抗力调整系数 $\gamma_a = \gamma_{a1} \times \gamma_{a2} = 0.7932$

(4) 查表 15-3 得知，砌体的抗压强度设计值 $f = 1.50 \text{N/mm}^2$。

(5) 承载力计算

$$N_u = \varphi \gamma_a f A = 0.816 \times 0.7932 \times 1.5 \times 370 \times 490 = 176020 \text{N}$$
$$= 176.02 \text{kN} > N = 137.62 \text{kN}$$

该柱承载力满足要求。

【例题 16-2】 某砖柱截面尺寸为 $b \times h = 370\text{mm} \times 620\text{mm}$，柱的计算高度 $H_0 = 5.0\text{m}$，承受的轴向力设计值（包括柱自重设计值）$N = 137.5 \text{kN}$，沿柱截面长边方向作用的弯矩值 $M = 14.63 \text{kN} \cdot \text{m}$，采用 MU10 黏土砖、混合砂浆等级 M2.5 砌筑。

求：该柱承载能力。

解：(1) 求柱的偏心距

$$e = M/N = 14.63/137.5 = 0.114\text{m} < 0.6y = 0.186\text{m}$$

(2) 柱的高厚比及 φ 值

$$\beta = H_0/h = 5.0/0.62 = 8.06$$

$e/h = 114/620 = 0.184$，查表 16-3 得，$\varphi = 0.505$。

(3) 计算构件抗力调整系数 γ_a 及砌体强度设计值 f

查表 15-10 得知，

构件截面尺寸 $A = 0.37 \times 0.62 = 0.229 \text{m}^2 < 0.3 \text{m}^2$

$$\gamma_a = A + 0.7 = 0.929$$

查表 15-3 得，砌体强度设计值 $f = 1.30 \text{N/mm}^2$。

(4) 求柱的承载力设计值

$$N_u = \gamma_a \varphi f A = 0.929 \times 0.505 \times 1.3 \times 370 \times 620$$
$$= 139.908 \text{kN} > N = 137.5 \text{kN}$$

该柱偏心方向承载力满足要求。

(5) 柱短边方向轴心抗压承载力验算

高厚比 $\beta=H_0/b=5.0/0.37=12.51$；
由于 $e/b=0$ 查表 16-3 得，$\varphi=0.735$

$$N_u=\varphi fA = 0.735\times0.929\times1.30\times370\times620$$
$$=203629\text{N}=203.629\text{kN}>N=137.5\text{kN}$$

该柱两个方向均满足要求，故该柱安全。

【例题 16-3】 某仓库的窗间墙为带壁柱的 T 形截面，翼墙宽度 1500mm，厚度 240mm，壁柱宽 490mm，壁柱高 250mm。柱的计算高度 $H_0=5.1$m，采用砖 MU10，混合砂浆强度等级 M7.5 砌筑，砌体的抗压强度设计值为 $f=1.69\text{N/mm}^2$。该壁柱承受轴向力设计值 $N=250$kN，设计弯矩 $M=20$kN·m（偏向于翼缘一侧）。

求：该柱的承载力设计值。

解：(1) 截面几何特征

1) 截面面积
$$A=1500\times240+240\times250=420000\text{mm}^2$$

2) 截面形心轴

假定截面水平形心轴距翼缘上缘的距离为 y_1，则
$$y_1=[1500\times240+240\times250\times(240+125)]/420000=155\text{mm}$$
$$I=1500\times155^3/3+240\times(250+85)^3/3+2\times(1600-240)\times85^3=51275\times10^5\text{mm}^4$$

截面回转半径为：

$$i=\sqrt{\frac{I}{A}}=\sqrt{\frac{51275\times10^5}{420000}}=110.5\text{mm}$$

截面折算高度 $h_T=3.5i=386.8\text{mm}$。

(2) 承载力计算

轴向力偏心距
$$e=M/N=20\times10^6/250\times10^3=80\text{mm}<0.6y=93\text{mm}$$

求高厚比 $\beta=\gamma_\beta H_0/h_T=13.2$
$$e/h_T=0.207$$

查表 16-2 得，$\varphi=0.42$

因为是水泥砂浆砌筑，所以 $\gamma_a=0.9$

窗间墙的最大承载力设计值
$$N_u=\varphi fA=0.42\times1.69\times4.2\times10^5=298.116\text{kN}>N=250\text{kN}$$

承载力满足要求。

第二节 局 部 受 压

在砌体构件截面的局部面积上作用有轴向压力时的受力状态，称为局部受压。它是砌体结构中常见受力形式之一。例如，屋架支座支座底部截面受压砌体和钢筋混凝土楼（屋）面梁支座端部截面下部的砌体就处在局部受压状态。当局部受压面积上的压应力均

匀分布时，称为局部均匀受压，当局部受压面积上的压应力分布不均匀时，称为不均匀局部受压。

一、概述

1. 砌体局部受压承载力验算的原因

砌体局部受压范围内的抗压强度比全面积均匀受压状态下的强度有明显地提高，这是因为直接位于局部受压面积之下的砌体，横向应变受到局部受压面积之外周围未直接受局部压应力作用的砌体的套箍约束作用，造成局部受压面积下的砌体处在三向应力状态，在同样竖向压应力作用下局部受压面积下的砌体不容易到达受压破坏时的纵向应变和横向应变值，因此，局部受压面积范围内的抗压强度就会显著提高。局部受压面积范围内砌体强度的提高经过测算和推导是有限度的，规范规定，四边约束时局部受压强度提高的幅度最大值为均匀受压时的 2.5 倍。但有时局部受压面积上承受的压应力会存在远大于 2.5 倍以上砌体均匀受压破坏时的强度值，因而局部受压面积下的砌体有可能在这种高应力作用下发生局部受压破坏。

（1）砌体局部受压时的破坏形态

影响砌体局部受压承载力的因素较多，首先是砌体自身的强度、局部受压面积 A_l、构件水平截面上影响砌体局部受压的计算面积 A_0、局部受压面积周边的约束情况、A_0/A_l 的大小等，其中 A_0/A_l 是影响局部受压破坏形态的主要因素。当 A_0/A_l 不大时，在构件外侧距受压顶面一段距离处首先出现竖向裂缝，随着该裂缝的上下延伸发展导致构件的局部受压破坏。当 A_0/A_l 较大时，在局部压应力作用下一般不会发生过大的变形，这种情况下当构件外侧出现竖向裂缝，局部受压面积下的砌体就会很快产生劈裂破坏。当砌体强度过低时，局部受压面积上的砌体强度太低，虽然构件外侧未出现裂缝，也会由于强度不足引起局部受压范围面积内砌体过早受压破坏。工程实际中由于对局部受压承载力验算不够重视引起工程事故的案例并不鲜见。为此，在砌体受压构件设计时，在首先完成承载力验算后，若有局部受压的受力状态存在，就必须和承载力验算同样重视一并进行局部承压承载力验算。

（2）砌体局部受压验算的内容

局部受压承载力验算通常包括局部均匀受压、梁端下局部不均匀受压、梁端设垫块时垫块下砌体局部受压、垫梁下砌体局部受压等内容。

2. 砌体局部均匀受压

局部均匀受压的受力状态是指局砌体部受压面积上的压应力均匀分布的状态。设计屋架或梁时通过采取构造措施，让汇交于支座底板的压力均匀传至其支座底板全截面下的砌体上，承受上部轴心受压柱传来的柱心压应力的砌体基础这两种受压状态为均匀轴心受压。

（1）砌体局部抗压强度提高系数 γ

砌体处在局部受压的应力状态下，其局部受压承载力的大小取决于砌体自身的抗压强度和局部受压面积周围砌体对局部受压面积范围内砌体约束作用的大小。在砌体强度一定的情况下，局部抗压承载力与局部受压面积周围约束情况有比较紧密的关系，理论分析和实测证实，局部受压状态下砌体承载力的提高幅度与局部受压面积受到的约束程度同步变化，局部受压面积受到的约束程度一般是与 A_0/A_l 的大小正向相关。工程中砌体的局部受压类型，如图 16-2 所示。

规范把反映局部受压时砌体抗压承载力提高程度的大小,用砌体的局部抗压强度提高系数 γ 来反映,并未区分均匀和非均匀的受压状态,给出了 γ 的计算表达式为:

$$\gamma = 1 + 0.35\sqrt{\frac{A_0}{A_l} - 1} \tag{16-11}$$

式中等号右侧第一项可以理解为局部受压面积 A_l 上砌体均匀受压时的原始强度,第二项可以理解为受压面积 A_l 周围砌体产生的套箍作用提高了的抗压强度,规范同时规定:图 16-2 (a) 所示为四边约束时 $\gamma \leqslant 2.5$;图 16-2 (b) 所示为三边约束时 $\gamma \leqslant 2.0$;图 16-2 (c) 所示为两边约束时 $\gamma \leqslant 1.5$;图 16-2 (d) 所示为一边约束时 $\gamma \leqslant 1.25$。

(2) 影响砌体局部抗压强度的计算面积 A_0

根据《砌体结构设计规范》GB 50003—2011 的规定,影响砌体局部抗压强度的计算面积 A_0 的取值:在 A_l 四边受到约束时计算范围为图 16-2 (a) 所示;三边受到约束时计算范围为图 16-2 (b) 所示;两边受到约束时计算范围为图 16-2 (c) 所示;一边受到约束时计算范围为图 16-2 (d) 所示。

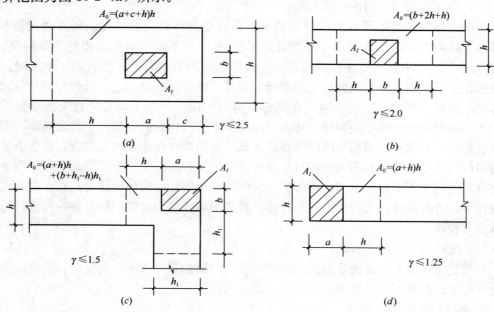

图 16-2 影响砌体局部受压的计算面积 A_0

(3) 砌体局部均匀受压时承载力计算

砌体局部均匀受压时承载力计算为:

$$N_l \leqslant \gamma f A_l \tag{16-12}$$

式中 N_l——局部受压面积上的轴向力设计值;
γ——局部抗压强度提高系数,按式(16-11)计算;
f——砌体抗压强度设计值,可不考虑 γ_a 的影响;
A_l——局部受压面积。

【例题 16-4】 已知某钢筋混凝土轴心受压柱,截面尺寸 $b = h = 300\text{mm}$,作用于宽度为

370mm 的墙体水平截面的中部,墙体采用 MU10 黏土砖、M5 混合砂浆砌筑,柱底轴向力设计值(含柱自重永久荷载设计值)为 $N=135\text{kN}$。试验算该墙体的局部抗压承载力。

求:该墙体局部受压承载力是否满足要求。

解:(1) 查砌体强度设计值

查表 15-2 得,砌体的抗压强度设计值 $f=1.50\text{N/mm}^2$。

(2) 计算 A_0 及 A_l

由于局部受压面积为四边约束,所以 A_0 按照图 16-2(a) 所示四边约束情况计算:

$$A_0 = 370 \times (2 \times 370 + 300) = 384800 \text{mm}^2$$

$$A_l = 300 \times 300 = 90000 \text{mm}^2$$

(3) 计算局部抗压强度提高系数 γ

$$\gamma = 1 + 0.35\sqrt{\frac{A_0}{A_l} - 1} = 1.633 < 2.5$$

(4) 局部抗压承载力计算

$$\gamma f A_l = 1.633 \times 1.5 \times 90000 = 220455\text{N} = 220.455\text{kN} > N = 135\text{kN}$$

该柱下砌体局部受压满足要求。

3. 梁端支承处砌体的局部抗压承载力验算

(1) 梁上部砌体的内拱卸荷作用及上部荷载折减系数

在砌体结构房屋中,钢筋混凝土楼面梁支承在墙体内,梁端属于无约束支承,楼面梁虽然有上部墙体的存在,但由于梁端支反力作用,梁端下砌体发生了压缩变形,梁端顶面与墙体之间有脱离的可能,也有可能在二者之间产生了微弱的拉应力。这时在墙体内出现以下情况,一是在梁的上部和侧面形成了一个类似拱的传力体,即由于梁上部与砌体脱开(或受拉),梁顶面上部砌体传来的荷载绕开梁顶面沿着梁的两侧向下传递,这就无形中降低了梁端下局部受压面积上的压应力,这种现象叫做内拱卸荷作用,如图 16-3 所示。试验证明,当上部砌体传到局部受压面积上的压应力 σ_0 较小,且 $A_0/A_l \geqslant 2$ 时,就会形成内拱卸荷现象,由于内拱卸荷作用相当于减少了局部受压面积上的压应力,对梁端下局部受压面积内的砌体产生了有利影响,计算时用上部荷载折减系数 ψ 来考虑,规范给出了 ψ 计算公式为:

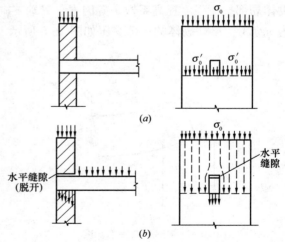

图 16-3 墙体中的内拱卸荷作用

$$\psi = 1.5 - 0.5\frac{A_0}{A_l} \geqslant 0 \tag{16-13}$$

由式 (16-13) 不难看到,当 $A_0/A_l \geqslant 3$ 时,$\psi=0$,即上部荷载对梁端下砌体不产生影响,内拱卸荷作用达到最大值;当时 $A_0/A_l \leqslant 1$,$\psi=1$,内拱卸荷作用不发生。

(2) 梁端有效支承长度 a_0

由于钢筋混凝土梁不是刚性体，在上部荷载作用下会产生弯曲变形，使得梁端出现转角，在梁伸入墙内的端头可能已近于和砌体脱开，梁端内墙皮处压应力最大，从最大压应力所在的内墙皮处向梁端过渡，梁端下局部受压面积上的压应力按三次抛物线的曲线变化规律在减少，直至降为 0；为了有效地计算梁端下砌体的局部受压承载力，我们假定梁端下砌体内压应力在沿支座长度方向在一定的范围内均匀分布，我们把这个长度就叫做梁端有效支承长度，用 a_0 表示，如图 16-4 所示。规范给定的 a_0 计算公式为式（16-14）。为了将梁端下砌体内按三次抛物线分布的压应力简化为作用在 $A_l = a_0 b$ 面积上便于计算的均匀压应力，经过推导得知梁端下砌体内部压应力图形的完整性系数为 $\eta = 0.7$，梁端有效支承长度计算公式为：

$$a_0 = 10\sqrt{\frac{h_c}{f}} \tag{16-14}$$

式中 h_c——为梁截面高度；

f——为梁端下砌体的抗压强度设计值。

(3) 梁端支承处砌体局部受压承载力计算

当梁端下部砌体的 $A_0/A_l \leqslant 3$，两顶面有墙体传来的竖向荷载作用时，梁截面上部荷载将通过梁顶面传到局部受压面积上，假设墙体顶面的竖向荷载在梁顶面引起的应力为 σ_0'，则上部竖向荷载在局部受压面积上产生的竖向压力设计值就为 $N_0 = A_l \sigma_0'$，梁端支反力为 N_l，考虑到梁端上部荷载的折减系数 ψ 的影响，梁端下砌体局部受压面积 A_l 上受到的总压力（作用效应）就为：$\psi N_0 + N_l$。考虑到梁端下压应力图形完整性系数 η 和梁端下砌体局部抗压强度提高系数 γ 等因素，梁端下砌体局部受压面积上能够提供的抵抗能力就为 $\eta \gamma f A_l$。梁端砌体的局部受压如图 16-5 所示。

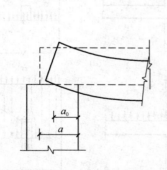

图 16-4 梁的有效支承长度

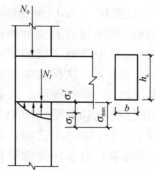

图 16-5 梁端下砌体的局部受压

根据结构承载力极限状态验算的基本公式 $S \leqslant R$，可以得到梁端下砌体局部抗压强度验算公式如下：

$$\psi N_0 + N_l \leqslant \eta \gamma f A_l \tag{16-15}$$

式中 ψ——梁上部荷载折减系数；

N_0——局部受压面积内由上部墙体传来的竖向压力设计值，$N_0 = A_l \sigma_0'$；

σ_0——为上部墙体传来的竖向压力设计值在梁上部截面内引起的压应力（N/mm²）；

N_l——作用在梁上的全部荷载在梁端支座处引起的竖向压力设计值，在数值上等于梁端支反力；

η——梁端底面下砌体内压应力图形的完整性系数，一般梁取 0.7；对于过梁和墙梁一般取 1.0；

A_l——梁端下局部受压面积（mm²），$A_l=a_0b$，其中 a_0 为梁的有效支承长度，b 为梁的宽度。

【例题 16-5】 已知某楼面梁截面尺寸为 250mm×500mm，支承在 1200mm×370mm 的窗间墙上。梁在墙上的支承长度为 $a=240$mm，经计算梁端支座反力 $N_l=110$kN，上部墙体传至梁顶的竖向压力 $N_u=130$kN，支承该梁的窗间墙砌体采用 MU10 黏土砖、M2.5 混合砂浆砌筑。

求：梁端下砌体的局部抗压承载力是否满足要求？

解：1) $\eta=0.7$，将查表 $f=1.3$N/mm²。

2) 计算梁的有效支承长度

$$a_0 = 10\sqrt{\frac{h_c}{f}} = 10\sqrt{\frac{500}{13}} = 196\text{mm}$$

3) 梁端下砌体的局部受压面积

$$A_l = a_0 b = 196 \times 250 = 49000\text{mm}^2$$

4) 影响砌体局部抗压强度的计算面积

$$A_0 = (2h+b)h = 990 \times 370 = 366300\text{mm}^2$$

5) 计算上部荷载折减系数

$$\psi = 1.5 - 0.5\frac{A_0}{A_l} < 0 \quad 取\ \psi = 0 \quad \sigma_0 = \frac{N_u}{A_u} = \frac{130 \times 10^3}{130 \times 370} = 2.70\text{N/mm}^2$$

6) 计算砌体局部抗压强度提高系数

$$\gamma = 1 + 0.35\sqrt{\frac{A_0}{A_l} - 1} = 1.89 < 2$$

$$N_0 = \sigma_0 a_0 b = 2.70 \times 196 \times 250 = 132.432\text{kN}$$

7) 由公式 $\psi N_0 + N_l \leqslant \eta\gamma f A_l$，验算梁端下砌体的局部抗压强度 $0 \times 1132.4320 \times 10^3 + 110 \times 10^3N=110kN>0.7 \times 1.89 \times 1.3 \times 49000 = 97.24$kN

该梁下砌体的局部受压不能满足要求。

(4) 梁端下设有垫块时，垫块下砌体的局部抗压承载力计算

1) 原理

如【例题 16-5】，当梁端下砌体的局部抗压承载力不能满足要求时，可以在梁的支座下设置素混凝土垫块、钢筋混凝土垫块或者和梁整体浇筑的刚性垫块。未设垫块前梁端下砌体承受的竖向压力，在设置垫块后经由面积远大于梁支座处局部受压截面的垫块，扩散到垫块下较大砌体截面上后，就大大降低了梁下砌体的局部压应力；同时，当梁端有较大压力作用于垫块时，垫块不随梁端一起转动，能保证梁端压力在较大面积上均匀地传到砌体截面上去，从而确保梁端下砌体的局部抗压承载力能够满足要求。

2) 刚性垫块的构造和设置要求

为了使垫块在梁端压力作用下不产生明显的弹性翘曲变形，以确保基本上在垫块全面积上向下传力，垫块应具有足够的刚度，规范对刚性垫块的设置和构造要求作了如下规定：

① 刚性垫块的高度 $t_b \geqslant 180\text{mm}$，自梁边算起的垫块挑出长度 $c \leqslant$ 垫块厚度 t_b，如图 16-6 所示。

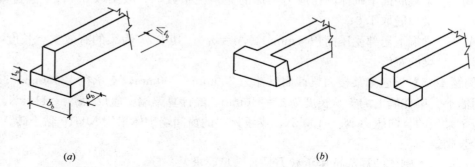

图 16-6 梁端刚性垫块
(a) 预制刚性垫块；(b) 与梁端整体浇筑的刚性垫块

② 在带壁柱的墙内设置刚性垫块时，见图 16-7，由于翼缘墙大多位于压应力较小的一边，翼墙参加受压的工作程度有限，确定垫块下砌体局部抗压强度计算面积 A_0 时，只取壁柱宽乘壁柱高（含翼墙厚）部分的面积；同时壁柱上的垫块伸入翼墙内的长度不应小于 120mm。

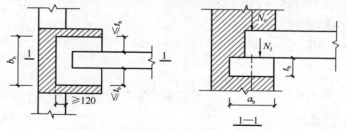

图 16-7 壁柱设置刚性垫块

③ 当现浇垫块与梁整体浇筑时，垫块可在梁高范围内设置。

3）垫块下砌体的局部抗压承载力计算

垫块对其下部砌体产生压力时，垫块底面周围的砌体对垫块下的局部受压面积内的砌体具有侧向约束作用，也会在一定程度上提高垫块下砌体的局部抗压强度，提高的幅度也可按式（16-12）计算，但考虑到垫块底面的压应力分布不均匀，为可靠起见，此时梁端垫块下砌体抗压强度的提高系数就偏低的取为 $\gamma_1 = 0.8\gamma$（γ 为垫块下砌体局部抗压强度提高系数），γ_1 不小于 1.0。此外，由于垫块面积较梁端水平截面积大得多，加之垫块下的压力有限，不大可能造成垫块顶面与砌体之间受拉或有脱开的可能，所以，验算垫块下砌体局部受压承载力时一般不考虑内拱卸荷作用。

试验进一步证明，预制刚性垫块下砌体的局部受压接近于短柱偏心受压的情况，可按短柱偏心受压构件计算。同时将垫块下砌体局部受压强度提高的因素一并考虑，得到梁端下部设置刚性垫块后垫块下，砌体的局部受压承载力验算的公式为

$$N_0 + N_l \leqslant \varphi \gamma_1 f A_b \tag{16-16}$$

式中 N_0——垫块面积 A_b 内由上部墙体传来的竖向压力设计值；

N_l——梁端底面传至垫块上的竖向压力设计值，在数值上等于梁受到的支座反力，作用点位置距内墙皮为 $0.4a_0$ 处，其中：

$$a_0 = \delta_1 \sqrt{\frac{h_c}{f}} \qquad (16\text{-}17)$$

δ_1——刚性垫块影响系数,可按表 16-6 查用,表中 σ_0/f 的值介于表中给定值时用线性内插法确定;σ_0 为上部墙体在梁顶面处的水平面内引起的压应力,$\sigma_0 = N_u/A_0$;

φ——类似于偏心受压构件中的关于偏心距和高厚比有关的内力计算系数,它是把垫块看作高厚比 $\beta \leqslant 3$ 时 N_0 和 N_l 合力对垫块形心的偏心距的影响系数,由表 16-2~表 16-4 查得;

γ_1——垫块外砌体横向约束作用使得垫块下砌体局部抗压强度提高的系数,$\gamma_1 = 0.8\gamma$;

A_b——垫块面积,$A_b = a_b b_b$,其中 a_b 为垫块伸入墙内的长度;b_b 为垫块沿着墙长方向的度。

系 数 δ_1 表 16-6

σ_0/f	0	0.2	0.4	0.6	0.8
δ_1	5.4	5.7	6.0	6.9	7.8

【例题 16-6】 将【例题 16-5】中砂浆改为 M5 混合砂浆,其他条件同【例题 16-5】。试设计一垫块,使垫块下砌体满足局部抗压承载力要求。

求:设置垫块时垫块下砌体的局部抗压承载力。

解:在梁下砌体内设置厚度 $t_b = 180\text{mm}$、宽度 $b_b = 600\text{mm}$、伸入墙内长度 $a_b = 240\text{mm}$ 的垫块,经复核符合刚性垫块的构造要求。

根据图 16-2 (b) 所示,影响砌体局部受压的计算面积为 $A_0 = (b_b + 2h)h$,$b_b + 2h = 600 + 2 \times 370 = 1340\text{mm} > 1200\text{mm}$,故最大尺寸取窗间墙的宽度 1200mm。

$$A_0 = 1200 \times 370 = 444000\text{mm}^2$$

垫块下砌体的局部抗压强度提高系数为:

$$\gamma = 1 + 0.35\sqrt{\frac{A_0}{A_l} - 1} = 1 + 0.35\sqrt{\frac{444000}{144000} - 1} = 1.5 < 2.0$$

取 $\gamma = 1.5$,则垫块外砌体面积的有利影响系数 $\gamma_1 = 0.8\gamma = 0.8 \times 1.5 = 1.2$,满足要求。

$$\sigma_0 = N_u/A = 130 \times 10^3 / 370 \times 1200 = 0.292\text{N/mm}^2$$

因为是刚性垫块

$$\frac{\sigma_0}{f} = \frac{0.292}{1.3} = 0.195$$

经查表 15-3 得,$f = 1.5\text{N/mm}^2$

查表 16-6,用内插法计算得,$\delta_1 = 5.69$,则梁端有效支承长度

$$a_0 = \delta_1 \sqrt{\frac{h}{f}} = 5.69\sqrt{\frac{500}{1.5}} = 84.82\text{mm}$$

梁端支承压力设计值 N_l 作用点到梁内皮的距离取为

$$0.4a_0 = 0.4 \times 84.82 = 33.93\text{mm}$$

N_l 对垫块形心的偏心距为

$$\frac{a_b}{2} - 0.4a_0 = 120 - 33.93 = 86.07\text{mm}$$

垫块内由上部轴向压力设计值引起的压力为:

$$N_0 = \sigma_0 A_b = 0.293 \times 144000 = 42192\text{N} = 42.192\text{kN}$$

N_0 作用于垫块形心，全部轴向压力 N_0+N_l 对垫块形心的偏心距为：

$$e = \frac{N_l\left(\frac{a_b}{2} - 0.4a_0\right)}{N_l + N_u} = \frac{110 \times 10^3 \times (120 - 33.93)}{(110 + 130) \times 10^3} = 39.73\text{mm}$$

$$\frac{e}{a_0} = \frac{39.73}{84.82} = 0.468$$

按 $\beta \leqslant 3$ 依式（16-3）计算得

$$\varphi = \frac{1}{1 + 12\left(\frac{e}{h}\right)^2} = \frac{1}{1 + 12\left(\frac{39.73}{370}\right)^2} = 0.878$$

梁端下砌体的局部抗压承载力为：

$$\varphi\gamma_1 f A_b = 0.878 \times 1.2 \times 1.3 \times 144000 = 197.234\text{kN}$$
$$> N_0 + N_l = 152.192\text{kN}$$

故满足要求。

(5) 梁端下设有垫梁时，垫梁下砌体的局部抗压承载力计算

当梁端支承处的墙体上设有钢筋混凝土垫梁，或者钢筋混凝土圈梁与梁支座部位整体浇筑在一起时，在梁端集中荷载作用下，垫梁相当于一个弹性地基梁；垫梁下的砌体内部受到的压应力，以梁中心为界沿垫梁长度呈斜线关系下降，最终在距中点处 $\pi h_0/2$ 消失，即垫梁传力长度范围在以楼面梁为中心的 πh_0 内。规范规定，梁下设有长度大于 πh_0 的垫梁时，垫梁下砌体的局部抗压承载力可按下式计算：

$$N_0 + N_l \leqslant 2.4\delta_2 f b_b h_0 \tag{16-18}$$

式中　N_0——垫梁 $\pi h_0 b_b/2$ 范围内由上部荷载设计值产生的轴向力，$N_0 = \pi b_b h_0 \sigma_0/2$；

　　　δ_2——当荷载沿墙厚方向分布时 $\delta_2=1.0$，不均匀分布时 δ_2 取 0.8；

　　　b_b——垫梁在墙厚方向的宽度；

　　　h_0——垫梁的折算厚度，$h_0 = 2 \times \sqrt[3]{\frac{E_b I_b}{Eh}}$；

　　　E_b——垫梁混凝土弹性模量；

　　　I_b——垫梁截面惯性矩；

　　　E——砌体的弹性模量；

　　　h——墙厚。

垫梁上的楼（屋）面梁端有效支承长度 a_0 按式（16-17）计算。

第三节　砌体轴心受拉、受弯和受剪构件的承载力

一、砌体轴心受拉构件承载力计算

砌体是抗压强度高、抗拉强度低的脆性材料，通常在工程中用于受拉部位的情况很少。但在较小的圆形蓄水池和筒仓中，由于水或松散材料产生的侧向压力作用，圆环形砌体池壁内产生环向拉力，这种情况下砌体为轴心受拉构件等。

砌体轴心受拉构件的承载力按下式验算：

$$N_t \leqslant f_t A \tag{16-19}$$

式中 N_t——砌体验算截面的受拉承载力设计值；
f_t——砌体轴心抗拉强度设计值，查表 15-9 取用；
A——验算截面的横截面面积。

二、砌体受弯构件抗弯承载力计算

工程中砖砌平拱过梁、挡土墙等构筑物都属于受弯构件，在弯矩作用下砌体会沿着齿缝截面、沿着直缝截面破坏。此外，过梁和一般梁相似，在承受弯矩作用的同时还在支座附近截面承受较大剪力的作用，所以过梁除进行受弯承载力验算以外，还要进行受剪切承载力验算。

1. 受弯构件受弯承载力按下式验算：

$$M \leqslant f_{tm} W \tag{16-20}$$

式中 M——砌体构件验算截面的弯矩设计值；
f_{tm}——砌体的弯曲抗拉强度设计值，查表 15-10 取用；
W——验算截面的受弯抵抗拒。

2. 砌体受弯构件受剪承载力验算

受弯构件的受剪承载力验算按下式计算：

$$V \leqslant f_v b z \tag{16-21}$$

式中 V——受弯构件支座边沿的设计剪力值；
f_v——砌体的抗剪强度设计值，查表 15-9 取用；
b——截面宽度；
z——构件截面内力臂，当截面为矩形时，$z = \dfrac{I}{S} = 2h/3$；
I——截面惯性矩；
S——截面面积矩；
h——截面高度。

（1）受剪构件承载力计算

在由砌体砌筑的无拉杆拱支座截面处，拱的水平推力将使支座截面受剪，如图 16-8 所示。

砌体沿通缝或梯形截面受剪破坏时的受剪承载力按下式计算：

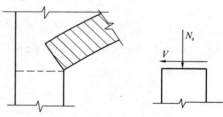

图 16-8 受剪构件截面受力图

$$V \leqslant (f_v + \alpha \mu \sigma_0) A \tag{16-22}$$

式中 V——验算截面设计剪力；
f_v——砌体的抗剪强度设计值，查表 15-9 取用；
α——修正系数，当 $\gamma_G = 1.2$ 时，砖砌体取 0.60，混凝土砌块砌体取 0.64；当 $\gamma_G = 1.35$ 时，砖砌体取 0.64，混凝土砌块砌体取 0.66；
μ——剪压复合受力影响系数，可根据规范给定的公式计算得到：

$\gamma_G = 1.2$ 时，$\mu = 0.26 - 0.82 \dfrac{\sigma_0}{f}$；当 $\gamma_G = 1.35$ 时，$\mu = 0.23 - 0.065 \dfrac{\sigma_0}{f}$；

σ_0——永久荷载设计值产生的水平截面平均压应力；
A——构件验算的水平截面面积；
f——砌体的抗压强度设计值；
$\dfrac{\sigma_0}{f}$——轴压比，且不大于 0.8，见表 16-7。

当 $\gamma_G=1.2$ 时及 $\gamma_G=1.35$ 时 $\alpha\mu$ 值　　表 16-7

γ_G	σ_0/f	0.1	0.2	0.3	0.4	0.5	0.6	0.7	0.8
1.2	砖砌体	0.15	0.15	0.14	0.14	0.13	0.13	0.12	0.12
	砌块砌体	0.16	0.16	0.25	0.15	0.14	0.13	0.13	0.12
1.35	砖砌体	0.14	0.14	0.13	0.13	0.13	0.12	0.12	0.11
	砌块砌体	0.15	0.14	0.14	0.13	0.13	0.13	0.12	0.12

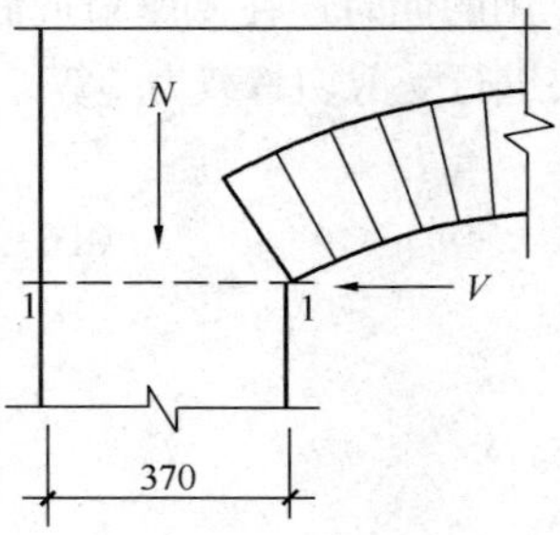

图 16-9　例题 16-7 图

【例题 16-7】　某拱形砖过梁，如图 16-9 所示。已知拱形过梁在拱支座处的水平推力设计值 $V=14.4\text{kN}$，作用在拱脚截面的竖向永久荷载产生的压力设计值 $N=27\text{kN}$，过梁宽度 370mm，窗间墙厚度 490mm，墙体采用 MU10 黏土砖，M2.5 混合砂浆砌筑。

求：验算拱支座截面受剪承载力是否满足要求。

解：(1) 求永久荷载设计值产生的平均压应力 σ_0

$$A=370\times490=181300\text{mm}^2=0.1813\text{m}^2<0.3\text{m}^2$$

$$\sigma_0=\frac{N}{A}=\frac{27\times10^3}{181300}=0.149\text{N/mm}^2$$

(2) 截面 1—1 受剪承载力

构件承载力调整系数

$$\gamma_0=0.7+\text{A}=0.7+0.1813=0.8813$$

根据式 (16-22) 知：$\alpha=0.60$

$$\mu=0.26-0.82\frac{\sigma_0}{f}=0.26-0.82\times\frac{0.149}{1.3}=0.25$$

查表 14-9 得 $f_v=0.08\text{N/mm}^2$

$(f_v+\alpha\mu\sigma_0)A=0.8813\times(0.08+0.6\times0.25\times0.149)\times182300=16.83\text{kN}>14.4\text{kN}$

满足要求。

本　章　小　结

1. 砌体轴心受压构件是砌体结构中最常见的构件，它的计算公式为：$N\leqslant\varphi fA$。

2. 局部受压是砌体结构中常见的受力状态，局部均匀受压时：$N_l\leqslant\gamma fA_l$；梁端下砌体的局部受压验算的公式为：$\psi N_0+N_l\leqslant\eta\gamma fA_l$；刚性垫块下砌体的局部受压验算公式为：$\psi N_0+N_l\leqslant\varphi\gamma_1 fA_b$；梁下砌体的局部抗压承载力验算公式为：$N_0+N_l\leqslant2.4\delta_2 fb_bh_0$。

3. 砌体的轴心受拉计算公式为：$N_t=f_tA$；砌体受弯验算公式为：$M\leqslant f_{tm}W$；砌体受剪计算公式为：$V\leqslant f_vbz$；受剪验算的公式为：$V\leqslant(f_v+\alpha\mu\sigma_0)A$。

4. 实际工程中进行无筋砌体构件承载力验算的一般步骤是：

(1) 根据使用要求和砌体的尺寸模数确定 A (A_l、A_b 等)；

(2) 根据实际采用的块材和砂浆的强度等级，确定砌体计算指标 f (或 f_{tm}、f_t、f_v 等)；

(3) 根据构件实际支承情况和受力情况，查表确定系数 φ、γ、ψ、γ_a；计算梁端下砌体局部受压面积梁的有效支承长度，砌体局部抗压强度提高系数，砌体的内拱卸荷作用，构件的折算厚度，压应力图形的完整性系数

(4) 将上面数据代入承载力计算公式，验算是否满足要求。

复习思考题

一、名词解释

构件的高厚比 高厚比和偏心距对承载力影响系数 砌体的局部受压 影响砌体局部受压的计算面积

二、问答题

1. 砌体受压时截面应力的变化情况如何？为什么偏心受压砌体随着相对偏心距 e/y 的增大，构件的承载力会有所下降？
2. 计算轴心受压与偏心受压砌体构件的承载力时，为什么可以采用同一公式？
3. 砌体构件高厚比的定义是什么？为什么要验算砌体受压构件的高厚比？怎样验算？
4. 为什么砌体在局部压力作用下，承载力会提高？
5. 如何确定影响砌体的局部受压的影响面积？
6. 梁的有效支承长度 a_0 是如何确定的？a_0 与哪些因素有关？
7. 当梁端下砌体的局部抗压承载力不足时，可采用哪些措施解决？
8. 砌体的轴心受拉、受弯和受剪的计算公式中各字母的含义是什么？

三、计算题

1. 已知某轴心受压砖柱截面尺寸为 $b \times h = 370\text{mm} \times 490\text{mm}$，柱的计算高度 $H_0 = 4.8\text{m}$，柱顶承受的轴向力设计值 $N = 120\text{kN}$。试选择普通黏土砖和混合砂浆的强度等级并验算该柱承载力设计值是否满足要求。

2. 截面为 $b \times h = 370\text{mm} \times 490\text{mm}$ 的砖柱，用 MU10 普通黏土砖和 M5 混合砂浆砌筑，柱的计算高度 $H_0 = 5.4\text{m}$，该柱承受 $M = 9.5\text{kN} \cdot \text{m}$，$N = 125\text{kN}$。试验算该柱的承载力是能满足要求？

3. 某单层单跨仓库的窗间墙尺寸如图 16-10 所示。采用 MU10 烧结普通砖及 M5 混合砂浆砌筑。柱的计算高度 $H_0 = 5.0\text{m}$。当墙的底截面处承受轴向压力设计值 $N = 148\text{kN}$，弯矩设计值 $M = 6.2\text{kN} \cdot \text{m}$ 时。试验算此窗间墙底部截面承载力。

4. 钢筋混凝土梁的截面尺寸为 $b \times h = 250\text{mm} \times 550\text{mm}$，梁的有效支承长度 $l_0 = 6\text{m}$，在窗间墙上的支承长度 $a = 240\text{mm}$。窗间墙的截面尺寸为 $1200\text{mm} \times 240\text{mm}$，采用 MU10 烧结普通砖和 M2.5 混合砂浆砌筑，如图 16-11 所示。当梁端支承处压力设计值 $N_l = 75\text{kN}$，上部墙体传至梁顶面处的压力 $N_u = 118\text{kN}$，试验算梁端支承处砌体的局部受压承载力是否满足要求。

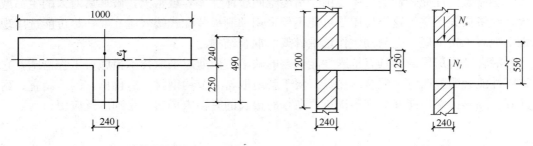

图 16-10 计算题 3 图 　　　　　　图 16-11 计算题 4 图

5. 某矩形水池的池壁底部厚度 740mm。采用 MU15 烧结普通砖和 M7.5 水泥砂浆砌筑，水池深度 $H = 2.39\text{m}$。池壁水平截面每米长度内承受的弯矩设计值 $M = 9.5\text{kN} \cdot \text{m}$。每米长度内承受的剪力设计值 $V = 16.5\text{kN}$。试验算截面承载力是否满足要求。

6. 某砖拱支座截面厚度为 370mm，采用 MU10 烧结普通黏土砖和 M5 水泥砂浆砌筑。支座截面每米长度内承受的剪力设计值 $V = 11.2\text{kN}$，支座截面每米长度内永久荷载产生的纵向力设计值 $N = 43\text{kN}$（$\gamma_G = 1.2$），试验算拱支座截面的受剪承载力是否满足要求。

第十七章　混合结构房屋设计

学习要求与目标：
1. 了解房屋空间整体工作的概念。
2. 理解混合结构房屋各种静力计算方案。
3. 熟练掌握刚性方案房屋墙体的验算方法。
4. 掌握墙体布置和高厚比验算及墙体的构造措施。

在房屋建筑中，承受各种作用的体系是由两种以上的工程材料组成的，这类房屋结构体系称为混合结构。混合结构类型很多，例如，由砌体与木楼屋盖组成的混合结构；由砌体和钢屋架（楼、屋面梁）。组成的混合结构；由砌体与钢筋混凝土楼（屋）面板组成的混合结构等。本章主要讨论在实际工程中使用最广泛的砖砌体与钢筋混凝土楼（屋）盖组成的混合结构。

在抗震高烈度区，混合结构中的预制装配式楼（屋）盖整体性差、受强烈振动影响时容易掉落损坏，在强烈地震发生后存在危及人的生命及财产安全的隐患，因此，尽可能在修建多层接近《建筑抗震设计规范》允许的最多层数和总高度限值的混合结构房屋时不要采用，对医院门诊和住院部大楼、学校的教学楼和学生宿舍楼等使用人数多、大空间房子多、房屋整体性能较低的房屋，由于房屋空间整体性差，震害大，破坏后对人的生命威胁大，经济损失严重，这类房屋尽可能不要采用预制板装配式楼（屋）盖，尽可能选用现浇钢筋混凝土楼（屋）盖与砌体作承重骨架的混合结构。

混合结构房屋虽然具有抗震性能较差的缺陷，但通过采取技术措施、工程措施，它的抗震性能会明显改进。混合结构具有便于就地取材、节约钢材、造价低、因地制宜、耐久性好、隔热保温性能好等许多优点，在今后很长的时期内仍然会得到广泛应用。

第一节　混合结构房屋的结构布置方案

混合结构的受力体系主要是由基础、墙体、楼（屋）盖组成的，这种房屋设计时首要的问题是墙体承重方案的选择。墙体的布置方案确定需根据房屋的使用功能和楼（屋）面荷载的大小等因素决定，不同墙体布置方案的房屋建成后，抗侧移刚度差异很大。可见墙体承重方案的选择不仅影响房屋的使用功能，还要影响房屋的经济指标。从长远角度看，墙体结构布置方案的选择，对房屋应对诸如地震一类的重大自然灾害的能力也具有重要的影响。房屋墙体承重方案分为横墙承重方案、纵墙承重方案、纵横墙承重方案和内框架方案四种类型。由于内框架方案房屋抗震性能差,《建筑抗震设计规范》GB 50011—2010 已不推荐采用这种结构形式,因此,本章只简单介绍这种传统结构形式,供在非地震区建设这类房屋时参考。

一、横墙承重方案

1. 定义

房屋的每道横向定位轴线上都设有承重横墙,楼(屋)面的绝大部分荷载都是通过支承在横墙上的楼(屋)面板传给横墙,经由横墙传至基础的,这种结构布置方案称为横墙承重方案,如图 17-1 所示。

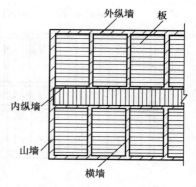

图 17-1 房屋的横墙承重方案

2. 特点

(1) 横墙承受竖向绝大部分荷载。外纵墙为自承重墙,在房屋中起围护作用,同时将横墙在其平面外支承并拉结起来,与楼屋面水平设置的楼板连接成空间整体,使房屋形成抵御各种作用的能力。外纵墙只承受自重,窗间墙、山墙、端头墙高厚比等应满足《建筑抗震设计规范》GB 50011—2010 的相关要求。

(2) 这种方案的房屋横墙较多,楼板在楼(屋)面平面内刚度大、变形小、支承牢靠,楼板和墙体形成的横向抗侧移刚度很大,对房屋抵抗横向风荷载及地震作用效应较为有利。

(3) 楼板顺着纵向布置,两端支承在横墙上,在楼板跨度较小的情况下,无论是预制板还是现浇板,承受荷载减小、楼板截面厚度的减小,提高楼屋面经济性能都具有现实意义。

3. 用途

横墙承重体系的房屋一般用于建造宿舍楼、办公楼等单间房子较多的房屋。

二、纵墙承重方案

1. 定义

房屋的每道纵向定位轴线上都设有承重纵墙,楼(屋)面的绝大部分荷载都是通过支承在纵墙上的楼(屋)面板传给纵墙,再经由纵墙传到基础的这类房屋的承重方案,称为纵墙承重方案,如图 17-2 所示。

2. 特点

(1) 纵墙承受绝大部分竖向荷载,由于纵墙承重,外墙上门窗洞口的大小将受到限制。

(2) 这种方案横墙间距大,房间布置较为灵活,容易满足使用要求。

(3) 这种方案由于横墙间距大,房屋横向的抗侧移刚度小,整体性也差,不利于抵抗横向的大风荷载和地震作用。

3. 用途

这种承重方案适用于房间大、横墙少的办公楼、医院、食堂、商场和轻工业厂房等。

三、纵横向承重方案

1. 定义

房屋中楼屋面荷载一部分经由横墙传至基础,另一部分经由纵墙传至基础,纵横两个方向的墙体各自承受的竖向力都不能忽略，这类房屋的承重方案，称为纵横向承重方案，如图 17-3 所示为某现浇钢筋混凝土板楼盖的纵横墙承重方案示意图。

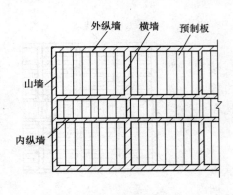

图 17-2　房屋纵墙承重方案

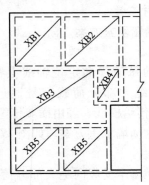

图 17-3　现浇楼屋面板房屋纵横墙承重方案

2. 特点

（1）它具有纵向承重方案和横向承重方案各自的特点，受力特性和横向刚度介于上述两种承重方案之间。

（2）这种方案横墙间距比纵墙承重方案的小，比横墙承重方案的大，房屋横向的抗侧移刚度比纵墙承重的大，但比横墙承重方案的小，房屋整体性也介于二者之间。

（3）这种方案横墙间距比横墙承重方案的房屋横墙间距大，房间布置的灵活性也比横墙承重方案的大，使用上容易满足要求。

3. 用途

这种承重方案适用于大尺寸房间需要一部分和小尺寸房间也需要一部分的房屋，如办公室、医院等。

四、内框架承重方案

1. 定义

这种承重方案外墙为承重墙，房屋内部为钢筋混凝土框架，内框架的横梁支承在承重外墙的方案，如图 17-4 所示。

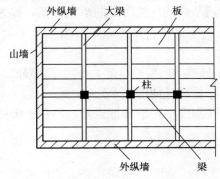

图 17-4　内框架承重方案

2. 特点

（1）容易形成大空间，满足使用功能的要求。

（2）外墙既起围护作用也承受内框架梁传来的荷载，墙体功能发挥得较为完全。

（3）较全框架省工省料，经济性好。

（4）由于内框架不能很好地与墙体连成一个整体，它的整体性和抗侧性能明显不足，房屋抗震性能很差。

3. 应用

内框架承重方案适用于需要较大空间的商场、多层或单层工业厂房及仓库等工业与民用建筑中。

房屋承重方案的选择应根据建筑设计提出的使用要求、建设场地的地质条件、房屋的类型和承受的荷载的大小、材料及构配件的供应和施工条件等综合确定。按照安全可靠、技术先进、经济合理、综合加以考虑，这类房屋适宜于非地震区。

第二节 房屋的静力计算方案

一、房屋的空间工作性能及空间刚度

混合结构房屋是由楼（屋）盖、墙体和基础等部分组成的空间受力体系，组成这个受力体系的各部分一方面具有在荷载作用时抵抗变形的能力，另一方面由它们之间按一定的构造规则相互连接，形成了一个有机的整体，当某构件承受外荷载作用时，和它连接的其他构件也会按某种对应的规律受力及变形，作为整体抵抗荷载产生的效应。我们把这种结构内构件之间协同工作的特性称为空间工作性能。结构的空间工作性能越好，结构抵抗外力的能力就越强。为了便于理解，这里借用"空间刚度"的概念，来反映混合结构房屋在外力作用下抵抗变形性能的大小即空间整体性的大小。

组成混合结构的构件在荷载作用时具有协同工作的特性，这种空间整体工作的特性是决定结构体系受力变形性能的基本因素。在房屋结构中，由于横墙支承楼（屋）盖，在纵墙传过水平荷载时，楼（屋）盖如同平卧的大梁，将会产生水平位移，这个位移由两部分组成，如图17-5（a）所示。横墙在纵墙传来水平力后，犹如多个竖向悬臂梁承受楼（屋）盖传来的作用于横墙顶集中力；同时也承受纵墙传来的沿横墙高度方向作用于横墙的均布线荷载，横墙在这两种水平荷载作用下产生的整体平动位移 u_p，如图17-5（a）、（b）所示。楼（屋）盖作为平卧的受弯构件，在横向水平力作用下，产生水平方向弯曲，出现水平位移 u_1。在整个房屋中部两道横墙中间的最大水平位移就为墙顶水平方向平动位移 u_p 与楼屋面水平方向弯曲位移 u_1 的和，即 $u_s = u_1 + u_p$，如图17-5（c）、（d）所示。

根据以上传力、受力与变形之间的关系分析不难看出，在混合结构中，如果横墙间距小，房屋的空间刚度就大，在水平荷载作用下，房屋的水平位移 u_s 就会变小，反之，位移就会变大。

因此，房屋的空间刚度不仅与房屋的承重横墙的间距有关，也与房屋的楼（屋）盖类型有关，也就是说楼（屋）盖自身的整体性和刚性越大，在房屋的水平横向荷载作用下，楼（屋）盖弯曲变形就小，水平位移 u_1 越小，反之，楼（屋）盖弯曲变形就越大。因此，划分楼（屋）盖类型时，是根据其整体性和抵抗水平方向变形能力的大小。楼（屋）盖的分类见表17-1。

房屋空间整体性的大小是判定其静力计算方案的重要依据，房屋的静力计算方案又是计算房屋排架内力的前提和基础，内力计算结果是进一步设计计算墙、柱的重要依据。下面根据房屋空间整体性的不同，讨论砌体结构房屋的三种不同静力计算方案。

二、房屋的静力计算方案

影响混合结构房屋空间工作性能的因素除各承重横墙的间距和楼（屋）盖的类型外，还与屋架跨度、排架抗侧移刚度和荷载类型等有关。规范中只考虑房屋的楼（屋）盖的类型、房屋中横墙的间距这两种主要因素，并依据这两个因素把混合结构房屋的静力计算方案划分为刚性、刚弹性、弹性三种。

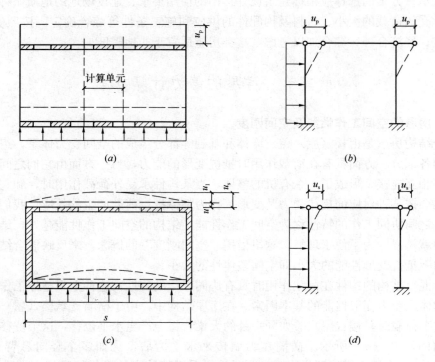

图 17-5 单层排架房屋计算单元及水平位移

1. 刚性方案

(1) 定义

在混合结构的房屋中，由于横墙间距较小、楼（屋）盖的刚度较大，由楼（屋）盖与横墙等组成的房屋空间体系整体性好、抗侧移刚度大，在不对称的垂直荷载或水平荷载作用下，房屋的侧移很小，忽略这个侧移对结构内力计算的结果不发生任何影响，这类房屋的静力计算方案称为刚性方案。

(2) 侧移

水平抗侧移刚度很大，水平侧移很小，近似认为水平侧移等于零，即 $u=0$。

(3) 计算简图

单层房屋的排架柱与基础之间固定连接，排架柱与排架梁铰接。排架柱顶部假想有一个固定水平链杆可以全部限制水平位移，如图 17-6 所示，多层刚性方案房屋计算简图如图 17-9(c) 所示。

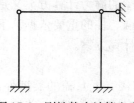

图 17-6 刚性静力计算方案计算简图

(4) 特点

抗侧移刚度大，水平位移小，抵抗横向水平地震作用的能力较强。排架的计算简图为无侧移的平面排架。

(5) 应用

用于单层和多层混合结构工业与民用建筑中。

2. 弹性方案

(1) 定义

在任何不设置山墙或山墙间距很大的单层混合结构的房屋中,由于横墙间距很大,楼(屋)盖结构的刚性较小,由楼(屋)盖和外纵墙组成的房屋抗侧力体系提供的空间抗侧移刚度很小,在不对称的垂直荷载或水平荷载作用下,房屋的侧移很大,排架体系可以看作有侧移的自由侧移排架,这类房屋的静力计算方案称为弹性方案。

(2) 侧移

水平侧移刚度很小,水平侧移很大,外力作用下产生自由侧移 u_{sf}。

(3) 计算简图

排架柱与基础之间固定连接,排架柱与排架梁铰接。排架柱顶部侧移不受任何约束,如图17-7所示。

(4) 特点

抗侧移刚度很小,水平位移很大,抵抗横向水平地震作用的能力很差。

(5) 应用

用于非地震区、无台风等极端事件影响的单层或低层工业厂房建筑中。

3. 刚弹性方案

(1) 定义

在单层和层数不多的混合结构的房屋中,由于横墙间距相对刚性方案房屋的间距大许多,屋盖结构的刚性较小,由楼屋盖和外纵墙组成的房屋受力体系,空间抗侧移刚度介于刚性和弹性方案之间,在不对称的垂直荷载或水平荷载作用下,房屋的侧移较大,排架体系可以看作有侧移的限制侧移的排架,这类房屋的静力计算方案称为刚弹性方案,如图17-8所示。

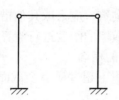

图17-7 弹性静力计算方案
房屋的计算简图

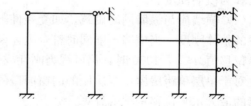

图17-8 刚弹性静力计算方案
房屋的计算简图

(2) 侧移

由于水平抗侧移刚度中等,水平侧移介于最大的弹性方案的自由侧移和零之间,所以 $0 < u \leqslant u_{sf}$。

(3) 计算简图

排架柱与基础之间固定连接,排架柱与排架梁铰接。假想排架柱顶部侧移受到弹性水平支座的约束,如图17-8所示。

(4) 特点

这种静力计算方案的房屋抗侧移刚度中等,水平位移中等,抵抗横向水平地震作用的能力较弱差。计算简图可以看作有侧移的限制侧移的平面排架。

(5) 应用

这类静力计算方案的房屋通常用于地震低烈度区或无台风等极端事件影响的单层或低层工业厂房、仓库等建筑中。

根据上述讨论，房屋的空间刚度不同，其静力计算方案也不同。而房屋的空间刚度主要是由楼（屋）盖类型和承重横墙的间距两个主要因素决定的。在横墙自身满足强度和稳定性要求的情况下，可根据《砌体结构设计规范》GB 50003—2011 规定，查表 17-1 确定房屋的静力计算方案。

房屋的静力计算方案　　　　　　表 17-1

	屋盖或楼盖类别	刚性方案	刚弹性方案	弹性方案
1	整体式、装配整体式和装配式无檩体系钢筋混凝土屋盖或钢筋混凝土楼盖	$s<32$	$32\leqslant s\leqslant 72$	$s>72$
2	装配式有檩体系钢筋混凝土屋盖、轻钢屋盖和有密铺望板的木屋盖或木楼盖	$s<20$	$20\leqslant s\leqslant 48$	$s>48$
3	瓦材屋面的木屋盖和轻钢屋盖	$s<16$	$16\leqslant s\leqslant 36$	$s>36$

注：1. 表中 s 为房屋横墙间距，其长度单位为"m"；
2. 当屋盖、楼盖类别不同或横墙间距不同时，可按上柔下刚的多层房屋计算；
3. 对无山墙或伸缩缝处无横墙的房屋，应按弹性方案考虑。

《砌体结构设计规范》GB 50003—2011 同时规定为了保证横墙具有足够的刚度，刚性和刚弹性方案的房屋的横墙应符合下列规定：

（1）横墙中开有洞口时，洞口的水平截面面积不应超过横墙截面面积的 50%；

（2）横墙的厚度不宜小于 180mm；

（3）单层房屋的横墙长度不宜小于其高度，多层房屋的横墙高度不宜小于 $H/2$（H 为横墙总高度），在计算横墙总高度时如遇坡屋顶时，取檐口以上高度与山墙尖高度的一半之和为横墙高度。

（4）横墙应与纵墙同时砌筑。如受条件限制不能同时砌筑，应采取其他措施，以保证房屋的整体刚度。当横墙不能同时符合上述要求时，应对横墙的刚度进行验算。如其最大水平位移值 $u\leqslant H/4000$ 时，仍可视为刚性或弹性方案房屋的横墙。

对于单层单跨房屋，当房屋的门窗洞口的水平截面面积不超过横墙全截面面积 75% 时，横墙的最大水平位移按下式计算：

$$\mu_{\max}=\frac{np_1H^3}{6EI}+\frac{2np_1H}{EA} \tag{17-1}$$

式中　n——与所计算的横墙相邻的两横墙间的开间数；
　　　p_1——作用于屋架下弦集中风荷载与假设排架无侧移时，由作用在纵墙上的均布风荷载所求出的柱顶反力之和；
　　　H——横墙的高度；
　　　E——砌体的弹性模量；
　　　I——横墙毛截面的惯性矩；
　　　A——横墙毛截面面积。

在计算横墙最大水平位移时，可考虑纵墙部分截面与横墙共同工作的特性。因此，计算截面可按Ⅰ字形、[形等截面计算，与横墙共同工作的纵墙部分的计算长度 s，每边近似取 $0.3H_0$，参见图 17-9。

第三节 墙、柱高厚比验算

墙体高厚比是指墙体的计算高度 H_0 和墙厚 h 的比值，即 $\beta=H_0/h$。高厚比是墙或柱高厚程度及柱细长程度的反应，它能显示墙或柱稳定性高低，也能从侧面反应墙或柱承载力的大小关系。前述受压构件计算式（16-8）中，φ 系数直接影响受压构件的承载力大小，同等条件下高厚比越大，φ 系数越小，构件承载力越低。可见长细比不仅影响构件的稳定性，同时也会影响构件的承载力。在构件施工阶段砂浆尚未凝结硬化时，构件稳定性和强度都很低，为确保这一阶段构件施工的安全可靠，也必须做到墙、柱的高厚比符合规范的要求。

一、墙、柱的高厚比验算

墙、柱强度计算及高厚比验算时所采用的高度称为墙、柱计算高度，用 H_0 表示。计算高度的取值是在其实际高度基础上综合考虑了房屋类别和构件两端支承情况后确定的。H_0 可按表 16-1 采用。

二、不带壁柱的墙、柱的高厚比验算

《砌体结构设计规范》GB 50003—2011 给定的墙、柱高厚比验算公式为：

$$\beta=\frac{H_0}{h}\leqslant \mu_1\mu_2[\beta] \tag{17-2}$$

式中　H_0——墙、柱的计算高度，按表 16-1 采用；

　　　h——墙厚或矩形截面柱与 H_0 相对应的边长；

　　　$[\beta]$——墙、柱的允许高厚比，按表 17-2 采用；

　　　μ_1——自承重墙允许高厚比 $[\beta]$ 的修正系数，按下列规定采用：当墙厚 $h=240\text{mm}$ 时，$\mu_1=1.2$；当墙厚 $h=90\text{mm}$ 时，$\mu_1=1.5$；当墙厚 $90<h\leqslant 240\text{mm}$ 时，μ_1 在 1.2 到 1.5 之间按线性内插法求得；

　　　μ_2——有门窗洞口墙允许高厚比 $[\beta]$ 值修正系数，按下式确定：

$$\mu_2=1-0.4\frac{b_s}{s} \tag{17-3}$$

　　　b_s——在宽度 s 范围内的门窗洞口总宽度；

　　　s——相邻窗间墙或壁柱之间的距离。

按式（17-3）算得的 $\mu_2<0.7$ 时，取 $\mu_2=0.7$；当洞口高度≤墙高的 1/5 时，取 $\mu_2=1$。

墙柱的允许高厚比 $[\beta]$　　　　　　　　　　　　表 17-2

砂浆强度等级	墙	柱
M2.5	22	15
M5 或 Mb5.0、Ms5.0	24	16
≥M7.5 或 Mb7.5、Ms7.5	26	17

注：1. 毛石墙、柱的允许高厚比应按表中数值降低 20%；
　　2. 组合砖砌体构件的允许高厚比可按表中数值提高 20%；
　　3. 验算施工阶段尚未硬化的新砌筑的砌体时，允许高厚比对墙取 14，对柱取 11。

三、带壁柱的墙和带构造柱墙的高厚比验算

在跨度较大的单层厂房、仓库和礼堂等房屋的外纵墙,为了提高窗间墙的受力性能,一般设有壁柱。带壁柱墙的高厚比验算分两部分进行,一部分是以柱为中心的单开间为一个计算单元的整片墙的验算;另一部分是由两个相邻壁柱间所夹的带窗的矩形截面墙的高厚比验算。

1. 整片墙的高厚比验算

整片带壁柱的墙是T形截面,壁柱的宽度为T形截面宽度,翼缘为壁柱间的墙,翼缘的厚度为墙厚。用式(17-2)验算时必须将T形截面等效为厚度为 h_T 的矩形截面再进行验算。根据换算前后截面惯性矩相等的原则,经换算 $h_T = 3.5i$(i 为带壁柱墙截面的回转半径)。故T形带壁柱的墙高厚比验算按下式进行:

$$\beta = \frac{H_0}{h_T} \leqslant \mu_1 \mu_2 [\beta] \tag{17-4}$$

式中 h_T——T形截面等效高度,$h_T = 3.5i$。

在确定带壁柱墙的计算高度 H_0 时,s 取相邻两壁柱间的距离,同时应注意以下两个方面:1)对于单层房屋,带壁柱的墙翼缘的宽度 $b_f = b + 2H/3$(b 为壁柱宽度,H 为墙高),但 b_f 不大于相邻壁柱间的距离;2)对于多层房屋,当有门窗洞口时,取窗间墙的宽度;当无门窗洞口时,每侧翼墙可取壁柱高度的1/3。

2. 壁柱间墙的高厚比验算

验算壁柱间墙的高厚比时,可将其视为用不动铰支座连接在壁柱上的矩形截面墙体,按式(17-2)进行验算。确定公式中墙的计算高度 H_0 时,s 应取壁柱间的距离,而且,不管房屋的静力计算方案为何种,一律按刚性方案确定。

带壁柱墙内设有钢筋混凝土圈梁时,当圈梁截面宽度 b 与相邻壁柱间的距离 s 之比不小于1/30时,圈梁可作为壁柱间墙的不动铰支点。当具体条件不允许增加圈梁宽度时,可按墙平面外刚度相同的原则增加圈梁高度,以满足圈梁作为壁柱间不动铰支点的要求。此时墙的计算高度为圈梁之间的距离。

假设原圈梁截面宽度为 b、高为 h;调整后截面高度为 h_1,为此,就必须满足在圈梁截面宽度不变仅增加高度的情况下满足要求,即 $(sh^3/30)/12 \leqslant bh_1^3/12$,调整后圈梁的截面高度应满足:

$$h_1 \geqslant h \sqrt[3]{\frac{s}{30b}} \tag{17-5}$$

当与墙连接的相邻壁柱间的距离 $s \leqslant \mu_1 \mu_2 [\beta] h$ 时,墙的计算高度可不受式(17-2)的限制。对于变截面柱,可按上、下段分别验算高厚比,且验算上柱高厚比时,墙柱的允许高厚比可按表17-2的数值乘1.3后采用。

3. 带构造柱的墙高厚比验算

验算公式依然为式(17-2),此时公式中的 h 取墙厚,当确定墙的计算高度时,s 取相邻横墙间的距离;墙的允许高厚比可乘以提高系数 μ_c:

$$\mu_c = 1 + \frac{\gamma b_c}{l} \tag{17-6}$$

式中 γ——系数。对细料石砌体，$\gamma=0$；对混凝土砌块、混凝土多孔砖、粗料石、毛料石及毛石砌体 $\gamma=1.0$；其他砌体，$\gamma=1.5$；

b_c——构造柱沿墙长方向的宽度；

l——构造柱的间距。

当 $\frac{b_c}{l}>0.25$ 时，取 $\frac{b_c}{l}=0.25$，当 $\frac{b_c}{l}<0.05$ 时，取 $\frac{b_c}{l}=0$。

【例题 17-1】 某办公楼采用预制混凝土空心楼板，外墙厚 370mm，内墙及横墙厚 240mm，底层墙计算高度 $H_0=4.8$m（从楼板顶到基础顶面）；隔墙厚 120mm，高 3.6m，经复核属于刚性静力计算方案，砌体采用 M5 混合砂浆、MU10 黏土砖砌筑。纵墙上窗宽 1800mm，开间 3300mm。

求：验算窗间墙、内横墙和隔墙的高厚比是否满足要求。

解：(1) 外纵墙高厚比

外纵墙为承重墙，所以 $\mu_1=1.0$；$\mu_2=1-0.4b_s/s=1-0.4\times1.8/3.3=0.782>0.7$

查表 17-2，墙体的允许高厚比为 $[\beta]=24$

由式 (17-2) 计算得，

$$\beta=\frac{H_0}{h}=\frac{4.8}{0.37}=12.97\leqslant\mu_1\mu_2[\beta]=1.0\times0.782\times24=18.77$$

外纵墙高厚比满足要求。

(2) 内横墙高厚比

内横墙为承重墙，所以 $\mu_1=1.0$；墙上无洞口削弱 $\mu_2=1$。

查表 17-2 得，墙体的允许高厚比 $[\beta]=24$，

由式 (17-2) 计算，得

$$\beta=\frac{H_0}{h}=\frac{4.8}{0.24}=20\leqslant\mu_1\mu_2[\beta]=1.0\times1.0\times24=24$$

内横墙高厚比满足要求。

(3) 隔墙的高厚比

内隔墙为自承重墙，μ_1 在 240mm 厚时的 1.2 和 90mm 厚时的 1.5 之间内插，经计算墙厚 180mm 时，$\mu_1=1.179$；因隔墙无洞口削弱，所以 $\mu_2=1.0$。

查表 17-2 得，墙体的允许高厚比 $[\beta]=24$，

由式 (17-2) 计算，得

$$\beta=\frac{H_0}{h}=\frac{4.8}{0.18}=26.67\leqslant\mu_1\mu_2[\beta]=1.179\times1.0\times24=28.29$$

满足要求。

【例题 17-2】 某仓库的窗间墙为带壁柱的 T 形截面，翼墙宽度 1500mm，窗洞口宽度 $b_s=1500$mm，厚度 240mm，壁柱宽 490mm，壁柱高 250mm。柱计算高度 $H_0=5.1$m，采用砖 MU10，混合砂浆强度等级 M7.5 砌筑，经复核仓库结构静力计算方案为刚性。

求：验算带壁柱承重纵墙的高厚比是否满足要求。

解：(1) 截面几何特征

1) 截面面积

$$A=1500\times240+240\times250=420000\text{mm}^2$$

2) 截面形心轴

截面水平形心轴距翼缘上缘的距离为 y_1，则

$$y_1 = [1500 \times 240 + 240 \times 250 \times (240+125)]/420000 = 155\text{mm}$$

$$I = 1500 \times 155^3/3 + 240 \times (250+85)^3/3 + 2 \times (1600-240) \times 85^3 = 51275 \times 10^5 \text{mm}^4$$

截面回转半径为：

$$i = \sqrt{\frac{I}{A}} = \sqrt{\frac{51275 \times 10^5}{420000}} = 110.5\text{mm}$$

折算高度 $\quad h_T = 3.5i = 386.8\text{mm}$

(2) 高厚比

查表 17-2 可知，墙体的允许高厚比 $[\beta] = 26$

外纵墙为承重墙，所以 $\mu_1 = 1.0$，$\mu_2 = 1 - 0.4 \dfrac{b_s}{s} = 1 - 0.4 \dfrac{1.5}{3} = 0.8 > 0.7$

$$\beta = \frac{H_0}{h_T} = \frac{5.1}{0.3868} = 13.185 \leqslant \mu_1 \mu_2 [\beta] = 1.0 \times 0.8 \times 26 = 20.8$$

该仓库外墙高厚比满足要求。

第四节 刚性方案房屋墙、柱承载力验算

在混合结构中墙、柱是主要的竖向受力构件，一方面它们要满足建筑设计的厚度、高度和热工性能等方面的要求；另一方面从结构的安全性、适用性和耐久性功能要求方面考虑，不仅要满足前述的高厚比要求，同时还必须满足承载能力的要求。

实用中混合结构刚性方案房屋分为单层和多层两类，本节讨论多层刚性方案房屋的墙、柱承载力验算。

在墙体组成比较均匀时，一般以房屋中间某道横墙为中心，将其相邻两开间各取一半，把宽度等于一个开间内的竖条墙作为计算单元；在墙体组成不均匀时通常从纵墙中选取荷载较大及截面较弱的部位，相邻两开间各取一半，把宽度等于一个开间内的竖条墙作为计算单元，如图 17-9（a）、(b) 所示。

一、竖向荷载作用下的墙体计算

(一) 计算简图

在竖向荷载作用下，多层混合结构房屋外纵墙计算单元内的墙体如同一个竖向的多跨连续梁，屋盖、楼盖和基础顶面均视为这个多跨连续梁的支点。由于楼面梁和屋面梁的梁端伸入墙内，削弱了墙的有效截面面积，在支点处传递弯矩的能力很小，为简化计算，假定屋盖和楼盖为所要验算墙体的不动铰支点，楼（屋）盖处水平风荷载作用下的弯矩较小，可以将上一层看作铰接于下层墙顶面的竖向简支承压构件，在基础顶面处由于轴心力远比水平风荷载作用下时弯矩产生的影响大，即基础顶面起主导作用的内力是轴向力，所以基础顶面就简化为不动铰支座。于是，墙在每层高度范围内均可被简化为两端铰接连接的竖向偏心受压构件，如图 17-9（c）所示。于是每层可单独进行内力计算，二层以上墙的计算高度取层高，底层墙的计算高度取层高加上室内地面到基础顶面的距离。

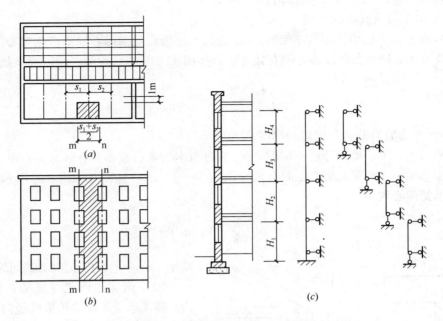

图 17-9 多层刚性方案房屋承重纵墙的计算单元和计算简图

（二）内力计算

1. 荷载

作用在每层墙体上的竖向荷载，有上层楼屋盖和墙体自重传来的荷载 N_u 及本层楼盖传来的荷载 N_l，如图 17-10 所示；由上层墙体传来的荷载 N_u 可视为作用于上一层墙、柱底部的截面形心的力。由本层楼面梁在墙顶引起的竖向偏心力 N_l 到墙内边缘的距离，为梁的有效支承长度 a_0 的 0.4 倍，即 $0.4a_0$，本层墙体自重 N_G，作用于计算高度内墙体的形心轴线上，多层砌体房屋中间层墙体的计算简图如图 17-10 所示。

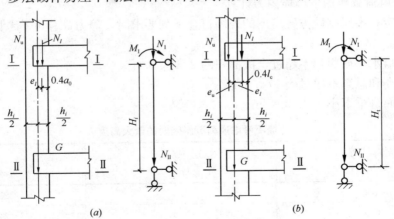

图 17-10 垂直荷载作用下的内力计算

2. 轴向力

墙顶承受 N_u、N_l 二者合力的作用，为偏心受压构件，底部截面承受墙自重引起的荷载设计值和（N_u+N_l）的共同作用。

3. 发生在墙顶截面的弯矩

（1）当上、下层墙体厚度不变时，N_u 通过本层墙顶截面形心轴不产生偏心距，N_l 在距墙内皮 $0.4a_0$ 处和截面形心之间有偏心距，如图 17-10（a）所示。所以墙顶截面承受偏心弯矩：

$$M_0 = N_l \left(\frac{h}{2} - 0.4a_0 \right) \tag{17-7}$$

式中 h——为验算的这一层墙的厚度。

（2）当上、下层墙体厚度不同时，N_u 通过与本层墙顶截面形心轴有偏心距 e_0，N_l 在距墙内皮 $0.4a_0$ 处和截面形心之间有偏心距 $0.5h-0.4a_0$，如图 17-10（b）所示。所以墙顶截面承受偏心弯矩

$$M_0 = N_l \left(\frac{h}{2} - 0.4a_0 \right) - N_0 e_0 \tag{17-8}$$

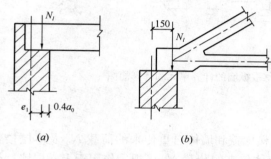

图 17-11 墙顶压力的两种类型

式中 e_0——上下层墙体轴线间的偏心距。

（3）顶层屋面梁（屋架）作用下内力。墙顶承受屋面梁传来的竖向偏心压力 N_l，如图 17-11（a）所示，承受屋架传来的竖向力 N_l，如图 17-11（b）所示。墙顶不仅受压，同时，由于 N_l 的作用点距墙体形心有偏心距 $0.5h-0.33a_0$，所以墙顶还受到偏心弯矩的影响。

偏心弯矩按下式计算：

$$M = N_l \left(\frac{h}{2} - 0.33a_0 \right) \tag{17-9}$$

4. 水平风荷载作用下墙体内力计算

规范规定，多层刚性方案房屋的外墙符合下列要求时，静力计算可不考虑风荷载的影响：

（1）洞口水平截面积不超过全截面积的 2/3；

（2）层高和总高不超过表 17-3 的规定；

（3）屋面自重不小于 $0.8kN/m^2$。

外墙不考虑风荷载影响时的最大高度　　　　表 17-3

基本风压值 （kN/m^2）	层 高 （m）	总 高 （m）
0.4	4.0	28
0.5	4.0	24
0.6	4.0	18
0.7	3.5	18

注：对于多层砌块房屋，当外墙厚度不小于 190mm、层高不大于 2.8m、总高不大于 19.6m、基本风压不大于 $0.7kN/m^2$ 时可不考虑风荷载的影响。

当不符合上述条件时,就必须考虑风荷载的影响。

水平风荷载作用下墙体相当于水平方向支承在楼(屋)面梁板上的竖向连续梁,如图17-12所示。在每个楼层处和墙体中部将产生最大弯矩,影响墙体验算结果的是位于各个楼层处的弯矩,它的取值为:

$$M = \frac{wH_i^2}{12}$$ (17-10)

式中 w——计算单元内沿纵墙每米高度上作用的均布风荷载设计值;
H_i——第 i 层的层高。

5. 截面计算

(1) 验算截面

图 17-13 中,在门窗洞口上下缘的Ⅲ—Ⅲ和Ⅳ—Ⅳ截面,墙体截面被削弱,承载能力下降;Ⅰ—Ⅰ截面偏心弯矩最大,轴力较小,截面承载力较低,对截面起控制作用,应按偏心受压构件进行承载力验算,同时还要进行梁端下砌体的局部受压验算;Ⅱ—Ⅱ截面弯矩为 0,但轴力相对最大,且窗口下砌体抗剪能力较弱,应按轴心受压构件进行承载力验算。

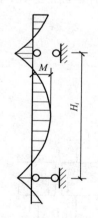

图 17-12 风荷载作用下墙的
计算简图

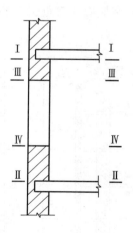

图 17-13 外纵墙承载力
验算的控制截面

(2) 墙体承载力验算时楼层位置的选取

当房屋各层承重墙体厚度和所用材料强度等级不变时,底层墙体受到的力最大,只验算底层墙体;如果墙体厚度在上部某层减小时,最先减小截面的层也是必须验算的薄弱层。在材料强度发生变化处截面也是承载力变化明显的薄弱截面,也应进行承载力验算。

二、承重横墙的计算

承重横墙不仅要满足高厚比的要求,还要满足承载力设计的要求。

1. 计算单元的选取

在多层砌体房屋中,承重横墙一般是轴心受力构件,只有当横墙两侧房间跨度差异较大，或两侧房间跨度相当但楼面可变荷载差异很大时才可能出现偏心受压的情况。无论轴心受压还是偏心受压，计算时均是沿墙长取 1m 宽从基础到屋顶全高范围作为计算单元，如图 17-14（a）所示；构件的计算高度等于层高，当屋顶为坡屋顶时，顶层层高要算至山尖高度的一半处，如图 17-14（b）所示；每层横墙均视为在上下楼面上铰接的构件，如图 17-14（c）所示。

2. 荷载计算

要验算的楼层横墙，一般承受上面各层传来的竖向轴心压力产生的荷载设计值，同时承受本层验算墙体两侧楼板传至墙顶的均布荷载设计值，对于墙底截面还承受本层墙体自重引起的竖向压力设计值等的作用。在风荷载作用下，纵墙传给横墙的内力很小，因此，横墙计算可以不考虑风荷载的影响。

横墙计算单元上承受的荷载包括：

（1）由上层传来的轴向力 N_u：包括本层以上所有楼盖和屋盖上承受的全部永久荷载和可变荷载，以及上部所有楼层墙体的自重引起的永久荷载设计值，作用位置在上层墙底截面的形心位置处。

（2）压在本层墙顶上左右两侧的楼板传来的竖向压力 N_{ll}、N_{lr}：分别为本层左、右相邻楼盖传来的轴向力，作用位置在距同侧内墙皮 $0.4a_0$ 处，如图 17-14 所示。

（3）本层墙体自重引起的永久荷载设计值 G：作用于本层墙体截面形心处，如图 17-15 所示。

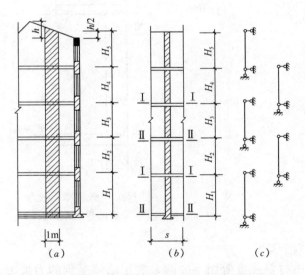

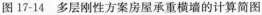

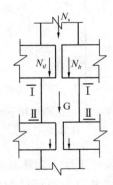

图 17-14　多层刚性方案房屋承重横墙的计算简图　　图 17-15　横墙上作用的荷载

3. 控制截面承载力计算

承重横墙由于绝大多数是轴心受压，设计时承受竖向压应力最大的控制截面就是本层墙底截面。如果左、右两侧由楼板传来的水平荷载不相等时，横墙为偏心受压，此时需要验算墙顶截面的偏心受压承载力是否满足要求，同时，还要验算墙底部轴心抗压强度是否满足要求。

在多层房屋中，如果墙厚和材料强度不变只需验算竖向压力最大的底层横墙的底部轴心受压承载力或墙顶部偏心受压承载力。墙厚不变材料强度改变时需要验算材料强度改变楼层底层墙体和该层墙体的承载力；如果墙厚发生改变时，墙体截面变小层的墙体和房屋底层墙体需要进行承载力验算。

第五节 单层房屋墙、柱承载力验算

一、计算单元和计算简图

单层房屋纵墙、柱计算简图的确定，与多层房屋纵墙相似，一般也是从房屋中部选取一个以窗间墙为中心，从窗间墙两侧相邻柱距中各取一半，假想把房屋沿横向切开取出后的宽度范围作为计算单元，如图 17-5 所示。在单层房屋中，假设墙、柱与屋架或屋面梁铰接，墙、柱下端与基础固接，同时假设屋架为水平刚度很大的水平刚性杆。在判定房屋静力计算方案后，根据不同的静力计算方案所简化得到的刚性、弹性和刚弹性方案房屋的计算简图，采用不同的方法进行内力计算。排架的计算简图中的排架柱高 H，通常取柱顶至基础大放脚顶面之间的距离，当基础埋深较深时，排架的固定端可取至室外地面以下 300～500mm 处。

二、荷载计算

作用在单层房屋外纵墙取出的计算单元上的荷载包括：

1) 由屋盖传来的竖向偏心荷载 N_l；
2) 由作用在屋面上的风荷载传至柱顶处的水平集中力 W，以及直接作用在迎风墙面上的压力 q_1 和背风墙面上的吸力 q_2；
3) 墙、柱自重引起的永久荷载设计值。

对于竖向荷载 N_l 和墙、柱自重引起的永久荷载设计值的取值类似于多层房屋，我们不再赘述。这里简单介绍《建筑结构荷载规范》GB 50009—2012 中有关雪荷载和风荷载计算有关内容。

1. 雪荷载

在北方寒冷地区雪荷载是房屋承受的竖向荷载中主要的一种，尤其是我国东北和西北部分地区雪荷载是起主导作用的屋面可变荷载。此外，特别是特大暴风雪荷载是一种偶然事件，在正常年份降雪量不大的地区也会产生由雪灾引起屋面的极大破坏，例如，2009年冬天发生在华北地区的百年一遇的特大暴风雪，使该地区的一些受力性能较差的屋面被严重损坏。可见雪荷载对屋顶结构的破坏作用还是很大的，在房屋设计时必须引起足够重视。

屋面水平投影上的雪荷载标准值按下式计算：

$$S_k = \mu_\gamma S_0 \tag{17-11}$$

式中 S_k——雪荷载标准值（kN/m²）；

μ_γ——屋面积雪分布系数，按《建筑结构荷载规范》的规定采用。对于单跨双坡屋顶的均布雪荷载，可根据屋面角度 α 查表 17-4。

S_0——基本雪压（kN/m²），是以当地一般空旷平坦地面上连续统计所得的 30 年一遇最大积雪的自重确定的，其取值可查《建筑结构荷载规范》给定的相应的数据。

单跨双坡屋面随屋面坡度变化的积雪分布系数　　　表 17-4

α	≤25°	30°	35°	40°	45°	≥50°
μ_γ	1.0	0.8	0.6	0.4	0.2	0

2. 风荷载

风荷载作用于房屋外表面，其数值与房屋体型、高度及周围环境等因素有关。《建筑结构荷载规范》GB 50009—2012 给出的作用于房屋上的风荷载标准值，可按下式计算：

$$\omega_k = \mu_z \mu_s \omega_0 \tag{17-12}$$

式中　ω_0——基本雪压（kN/m²）；它是以当地比较空旷平坦地面离地面 10m 高处，统计所得的 30 年一遇最大风速 10 分钟的平均值风速 v（m/s）为依据计算的，$\omega_0 = v^2/1600$ 确定的风压值。其值可根据《建筑结构荷载规范》GB 50009—2012 的规定取用；

μ_z——风压高度变化系数，按表 17-5 采用；

风压高度变化系数 μ_z　　　表 17-5

离地面（或海面）高度（m）	地面粗糙程度类别		
	B	A	B
≤5	1.17	0.8	0.54
10	1.38	1.0	0.71
15	1.52	1.14	0.84
20	1.63	1.25	0.94
30	1.80	1.42	1.11
40	1.92	1.56	1.24
50	2.03	1.67	1.36
60	2.12	1.77	1.46
70	2.20	1.86	1.55
80	2.27	1.95	1.64
90	2.34	2.02	1.72
100	2.40	2.09	1.79
150	2.64	2.38	2.11
200	2.83	2.61	2.36
250	2.99	2.80	2.58
300	3.12	2.97	2.78
350	3.12	3.12	2.96
≥400	3.12	3.12	3.12

μ_s——风载体型系数，就是风吹到房屋表面引起的压力或吸力与原始风速算得的理论风压的比值，它与房屋体型和尺寸有关。各种体型建筑的 μ_s 值可查阅《建筑结构荷载规范》GB 50009—2012，见表 17-6。

单跨双坡屋面随屋面坡度变化的风载体型系数 μ_s　　　表 17-6

α	≤15°	30°	≥60°
μ_s	−0.6	0	0.8

需要说明的是，表 17-5 中底面粗糙程度分为 A、B、C 三类；A 类指近海海面、海岛、海岸及沙漠地区；B 类指田野、乡村、丛林、丘陵及房屋比较稀疏的中小城镇或大城

市郊区；C 类指有密集建筑群的大城市市区。

三、纵墙内力计算

如前所述，不同静力计算方案的单层排架，在水平荷载作用下的位移不同，计算简图不同，内力也不同。为此，必须根据判定的静力计算方案，计算相应排架内力，为排架柱（墙）截面设计提供依据。

1. 刚性方案房屋

单层刚性方案房屋的排架内力计算时，由于在水平荷载或不对称的垂直荷载作用下，排架侧移很小，可以忽略不计，为此按无侧移排架计算其内力。

(1) 在屋面梁或屋架支座处竖向偏心压力 N_l、墙面水平风荷载 q_1（q_2）及屋面水平风荷载作用下，排架受力如图 17-16（a）所示。

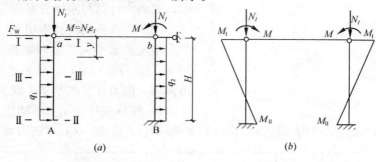

图 17-16 刚性方案单层排架受力示意图

(2) 在柱顶偏心力作用下，排架柱各截面产生的弯矩如图 17-16（b）所示，排架柱顶偏心弯矩 $M = N_l e_l$。

(3) 在屋顶水平集中荷载 F_w 作用下，排架柱内不产生内力，假想屋顶水平集中荷载 F_w 进入支座，支座出现反力 $R_a = F_w$。

(4) 在沿墙高范围内均匀分布的墙面水平风荷载 q_1 及 q_2 作用下，如图 17-17 所示。假想将排架从中间切开，分析其左侧分离体上的内力，排架计算结果为：

$$R_a = \frac{3}{8} q_1 H \quad (17\text{-}13)$$

$$R_A = \frac{5}{8} q_1 H \quad (17\text{-}14)$$

$$M_A = \frac{q_1 H^2}{8} \quad (17\text{-}15)$$

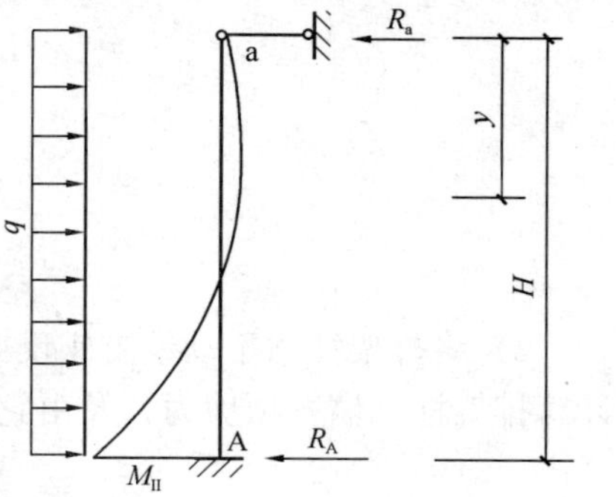

图 17-17 单层刚性方案房屋排架在墙面水平风荷载作用下的内力

2. 弹性方案房屋

当符合表 17-1 横墙间距和对应的屋盖类型符合弹性静力计算方案条件时，可判定为弹性静力计算方案。弹性方案房屋的最大特点是不设横墙或横墙间距很大，抗侧移刚度小，在水平荷载或不对称垂直荷载作用下，排架是一个有侧移的自由侧移排架。最大水平侧移发生在房屋纵向长度的中部，其中包括柱顶的水平位移和屋盖的弯曲变形值。为了安全可靠起见，计算单元就取房屋中部水平位移最大处。弹性方案房屋可忽略结构的空间相互制约拉结的影响，简化成平面排架计算，纵墙（柱）上端与屋架（屋面梁）铰接，下端嵌固于基础顶面，如图 17-17 所示。

作用在排架柱顶的荷载有：屋面永久荷载、风荷载、墙柱自重永久荷载、工业厂房还可能有吊车可变荷载。

排架柱（墙）高、截面尺寸、材料强度均相同的单跨弹性方案房屋（如图 17-17）的内力计算如下：

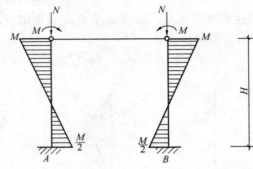

图 17-18 屋盖荷载作用下的内力

（1）在柱顶竖向集中荷载（屋盖荷载）作用下

如图 17-18 所示，由于柱顶集中荷载对称、排架结构对称，所以排架不产生水平侧移，其内力计算与刚性方案房屋相同。

（2）在水平风荷载作用下

在屋顶水平风荷载和墙面均布风荷载作用下［图 17-19 (a)］，排架柱产生水平向自由侧移，内力计算的基本步骤为：

1）在排架柱端加一不动铰支座，使其变为无侧移排架，此时墙柱内力计算与刚性方案相同［图 17-19 (b)］，内力计算结果为：

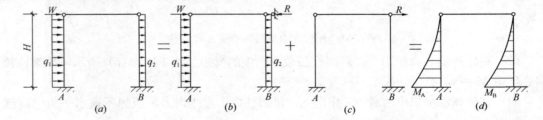

图 17-19 单层弹性方案房屋排架柱在水平力 W 作用下的内力计算

$$R = W + \frac{3}{8}(q_1 + q_2)H \tag{17-16}$$

$$M_{A1} = \frac{1}{8}q_1 H^2 \tag{17-17}$$

$$M_{B1} = -\frac{1}{8}q_2 H^2 \tag{17-18}$$

2）将排架柱顶不动铰支座反力反向作用于排架柱顶［图 17-18 (c)］，按剪力分配法计算排架柱（墙）顶剪力，及由它产生的弯矩，其结果为：

$$M_{A2} = \frac{1}{2}RH = \frac{WH}{2} + \frac{3}{16}(q_1 + q_2)H^2 \tag{17-19}$$

$$M_{B2} = -\frac{1}{2}RH = -\frac{WH}{2} - \frac{3}{16}(q_1 + q_2)H^2 \tag{17-20}$$

两根排架柱顶所受的剪力相等，均为水平集中力的一半，即 $V_a = V_b = F_W/2$；柱在该力作用下弯矩图可按竖向悬臂构件计算，排架柱底部弯矩为 $M = \frac{WH}{2}$。

3）叠加以上两种计算结果可得弯矩：

$$M_A = \frac{WH}{2} + \frac{5}{16}q_1 H^2 + \frac{2}{16}q_2 H^2 \qquad (17\text{-}21)$$

$$M_B = -\frac{WH}{2} - \frac{3}{16}q_1 H^2 - \frac{5}{16}q_2 H^2 \qquad (17\text{-}22)$$

3. 刚弹性方案房屋

当判定房屋为刚弹性静力计算方案时，由于其空间刚度和抗侧移能力比弹性平面排架的水平计算所得的水平位移小，说明房屋的空间性能在发挥作用，内力计算时对其作用必须考虑。规范用空间性能系数 η 反映刚弹性房屋空间刚度的大小，其值根据表17-7采用。

$$\eta = \frac{\mu_{\max}}{\mu_f} \qquad (17\text{-}23)$$

式中 $\mu_{\max}$——刚弹性方案房屋中部在水平荷载作用下产生的最大侧移；

μ_f——同等条件下有侧移的自由侧移排架的最大侧移。

η 值与横墙间距和楼屋盖类型有关。η 值愈大，说明房屋的空间性能越差。

房屋各层的空间性能影响系数 η　　　　　　　表 17-7

楼盖或屋盖类别	横墙间距 s (m)													
	10	20	24	28	32	36	40	44	48	52	56	60	64	68	72
1	—	—	—	—	0.33	0.39	0.45	0.50	0.55	0.60	0.64	0.68	0.71	0.74	0.77
2	—	0.35	0.45	0.54	0.61	0.68	0.73	0.78	0.82	—	—	—	—	—	—
3	0.37	0.49	0.60	0.68	0.76	0.81	—	—	—	—	—	—	—	—	—

当排架柱顶作用一水平集中力 R 时 [图 17-19 (a)]，根据柱顶侧移与支座反力成正比的关系，可得柱顶弹性支座反力为：

$$\left(\frac{\mu_f - \mu}{\mu}\right) R = (1-\eta) R \qquad (17\text{-}24)$$

于是图 17-20 (a) 所示的柱顶为弹性支座的排架，其受力情况可用图 17-20 (b) 所示的无侧移排架与图 17-20 (c) 所示的受有水平集中力为 ηR 的有侧移排架两种情况叠加来反映。进行排架内力计算时，可分别求出上述两种情况的内力，最后叠加即可。

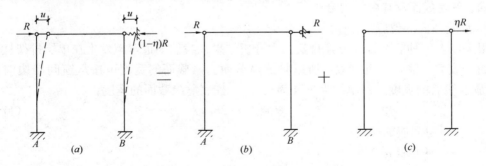

图 17-20　单层刚弹性方案房屋的计算简图

对于柱高、截面尺寸、材料强度均相同的单跨房屋，在垂直对称的屋盖荷载作用下，排架无水平位移，内力计算与刚性方案相同。在水平风荷载作用下 [图 17-21 (a)]，内力计算步骤如下：

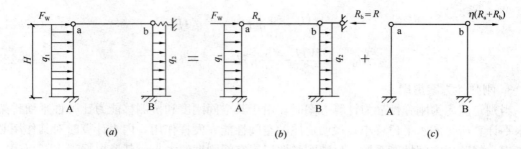

图 17-21　刚弹性方案房屋排架在水平力作用下的内力计算

（1）根据屋盖类别和横墙间距，由表 17-7 查出房屋空间性能影响系数 η；

（2）按无侧移排架求出柱顶不动铰支座反力 R 及其产生的弯矩［图 17-21（b）］，可得：

$$R = W + \frac{3}{8}(q_1+q_2)H \tag{17-25}$$

$$M_{A1} = \frac{1}{8}q_1 H^2 \tag{17-26}$$

$$M_{B1} = \frac{1}{8}q_2 H^2 \tag{17-27}$$

（3）将 R 反向作用于排架柱顶，按剪力分配法计算柱顶剪力和由它产生的弯矩为：

$$M_{A2} = \frac{1}{2}\eta R H = \frac{1}{2}\eta W H + \frac{3}{16}\eta(q_1+q_2)H^2 \tag{17-28}$$

$$M_{B2} = -\frac{1}{2}\eta R H = -\frac{1}{2}\eta W H - \frac{3}{16}\eta(q_1+q_2)H^2 \tag{17-29}$$

（4）叠加（2）和（3）两种内力，可得柱的最终弯矩为：

$$M_A = \frac{1}{2}\eta W H + \frac{(2+3\eta)q_1 H^2}{16} + \frac{3}{16}\eta q_2 H^2 \tag{17-30}$$

$$M_B = -\frac{1}{2}\eta W H - \frac{(2+3\eta)q_2 H^2}{16} - \frac{3}{16}\eta q_1 H^2 \tag{17-31}$$

四、危险截面及其内力组合

1. 危险截面的位置

根据以上三种静力计算方案排架内力分析结果，我们知道弯矩发生在单层排架柱的底部截面，该截面轴向力也最大，所以是危险截面。该截面的宽度可按从窗间墙边向两侧 45°角放射线后的宽度（但不能大于开间尺寸），柱底危险截面的宽度：

$$b = b_l + 2h_l \tag{17-32}$$

式中　b_l——窗间墙的宽度；

　　　h_l——窗下墙的高度。

窗间墙上下缘截面被窗洞口削弱，承载力下降，在排架柱设计时也应进行验算。

2. 内力组合

根据《建筑结构荷载规范》的规定，在单层房屋墙柱承载力验算中，一般根据下列两种组合求得排架柱的内力，然后按较大者作为验算排架柱的危险截面承载力的依据，这两种组合就是：

恒载+风荷载；

恒载+0.85（可变荷载+风荷载）。

在上述刚性、弹性和刚弹性三种内力计算方案的房屋中，弹性方案求得的内力最大，刚性方案求得的内力最小，刚弹性方案房屋介于前二者之间。弹性方案房屋侧向刚度小、侧向位移大，很容易在侧向荷载或地震作用下发生破坏，所以在条件允许的情况下尽量不要采用弹性方案。条件允许的情况下应改为钢筋混凝土排架结构或框架结构。由于刚弹性和弹性方案房屋抗侧移刚度低，在横向力的作用下容易破坏，采用多层砌体结构刚弹性和弹性方案并不十分合理，尤其是在地震高烈度区更为危险。

本 章 小 结

1. 混合结构房屋墙体设计的特点包括以下几个方面：

（1）具有综合性：墙体具有结构功能要求的承重作用，在建筑功能方面具有分隔和围护的功能。墙体布置要分清是承重墙还是分隔墙，确保墙体是一个完整的受力体系。

（2）具有整体性：墙体是保证混合结构房屋整体性和空间刚度的主要组成部分。横墙的间距是划分房屋静力计算方案的依据。墙体间距越小，空间刚度越大，墙体的受力也就越小，墙体的位移也越小。

2. 混合结构墙体设计步骤：

（1）墙体承重方案设计：根据建筑功能要求、地质条件、房屋尺寸和类型，决定墙体是否需要设置温度伸缩缝、沉降缝和抗震缝；决定墙体合理的位置和做法，由纵、横墙的布置确定房屋的静力计算方案。

（2）墙体的构造设计：根据门窗洞口尺寸、位置及标高，布置过梁、圈梁及其他墙体中的构件（墙梁和挑梁等），采取有效的构造措施，增加房屋的整体性和刚度。

3. 墙柱高厚比和承载力验算

根据允许高厚比要求，验算各部分墙、柱的稳定性；选择墙体计算单元，根据房屋静力计算方案，绘出墙、柱计算简图；根据求得的内力对墙、柱各控制截面进行承载力验算。梁端下砌体的局部抗压验算是墙体承载力验算的重要内容，绝对不能忽略。

复 习 思 考 题

一、名词解释

房屋的横墙承重方案　房屋的纵墙承重方案　房屋的纵横墙承受方案　房屋的空间整体性　受压构件的计算高度　房屋的空间工作性能　砌体房屋的刚性静力计算方案　砌体房屋的弹性静力计算方案　砌体房屋的刚弹性静力计算方案　刚弹性方案房屋的空间性能影响系数

二、问答题

1. 混合结构有几种承重方案？各有什么优缺点？
2. 混合结构房屋静力计算方案有几种？区别何在？怎样划分房屋的静力计算方案？
3. 墙、柱高厚比验算的目的是什么？怎样验算墙、柱的高厚比？
4. 多层刚性方案房屋外墙和内横墙验算时，计算单元和计算简图怎样确定？计算截面如何确定？
5. 何种情况下多层刚性方案房屋外墙可不考虑风荷载的影响？
6. 地基不均匀沉降过大会导致墙体产生怎样的裂缝？防止产生这类裂缝的构造措施有哪些？

三、计算题

1. 某无吊车的刚性方案单层房屋，纵向承重砖柱截面尺寸为 $b \times h = 370\text{mm} \times 490\text{mm}$，$H_0 = 4.8\text{m}$，用 MU10 砖和 M5 混合砂浆砌筑。试验算该柱的高厚比是否满足要求。

2. 某四层教学楼的平面和剖面如图 17-22 所示。屋盖和楼盖采用跨度为 3000mm，厚度为 120mm 的预应力混凝土空心板；楼、屋面钢筋混凝土大梁间距为 3.0m，在墙上支承长度为 240mm，梁的计算跨度为 $l_0 = 6\text{m}$，梁截面尺寸为 $b \times h = 250\text{mm} \times 500\text{mm}$，外墙厚度为 370mm，采用双面抹灰及钢窗。当底层墙体采用 MU15 烧结普通砖和 M7.5 水泥砂浆砌筑时，试验算底层外纵墙的承载力。

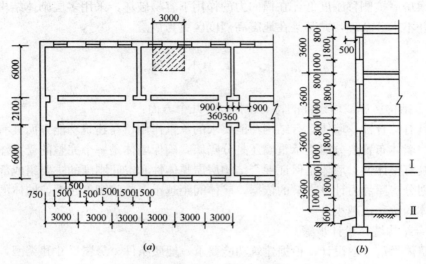

图 17-22 计算题 2 图

附录一 均布荷载和集中荷载作用下等跨连续梁的内力系数

均布荷载

$$M = k_1 q l_0^2$$

$$V = k_2 q l_0$$

集中荷载

$$M = k_3 F l_0$$

$$V = k_4 F$$

式中　q——单位长度上的均布荷载；

　　　F——集中荷载；

　　　k_1——均布荷载作用下的弯矩系数；

　　　k_2——均布荷载作用下的剪力系数；

　　　k_3——集中荷载作用下的弯矩系数；

　　　k_4——集中荷载作用下的剪力系数。

各内力系数参见附表 1-1～附表 1-4。

均布荷载和集中荷载作用下等跨连续梁的内力系数（两跨梁）　　附表 1-1

序号	荷载简图	跨内最大弯矩		支座弯矩	横向剪力			
		M_1	M_2	M_B	V_A	$V_{B左}$	$V_{B右}$	V_C
1		0.070	0.070	−0.125	0.375	−0.625	0.625	−0.375
2		0.096	−0.025	−0.063	0.437	−0.563	0.063	0.063
3		0.156	0.156	−0.188	0.312	−0.688	0.688	−0.312
4		0.203	−0.047	−0.094	0.406	−0.594	0.094	0.094
5		0.222	0.222	−0.333	0.667	−1.334	1.334	−0.667
6		0.278	−0.056	−0.167	0.833	−1.167	0.167	0.167

均布荷载和集中荷载作用下等跨连续梁的内力系数（三跨梁） 附表 1-2

序号	荷载简图	跨内最大弯矩		支座弯矩		横向剪力					
		M_1	M_2	M_B	M_C	V_A	$V_{B左}$	$V_{B右}$	$V_{C左}$	$V_{C右}$	V_D
1		0.080	0.025	−0.100	−0.100	0.400	−0.600	0.500	−0.500	−0.600	−0.400
2		0.101	−0.050	−0.050	−0.050	0.450	−0.550	0.000	0.000	0.550	−0.450
3		−0.025	0.075	−0.050	−0.050	−0.050	−0.050	0.050	0.050	0.050	0.050
4		0.073	0.054	−0.117	−0.033	0.383	−0.617	0.583	−0.417	0.033	0.033
5		0.094	—	−0.067	−0.017	0.433	−0.567	0.083	0.083	−0.017	−0.017
6		0.175	0.100	−0.150	−0.150	0.350	−0.650	0.500	−0.500	0.650	−0.350
7		0.213	−0.075	−0.075	−0.075	0.425	−0.575	0.000	0.000	0.575	−0.425
8		−0.038	0.175	−0.075	−0.075	−0.075	−0.075	0.500	−0.500	0.075	0.075
9		0.162	0.137	−0.175	0.050	0.325	−0.675	0.625	−0.375	0.050	0.050
10		0.200	—	−0.100	0.025	0.400	−0.600	0.125	0.125	−0.025	−0.025
11		0.244	0.067	−0.267	−0.267	0.733	−1.267	1.000	−1.000	1.267	−0.733
12		0.289	−0.133	−0.133	−0.133	0.866	−1.134	0.000	0.000	1.134	−0.866
13		−0.044	0.200	−0.133	−0.133	−0.133	−0.133	1.000	−1.000	0.133	0.133
14		0.229	0.170	−0.311	0.089	0.689	−1.311	1.222	−0.778	0.089	0.089
15		0.274	—	−0.178	0.044	0.822	−1.178	0.222	0.222	−0.044	−0.044

附表 1-3

均布荷载和集中荷载作用下等跨连续梁的内力系数（四跨梁）

序号	荷载简图	跨内最大弯矩				支座弯矩				横向剪力						
		M_1	M_2	M_3	M_4	M_B	M_C	M_D	V_A	$V_{B左}$	$V_{B右}$	$V_{C左}$	$V_{C右}$	$V_{D左}$	$V_{D右}$	V_E
1		0.077	−0.036	0.036	0.077	−0.107	−0.071	−0.107	0.393	−0.607	0.536	−0.464	0.464	−0.536	0.607	−0.393
2		0.100	0.045	0.081	−0.023	−0.054	−0.036	−0.054	0.446	−0.554	0.018	0.018	0.482	−0.518	0.054	0.054
3		0.072	0.061	—	0.098	−0.121	−0.018	−0.058	0.380	−0.020	0.603	−0.397	−0.040	−0.040	0.558	−0.442
4		—	0.056	0.056	—	−0.036	−0.107	−0.036	−0.036	−0.036	0.429	−0.571	0.571	−0.429	0.036	0.036
5		0.094	—	—	—	−0.067	0.018	−0.004	0.433	−0.567	0.085	0.085	−0.022	−0.022	0.004	0.004
6		—	0.071	—	—	−0.049	−0.054	0.013	−0.049	−0.049	0.496	−0.504	0.067	0.067	−0.013	−0.013
7		0.169	0.116	0.116	−0.169	−0.161	−0.107	−0.161	0.339	−0.661	0.553	−0.446	0.446	−0.554	0.661	−0.339
8		0.210	0.067	0.183	−0.040	−0.080	−0.054	−0.080	0.420	−0.580	0.027	0.027	0.473	0.527	0.080	0.080
9		0.159	0.146	—	0.206	−0.181	−0.027	−0.087	0.319	−0.681	0.654	−0.346	−0.060	−0.060	0.587	−0.413

续表

序号	荷载简图	跨内最大弯矩				支座弯矩			横向剪力							
		M_1	M_2	M_3	M_4	M_B	M_C	M_D	V_A	$V_{B左}$	$V_{B右}$	$V_{C左}$	$V_{C右}$	$V_{D左}$	$V_{D右}$	V_E
10		—	0.142	0.142	—	−0.054	−0.161	−0.054	−0.054	−0.054	0.393	−0.607	0.607	−0.393	0.054	0.054
11		0.202	—	—	—	−0.100	0.027	−0.007	0.400	−0.600	0.127	0.127	−0.033	−0.033	0.007	0.007
12		—	0.173	—	—	−0.074	−0.080	0.020	−0.074	−0.074	0.493	−0.507	0.100	0.100	−0.020	−0.020
13		0.238	0.111	0.111	0.238	−0.286	−0.191	−0.286	0.714	−1.286	1.095	−0.905	0.905	−1.095	1.286	−0.714
14		0.286	−0.111	0.222	−0.048	−0.143	−0.095	−0.143	0.875	−1.143	0.048	0.048	0.952	1.048	0.143	0.143
15		0.226	0.194	—	0.282	−0.321	−0.048	−0.155	0.679	−1.321	1.274	−0.726	−0.107	−0.107	1.155	−0.845
16		—	0.175	0.175	—	−0.095	−0.286	−0.095	−0.095	−0.095	0.810	−1.190	0.190	−0.810	0.095	0.095
17		0.274	—	—	—	−0.178	0.048	−0.012	0.822	−1.178	0.226	0.226	−0.060	−0.060	0.012	0.012
18		—	0.198	—	—	−0.131	−0.143	−0.036	−0.131	−0.131	0.988	−1.012	0.178	0.178	−0.036	−0.036

附表 1-4

均布荷载和集中荷载作用下等跨连续梁的内力系数（五跨梁）

序号	荷载简图	跨内最大弯矩			支座弯矩				横向剪力							
		M_1	M_2	M_3	M_B	M_C	M_D	M_E	V_A	$V_{B左}$	$V_{B右}$	$V_{C左}$	$V_{C右}$	$V_{D左}$	$V_{D右}$	$V_{E左}$	$V_{E右}$	V_F
1		0.0781	0.0331	0.0462	−0.105	−0.079	−0.079	−0.105	0.394	−0.606	0.526	−0.474	0.500	−0.500	0.474	−0.526	0.606	−0.394
2		0.1000	−0.0461	0.0855	−0.053	−0.040	−0.040	−0.053	0.447	−0.553	0.013	0.013	0.500	−0.500	−0.013	−0.013	0.553	−0.447
3		−0.0263	0.0787	−0.0395	−0.053	−0.040	−0.040	−0.053	−0.053	−0.053	0.513	−0.487	0.000	0.000	0.487	−0.513	0.053	0.053
4		0.073	0.059	—	−0.119	−0.022	−0.044	−0.051	0.380	−0.620	0.598	−0.402	0.000	−0.023	0.493	−0.507	0.052	0.052
5		—	0.055	0.064	−0.035	−0.111	−0.020	−0.057	−0.035	−0.035	0.424	−0.576	−0.591	−0.049	−0.037	−0.037	0.557	−0.443
6		0.094	—	—	−0.067	0.018	−0.005	0.001	0.433	−0.567	0.085	0.085	−0.023	−0.023	0.006	0.006	−0.001	−0.001
7		—	0.074	—	−0.049	−0.054	−0.014	−0.004	−0.049	−0.049	0.495	−0.505	0.068	0.068	−0.018	−0.018	0.004	0.004

续表

序号	荷载简图	跨内最大弯矩			支座弯矩				横向剪力							
		M_1	M_2	M_3	M_B	M_C	M_D	M_E	V_A	$V_{B左}$	$V_{B右}$	$V_{C左}$	$V_{C右}$	$V_{D左}$	$V_{D右}$	$V_{E左}$	$V_{E右}$	V_F
8		—	—	0.072	0.013	−0.053	−0.053	0.013	0.013	0.013	−0.066	−0.066	0.500	−0.500	0.066	0.066	−0.013	−0.013
9		0.171	0.112	0.132	−0.158	−0.118	−0.118	−0.158	0.342	−0.658	0.540	−0.460	0.500	−0.500	0.460	−0.540	0.658	−0.342
10		0.211	−0.069	0.191	−0.079	−0.059	−0.059	−0.079	0.421	−0.579	0.020	0.020	0.500	−0.500	−0.020	−0.020	0.579	−0.421
11		0.039	0.181	−0.059	−0.079	−0.059	−0.059	−0.079	−0.079	−0.079	0.520	−0.480	0.500	−0.500	0.480	−0.520	0.079	0.079
12		0.160	0.144	—	−0.179	−0.032	−0.066	−0.077	0.321	−0.679	0.647	−0.353	−0.034	−0.034	0.489	−0.511	0.077	0.077
13		—	0.140	0.151	−0.052	−0.167	−0.031	−0.086	−0.052	−0.052	0.385	−0.615	0.637	−0.363	−0.056	−0.056	0.586	−0.414
14		0.200	—	—	−0.100	0.027	−0.007	0.002	0.400	−0.600	0.127	0.127	−0.034	−0.034	0.009	0.009	−0.002	−0.002
15		—	0.173	—	−0.073	−0.081	0.022	−0.005	−0.073	−0.073	0.493	−0.507	0.102	0.102	−0.027	−0.027	0.005	0.005
16		—	—	0.171	0.020	0.079	−0.079	0.020	0.020	0.020	−0.099	−0.099	0.500	−0.500	0.099	0.099	−0.020	−0.020

续表

序号	荷载简图	跨内最大弯矩			支座弯矩					横向剪力							
		M_1	M_2	M_3	M_B	M_C	M_D	M_E	V_A	$V_{B左}$	$V_{B右}$	$V_{C左}$	$V_{C右}$	$V_{D左}$	$V_{D右}$	$V_{E左}$	$V_{E右}$	V_F
17		0.240	0.100	0.122	−0.281	−0.211	−0.211	−0.281	0.719	−1.281	1.070	−0.930	1.000	−1.000	0.930	−1.070	1.281	−0.719
18		0.287	−0.117	0.228	−0.140	−0.105	−0.105	−0.140	0.860	−1.140	0.035	0.035	1.000	−1.000	−0.035	−0.035	1.140	−0.860
19		−0.047	−0.216	−0.105	−0.140	−0.105	−0.105	−0.140	−0.140	−0.140	1.035	−0.965	0.000	0.000	0.965	−1.035	0.140	0.140
20		0.227	0.189	—	−0.319	−0.057	−0.118	−0.137	0.681	−1.319	1.262	−0.738	−0.061	−0.061	0.981	−1.019	0.137	0.137
21		—	0.172	0.198	−0.093	−0.297	−0.054	−0.153	−0.093	−0.093	0.796	−1.204	1.243	−0.757	−0.099	−0.099	1.153	−0.847
22		0.274	—	—	−0.179	0.048	−0.013	0.003	0.821	−1.179	0.227	0.227	−0.061	−0.061	0.016	0.016	−0.003	−0.003
23		—	0.198	—	0.131	−0.144	−0.038	−0.010	−0.131	−0.131	0.987	−1.013	0.182	0.182	−0.048	−0.048	0.010	0.010
24		—	—	0.193	0.035	−0.140	−0.140	0.035	0.035	0.035	−0.175	−0.175	1.000	−1.000	0.175	0.175	−0.035	−0.035

附录二 按弹性理论计算矩形双向板在均布荷载作用下的弯矩系数

弯矩系数详见附表 2-1～附表 2-5。

1. 符号说明

M_x、$M_{x,max}$——分别为平行于 l_x 方向板中心点弯矩和板跨内的最大弯矩；

M_y、$M_{y,max}$——分别为平行于 l_y 方向板中心点弯矩和板跨内的最大弯矩；

M_0^x——固定边中点沿 l_x 方向的弯矩；

M_0^y——固定边中点沿 l_y 方向的弯矩；

M_{0x}——平行于 l_x 方向自由边中点的弯矩；

M_{0x}^0——平行于 l_x 方向自由边上固定端的支座弯矩。

表中示意图上画栅线的代表该边为固定边；画虚线的代表简支边；画细实线的为自由边。

2. 计算公式

$$弯矩 = 表中系数 \times q l_x^2$$

式中 q——作用在双向板上的均布荷载；

l_x——板跨度，见表中插图所示。

表中弯矩系数均为单位板宽的弯矩系数。表中系数为泊松比 $\nu=1/6$ 时求得的，适用于钢筋混凝土板。表中系数是根据《建筑结构静力计算手册》（林钟琪等编，1975 年版）中的 $\nu=0$ 的弯矩系数表，通过公式 $M_x^{(\nu)} = M_x^{(0)} + \nu M_y^{(0)}$，$M_y^{(\nu)} = M_y^{(0)} + \nu M_x^{(0)}$ 换算得到的。表中 $M_{x,max}$ 及 $M_{y,max}$ 也按上列换算公式求得，但由于板内两个方向的跨内最大弯矩一般并不在同一点，因此，由上式求得的 $M_{x,max}$ 及 $M_{y,max}$ 仅为比实际弯矩偏大的近似值。

(1) 附表 2-1

边界条件	(1) 四边简支		(2) 三边简支、一边固定									
l_x/l_y	M_x	M_y	M_x	$M_{x,max}$	M_y	$M_{y,max}$	M_y'	M_x	$M_{x,max}$	M_y	$M_{y,max}$	M_x'
0.50	0.0994	0.0335	0.0914	0.0930	0.0352	0.0397	−0.1215	0.0593	0.0657	0.0157	0.0171	−0.1212
0.55	0.0927	0.0359	0.0832	0.0846	0.0371	0.0405	−0.1193	0.0577	0.0633	0.0175	0.0190	−0.1187
0.60	0.0860	0.0379	0.0752	0.0765	0.0386	0.0409	−0.116	0.0556	0.0608	0.0194	0.0209	−0.1158

附表 2-2

(2)

边界条件	(3) 两对边简支、两对边固定						(4) 两邻边简支、两邻边固定					
l_x/l_y	M_x	M_y	M_y^0	M_x	M_y	M_x^0	M_x	$M_{x,max}$	M_y	$M_{y,max}$	M_x^0	M_y^0
0.50	0.0837	0.0367	−0.1191	0.0419	0.0086	−0.0843	0.0572	0.0584	0.0172	0.0229	−0.1179	−0.0786
0.55	0.0743	0.0383	0.1156	0.0415	0.0096	−0.0840	0.0546	0.0556	0.0192	0.0241	−0.1140	−0.0785
0.60	0.0653	0.0393	−0.1114	0.0409	0.0109	−0.0834	0.0518	0.0526	0.0212	0.0252	−0.1095	−0.0782
0.65	0.0569	0.0394	−0.1066	0.0402	0.0122	−0.0826	0.0486	0.0496	0.0228	0.0261	−0.1045	−0.0777
0.70	0.0494	0.0392	−0.1031	0.0391	0.0135	−0.0814	0.0455	0.0465	0.0243	0.0267	−0.0992	−0.0770
0.75	0.0428	0.0383	0.0959	0.0381	0.0149	−0.0799	0.0422	0.0430	0.0254	0.0272	−0.0938	−0.0760
0.80	0.0369	0.0372	−0.0904	0.0368	0.0162	−0.0782	0.0390	0.0397	0.0263	0.0278	−0.0883	−0.0748
0.85	0.0318	0.0358	−0.0850	0.0355	0.0174	−0.0763	0.0358	0.0366	0.0269	0.0284	−0.0829	−0.0733
0.90	0.0275	0.0343	−0.0767	0.0341	0.0186	−0.0743	0.0328	0.0337	0.0273	0.0288	−0.0776	−0.0716
0.95	0.0238	0.0328	−0.0746	0.0326	0.0196	−0.0721	0.0299	0.0308	0.0273	0.0289	−0.0726	−0.0698
1.00	0.0206	0.0311	−0.0698	0.0311	0.0206	−0.0698	0.0273	0.0281	0.0273	0.0289	−0.0677	−0.0677

附表 2-3

（3）

边界条件	(5) 一边简支、三边固定					
l_x/l_y	M_x	$M_{x,max}$	M_y	$M_{y,max}$	M_x^0	M_y^0
0.50	0.0413	0.0424	0.0096	0.0157	−0.0836	−0.0569
0.55	0.0405	0.0415	0.0108	0.0160	−0.0827	−0.0570
0.60	0.0394	0.0404	0.0123	0.0169	−0.0814	−0.0571
0.65	0.0381	0.0390	0.0137	0.0178	−0.0796	−0.0572
0.70	0.0366	0.0375	0.0151	0.0186	−0.0774	−0.0572
0.75	0.0349	0.0358	0.0164	0.0193	−0.0750	−0.0572
0.80	0.0331	0.0339	0.0176	0.0199	−0.0722	−0.0570
0.85	0.0312	0.0319	0.0186	0.0204	−0.0693	−0.0567
0.90	0.0295	0.0300	0.0201	0.0209	−0.0663	−0.0563
0.95	0.0274	0.0281	0.0204	0.0214	−0.0631	−0.0558
1.00	0.0255	0.0261	0.0206	0.0219	−0.0600	−0.0500

(4) **附表 2-4**

边界条件	(5) 一边简支、三边固定						(6) 四边固定			
	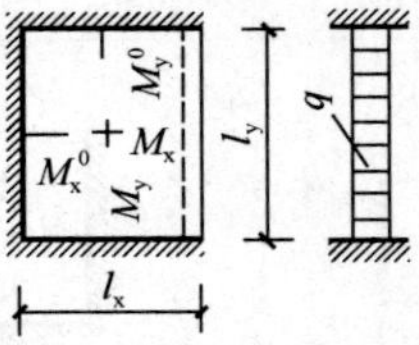						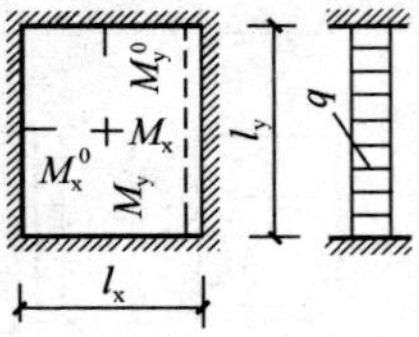			
l_x/l_y	M_x	$M_{x,max}$	M_y	$M_{y,max}$	M_y^0	M_x^0	M_x	M_y	M_x^0	M_y^0
0.50	0.0551	0.0605	0.0188	0.0201	−0.0784	−0.1146	0.0406	0.0105	−0.0829	−0.0570
0.55	0.0517	0.0563	0.0210	0.0223	−0.0780	−0.1093	0.0394	0.0120	−0.0814	−0.0571
0.60	0.0480	0.0520	0.0229	0.0242	−0.0773	−0.1033	0.0380	0.0137	−0.0793	−0.0571
0.65	0.0441	0.0476	0.0244	0.0256	−0.0762	−0.0970	0.0361	0.0152	−0.0766	−0.0571
0.70	0.0402	0.0433	0.0256	0.0267	−0.0748	−0.0903	0.0340	0.0167	−0.0735	−0.0569
0.75	0.0364	0.0390	0.0263	0.0273	−0.0729	−0.0837	0.0318	0.0179	−0.0701	−0.0565
0.80	0.0327	0.0348	0.0267	0.0267	−0.0707	−0.0772	0.0295	0.0189	−0.0664	−0.0559
0.85	0.0293	0.0312	0.0268	0.0277	−0.0683	−0.0711	0.0272	0.0197	−0.0626	−0.0551
0.90	0.0261	0.0277	0.0265	0.0273	−0.0656	−0.0653	0.0249	0.0202	−0.0588	−0.0541
0.95	0.0232	0.0246	0.0261	0.0269	−0.0629	−0.0599	0.0227	0.0205	−0.0550	−0.0528
1.00	0.0206	0.0219	0.0255	0.0261	−0.0600	−0.0550	0.0205	0.0205	−0.0513	−0.0513

(5) **附表 2-5**

边界条件	(7) 三边固定、一边自由					
	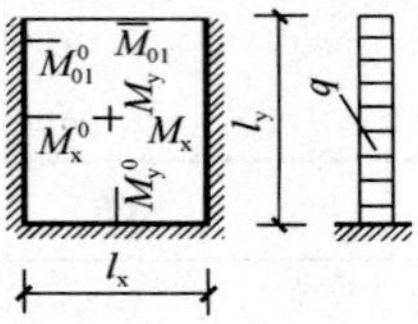					
l_y/l_x	M_x	M_y	M_x^0	M_y^0	M_{0x}	M_{0x}^0
0.30	0.0018	−0.0039	−0.0135	−0.0344	0.0068	−0.0345
0.35	0.0039	−0.0026	−0.0179	−0.0406	0.0112	−0.0432
0.40	0.0063	0.0008	−0.0227	−0.0454	0.0160	−0.0506
0.45	0.0090	0.0014	−0.0275	−0.0489	0.0207	−0.0564
0.50	0.0166	0.0034	−0.0322	−0.0513	0.0250	−0.0607
0.55	0.0142	0.0054	−0.0368	−0.0530	0.0288	−0.0635
0.60	0.0166	0.0072	−0.0412	−0.0541	0.0320	−0.0652
0.65	0.0188	0.0087	−0.0453	−0.0548	0.0347	−0.0661
0.70	0.0209	0.0100	−0.0490	−0.0553	0.0368	−0.0663
0.75	0.0228	0.0111	−0.0526	−0.0557	0.0385	−0.0661
0.80	0.0246	0.0119	−0.0558	−0.0560	0.0399	−0.0656
0.85	0.0262	0.0125	−0.558	−0.0562	0.0409	−0.0651
0.90	0.0277	0.0129	−0.0615	−0.0563	0.0417	−0.0644
0.95	0.0291	0.0132	−0.0639	−0.0564	0.0422	−0.0638
1.00	0.0304	0.0133	−0.0662	−0.0565	0.0427	−0.0632
1.10	0.0327	0.0133	−0.0701	−0.0566	0.0431	−0.0623
1.20	0.0345	0.0130	−0.0732	−0.0567	0.0433	−0.0617
1.30	0.0368	0.0125	−0.0758	−0.0568	0.0434	−0.0614
1.40	0.0380	0.0119	−0.0778	−0.0568	0.0433	−0.0614
1.50	0.0390	0.0113	−0.0794	0.0569	0.0433	0.0616
1.75	0.0405	0.0099	−0.0819	−0.0569	0.0431	−0.0625
2.00	0.0413	0.0087	−0.0832	−0.0569	0.0431	−0.0637

附录三 D 值法确定框架反弯点高度时的修正系数

各系数参见附表 3-1~附表 3-4。

均布荷载下各层柱标准反弯点高度比　　　　　　附表 3-1

n	j \ $\overline{K}$	0.1	0.2	0.3	0.4	0.5	0.6	0.7	0.8	0.9	1.0	2.0	3.0	4.0	5.0
1	1	0.80	0.75	0.70	0.65	0.65	0.60	0.60	0.60	0.60	0.55	0.55	0.55	0.55	0.55
2	2	0.45	0.40	0.35	0.35	0.35	0.35	0.40	0.40	0.40	0.40	0.45	0.45	0.45	0.45
	1	0.95	0.80	0.75	0.70	0.65	0.65	0.65	0.60	0.60	0.60	0.55	0.55	0.55	0.50
3	3	0.15	0.20	0.20	0.25	0.30	0.30	0.30	0.35	0.35	0.35	0.40	0.45	0.45	0.45
	2	0.55	0.50	0.45	0.45	0.45	0.45	0.45	0.45	0.45	0.45	0.50	0.50	0.50	0.50
	1	1.00	0.85	0.80	0.75	0.70	0.70	0.65	0.65	0.65	0.60	0.55	0.55	0.55	0.55
4	4	−0.05	0.05	0.15	0.20	0.25	0.30	0.30	0.35	0.35	0.35	0.40	0.45	0.45	0.45
	3	0.25	0.30	0.30	0.35	0.35	0.40	0.40	0.40	0.40	0.45	0.45	0.50	0.50	0.50
	2	0.65	0.55	0.50	0.50	0.45	0.45	0.45	0.45	0.45	0.45	0.50	0.50	0.50	0.50
	1	1.10	0.90	0.80	0.75	0.70	0.70	0.65	0.65	0.65	0.60	0.55	0.55	0.55	0.55
5	5	−0.20	0.00	0.15	0.20	0.25	0.30	0.30	0.30	0.35	0.35	0.40	0.45	0.45	0.45
	4	0.10	0.20	0.25	0.30	0.35	0.35	0.40	0.40	0.40	0.40	0.45	0.50	0.50	0.50
	3	0.40	0.40	0.40	0.40	0.45	0.45	0.45	0.45	0.45	0.45	0.50	0.50	0.50	0.50
	2	0.65	0.55	0.50	0.50	0.50	0.50	0.50	0.50	0.50	0.50	0.50	0.50	0.50	0.50
	1	1.20	0.95	0.80	0.75	0.75	0.70	0.70	0.65	0.65	0.65	0.55	0.55	0.55	0.55
6	6	−0.30	0.00	0.10	0.20	0.25	0.25	0.30	0.30	0.35	0.35	0.40	0.45	0.45	0.45
	5	0.00	0.20	0.25	0.30	0.35	0.35	0.40	0.40	0.40	0.40	0.45	0.50	0.50	0.50
	4	0.20	0.30	0.35	0.35	0.40	0.40	0.40	0.45	0.45	0.45	0.45	0.50	0.50	0.50
	3	0.40	0.40	0.40	0.45	0.45	0.45	0.45	0.45	0.45	0.45	0.50	0.50	0.50	0.50
	2	0.70	0.60	0.55	0.50	0.50	0.50	0.50	0.50	0.50	0.50	0.50	0.50	0.50	0.50
	1	1.20	0.95	0.85	0.80	0.75	0.70	0.70	0.65	0.65	0.65	0.55	0.55	0.55	0.55
7	7	−0.35	−0.05	0.10	0.20	0.20	0.25	0.30	0.30	0.35	0.35	0.40	0.45	0.45	0.45
	6	−0.10	0.15	0.25	0.30	0.35	0.35	0.35	0.40	0.40	0.40	0.45	0.45	0.50	0.50
	5	0.10	0.25	0.30	0.35	0.40	0.40	0.40	0.45	0.45	0.45	0.45	0.50	0.50	0.50
	4	0.30	0.35	0.40	0.40	0.40	0.45	0.45	0.45	0.45	0.45	0.50	0.50	0.50	0.50
	3	0.50	0.45	0.45	0.45	0.45	0.45	0.45	0.45	0.45	0.50	0.50	0.50	0.50	0.50
	2	0.75	0.60	0.55	0.50	0.50	0.50	0.50	0.50	0.50	0.50	0.50	0.50	0.50	0.50
	1	1.20	0.95	0.85	0.80	0.75	0.70	0.70	0.65	0.65	0.65	0.55	0.55	0.55	0.55
8	8	−0.35	−0.15	0.10	0.15	0.25	0.25	0.30	0.30	0.35	0.35	0.40	0.45	0.45	0.45
	7	−0.10	0.15	0.25	0.30	0.35	0.35	0.40	0.40	0.40	0.40	0.45	0.50	0.50	0.50
	6	0.05	0.25	0.30	0.35	0.40	0.40	0.40	0.45	0.45	0.45	0.45	0.50	0.50	0.50
	5	0.20	0.30	0.35	0.40	0.45	0.45	0.45	0.45	0.45	0.45	0.50	0.50	0.50	0.50
	4	0.35	0.40	0.40	0.45	0.45	0.45	0.45	0.45	0.45	0.45	0.50	0.50	0.50	0.50
	3	0.50	0.45	0.45	0.45	0.45	0.45	0.45	0.45	0.50	0.50	0.50	0.50	0.50	0.50
	2	0.75	0.60	0.55	0.55	0.50	0.50	0.50	0.50	0.50	0.50	0.50	0.50	0.50	0.50
	1	1.20	1.00	0.85	0.80	0.75	0.70	0.70	0.65	0.65	0.65	0.55	0.55	0.55	0.55
9	9	−0.40	−0.05	0.10	0.20	0.25	0.25	0.30	0.30	0.35	0.35	0.45	0.45	0.45	0.45
	8	−0.15	0.15	0.25	0.30	0.35	0.35	0.35	0.40	0.40	0.40	0.45	0.45	0.45	0.50
	7	0.05	0.25	0.30	0.35	0.40	0.40	0.40	0.45	0.45	0.45	0.45	0.50	0.50	0.50
	6	0.15	0.30	0.35	0.40	0.40	0.45	0.45	0.45	0.45	0.45	0.50	0.50	0.50	0.50
	5	0.25	0.35	0.40	0.40	0.45	0.45	0.45	0.45	0.45	0.45	0.50	0.50	0.50	0.50

续表

n	j \ $\overline{K}$	0.1	0.2	0.3	0.4	0.5	0.6	0.7	0.8	0.9	1.0	2.0	3.0	4.0	5.0
9	4	0.40	0.40	0.40	0.45	0.45	0.45	0.45	0.45	0.45	0.45	0.50	0.50	0.50	0.50
	3	0.55	0.45	0.45	0.45	0.45	0.45	0.45	0.45	0.45	0.50	0.50	0.50	0.50	0.50
	2	0.80	0.65	0.55	0.55	0.50	0.50	0.50	0.50	0.50	0.50	0.50	0.50	0.50	0.50
	1	1.20	1.00	0.85	0.80	0.75	0.70	0.70	0.65	0.65	0.65	0.55	0.55	0.55	0.55
10	10	−0.40	−0.05	0.10	0.20	0.25	0.30	0.30	0.30	0.35	0.35	0.40	0.45	0.45	0.45
	9	−0.15	0.15	0.25	0.30	0.35	0.35	0.40	0.40	0.40	0.40	0.45	0.45	0.50	0.50
	8	−0.00	0.25	0.30	0.35	0.40	0.40	0.40	0.45	0.45	0.45	0.45	0.50	0.50	0.50
	7	−0.10	0.30	0.35	0.40	0.40	0.45	0.45	0.45	0.45	0.45	0.50	0.50	0.50	0.50
	6	0.20	0.35	0.40	0.40	0.45	0.45	0.45	0.45	0.45	0.45	0.50	0.50	0.50	0.50
	5	0.30	0.40	0.40	0.45	0.45	0.45	0.45	0.45	0.45	0.50	0.50	0.50	0.50	0.50
	4	0.40	0.40	0.45	0.45	0.45	0.45	0.45	0.45	0.45	0.45	0.50	0.50	0.50	0.50
	3	0.55	0.50	0.45	0.45	0.45	0.50	0.50	0.50	0.50	0.50	0.50	0.50	0.50	0.50
	2	0.80	0.65	0.55	0.55	0.55	0.50	0.50	0.50	0.50	0.50	0.50	0.50	0.50	0.50
	1	1.30	1.00	0.85	0.80	0.75	0.70	0.70	0.65	0.65	0.65	0.60	0.55	0.55	0.55

注：n 为总层数；j 为所在楼层的位置；$\overline{K}$ 为梁柱线刚度比。

倒三角形荷载作用下标准反弯点高度比 y_0 附表 3-2

η	j \ $\overline{K}$	0.1	0.2	0.3	0.4	0.5	0.6	0.7	0.8	0.9	1.0	2.0	3.0	4.0	5.0
1	1	0.80	0.75	0.70	0.65	0.65	0.60	0.60	0.60	0.60	0.55	0.55	0.55	0.55	0.55
2	2	0.50	0.45	0.40	0.40	0.40	0.40	0.40	0.40	0.40	0.45	0.45	0.45	0.45	0.50
	1	1.00	0.85	0.75	0.70	0.70	0.65	0.65	0.65	0.60	0.60	0.55	0.55	0.55	0.55
3	3	0.25	0.25	0.25	0.30	0.30	0.35	0.35	0.35	0.40	0.40	0.45	0.45	0.45	0.50
	2	0.60	0.50	0.50	0.50	0.50	0.45	0.45	0.45	0.45	0.45	0.50	0.50	0.50	0.50
	1	1.15	0.90	0.80	0.75	0.75	0.70	0.70	0.65	0.65	0.65	0.60	0.55	0.55	0.55
4	4	0.10	0.15	0.20	0.25	0.30	0.30	0.35	0.35	0.35	0.40	0.45	0.45	0.45	0.45
	3	0.35	0.35	0.35	0.40	0.40	0.40	0.45	0.45	0.45	0.45	0.50	0.50	0.50	0.50
	2	0.70	0.60	0.55	0.50	0.50	0.50	0.50	0.50	0.50	0.50	0.50	0.50	0.50	0.50
	1	1.20	0.95	0.85	0.80	0.75	0.70	0.70	0.70	0.65	0.65	0.55	0.55	0.55	0.55
5	5	−0.05	0.10	0.20	0.25	0.30	0.30	0.35	0.35	0.35	0.35	0.40	0.45	0.45	0.45
	4	0.20	0.25	0.35	0.35	0.40	0.40	0.40	0.40	0.45	0.45	0.45	0.50	0.50	0.50
	3	0.45	0.40	0.45	0.45	0.45	0.45	0.45	0.45	0.45	0.50	0.45	0.50	0.50	0.50
	2	0.75	0.60	0.55	0.55	0.50	0.50	0.50	0.50	0.50	0.50	0.50	0.50	0.50	0.50
	1	1.30	1.00	0.85	0.80	0.75	0.70	0.70	0.65	0.65	0.65	0.65	0.55	0.55	0.55

续表

η	j \ $\overline{K}$	0.1	0.2	0.3	0.4	0.5	0.6	0.7	0.8	0.9	1.0	2.0	3.0	4.0	5.0
6	6	−0.15	0.05	0.15	0.20	0.25	0.30	0.30	0.35	0.35	0.35	0.40	0.45	0.45	0.45
	5	0.10	0.25	0.30	0.35	0.35	0.40	0.40	0.40	0.45	0.45	0.45	0.50	0.50	0.50
	4	0.30	0.35	0.40	0.40	0.45	0.45	0.45	0.45	0.45	0.45	0.50	0.50	0.50	0.50
	3	0.50	0.45	0.45	0.45	0.45	0.45	0.45	0.45	0.45	0.50	0.50	0.50	0.50	0.50
	2	0.80	0.65	0.55	0.55	0.55	0.55	0.50	0.50	0.50	0.50	0.50	0.50	0.50	0.50
	1	1.30	1.00	0.85	0.80	0.75	0.70	0.70	0.65	0.65	0.65	0.60	0.55	0.55	0.55
7	7	−0.20	0.05	0.15	0.20	0.25	0.30	0.30	0.35	0.35	0.35	0.45	0.45	0.45	0.45
	6	0.05	0.20	0.30	0.35	0.35	0.40	0.40	0.40	0.40	0.45	0.45	0.50	0.50	0.50
	5	0.20	0.30	0.35	0.40	0.40	0.45	0.45	0.45	0.45	0.45	0.50	0.50	0.50	0.50
	4	0.35	0.40	0.40	0.45	0.45	0.45	0.45	0.45	0.45	0.45	0.50	0.50	0.50	0.50
	3	0.55	0.50	0.50	0.50	0.50	0.50	0.50	0.50	0.50	0.50	0.50	0.50	0.50	0.50
	2	0.80	0.65	0.60	0.55	0.55	0.55	0.50	0.50	0.50	0.50	0.50	0.50	0.50	0.50
	1	1.30	1.00	0.90	0.80	0.75	0.70	0.70	0.70	0.65	0.65	0.60	0.55	0.55	0.55
8	8	−0.20	0.05	0.15	0.20	0.25	0.30	0.30	0.35	0.35	0.35	0.45	0.45	0.45	0.45
	7	0.00	0.20	0.30	0.35	0.35	0.40	0.40	0.40	0.40	0.45	0.45	0.50	0.50	0.50
	6	0.15	0.30	0.35	0.40	0.40	0.45	0.45	0.45	0.45	0.45	0.50	0.50	0.50	0.50
	5	0.30	0.45	0.40	0.45	0.45	0.45	0.45	0.45	0.45	0.45	0.50	0.50	0.50	0.50
	4	0.40	0.45	0.45	0.45	0.45	0.45	0.45	0.50	0.50	0.50	0.50	0.50	0.50	0.50
	3	0.60	0.50	0.50	0.50	0.50	0.50	0.50	0.50	0.50	0.50	0.50	0.50	0.50	0.50
	2	0.85	0.65	0.60	0.55	0.55	0.55	0.50	0.50	0.50	0.50	0.50	0.50	0.50	0.50
	1	1.30	1.00	0.90	0.80	0.75	0.70	0.70	0.70	0.65	0.65	0.60	0.55	0.55	0.55
9	9	−0.25	0.00	0.15	0.20	0.25	0.30	0.30	0.35	0.35	0.40	0.45	0.45	0.45	0.45
	8	−0.00	0.20	0.30	0.35	0.35	0.40	0.40	0.40	0.40	0.45	0.45	0.50	0.50	0.50
	7	0.15	0.30	0.35	0.40	0.40	0.45	0.45	0.45	0.45	0.45	0.50	0.50	0.50	0.50
	6	0.25	0.35	0.40	0.40	0.45	0.45	0.45	0.45	0.45	0.45	0.50	0.50	0.50	0.50
	5	0.35	0.40	0.45	0.45	0.45	0.45	0.45	0.45	0.50	0.50	0.50	0.50	0.50	0.50
	4	0.45	0.45	0.40	0.45	0.45	0.50	0.50	0.50	0.50	0.50	0.50	0.50	0.50	0.50
	3	0.65	0.50	0.50	0.50	0.50	0.50	0.50	0.50	0.50	0.50	0.50	0.50	0.50	0.50
	2	0.80	0.65	0.60	0.55	0.55	0.55	0.55	0.50	0.50	0.50	0.50	0.50	0.50	0.50
	1	1.35	1.00	0.90	0.80	0.75	0.75	0.70	0.70	0.65	0.65	0.60	0.55	0.55	0.55
10	10	−0.25	0.00	0.15	0.20	0.25	0.30	0.30	0.35	0.35	0.40	0.45	0.45	0.45	0.45
	9	−0.05	0.20	0.30	0.35	0.35	0.40	0.40	0.40	0.40	0.45	0.45	0.50	0.50	0.50
	8	−0.10	0.30	0.35	0.40	0.40	0.40	0.45	0.45	0.45	0.45	0.50	0.50	0.50	0.50
	7	0.20	0.35	0.40	0.40	0.45	0.45	0.45	0.45	0.45	0.50	0.50	0.50	0.50	0.50
	6	0.30	0.40	0.40	0.45	0.45	0.45	0.45	0.45	0.45	0.50	0.50	0.50	0.50	0.50
	5	0.40	0.45	0.45	0.45	0.45	0.45	0.45	0.50	0.50	0.50	0.50	0.50	0.50	0.50
	4	0.50	0.45	0.45	0.45	0.50	0.50	0.50	0.50	0.50	0.50	0.50	0.50	0.50	0.50
	3	0.60	0.55	0.50	0.50	0.50	0.50	0.50	0.50	0.50	0.50	0.50	0.50	0.50	0.50
	2	0.85	0.65	0.60	0.55	0.55	0.55	0.55	0.50	0.50	0.50	0.50	0.50	0.50	0.50
	1	1.35	1.00	0.90	0.80	0.75	0.75	0.70	0.70	0.65	0.65	0.60	0.55	0.55	0.55

上下层相对刚度变化时修正值 y_1 附表 3-3

α_1 \ $\overline{K}$	0.1	0.2	0.3	0.4	0.5	0.6	0.7	0.8	0.9	1.0	2.0	3.0	4.0	5.0
0.4	0.55	0.40	0.30	0.25	0.20	0.20	0.20	0.15	0.15	0.15	0.05	0.05	0.05	0.05
0.5	0.45	0.30	0.20	0.20	0.15	0.15	0.15	0.10	0.10	0.10	0.05	0.05	0.05	0.05
0.6	0.30	0.20	0.15	0.15	0.10	0.10	0.10	0.10	0.05	0.05	0.05	0.05	0.00	0.00
0.7	0.20	0.15	0.10	0.10	0.10	0.10	0.05	0.05	0.05	0.05	0.05	0.00	0.00	0.00
0.8	0.15	0.10	0.05	0.05	0.05	0.05	0.05	0.05	0.05	0.00	0.00	0.00	0.00	0.00
0.9	0.05	0.05	0.05	0.05	0.00	0.00	0.00	0.00	0.00	0.00	0.00	0.00	0.00	0.00

上下层柱高变化时是修正系数值 y_2 和 y_3 附表 3-4

α_2	α_3	0.1	0.2	0.3	0.4	0.5	0.6	0.7	0.8	0.9	1.0	2.0	3.0	4.0	5.0
2.0		0.25	0.15	0.15	0.10	0.10	0.10	0.10	0.10	0.05	0.05	0.05	0.05	0.0	0.0
1.8		0.20	0.15	0.10	0.10	0.10	0.05	0.05	0.05	0.05	0.05	0.05	0.0	0.0	0.0
1.6	0.4	0.15	0.10	0.10	0.05	0.05	0.05	0.05	0.05	0.05	0.05	0.0	0.0	0.0	0.0
1.4	0.6	0.10	0.05	0.05	0.05	0.05	0.05	0.05	0.05	0.05	0.0	0.0	0.0	0.0	0.0
1.2	0.8	0.05	0.05	0.05	0.0	0.0	0.0	0.0	0.0	0.0	0.0	0.0	0.0	0.0	0.0
1.0	1.0	0.0	0.0	0.0	0.0	0.0	0.0	0.0	0.0	0.0	0.0	0.0	0.0	0.0	0.0
0.8	1.2	−0.05	−0.05	−0.05	0.0	0.0	0.0	0.0	0.0	0.0	0.0	0.0	0.0	0.0	0.0
0.6	1.4	−0.10	−0.05	−0.05	−0.05	−0.05	−0.05	−0.05	−0.05	−0.05	0.0	0.0	0.0	0.0	0.0
0.4	1.6	−0.15	−0.10	−0.10	−0.05	−0.05	−0.05	−0.05	−0.05	−0.05	0.0	0.0	0.0	0.0	0.0
	1.8	−0.20	−0.15	−0.10	−0.10	−0.10	−0.05	−0.05	−0.05	−0.05	−0.05	0.0	0.0	0.0	0.0
	2.0	−0.25	−0.15	−0.15	−0.10	−0.10	−0.10	−0.10	−0.10	−0.05	−0.05	−0.05	0.0	0.0	0.0

参 考 文 献

[1] 滕智明. 钢筋混凝土基本构件. 北京：清华大学出版社，1987.
[2] 罗向荣. 混凝土结构. 北京：高等教育出版社，2007.
[3] 曹照平. 钢筋工程手册. 北京：机械工业出版社，2005.
[4] 尹维新，李靖颉，李元美. 混凝土结构与砌体结构. 北京：中国电力出版社，2008.
[5] 程文瀼. 混凝土及砌体结构. 武汉：武汉大学出版社，2004.
[6] 郭继武，张述勇，冯小川. 混凝土结构与砌体结构. 北京：高等教育出版社，1990.
[7] 侯治国，周绥平. 建筑结构. 武汉：武汉理工大学出版社，2004.
[8] 沈蒲生，罗国强，熊丹安. 混凝土结构. 北京：中国建筑工业出版社，1997.
[9] 白绍良. 钢筋混凝土及砖石结构. 北京：中央广播电视大学出版社，1986.
[10] 国家标准. 建筑结构可靠度设计统一标准 GB 50068. 北京：中国建筑工业出版社，2008.
[11] 国家标准. 建筑结构荷载规范 GB 50009—2002. 北京：中国建筑工业出版社，2002.
[12] 国家标准. 混凝土结构设计规范 GB 50010—2010. 北京：中国建筑工业出版社，2011.
[13] 国家标准. 砌体结构设计规范 GB 50003—2002. 北京：中国建筑工业出版社，2003.
[14] 林钟琪，刘传春，蒋协炳等. 建筑结构静力计算手册. 北京：中国建筑工业出版社，1975.
[15] 王文睿，张乐荣. 混凝土结构与砌体结构. 北京：北京师范大学出版社，2010.